Battran/Linhardt **Brandschutz Kompakt 2017/2018**

Brandschutz Kompakt 2017/2018

Adressen – Bautabellen – Vorschriften

Lutz Battran

Dipl.-Ing. (FH), Berater im Bereich „Vorbeugender Brandschutz"
bei der Versicherungskammer Bayern,
Herausgeber des Brandschutzatlas

Achim Linhardt

Dipl.-Ing. freier Architekt, Büro für Entscheidungsvorbereitung
und Bauplanung" (DEB), Fachbuchautor

FEUERTRUTZ
Medien für Brandschutz

Bibliografische Information der Deutschen Nationalbibliothek

Die Deutsche Nationalbibliothek verzeichnet diese Publikation in der Deutschen Nationalbibliografie; detaillierte bibliografische Daten sind im Internet über http://dnb.dnb.de abrufbar.

Herausgegeben vom FeuerTRUTZ Magazin

Maßgebend für das Anwenden von Regelwerken, Richtlinien, Merkblättern, Hinweisen, Verordnungen usw. ist deren Fassung mit dem neusten Ausgabedatum, die bei der jeweiligen herausgebenden Institution erhältlich ist. Zitate aus Normen, Merkblättern usw. wurden, unabhängig von ihrem Ausgabedatum, in neuer deutscher Rechtschreibung abgedruckt.

Wir freuen uns Ihre Meinung über dieses Fachbuch zu erfahren. Bitte teilen Sie uns Ihre Anregungen, Hinweise oder Fragen per E-Mail: lektorat@feuertrutz.de oder Telefax: 0221 5497-140 mit.

Herstellung: Achim Linhardt, Stuttgart
Umschlaggestaltung: Satz + Layout Werkstatt Kluth, Erftstadt
Umschlagsfoto: © ENGIE Deutschland
Druck und Bindearbeiten: Grafisches Centrum Cuno GmbH & Co. KG, Calbe (Saale)
Printed in Germany

ISBN: 978-3-86235-291-3 (Buchausgabe)
ISBN: 978-3-86235-292-0 (E-Book als PDF)

Einleitung

Sehr geehrte Leser,

21 Jahre sind es her, dass der „Brandschutzatlas" aus der Taufe gehoben wurde. Vorausgegangen war zum Einen eine stetige Entwicklung des konzeptionellen Brandschutzes zur eigenverantwortlichen Disziplin des Bauwesens und zum Anderen eine steigende Komplexität an Brandschutz-Wissen. Mittlerweile ist der Brandschutzatlas mit seinen nunmehr 6 Bänden das Standardwerk für den vorbeugenden Brandschutz im deutschsprachigen Raum.

Das Ihnen hier vorliegende Werk „Brandschutz Kompakt" kann und soll den Brandschutzatlas nicht ersetzen, sondern ihn sinnvoll ergänzen. Ausgewählte Themen und Tabellen aus Normen und Richtlinien ermöglichen im Büro, in Besprechungen und auf der Baustelle gleichermaßen ein kurzes und schnelles Nachschlagen:

„Wie werden bauaufsichtliche Anforderungen in DIN 4102 oder DIN EN 13501 „übersetzt"? Wie dick muss eine feuerbeständige Decke oder eine Brandwand nach DIN 4102-4 sein? Wann kann Holz als „normal entflammbar" eingestuft werden? Welche Anforderungen werden, abhängig von Gebäudeklassen an Bauteile gestellt? Welche Hersteller produzieren Brandschutzelemente oder Welche Sonderbauvorschriften existieren in bestimmten Bundesländern? stellen hierfür nur ein paar wenige Beispiele dar."

Bei der Themenwahl wurde ganz bewusst „dem Mut zur Lücke" gefolgt, um eine Übersichtlichkeit zu bewahren. Hinsichtlich der praktischen Anwendung sind wir aber auch auf Ihre Mitarbeit angewiesen: Bitte teilen Sie uns mit, wenn Sie Themen vermissen oder Entbehrliches feststellen.

In diesem Sinne wünsche ich allen Anwendern ein erfolgreiches Arbeiten mit dem neuen „Brandschutz Kompakt".

Lutz Battran

Inhalt

Kalendarium

Jahreskalender 2017/2018

Januar 2017 21/22 Arbeitstage

1	So	Neujahr
2	Mo	
3	Di	
4	Mi	
5	Do	
6	Fr	Heilige Drei Könige
7	Sa	
8	So	
9	Mo	
10	Di	
11	Mi	
12	Do	
13	Fr	
14	Sa	
15	So	
16	Mo	
17	Di	
18	Mi	
19	Do	
20	Fr	
21	Sa	
22	So	
23	Mo	
24	Di	
25	Mi	
26	Do	
27	Fr	
28	Sa	
29	So	
30	Mo	
31	Di	

Februar 2017 20 Arbeitstage

1	Mi	
2	Do	
3	Fr	
4	Sa	
5	So	
6	Mo	
7	Di	
8	Mi	
9	Do	
10	Fr	
11	Sa	
12	So	
13	Mo	
14	Di	
15	Mi	
16	Do	
17	Fr	
18	Sa	
19	So	
20	Mo	
21	Di	
22	Mi	*FeuerTRUTZ Brandschutzkongress mit Fachmesse*
23	Do	*FeuerTRUTZ Brandschutzkongress mit Fachmesse*
24	Fr	
25	Sa	
26	So	
27	Mo	
28	Di	

März 2017 23 Arbeitstage

1	Mi
2	Do
3	Fr
4	Sa
5	So
6	Mo
7	Di
8	Mi
9	Do
10	Fr
11	Sa
12	So
13	Mo
14	Di
15	Mi
16	Do
17	Fr
18	Sa
19	So
20	Mo
21	Di
22	Mi
23	Do
24	Fr
25	Sa
26	So
27	Mo
28	Di
29	Mi
30	Do
31	Fr

April 2017

18 Arbeitstage

1	Sa	
2	So	
3	Mo	
4	Di	
5	Mi	
6	Do	
7	Fr	
8	Sa	
9	So	
10	Mo	
11	Di	
12	Mi	
13	Do	
14	Fr	Karfreitag
15	Sa	
16	So	Ostersonntag
17	Mo	Ostermontag
18	Di	
19	Mi	
20	Do	
21	Fr	
22	Sa	
23	So	
24	Mo	
25	Di	
26	Mi	
27	Do	
28	Fr	
29	Sa	
30	So	

Mai 2017

21 Arbeitstage

1	Mo	Maifeiertag
2	Di	
3	Mi	
4	Do	
5	Fr	
6	Sa	
7	So	
8	Mo	
9	Di	
10	Mi	
11	Do	
12	Fr	
13	Sa	
14	So	
15	Mo	
16	Di	
17	Mi	
18	Do	
19	Fr	
20	Sa	
21	So	
22	Mo	
23	Di	
24	Mi	
25	Do	Christi Himmelfahrt
26	Fr	
27	Sa	
28	So	
29	Mo	
30	Di	
31	Mi	

Juni 2017

20 Arbeitstage

1	Do	
2	Fr	
3	Sa	
4	So	Pfingstsonntag
5	Mo	Pfingstmontag
6	Di	
7	Mi	
8	Do	
9	Fr	
10	Sa	
11	So	
12	Mo	
13	Di	
14	Mi	
15	Do	Fronleichnam
16	Fr	
17	Sa	
18	So	
19	Mo	
20	Di	
21	Mi	
22	Do	
23	Fr	
24	Sa	
25	So	
26	Mo	
27	Di	
28	Mi	
29	Do	
30	Fr	

Juli 2017

21 Arbeitstage

1	Sa
2	So
3	Mo
4	Di
5	Mi
6	Do
7	Fr
8	Sa
9	So
10	Mo
11	Di
12	Mi
13	Do
14	Fr
15	Sa
16	So
17	Mo
18	Di
19	Mi
20	Do
21	Fr
22	Sa
23	So
24	Mo
25	Di
26	Mi
27	Do
28	Fr
29	Sa
30	So
31	Mo

August 2017

22/23 Arbeitstage

1	Di	
2	Mi	
3	Do	
4	Fr	
5	Sa	
6	So	
7	Mo	
8	Di	
9	Mi	
10	Do	
11	Fr	
12	Sa	
13	So	
14	Mo	
15	Di	Mariä Himmelfahrt
16	Mi	
17	Do	
18	Fr	
19	Sa	
20	So	
21	Mo	
22	Di	
23	Mi	
24	Do	
25	Fr	
26	Sa	
27	So	
28	Mo	
29	Di	
30	Mi	
31	Do	

September 2017

21 Arbeitstage

1	Fr
2	Sa
3	So
4	Mo
5	Di
6	Mi
7	Do
8	Fr
9	Sa
10	So
11	Mo
12	Di
13	Mi
14	Do
15	Fr
16	Sa
17	So
18	Mo
19	Di
20	Mi
21	Do
22	Fr
23	Sa
24	So
25	Mo
26	Di
27	Mi
28	Do
29	Fr
30	Sa

Oktober 2017

20 Arbeitstage

1	So	
2	Mo	
3	Di	Tag der Deutschen Einheit
4	Mi	
5	Do	
6	Fr	
7	Sa	
8	So	
9	Mo	
10	Di	
11	Mi	
12	Do	
13	Fr	
14	Sa	
15	So	
16	Mo	
17	Di	
18	Mi	
19	Do	
20	Fr	
21	Sa	
22	So	
23	Mo	
24	Di	
25	Mi	
26	Do	
27	Fr	
28	Sa	
29	So	
30	Mo	
31	Di	Reformationstag

November 2017 21/22 Arbeitstage

1	Mi	Allerheiligen
2	Do	
3	Fr	
4	Sa	
5	So	
6	Mo	
7	Di	
8	Mi	
9	Do	
10	Fr	
11	Sa	
12	So	
13	Mo	
14	Di	
15	Mi	
16	Do	
17	Fr	
18	Sa	
19	So	
20	Mo	
21	Di	
22	Mi	Buß- und Bettag
23	Do	
24	Fr	
25	Sa	
26	So	
27	Mo	
28	Di	
29	Mi	
30	Do	

Dezember 2017 19 Arbeitstage

1	Fr	
2	Sa	
3	So	
4	Mo	
5	Di	
6	Mi	
7	Do	
8	Fr	
9	Sa	
10	So	
11	Mo	
12	Di	
13	Mi	
14	Do	
15	Fr	
16	Sa	
17	So	
18	Mo	
19	Di	
20	Mi	
21	Do	
22	Fr	
23	Sa	
24	So	Heiligabend
25	Mo	1. Weihnachtsfeiertag
26	Di	2. Weihnachtsfeiertag
27	Mi	
28	Do	
29	Fr	
30	Sa	
31	So	Silvester

Januar 2018

22 Arbeitstage

1	Mo	Neujahr
2	Di	
3	Mi	
4	Do	
5	Fr	
6	Sa	Heilige Drei Könige
7	So	
8	Mo	
9	Di	
10	Mi	
11	Do	
12	Fr	
13	Sa	
14	So	
15	Mo	
16	Di	
17	Mi	
18	Do	
19	Fr	
20	Sa	
21	So	
22	Mo	
23	Di	
24	Mi	
25	Do	
26	Fr	
27	Sa	
28	So	
29	Mo	
30	Di	
31	Mi	

Februar 2018 20 Arbeitstage

1	Do	
2	Fr	
3	Sa	
4	So	
5	Mo	
6	Di	
7	Mi	
8	Do	
9	Fr	
10	Sa	
11	So	
12	Mo	
13	Di	
14	Mi	
15	Do	
16	Fr	
17	Sa	
18	So	
19	Mo	
20	Di	
21	Mi	*FeuerTRUTZ Brandschutzkongress mit Fachmesse*
22	Do	*FeuerTRUTZ Brandschutzkongress mit Fachmesse*
23	Fr	
24	Sa	
25	So	
26	Mo	
27	Di	
28	Mi	

März 2018 21 Arbeitstage

1	Do	
2	Fr	
3	Sa	
4	So	
5	Mo	
6	Di	
7	Mi	
8	Do	
9	Fr	
10	Sa	
11	So	
12	Mo	
13	Di	
14	Mi	
15	Do	
16	Fr	
17	Sa	
18	So	
19	Mo	
20	Di	
21	Mi	
22	Do	
23	Fr	
24	Sa	
25	So	
26	Mo	
27	Di	
28	Mi	
29	Do	
30	Fr	Karfreitag
31	Sa	

April 2018

20 Arbeitstage

1	So	Ostersonntag
2	Mo	Ostermontag
3	Di	
4	Mi	
5	Do	
6	Fr	
7	Sa	
8	So	
9	Mo	
10	Di	
11	Mi	
12	Do	
13	Fr	
14	Sa	
15	So	
16	Mo	
17	Di	
18	Mi	
19	Do	
20	Fr	
21	Sa	
22	So	
23	Mo	
24	Di	
25	Mi	
26	Do	
27	Fr	
28	Sa	
29	So	
30	Mo	

Gesetzliche Feiertage – Übersicht

Feiertage	BW	BY	BE	BB	HB	HH	HE	MV	NI	NW	RP	SL	SN	ST	SH	TH
Neujahr	•	•	•	•	•	•	•	•	•	•	•	•	•	•	•	•
Hl. Drei Könige	•	•												•		
Karfreitag	•	•	•	•	•	•	•	•	•	•	•	•	•	•	•	•
Ostermontag	•	•	•	•	•	•	•	•	•	•	•	•	•	•	•	•
1. Mai	•	•	•	•	•	•	•	•	•	•	•	•	•	•	•	•
Christi Himmelfahrt	•	•	•	•	•	•	•	•	•	•	•	•	•	•	•	•
Pfingstmontag	•	•	•	•	•	•	•	•	•	•	•	•	•	•	•	•
Fronleichnam	•	•					•			•	•	•	S			S
Mariä Himmelfahrt		K										•				
Tag der Deutschen Einheit	•	•	•	•	•	•	•	•	•	•	•	•	•	•	•	•
Reformationstag				•				•					•	•		•
	2017: einmalig bundesweiter Feiertag															
Allerheiligen	•	•								•	•	•				
Buß- und Bettag													•			
1. und 2. Weihnachtstag	•	•	•	•	•	•	•	•	•	•	•	•	•	•	•	•

- • gesetzlicher Feiertag
- K gesetzlicher Feiertag in Gemeinden mit überwiegend katholischer Bevölkerung
- S gesetzlicher Feiertag für bestimmte Gemeinden oder Gebiete nach Sonderregelungen

Ferientermine 2017 (Stand 3.11.2016)

Land	Ostern Frühjahr	Pfingsten	Sommer	Herbst	Weih-nachten	Winter 2018
Baden-Württemberg	10. - 21.4.	6. - 16.6.	27.7. - 9.9.	30.10. - 3.11.	22.12. - 5.1.	–
Bayern	10. - 22.4.	6. - 16.6.	29.7. - 11.9.	30.10. - 3.11.	23.12. - 5.1.	12. - 16.2.
Berlin	10. - 18.4.	24.5./26.5./ 6. - 9.6.	20.7. - 1.9.	2.10./23.10. - 4.11.	21.12. - 2.1.	5. - 10.2.
Brandenburg	10. - 22.4.	26.5.	20.7. - 1.9.	2.10./23.10. - 4.11.	21.12. - 2.1.	5. - 10.2.
Bremen	10. - 22.4.	26.5. 6.6.	22.6. - 2.8.	2. - 14.10. 30.10.	22.12. - 6.1.	1. - 2.2.
Hamburg	6. - 17.3.	22. - 26.5.	20.7. - 30.8.	2.10./ 16. - 27.10.	22.12. - 5.1.	2.2.
Hessen	3. - 15.4.	–	3.7. - 11.8.	9. - 21.10.	24.12. - 13.1.	–
Mecklenburg-Vorpommern	10. - 19.4.	2. - 6.6.	24.7. - 2.9.	2.10./ 23. - 30.10.	21.12. - 3.1.	5. - 16.2.
Nieder-sachsen	10. - 22.4.	26.5./ 6.6.	22.6. - 2.8.	2. - 13.10./ 30.10.	22.12. - 5.1.	1. - 2.2.
Nordrhein-Westfalen	10. - 22.4.	6.6.	10.7. - 29.8.	23.10. - 4.11.	27.12. - 6.1.	–
Rheinland-Pfalz	10. - 21.4.	–	3.7. - 11.8.	2. - 13.10.	22.12. - 9.1.	–
Saarland	10. - 22.4.	–	3.7. - 14.8.	2. - 14.10.	21.12. - 5.1.	12. - 17.2.
Sachsen	13. - 22.4.	26.5.	26.6. - 4.8.	2. - 14.10./ 30.10.	23.12. - 2.1.	12. - 23.2.
Sachsen-Anhalt	10. - 13.4.	26.5.	26.6. - 9.8.	2. - 13.10./ 30.10.	21.12. - 3.1.	5. - 9.2.
Schleswig-Holstein	7. - 21.4.	26.5.	24.7. - 2.9.	16. - 27.10.	21.12. - 6.1.	–
Thüringen	10. - 21.4.	26.5.	26.6. - 9.8.	2. - 14.10.	22.12. - 5.1.	5. - 9.2.

Brandschutz-Veranstaltungen 2017/2018 – Deutschland

16. - 21.01.2017	BAU, München
22. - 23.02.2017	FeuerTRUTZ Fachmesse mit Kongress, Nürnberg
07.-08.03.2017	BHE-Fachkongress Brandschutz, Fulda
14. - 18.03.2017	ISH, Frankfurt/Main
21.04.2017	15. Fachplanertag Brandschutz IngKH, Friedberg
08. - 09.05.2017	16. Fachtagung vbbd, Hünfeld
21. - 24.05.2017	64. vfdb-Jahresfachtagung, Bremen
13.06.2017	Brandschutz-Tagung 2017, Düsseldorf Ingenieurkammer-Bau NRW
20. - 21.06.2017	FeuerTRUTZ Trend
21.09.2017	FeuerTRUTZ Brandschutz im Brennpunkt
13. - 14.09.2017	31. Braunschweiger Brandschutztage
14. - 15.11.2017	18. Essener Brandschutztage
20. - 21.11.2017	18. EIPOS-Sachverständigentage
22. - 23.11.2017	12. Stuttgarter Brandschutztage
06. - 07.12.2017	VdS-Brandschutztage, Köln
10. - 13.01.2018	DEUBAUKOM, Essen
20. - 23.02.2018	bautec, Berlin
18. - 23.03.2018	Light + Building, Frankfurt/Main
16. - 17.05.2018	IEX – Insulation Expo Europe, Köln
25. - 28.09.2018	security, Essen

Brandschutz-Veranstaltungen 2017/2018 – International

22. - 24.01.2017	intersec, Dubai
12. - 14.04.2017	Secutech Fire & Safety, Taipei
30.05. - 01.06.2017	SECUREX, South Africa
20. - 22.06.2017	FIREX, London
04. - 07.06.2017	NFPA Conference & Expo, Las Vegas
30. - 31.08.2017	15. FSE Brandschutz-Fachtagung, St. Pölten
14. - 17.09.2017	ISAF Fire & Rescue, Istanbul
07. - 09.09.2017	Fire India, Mumbai

Adressen

Inhalt

Adressen, alphabetisch sortiert

Hersteller nach Warengruppen

www.brandschutzmarkt.de

Hersteller-, Dienstleister- und Verbandsadressen aus dem vorbeugenden Brandschutz können Sie auch bequem an Ihrem Rechner suchen. Unter der Internetadresse www.brandschutzmarkt.de haben Sie Zugriff auf alle Adressen und können sie nach den gewünschten Kriterien filtern.

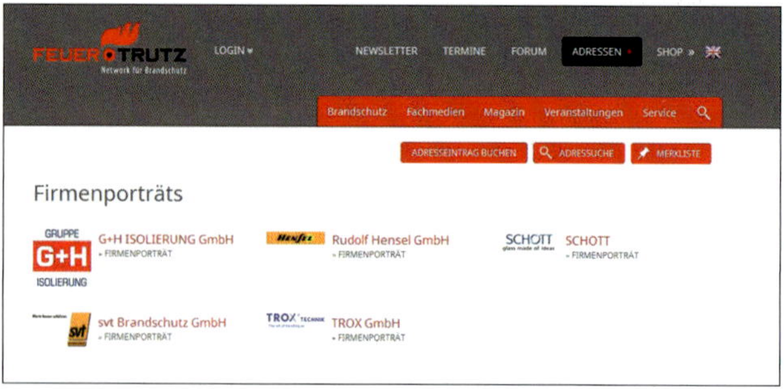

Sie vermissen Ihren Adresseintrag?

Kein Problem. In der nächsten Ausgabe von Brandschutz Kompakt können Sie dabei sein. Die Aufnahme in die Online-Datenbank ist zu jedem beliebigen Zeitpunkt möglich.

Sichern auch Sie sich Ihren Firmeneintrag!

Gerne beraten wir Sie über Ihre Möglichkeiten:

Günther Oster
Leitung Verkauf Werbemarkt
Telefon: 0221 5497-281
Telefax: 0221 5497-6281
www.feuertrutz.de
anzeigen@feuertrutz.de

Mediadaten

Die Media-Infos zu Brandschutz Kompakt finden Sie online unter www.feuertrutz.de in der Rubrik „Werben".

Hersteller alphabetisch

Fermacell GmbH
fermacell AESTUVER
Düsseldorfer Landstraße 395
D-47259 Duisburg
Telefon +49 (0)800 5235665
Telefax +49 (0)800 5356578
info@xella.com
www.aestuver.de

fermacell AESTUVER bietet Plattenwerkstoffe für unterschiedliche Brandschutzanwendungen sowie Produkte für Brandschutzabschottungen und -fugen. Mit der AESTUVER Lx Brandschutzplatte wurde zudem unlängst eine Lösung für feuerwiderstandsfähige Lüftungs- und Entrauchungsleitungen vorgestellt. Damit präsentiert sich fermacell AESTUVER mit seinem kompletten Programm als Vollsortimenter. Selbstverständlich verfügen alle AESTUVER Produkte und Systeme über entsprechende nationale/europäische sowie internationale Verwendbarkeitsnachweise und Zulassungen.

Baulicher Brandschutz:
- Wand- und Deckenkonstruktionen
- Stützen- und Trägerbekleidungen
- Betonertüchtigung
- Brandschutzfugen
- Bekleidung von
  - Klebearmierungen
  - Dachüberständen
  - Sprinklerzu- und Feuerlöschleitungen

Elektro:
- Abschottungen für Trocken-, Holz- und Massivbau
- Brandschutz-Kabelkanalsysteme

U-Bahn:
- Flucht- und Rettungsweggestaltung
- Designanwendungen für Haltestationen

Lüftung:
- Bekleidete und selbständige Lüftungsleitungen
- Entrauchungsleitungen

Atral-Secal GmbH
Thaddenstr. 4
D-69469 Weinheim
Telefon +49 (0)621 6005-0
Telefax +49 (0)621 6005-15
info@daitem.de
www.daitem.de

Funk-Brandmeldelösungen

AUMÜLLER AUMATIC GmbH
Gemeindewald 11
D-86672 Thierhaupten
Telefon +49 (0)8271 8185-0
Telefax +49 (0)8271 8185-250
info@aumueller-gmbh.de
www.aumueller-gmbh.de

Austroflex
Rohr-Isoliersysteme GmbH
Finkensteiner Str. 7
A-9585 Gödersdorf
Telefon +43 4257 3345
Telefax +43 4257 3345-15
office@austroflex.com
www.austroflex.com

BfB-Ringwald
Organisatorischer Brandschutz
Raiffeisenstr. 5 -7
D-71126 Gäufelden
Telefon +49 (0)7032 32087-0
Telefax +49 (0)7032 32087-51
info@bfb-ringwald.de
www.bfb-ringwald.de

Delignit®

naturally superior

Blomberger Holzindustrie GmbH
Königswinkel 2-6
D-32825 Blomberg
Telefon +49 (0)5235 966-0
Telefax +49 (0)5235 966-351
info@delignit.com
www.delignit.com

CALANBAU

Fire Protection Solutions

CALANBAU Brandschutzanlagen GmbH
Wenderter Str. 12
D-31157 Sarstedt
Telefon +49 (0)5066 808-0
Telefax +49 (0)5066 808-999
info@calanbau.de
www.calanbau.de

BTI

BTI Befestigungstechnik GmbH & Co. KG
Salzstr. 51
D-74653 Ingelfingen
Telefon +49 (0)7940 141-141
Telefax +49 (0)7940 141-9141
info@bti.de
www.bti.de/shop

CELSION®

Brandschutzsysteme GmbH

Celsion Brandschutzsysteme GmbH
Dresdener Str. 51
D-02625 Bautzen
Telefon +49 (0)3591 270 78-0
Telefax +49 (0)3591 270 78-19
office@celsion.de
www.celsion.de

Chubb Deutschland GmbH
Bramfelder Chaussee 100
D-22177 Hamburg
Telefon +49 (0)40 611611-0
Telefax +49 (0)40 611611-98
info@chubb.de
www.chubb.de

EAS Technischer Brandschutz GmbH
Industriestr. 2
D-97947 Grünsfeld
Telefon +49 (0)9346 92772-0
Telefax +49 (0)9346 92772-10
info@eas-tb.de
www.eas-tb.de

Ei Electronics GmbH
Königsallee 60F
D-40212 Düsseldorf
Telefon +49 (0)211 8903296
Telefax +49 (0)211 8903999
vertrieb@eielectronics.de
www.eielectronics.de

Rauch-, Hitze- und Kohlenmonoxidwarnmelder; funk- und drahtvernetzte Systeme; Zubehör

ESSERTEC GmbH
Berghäuschensweg 77
D-41464 Neuss
Telefon +49 (0)2131 183-0
Telefax +49 (0)2131 183-300
vertrieb@essertec.de
www.essertec.de

GRUPPE G+H ISOLIERUNG

G+H ISOLIERUNG GmbH
Bürgermeister-Grünzweig-Str. 1
D-67059 Ludwigshafen
Telefon +49 (0)621 502-292
Telefax +49 (0)621 502-599
info@guh-isolierung.de
www.guh-gruppe.de

Über die Gruppe G+H ISOLIERUNG

Die Gruppe G+H ISOLIERUNG ist einer der marktführenden Dienstleister im Gewerk Wärme-Kälte-, Schall- und Brandschutz (WKSB).

Unsere Philosophie ist eine dezentrale Struktur mit dem Focus auf eigene Mitarbieter und Mitarbeiterinnen. Unsere eigenen Fertigungswerkstätten sichern unsere Unabhängigkeit vom Markt.

Von der Beratung über die Planung bis hin zur Lieferung und Montage bieten wir unseren Kunden Komplettlösungen aus einer Hand an.

Mit über 50 Niederlassungen sind wir flächendeckend in Deutschland vertreten. Mit unserer zentralen Forschungs- und Entwicklungsabteilung und durch die Mitarbeit in Normungsgremien und überbetrieblichen Arbeitskreisen stellt G+H sicher, dass Innovationen direkt in den Praxisalltag einfließen.

FURAL Systeme in Metall GmbH
Cumberlandstr. 62
A-4810 GMUNDEN
Telefon +43 7612 74851-0
Telefax +43 7612 74851-11
fural@fural.at
www.fural.com

GEZE GmbH
Reinhold-Vöster-Str. 21-29
D-71229 Leonberg
Telefon +49 (0)7152 203-0
Telefax +49 (0)7152 203-310
info.de@geze.com
www.geze.de

GFA mbH
Zum Wartturm 3
D-63571 Gelnhausen
Telefon +49 (0)6051 486-0
Telefax +49 (0)6051 5604
info@gfa-sprinkler.de
www.gfa-sprinkler.de

Die Marke für mehr Sicherheit

GLORIA GmbH
Diestedder Str. 39
D-59329 Wadersloh
Telefon +49 (0)2523 77-0
Telefax +49 (0)2523 77-120
info@gloria.de
www.gloria.de

Gottschalk Feuerschutzanlagen GmbH & Co. KG
Am Kortenhoop 47
D-32425 Minden
Telefon +49 (0)571 9451-0
Telefax +49 (0)571 45085
info@gk-feuerschutz.com
www.gk-feuerschutz.com

Rudolf Hensel GmbH
Lauenburger Landstr. 11
D-21039 Börnsen
Telefon +49 (0)40 721062-10
Telefax +49 (0)40 721062-52
kontakt@rudolf-hensel.de
www.rudolf-hensel.de

HENSOTHERM® und HENSOMASTIK® vorbeugender baulicher Brandschutz mit System

Die Umweltverträglichkeit und die Nachhaltigkeit unserer Brandschutz-Beschichtungen stehen seit langem im Fokus unserer Entwicklungsarbeit. Sich dem Bedarf an gesunden und nachhaltigen Produkten zu stellen, bedeutet, eben gerade diese emissionsarmen Produkte anzubieten, die keine oder eine nur sehr geringe Auswirkung auf die Innenraumluft haben. Die zur Green Product Linie von Hensel gehörigen Produkte für den Brandschutz von Stahlkonstruktionen, Holzmaterialien, elektrischen Kabeln sowie Betonbauteilen und für die Herstellung von Abschottungen und Brandschutzfugen sind frei von VOC, LEED- und zum Teil bereits LEED v4-bestätigt, AgBB-geprüft, eingestuft in die VOC-Emissionsklasse A+, besitzen eine Umweltproduktdeklaration (EPD) Typ III und sind im DGNB-Navigator registriert. Über 90 Jahre Kreativität, Qualitätsanspruch und kontinuierliche Nähe zum Kunden haben uns zu einem der führenden Hersteller von Brandschutz-Beschichtungssystemen made in Germany gemacht. Sie haben Fragen zu unseren Produkten oder benötigen fachkundige Beratung für Ihr Projekt? Dann rufen Sie uns an, wir beraten Sie gern.

FEUER LÄSST UNS KALT

GreCon

GreCon Greten GmbH & Co. KG
Hannoversche Str. 58
D-31061 Alfeld
Telefon +49 (0)5181 79-0
Telefax +49 (0)5181 79-229
sales@grecon.de
www.grecon.de

GTM Wir produzieren Sicherheit.

GTM Gitterroste + Treppen GmbH
Woorteweg 14
D-46354 Südlohn
Telefon +49 (0)2862 9595-0
Telefax +49 (0)2862 9595-95
info@gtm.de
www.gtm.de

HEROfire®

HERO-FIRE GmbH
Industriestr. 1
D-26906 Dersum
Telefon +49 (0)4963 915-4000
Telefax +49 (0)4963 915-994199
info@hero-fire.de
www.hero-fire.de

ALUMINIUM SYSTEMS HUECK GERMAN ENGINEERING SINCE 1814

Hueck GmbH & Co. KG
Loher Str. 9
D-58511 Lüdenscheid
Telefon +49 (0)2351 151-0
Telefax +49 (0)2351 151-283
info@hueck.com
www.hueck.com

IBS Industrie-, Brandschutz & Sicherheit GmbH
Saarbrücker Straße 211
D-66679 Losheim am See
Telefon +49 (0)6872 9224-0
Telefax +49 (0)6872 9224-11
info@ibs-sprinkler.de
www.ibs-sprinkler.de

INOTEC Sicherheitstechnik GmbH
Am Buschgarten 17
D-59469 Ense
Telefon +49 (0)2938 9730-0
Telefax +49 (0)2938 9730-29
info@inotec-licht.de
www.inotec-licht.de

Jansen Brandschutz GmbH & Co. KG
Am Wattberg 51
D-26903 Surwold
Telefon +49 (0)4965 8988-0
Telefax +49 (0)4965 8988-88
info@jansentore.com
www.jansentore.com

KAISER GmbH & Co.KG
Ramsloh 4
D-58579 Schalksmühle
Telefon +49 (0)2355 809-0
Telefax +49 (0)2355 809-21
Info@kaiser-elektro.de
www.kaiser-elektro.de

Kidde Deutschland GmbH
Harkortstr. 3
D-40880 Ratingen
Telefon +49 (0)2102 5790-0
Telefax +49 (0)2102 5790-109
info@kidde.de
www.kidde.de

Marioff GmbH
Handwerkerstr. 3
D-15366 Hoppegarten
Telefon +49 (0)3342 2117700
Telefax +49 (0)3342 2117705
info@marioff.de
www.marioff.de

Kolektor Missel Insulations GmbH
Max-Planck-Straße 23
D-70736 Fellbach/Stuttgart
Telefon +49 (0)711 5308-0
Telefax +49 (0)711 5308-128
info@missel.de
www.missel.de

MEHLAG AG
Gildenweg 4
D-50354 Hürth
Telefon +49 (0)2233 3980-0
Telefax +49 (0)2233 3980-79
post@mehlag.de
www.mehlag.de

MULTICOMSYSTEM
B.+D. Goßen · Publikumsmanagement

Multicomsystem
B. + D. Goßen GbR
Otto-Hahn-Str. 9B
D-40723 Hilden
Telefon +49 (0)2103 25818-0
Telefax +49 (0)2103 25818-29
info@multicomsystem.de
www.multicomsystem.de

neuformtür
bewegt die Türenwelt

neuform-Türenwerk
Hans Glock GmbH & Co. KG
Gottlieb-Daimler-Str. 10
D-71729 Erdmannhausen
Telefon +49 (0)7144 304-0
Telefax +49 (0)7144 304-100
info@neuform-tuer.de
www.neuform-tuer.com

NOHL
Fire Protection Solutions

NOHL Brandschutz GmbH
Werner-von-Siemens-Str. 2
D-64319 Pfungstadt
Telefon +49 (0)6157 1580-0
Telefax +49 (0)6157 1580-339
info@nohl-brandschutz.de
www.nohl-brandschutz.de

OBO
BETTERMANN

OBO Bettermann
Vertrieb Deutschland
GmbH & Co. KG
Postfach 5164, D-58606 Iserlohn
Telefon +49 (0)2371 7899-2000
Telefax +49 (0)2371 7899-2500
info@obo.de
www.obo.de

PAROC®

Paroc GmbH
Heidenkampsweg 51
D-20097 Hamburg
Telefon +49 (0)40 883076-0
Telefax +49 (0)40 883076-199
info@paroc.de
www.paroc.de

NSG
GROUP

Pilkington Deutschland AG
Bereich Brandschutzglas
Haydnstr. 19
D-45884 Gelsenkirchen
Telefon +49 (0)209 168-0
Telefax +49 (0)209 168-2056
brandschutz@nsg.com
www.pilkington.de/brandschutz

PRIORIT
Fire | Resistant | Components

PRIORIT AG
Rodenbacher Chaussee 6
D-63457 Hanau-Wolfgang
Telefon +49 (0)6181 3640-0
Telefax +49 (0)6181 3640-210
info@priorit.de
www.priorit.de

rex

Rex Industrie-Produkte
Graf von Rex GmbH
Großaltdorfer Str. 59
D-74541 Vellberg
Telefon +49 (0)7907 9620-0
Telefax +49 (0)7907 9620-80
info@rex-industrie-produkte.de
www.rex-industrie-produkte.de

ROCKWOOL®

DEUTSCHE ROCKWOOL
Mineralwoll GmbH & Co. OHG
Rockwool Str. 37-41
D-45966 Gladbeck
Telefon +49 (0)2043 408-606
Telefax +49 (0)2043 408-575
www.rockwool.de

SCHAKO
Ferdinand Schad KG
Steigstr. 25-27
D-78600 Kolbingen
Telefon +49 (0)7463 980-0
Telefax +49 (0)7463 980-200
info@schako.de
www.schako.de

SCHÜCO

Schüco International KG
Karolinenstr. 1-15
D-33609 Bielefeld
Telefon +49 (0)521 783-0
Telefax +49 (0)521 783-451
info@schueco.com
www.schueco.de

Stahlsysteme durch
Schüco Stahlsysteme Jansen

SCHOTT
glass made of ideas

SCHOTT
Technical Glass Solutions GmbH
Otto-Schott-Str. 13
D-07745 Jena
Telefon +49 (0)3641 681-4666
Telefax +49 (0)3641 2888-9311
info.pyran@schott.com
www.schott.com/pyran

Sicherheit frei gestalten – Brandschutzverglasungen mit SCHOTT PYRAN® und SCHOTT PYRANOVA®

Das umfangreiche Leistungsportfolio und der starke Markenname SCHOTT stehen weltweit als Synonym für höchste Qualität und Kreativität. Die bei der SCHOTT Technical Glass Solutions GmbH hergestellten Spezialgläser für Brandschutzverglasungen **SCHOTT PYRAN® und SCHOTT PYRANOVA®** bieten zuverlässigen, baulichen transparenten Brandschutz, um Sicherheit, Funktionalität und Ästhetik gleichermaßen zu garantieren.

SCHOTT PYRAN® ist ein monolithisches, thermisch vorgespanntes Sicherheitsglas für Brandschutzverglasungen der Feuerwiderstandsklasse E (G). Es gewährleistet den erforderlichen Raumabschluss gegenüber Feuer, heißen Gasen und Rauch bis zu 2 Stunden.

SCHOTT PYRANOVA® ist ein kompaktes Mehrscheiben-Verbundglas. Eingesetzt in Brandschutzverglasungen der Feuerwiderstandsklasse EI (F) schützt es im Brandfall zuverlässig bis zu 1 Stunde vor dem Durchgang von Feuer, heißen Gasen, Rauch und Wärmestrahlung.

Sika Deutschland GmbH
Industrial Coatings
Rieter Tal
D-71665 Vaihingen/Enz
Telefon +49 (0)7042 109-5105
Telefax +49 (0)7042 109-5102
industrial-coatings@de.sika.com
www.sika.de

Stöbich
Brandschutz GmbH
Pracherstieg 6
D-38644 Goslar
Telefon +49 (0)5321 5708-0
Telefax +49 (0)5321 5708-88
info@stoebich.de
www.stoebich.de

Stürmann GmbH & Co.KG
Feldheider Str. 49
D-40699 Erkrath
Telefon +49 (0)2104 9384-0
Telefax +49 (0)2104 39229
info@stuermann.de
www.stuermann.de

Systemair GmbH
Seehöfer Straße 45
D-97944 Boxberg-Windischbuch
Telefon +49 (0)7930 9272-0
Telefax +49 (0)7930 9272-92
info@systemair.de
www.systemair.de

Werte besser schützen.

svt Brandschutz GmbH

Glüsinger Str. 86
D-21217 Seevetal
Telefon +49 (0)4105 4090-0
Telefax +49 (0)4105 4090-32
info@svt.de
www.svt.de

Die svt-Unternehmensgruppe ist einer der führenden Hersteller modernster Brandschutzprodukte und -systeme und bietet umfassende Dienstleistungen im passiven Brandschutz und der Schadensanierung. Durch kontinuierliche Forschungs- und Entwicklungsarbeit gewährleistet svt ein innovatives Spektrum an Produkten und Systemen für den passiven baulichen Brandschutz und für industrielle Brandschutzanwendungen im Bereich Transportation sowie an Verfahren und Dienstleistungen im passiven baulichen Brandschutz und der Schadensanierung.
Die svt Brandschutz GmbH bietet Ihnen unter anderem folgende Dienstleistungen:

- fachgerechter Einbau von eigenen und fremden Brandschutzsystemen aller Art
- ausführliche Beratung - auch vor Ort
- Erarbeitung von Detaillösungen zur Umsetzung des Brandschutzkonzeptes
- Erarbeitung von Sonderlösungen, gegebenenfalls mit Brandversuchen in eigener Brandversuchsanlage
- Dokumentationen von Brandschutzleistungen individuell nach Ihren Anforderungen
- Informationsveranstaltungen für Interessenten, Kunden, Gutachter, Brandschutzplaner

Mit zahlreichen deutschen Niederlassungen und internationalen Partnern ist svt immer nah am Kunden.

TROX GmbH
Heinrich-Trox-Platz
D-47504 Neukirchen-Vluyn
Telefon +49 (0)2845 202-0
Telefax +49 (0)2845 202-265
trox@trox.de
www.trox.de

Der Name TROX steht seit über 65 Jahren für hochwertige Komponenten und Systeme der Lüftungs- und Klimatechnik. Intensive Forschung und nachhaltige Entwicklungen machten die TROX GROUP weltweit zum Technologieführer in diesem Bereich. Gegründet 1951 erwirtschaftete TROX im Jahre 2015 mit 3.700 Mitarbeitern rund um den Globus mit 29 Tochtergesellschaften in 28 Ländern und 14 Produktionsstätten über 482 Mio. Euro Umsatz.

Umfangreiches Sortiment für den Brand- und Rauchschutz

TROX verfügt über eines der weltweit vielfältigsten Sortimente an Komponenten und Systemen für alle Bereiche des Brand- und Rauchschutzes. Es deckt die unterschiedlichsten Anwendungsfälle ab. So bietet TROX Brandschutz- und Entrauchungsklappen der Feuerwiderstandsklassen EI 30S bis EI 180S. Bei der Steuerung brandschutztechnischer Anlagen setzt TROX auf internationale Standards wie LON und AS-Interface. Darüber hinaus entwickelt TROX praxisorientierte Speziallösungen sowohl für Neubauten als auch für Gebäude im Bestand.

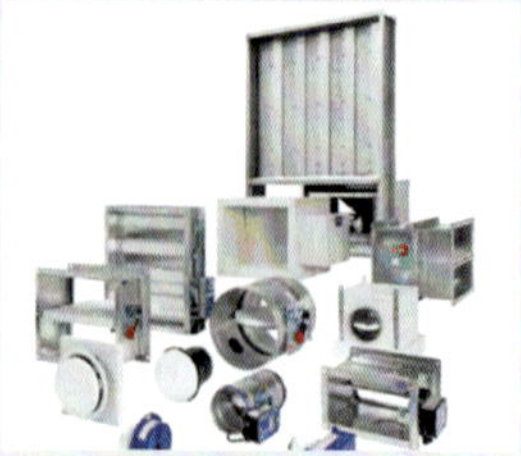

Umfangreiches Sortiment für den Brand- und Rauchschutz.

Brand- und Rauchschutzprodukte

- Brandschutzklappen, rechteckig/rund
- Ex-geschützte Brandschutzklappen
- Deckenluftanschlusskästen mit integrierter Brandschutzklappe
- Brandschutzventile
- Entrauchungsklappen
- Tunnelkappen
- Rauchauslöseeinrichtungen
- Kommunikationssystem TROX-NETCOM
- Alle Bauarten von Entrauchungsventilatoren:
  - Axialventilatoren
  - Dachventilatoren
  - Radialventilatoren
  - Wandventilatoren

  Lieferbar für alle Temperaturbereiche 600 / 400 / 300 und 200°C nach EN 12 101 Teil 3 geprüft.

Walraven GmbH
Karl-von-Linde-Str. 22
D-95447 Bayreuth
Telefon +49 (0)921 7560-0
Telefax +49 (0)921 7560-222
info.de@walraven.com
www.walraven.com

Rohr-, Kabel- und Kombischotts
Brandgeprüfte Befestigungstechnik

wellhöfer
TREPPEN AUS WÜRZBURG
www.wellhoefer.de

Wellhöfer Treppen GmbH & Co. KG
Max-Mengeringhausen-Str. 1
D-97084 Würzburg
Telefon +49 (0)931 61405-0
Telefax +49 (0)931 61405-71
info@wellhoefer.de
www.wellhoefer.de

WICHMANN
Brandschutz-Systeme

Wichmann Brandschutzsysteme GmbH & Co. KG
Siemensstr. 7
D-57439 Attendorn
Telefon +49 (0)2722 6382-0
Telefax +49 (0)2722 6382-29
info@wichmann.biz
www.wichmann.biz

ZZ ZAPP-ZIMMERMANN
INNOVATIVE BRANDSCHUTZSYSTEME

ZAPP-ZIMMERMANN GmbH
Marconistr. 7-9
D-50769 Köln
Telefon +49 (0)221 97061-0
Telefax +49 (0)221 97061-929
info@z-z.de
www.z-z.de

Dienstleister

I.F.I. Institut für Industrie-aerodynamik GmbH
Institut an der Fachhochschule Aachen
Welkenrather Str. 120
D-52074 Aachen
Telefon +49 (0)241 879708-0
Telefax +49 (0)241 879708-10
info@ifi-aachen.de
www.ifi-aachen.de

Ihre Spezialisten für:

- Brand- und Rauchversuche
- Vorbeugenden Brandschutz und Entrauchung
- Rauchschutzdruckanlagen
- Prüfungen, Überwachungen und Zertifizierungen
- Weiterbildung

Weiterbildung

Akademie der Ingenieure
AkadIng GmbH
Gerhard-Koch-Straße 2
D-73760 Ostfildern
Telefon +49 (0)711 79 48 22 21
Telefax +49 (0)711 79 48 22 23
info@akademie-der-ingenieure.de
www.akademie-der-ingenieure.de

BZB Akademie
Bildungszentren des Baugewerbes e.V.
Bökendonk 15-17
D-47809 Krefeld
Telefon +49 (0)2151 5155-10
Telefax +49 (0)2151 5155-92
info@bzb.de
www.bzb.de

design security forum AG
Rodenbacher Chaussee 6
63457 Hanau
Telefon +49 (0)6181 906850-80
Telefax +49 (0)6181 906850-84
d.loewer@design-security-forum.de
www.designsecurityforum.de

Brandschutzseminare
Produktzulassungsberatung CE + Ü
Fachmessen

Deutsche Ingenieur- und
ArchitektenAkademie e.V. (DIAA)
Edelsbergstraße 8
D-80686 München
Telefon +49 (0)89 5700770
Telefax +49 (0)89 570072-60
info@diaa-akademie.de
www.diaa-akademie.de

Donau Universität Krems
Zentrum für Infrastrukturelle Sicherheit
Dr. Karl-Dorrek-Straße 30
A-3500 Krems
Telefon +43 (0)2732 893-2394
Telefax +43 (0)2732 893-4304
bettina.vock@donau-uni.ac.at
www.donau-uni.ac.at/zis

Distance & Independent
Studies Center, TU Kaiserslautern
Postfach 3049
D-67653 Kaiserslautern
Telefon +49 (0)6131 205-4925
Telefax +49 (0)6131 205-4940
info@disc-uni-kl.de
www.zfuw.de

Europäisches Institut für postgraduale Bildung – EIPOS GmbH
Freiberger Str. 37
D-01067 Dresden
Telefon +49 (0)351 44072-10
Telefax +49 (0)351 44072-20
brandschutz@eipos.de
www.eipos.de

I.F.I. Institut für Industrie-aerodynamik GmbH
Institut an der Fachhochschule Aachen
Welkenrather Str. 120
D-52074 Aachen
Telefon +49 (0)241 879708-0
Telefax +49 (0)241 879708-10
info@ifi-aachen.de
www.ifi-aachen.de

Ihre Spezialisten für:
- Brand- und Rauchversuche
- Vorbeugenden Brandschutz und Entrauchung
- Rauchschutzdruckanlagen
- Prüfungen, Überwachungen und Zertifizierungen
- Weiterbildung

hagebau – BRANDSCHUTZ-ALLIANZ
hagebau Handelsgesellschaft für Baustoffe mbH & Co. KG
Celler Straße 47
D-29614 Soltau
Telefon +49 (0)5191 802-0
Telefax +49 (0)5191 802-403
brandschutz@hagebau.de
www.hagebau-brandschutzallianz.de

Haus der Technik e.V. (HDT)
Hollestraße 1
D-45127 Essen
Telefon +49 (0)201 1803-1
Telefax +49 (0)201 1803-269
hdt@hdt-essen.de
www.hdt-essen.de

ift Rosenheim – Institut für Fenstertechnik e. V.
Theodor-Gietl-Straße 7-9
D-83026 Rosenheim
Telefon +49 (0)8031 261-0
Telefax +49 (0)8031 261-290
info@ift-rosenheim.de
www.ift-rosenheim.de

Ingenieur-Akademie Hessen GmbH
Gustav-Stresemann-Ring 6
D-65189 Wiesbaden
Telefon +49 (0)611 450438-0
Telefax +49 (0)611 450438-49
info@ingah.de
www.ingah.de

Ingenieurkammer-Bau Nordrhein-Westfalen
Zollhof 2
D-40221 Düsseldorf
Telefon +49 (0)211 13067-0
Telefax +49 (0)211 13067-150
info@ikbaunrw.de
www.ikbaunrw.de

International Security Academy e.V.
Pilgerweg 8
D-45525 Hattingen
Telefon +49 (0)2324 26327
Telefax +49 (0)2324 202549
info@isaev.de
www.isaev.de

Management Forum Starnberg GmbH
Maximilianstraße 2b
D-82319 Starnberg
Telefon +49 (0) 8151 2719-0
Telefax +49 (0) 8151 2719-19
info@management-forum.de
www.management-forumstarnberg.de

Technische Akademie Esslingen Fort- und Weiterbildungszentrum (TA Esslingen)
An der Akademie 5
D-73760 Ostfildern
Telefon +49 (0)711 34008-0
Telefax +49 (0)711 34008-27
info@tae.de
www.tae.de

Technische Akademie Südwest e.V. (TAS)
Schoenstraße 9
D-67659 Kaiserslautern
Telefon +49 (0)631 3724-4720
Telefax +49 (0)631 3724-4474
tas@fh-kl.de
www.tas-kl.de

Technische Akademie Wuppertal e.V. (TAW)
Hubertusallee 18
D-42117 Wuppertal
Telefon +49 (0)202 7495-0
Telefax +49 (0)202 7495-202
webmaster@taw.de
www.taw.de

Technische Universität Kaiserslautern Distance&Independent Studies Center (DISC)
Postfach 3049
D-67653 Kaiserslautern
Telefon +49 (0)631 205-4925
Telefax +49 (0)631 208-4940
Info@disc.uni-kl.de
www.zfuw.de

TÜV SÜD Akademie GmbH (TÜV Süd)
Westendstraße 199
D-80686 München
Telefon +49 (0)89 5791-0
Telefax +49 (0)89 5791-1551
info@tuev-sued.de
www.tuev-sued.de

Umweltinstitut Offenbach GmbH
Frankfurter Straße 48
D-63065 Offenbach a. M.
Telefon +49 (0)69 810679
Telefax +49 (0)69 823493
mail@umweltinstitut.de
www.umweltinstitut.de

VDI Wissensforum GmbH
VDI-Platz 1
D-40468 Düsseldorf
Telefon +49 (0)211 62 14-201
Telefax +49 (0)211 62 14-154
wissensforum@vdi.de
www.vdi-wissensforum.de

VdS Schadenverhütung GmbH (VDS)
Amsterdamer Straße 174
D-50735 Köln
Telefon +49 (0)221 7766-0
Telefax +49 (0)221 7766-341
info@vds.de
www.vds.de

Zentrum für akademische Qualifikation und wissenschaftliche Weiterbildung der FH Köln e.V. (ZaQwW)
An den Dominikanern 2-4
D-50668 Köln
Telefon +49 (0)221 8275-5112
Telefax +49 (0)221 8275-5150
weiterbildung@fh-koeln.de
www.fh-koeln.de/zaqww

ZVEI-ServicesGmbH
Lyoner Str. 9
D-60528 Frankfurt am Main
Telefon +49 (0)69 6302-200
Telefax +49 (0)69 6302-482
zsg@zvei-services.de
www.zvei-services.de

Verbände/Organisationen

Aktionsgemeinschaft Entrauchung (AGE)
Marientaler Straße 41
D-12359 Berlin
Telefon +49 (0)30 6007126
Telefax +49 (0)30 6007180
info@ age-info.de
www.age-info.de

Arbeitsgemeinschaft der Leiter der Berufsfeuerwehren in der Bundesrepublik Deutschland (AGBF)
Lievelingsweg 112
D-53119 Bonn
Telefon +49 (0)228 717761
Telefax +49 (0)228 717183
feuerwehr@bonn.de
www.agbf.de

Arbeitsgemeinschaft Errichter und Planer im ZVEI e.V.
Lyoner Str. 9
D-60528 Frankfurt am Main
Telefon +49 (0)69 6302-0
Telefax +49 (0)69 6302-317
errichter@zvei.org
www.zvei-errichter.de

Arbeitskreis Rauchschutzdruckanlagen (RDA)
Trifte 72
D-32657 Lemgo-Lieme
Telefon +49 (0)5261 965886
Telefax +49 (0)5261 965866
info@rda-arbeitskreis.de
www.rda-arbeitskreis.de

ARGEBAU (Bauministerkonferenz)
Hiroshimastraße 12-16
D-10785 Berlin
Telefon +49 (0)30 27575-165
Telefax +49 (0)30 27575-293
BMK-Geschaeftsstelle@lv-bund.nrw.de
www.is-argebau.de

bauforumstahl e.V.
Sohnstraße 65
D-40237 Düsseldorf
Telefon +49 (0)211 6707-828
Telefax +49 (0)211 6707-829
zentrale@bauforumstahl.de
www.bauforumstahl.de

Bundesanstalt für Materialforschung und -prüfung (BAM)
Unter den Eichen 87
D-12205 Berlin
Telefon +49 (0)30 8104-0
Telefax +49 (0)30 8104-72222
info@bam.de
www.bam.de

Bundesverband Sicherheitstechnik e.V. (BHE)
Feldstraße 28
D-66904 Brücken
Telefon +49 (0)6386 9214-0
Telefax +49 (0)6386 9214-99
info@bhe.de
www.bhe.de

Bundesverband Brandschutz e.V. (Bundesverband BS)
Dürerstraße 29
D-45884 Gelsenkirchen
Telefon +49 (0)209 3196683
Telefax +49 (0)209 3196681
info@bv-brandschutz.de
www.bv-brandschutz.de

Bundesverband Brandschutz-Fachbetriebe e.V. (Bvbf)
Friedrichstraße 18
D-34117 Kassel
Telefon +49 (0)561 28864-0
Telefax +49 (0)561 28864-29
info@bvbf-brandschutz.de
www.bvbf-brandschutz.de

Bundesverband Technischer Brandschutz e.V. (Bvfa)
Koellikerstraße 13
D-97070 Würzburg
Telefon +49 (0)931 35292-25
Telefax +49 (0)931 35292-29
info@bvfa.de
www.bvfa.de

Bundesvereinigung Fachplaner und Sachverständige für den vorbeugenden Brandschutz e.V. (BFSB)
Bredowstr. 42
D-10551 Berlin
Telefon +49 (0)30 39840230
Telefax +49 (0)30 39840231
info@bfsb-online.de
www.bfsb-online.de

Deutscher Feuerwehrverband e.V. (DFV)
Reinhardtstraße 25
D-10117 Berlin
Telefon +49 (0)30 2888488-00
Telefax +49 (0)30 2888488-09
info@dfv.org
www.feuerwehrverband.de

Deutsches Institut für Bautechnik (DIBt)
Kolonnenstraße 30B
D-10829 Berlin
Telefon +49 (0)30 78730-0
Telefax +49 (0)30 78730-320
dibt@dibt.de
www.dibt.de

Deutsches Institut für Normung e.V. (DIN)
Burggrafenstraße 6
D-10787 Berlin
Telefon +49 (0)30 2601-0
Telefax +49 (0)30 2601-1231
info@din.de
www.din.de

Deutsches Institut für vorbeugenden Brandschutz e.V.
Geschäftsstelle
Stolberger Straße 84
D-50933 Köln
Telefon +49 (0)221 5497-223
Telefax +49 (0)221 5497-6223
info@divb.org
www.divb.org

Fachverband Tageslicht und Rauchschutz e.V. (FVLR)
Ernst-Hilker-Straße 2
D-32758 Detmold
Telefon +49 (0)5231 30959-0
Telefax +49 (0)5231 30959-29
info@fvlr.de
www.fvlr.de

Gesellschaft für Materialforschung und Prüfungsanstalt für das Bauwesen Leipzig mbH (MFPA Leipzig)
Hans-Weigel-Straße 2B
D-04319 Leipzig
Telefon +49 (0)341 6582-0
Telefax +49 (0)341 6582-135
brandschutz@mfpa-leipzig.de
www.mfpa-leipzig.de

Gütegemeinschaft Brandschutz im Ausbau e.V. (GBA)
Talstraße 2
D-56291 Leiningen
Telefon +49 (0)6746 800838-839
Telefax +49 (0)6746 800840
info@gba-brandschutz.de
www.gba-brandschutz.de

Gütegemeinschaft für Blitzschutzsysteme e.V. (RAL)
Brückstraße 1b
D-52080 Aachen
Telefon +49 (0)241 955 99 730
Telefax +49 (0)241 955 99 731
info@ral.blitzschutz.com
www.ral.blitzschutz.com

Gütegemeinschaft Instandhaltung Feuerlöschgeräte e.V. (Gif)
Friedrichsstraße 18
D-34117 Kassel
Telefon +49 (0)561 2886410
Telefax +49 (0)561 2886429
info@gif-brandschutz.de
www.gif-brandschutz.de

hagebau - BRANDSCHUTZ-ALLIANZ hagebau Handelsgesellschaft für Baustoffe mbH & Co. KG
Celler Straße 47
D-29614 Soltau
Telefon +49 (0)5191 802-0
Telefax +49 (0)5191 802-403
brandschutz@hagebau.com
www.hagebau-brandschutzallianz.de

Hauptverband der Deutschen Bauindustrie e.V. – Bundesfachabteilung Wärme-, Kälte-, Schall- und Brandschutz
Kurfürstenstraße 129
D-10785 Berlin
Telefon +49 (0)30 21286-0
Telefax +49 (0)30 21286-240
info@bauindustrie.de
www.bauindustrie.de

Industrieverband Tore Türen Zargen (ttz)
Hochstraße 113-115
D-58095 Hagen
Telefon +49 (0)2331 2008-0
Telefax +49 (0)2331 2008-40
info@ttz-online.de
www.ttz-online.de

Informationszentrum Entwässerungstechnik Guss e.V. (IZEG)
Bundeskanzlerplatz 2-10
D-53113 Bonn
Telefon +49 (0)228 2673-153
Telefax +49 (0)228 2673-203
info@izeg.de
www.izeg.de

Institut für Schadenverhütung und Schadenforschung der öffentlichen Versicherer e.V. (IFS)
Preetzer Straße 75
D-24143 Kiel
Telefon +49 (0)431 775780
Telefax +49 (0)431 7757899
mail@ifs-ev.org
www.ifs-ev.org

Materialprüfanstalt für das Bauwesen (MPA Braunschweig)
Beethovenstraße 52
D-38106 Braunschweig
Telefon +49 (0)531 391-5400
Telefax +49 (0)531 391-5900
info@mpa.tu-bs.de
www.mpa.tu-bs.de

MPA Dresden GmbH
Fuchsmühlenweg 6 F
D-09599 Freiberg
Telefon +49 (0)3731 203 93-0
Telefax +49 (0)3731 203 93-110
info@mpa-dresden.de
www.mpa-dresden.de

Materialprüfanstalt für das Bauwesen Hannover (MPA Bau Hannover)
Nienburger Straße 3
D-30167 Hannover
Telefon +49 (0)511 762-8708
Telefax +49 (0)511 762-4001
office@mpa-bau.de
www.mpa-bau.de

Materialprüfungsamt Nordrhein-Westfalen (MPA NRW)
Auf den Thränen 2
D-59597 Erwitte
Telefon +49 (0)2943 897-0
Telefax +49 (0)2943 897-89
erwitte@mpanrw.de
www.mpanrw.eu

Materialprüfungsanstalt Universität Stuttgart (MPA Stuttgart)
Pfaffenwaldring 32
D-70569 Stuttgart
Telefon +49 (0)711 685-63058
Telefax +49 (0)711 685-63323
www@mpa.uni-stuttgart.de
www.mpa.uni-stuttgart.de

Prüfinstitut Hoch
Lerchenweg 1
D-97650 Fladungen
Telefon +49 (0)9778 7480-200
Telefax +49 (0)9778 7480-209
hoch.fladungen@t-online.de
www.brandverhalten.de

Fachverband Rauch- und Wärmeabzugsanlagen (RWAY)
Friedrichsstraße 18
D-34117 Kassel
Telefon +49 (0)561 2886-0
Telefax +49 (0)561 2886-429
info@rway.de
www.rway.de

TU München Forschungslabor für Haustechnik
Karl-Benz-Straße 15
D-85221 Dachau
Telefon +49 (0)8131 333 959-10
horst.fark@lrz.tum.de
www.ar.tum.de/einrichtungen/brandschutzlabor/

TU München Holzforschung München (HFM)
Winzererstraße 45
D-80797 München
Telefon +49 (0)89 2180-6420
Telefax +49 (0)89 2180-6429
hfm@tum.de
www.holz.wzw.tum.de

VdS Schadenverhütung GmbH
Amsterdamer Str. 174
D-50735 Köln
Telefon +49 (0)221 7766-0
Telefax +49 (0)221 7766-341
info@vds.de
www.vds.de

Verein der Brandschutzbeauftragten Deutschland e.V. (Vbbd)
Reeseberg 3
D-21079 Hamburg
Telefon +49 (0)40 970 725 30
Telefax +49 (0)40 970 725 31
office@vbbd.de
www.vbbd.de

Vereinigung der Brandschutzplaner e.V. (VdBP)
Bavariaring 15
D-80336 München
Telefon +49 (0)89 55271678
Telefax +49 (0)89 55271679
info@vdbp.de
www.vdbp.de

Vereinigung zur Förderung des Deutschen Brandschutzes e.V. (Vfdb)
Postfach 1231
D-48338 Altenberge
Telefon +49 (0)2505 2468
Telefax +49 (0)2505 991636
spohn@vfdb.de
www.vfdb.de

Verein zur Förderung von Ingenieurmethoden im Brandschutz e.V. (VIB)
Friedrichstraße 10
D-70174 Stuttgart
Telefon +49 (0)711 577355-60
Telefax +49 (0)711 577355-90
gs.vib@pkmserver.de
www.vib-brandschutz.de

Werkfeuerwehrverband Deutschland e.V.
Lerchenstraße 9
D-66793 Saarwellingen
Telefon +49 (0)6838 1893
Telefax +49 (0)6838 986910
b.antekeuer@wfvd.de
www.wfvd.de

Verband Deutscher Maschinen- und Anlagenbau e.V. (VDMA) Fachverband Sicherheitssysteme
Lyoner Straße 18
D-60528 Frankfurt am Main
Telefon +49 (0)69 6603-0
Telefax +49 (0)69 6603-1511
info@vdma.org
www.vdma.org

Verband Deutscher Blitzschutzfirmen e.V.
Steinfelder Gasse 9
D-50670 Köln
Telefon +49 (0)221 122869
Telefax +49 (0)221 138639
vdb@blitzschutz.com
www.vdb.blitzschutz.com

Vereinigung Verantwortungsvoller Brand- und Rauchschutz e.V. (VVBR)
Heinrich-Trox-Platz
D-47504 Neukirchen-Vluyn
Telefon +49 (0)2845 202-759
Telefax +49 (0)2845 202-777
vorstand@vvbr.de
www.vvbr.com

Zentralverband Elektrotechnik- und Elektronikindustrie e.V. (ZVEI) Fachverband Sicherheit
Lyoner Straße 9
D-60528 Frankfurt am Main
Telefon +49 (0)69 6302-0
Telefax +49 (0)69 6302-317
sicherheitssysteme@zvei.org
www.zvei.org/sicherheitssysteme

Warengruppen

Brand- / Rauchschutzwände

HERO-FIRE GmbH
Industriestr. 1
D-26906 Dersum
Telefon +49 (0)4963 915-4000
Telefax +49 (0)4963 915-994199
info@hero-fire.de
www.hero-fire.de

PRIORIT
Fire | Resistant | Components

PRIORIT AG
Rodenbacher Chaussee 6
D-63457 Hanau-Wolfgang
Telefon +49 (0)6181 3640-0
Telefax +49 (0)6181 3640-210
info@priorit.de
www.priorit.de

Brandschutzfassaden

Schüco International KG
Karolinenstr. 1-15
D-33609 Bielefeld
Telefon +49 (0)521 783-0
Telefax +49 (0)521 783-451
info@schueco.com
www.schueco.de

Brandschutzplatten

fermacell AESTUVER

Fermacell GmbH
fermacell AESTUVER
Düsseldorfer Landstraße 395
D-47259 Duisburg
Telefon +49 (0)800 5235665
Telefax +49 (0)800 5356578
info@xella.com
www.aestuver.de

Delignit® naturally superior

Blomberger Holzindustrie GmbH
Königswinkel 2-6
D-32825 Blomberg
Telefon +49 (0)5235 966-0
Telefax +49 (0)5235 966-351
info@delignit.com
www.delignit.com

Brandschutzverkleidungen

Paroc GmbH
Heidenkampsweg 51
D-20097 Hamburg
Telefon +49 (0)40 883076-0
Telefax +49 (0)40 883076-199
info@paroc.de
www.paroc.de

Befestigungstechnik

BTI Befestigungstechnik GmbH & Co. KG
Salzstr. 51
D-74653 Ingelfingen
Telefon +49 (0)7940 141-141
Telefax +49 (0)7940 141-9141
info@bti.de
www.bti.de/shop

Brand- / Rauchschutztüren

EAS Technischer Brandschutz GmbH
Industriestr. 2
D-97947 Grünsfeld
Telefon +49 (0)9346 92772-0
Telefax +49 (0)9346 92772-10
info@eas-tb.de
www.eas-tb.de

Hueck GmbH & Co. KG
Loher Str. 9
D-58511 Lüdenscheid
Telefon +49 (0)2351 151-0
Telefax +49 (0)2351 151-283
info@hueck.com
www.hueck.com

Brand- / Rauchschutztüren

neuformtür
bewegt die Türenwelt

neuform-Türenwerk
Hans Glock GmbH & Co. KG
Gottlieb-Daimler-Str. 10
D-71729 Erdmannhausen
Telefon +49 (0)7144 304-0
Telefax +49 (0)7144 304-100
info@neuform-tuer.de
www.neuform-tuer.com

PRIORIT
Fire | Resistant | Components

PRIORIT AG
Rodenbacher Chaussee 6
D-63457 Hanau-Wolfgang
Telefon +49 (0)6181 3640-0
Telefax +49 (0)6181 3640-210
info@priorit.de
www.priorit.de

SCHÜCO

Schüco International KG
Karolinenstr. 1-15
D-33609 Bielefeld
Telefon +49 (0)521 783-0
Telefax +49 (0)521 783-451
info@schueco.com
www.schueco.de

Brand- / Rauchschutztore

Jansen Brandschutz GmbH & Co. KG
Am Wattberg 51
D-26903 Surwold
Telefon +49 (0)4965 8988-0
Telefax +49 (0)4965 8988-88
info@jansentore.com
www.jansentore.com

Stöbich Brandschutz GmbH
Pracherstieg 6
D-38644 Goslar
Telefon +49 (0)5321 5708-0
Telefax +49 (0)5321 5708-88
info@stoebich.de
www.stoebich.de

Brand- / Rauchschutzvorhänge

Jansen Brandschutz GmbH & Co. KG
Am Wattberg 51
D-26903 Surwold
Telefon +49 (0)4965 8988-0
Telefax +49 (0)4965 8988-88
info@jansentore.com
www.jansentore.com

Stöbich Brandschutz GmbH
Pracherstieg 6
D-38644 Goslar
Telefon +49 (0)5321 5708-0
Telefax +49 (0)5321 5708-88
info@stoebich.de
www.stoebich.de

Brand- / Rauchschutzvorhänge

Mit Sicherheit rauchfrei.

Stürmann GmbH & Co.KG
Feldheider Str. 49
D-40699 Erkrath
Telefon +49 (0)2104 9384-0
Telefax +49 (0)2104 39229
info@stuermann.de
www.stuermann.de

Feststellanlagen

Innovationen für Ihre Sicherheit!

Stöbich
Brandschutz GmbH
Pracherstieg 6
D-38644 Goslar
Telefon +49 (0)5321 5708-0
Telefax +49 (0)5321 5708-88
info@stoebich.de
www.stoebich.de

Förderanlagenabschlüsse

Stöbich
Brandschutz GmbH
Pracherstieg 6
D-38644 Goslar
Telefon +49 (0)5321 5708-0
Telefax +49 (0)5321 5708-88
info@stoebich.de
www.stoebich.de

Brandschutzfenster

Schüco International KG
Karolinenstr. 1-15
D-33609 Bielefeld
Telefon +49 (0)521 783-0
Telefax +49 (0)521 783-451
info@schueco.com
www.schueco.de

Brand- /Rauchschutzverglasungen

HEROfire®

HERO-FIRE GmbH
Industriestr. 1
D-26906 Dersum
Telefon +49 (0)4963 915-4000
Telefax +49 (0)4963 915-994199
info@hero-fire.de
www.hero-fire.de

NSG GROUP

Pilkington Deutschland AG
Bereich Brandschutzglas
Haydnstr. 19
D-45884 Gelsenkirchen
Telefon +49 (0)209 168-0
Telefax +49 (0)209 168-2056
brandschutz@nsg.com
www.pilkington.de/brandschutz

SCHOTT
glass made of ideas

SCHOTT
Technical Glass Solutions GmbH
Otto-Schott-Str. 13
D-07745 Jena
Telefon +49 (0)3641 681-4666
Telefax +49 (0)3641 2888-9311
info.pyran@schott.com
www.schott.com/pyran

SCHÜCO

Schüco International KG
Karolinenstr. 1-15
D-33609 Bielefeld
Telefon +49 (0)521 783-0
Telefax +49 (0)521 783-451
info@schueco.com
www.schueco.de

Abdichtungen / Abschottungen

fermacell
AESTUVER

Fermacell GmbH
fermacell AESTUVER
Düsseldorfer Landstraße 395
D-47259 Duisburg
Telefon +49 (0)800 5235665
Telefax +49 (0)800 5356578
info@xella.com
www.aestuver.de

MEHLAG
Brandschutz-Produkte

MEHLAG AG
Gildenweg 4
D-50354 Hürth
Telefon +49 (0)2233 3980-0
Telefax +49 (0)2233 3980-79
post@mehlag.de
www.mehlag.de

ROCKWOOL

DEUTSCHE ROCKWOOL
Mineralwoll GmbH & Co. OHG
Rockwool Str. 37-41
D-45966 Gladbeck
Telefon +49 (0)2043 408-606
Telefax +49 (0)2043 408-575
www.rockwool.de

ZZ ZAPP-ZIMMERMANN
INNOVATIVE BRANDSCHUTZSYSTEME

ZAPP-ZIMMERMANN GmbH
Marconistr. 7-9
D-50769 Köln
Telefon +49 (0)221 97061-0
Telefax +49 (0)221 97061-929
info@z-z.de
www.z-z.de

Rohrabschottungen

Austroflex
Rohr-Isoliersysteme GmbH
Finkensteiner Str. 7
A-9585 Gödersdorf
Telefon +43 4257 3345
Telefax +43 4257 3345-15
office@austroflex.com
www.austroflex.com

G+H ISOLIERUNG GmbH
Bürgermeister-Grünzweig-Str. 1
D-67059 Ludwigshafen
Telefon +49 (0)621 502-292
Telefax +49 (0)621 502-599
info@guh-isolierung.de
www.guh-gruppe.de

BTI Befestigungstechnik
GmbH & Co. KG
Salzstr. 51
D-74653 Ingelfingen
Telefon +49 (0)7940 141-141
Telefax +49 (0)7940 141-9141
info@bti.de
www.bti.de/shop

KAISER GmbH & Co.KG
Ramsloh 4
D-58579 Schalksmühle
Telefon +49 (0)2355 809-0
Telefax +49 (0)2355 809-21
Info@kaiser-elektro.de
www.kaiser-elektro.de

Rohrabschottungen

Kolektor Missel Insulations GmbH
Max-Planck-Straße 23
D-70736 Fellbach/Stuttgart
Telefon +49 (0)711 5308-0
Telefax +49 (0)711 5308-128
info@missel.de
www.missel.de

Paroc GmbH
Heidenkampsweg 51
D-20097 Hamburg
Telefon +49 (0)40 883076-0
Telefax +49 (0)40 883076-199
info@paroc.de
www.paroc.de

Werte besser schützen.

svt Brandschutz GmbH
Glüsinger Str. 86
D-21217 Seevetal
Telefon +49 (0)4105 4090-0
Telefax +49 (0)4105 4090-32
info@svt.de
www.svt.de

Walraven GmbH
Karl-von-Linde-Str. 22
D-95447 Bayreuth
Telefon +49 (0)921 7560-0
Telefax +49 (0)921 7560-222
info.de@walraven.com
www.walraven.com

Rohrabschottungen

ZAPP-ZIMMERMANN
INNOVATIVE BRANDSCHUTZSYSTEME

ZAPP-ZIMMERMANN GmbH
Marconistr. 7-9
D-50769 Köln
Telefon +49 (0)221 97061-0
Telefax +49 (0)221 97061-929
info@z-z.de
www.z-z.de

Kabelabschottungen

BTI

BTI Befestigungstechnik GmbH & Co. KG
Salzstr. 51
D-74653 Ingelfingen
Telefon +49 (0)7940 141-141
Telefax +49 (0)7940 141-9141
info@bti.de
www.bti.de/shop

GRUPPE
G+H
ISOLIERUNG

G+H ISOLIERUNG GmbH
Bürgermeister-Grünzweig-Str. 1
D-67059 Ludwigshafen
Telefon +49 (0)621 502-292
Telefax +49 (0)621 502-599
info@guh-isolierung.de
www.guh-gruppe.de

Kabelabschottungen

KAISER GmbH & Co.KG
Ramsloh 4
D-58579 Schalksmühle
Telefon +49 (0)2355 809-0
Telefax +49 (0)2355 809-21
Info@kaiser-elektro.de
www.kaiser-elektro.de

Walraven GmbH
Karl-von-Linde-Str. 22
D-95447 Bayreuth
Telefon +49 (0)921 7560-0
Telefax +49 (0)921 7560-222
info.de@walraven.com
www.walraven.com

Werte besser schützen.

svt Brandschutz GmbH
Glüsinger Str. 86
D-21217 Seevetal
Telefon +49 (0)4105 4090-0
Telefax +49 (0)4105 4090-32
info@svt.de
www.svt.de

WICHMANN
Brandschutz-Systeme

Wichmann Brandschutzsysteme GmbH & Co. KG
Siemensstr. 7
D-57439 Attendorn
Telefon +49 (0)2722 6382-0
Telefax +49 (0)2722 6382-29
info@wichmann.biz
www.wichmann.biz

Kabelabschottungen

ZAPP-ZIMMERMANN
INNOVATIVE BRANDSCHUTZSYSTEME

ZAPP-ZIMMERMANN GmbH
Marconistr. 7-9
D-50769 Köln
Telefon +49 (0)221 97061-0
Telefax +49 (0)221 97061-929
info@z-z.de
www.z-z.de

Kombischott (Kabel und Rohre)

BTI

BTI Befestigungstechnik GmbH & Co. KG
Salzstr. 51
D-74653 Ingelfingen
Telefon +49 (0)7940 141-141
Telefax +49 (0)7940 141-9141
info@bti.de
www.bti.de/shop

Paroc GmbH
Heidenkampsweg 51
D-20097 Hamburg
Telefon +49 (0)40 883076-0
Telefax +49 (0)40 883076-199
info@paroc.de
www.paroc.de

Kombischott (Kabel und Rohre)

svt Brandschutz GmbH
Glüsinger Str. 86
D-21217 Seevetal
Telefon +49 (0)4105 4090-0
Telefax +49 (0)4105 4090-32
info@svt.de
www.svt.de

Wichmann Brandschutzsysteme GmbH & Co. KG
Siemensstr. 7
D-57439 Attendorn
Telefon +49 (0)2722 6382-0
Telefax +49 (0)2722 6382-29
info@wichmann.biz
www.wichmann.biz

ZAPP-ZIMMERMANN GmbH
Marconistr. 7-9
D-50769 Köln
Telefon +49 (0)221 97061-0
Telefax +49 (0)221 97061-929
info@z-z.de
www.z-z.de

Brandschutzdeckendurchführungen

BTI Befestigungstechnik GmbH & Co. KG
Salzstr. 51
D-74653 Ingelfingen
Telefon +49 (0)7940 141-141
Telefax +49 (0)7940 141-9141
info@bti.de
www.bti.de/shop

G+H ISOLIERUNG GmbH
Bürgermeister-Grünzweig-Str. 1
D-67059 Ludwigshafen
Telefon +49 (0)621 502-292
Telefax +49 (0)621 502-599
info@guh-isolierung.de
www.guh-gruppe.de

Paroc GmbH
Heidenkampsweg 51
D-20097 Hamburg
Telefon +49 (0)40 883076-0
Telefax +49 (0)40 883076-199
info@paroc.de
www.paroc.de

Fugenabdichtungen

GRUPPE G+H ISOLIERUNG

G+H ISOLIERUNG GmbH
Bürgermeister-Grünzweig-Str. 1
D-67059 Ludwigshafen
Telefon +49 (0)621 502-292
Telefax +49 (0)621 502-599
info@guh-isolierung.de
www.guh-gruppe.de

rex

Rex Industrie-Produkte
Graf von Rex GmbH
Großaltdorfer Str. 59
D-74541 Vellberg
Telefon +49 (0)7907 9620-0
Telefax +49 (0)7907 9620-80
info@rex-industrie-produkte.de
www.rex-industrie-produkte.de

Geprüfte Brandschutzfugensysteme bis 200 mm Fugenbreite EI90/EI120/EI180 vom Fugenprofi.

Werte besser schützen. svt BRANDSCHUTZ

svt Brandschutz GmbH
Glüsinger Str. 86
D-21217 Seevetal
Telefon +49 (0)4105 4090-0
Telefax +49 (0)4105 4090-32
info@svt.de
www.svt.de

Fugenabdichtungen

ZZ ZAPP-ZIMMERMANN
INNOVATIVE BRANDSCHUTZSYSTEME

ZAPP-ZIMMERMANN GmbH
Marconistr. 7-9
D-50769 Köln
Telefon +49 (0)221 97061-0
Telefax +49 (0)221 97061-929
info@z-z.de
www.z-z.de

Brandschutzbeschichtungen / -farben

HENSEL

Rudolf Hensel GmbH
Lauenburger Landstr. 11
D-21039 Börnsen
Telefon +49 (0)40 721062-10
Telefax +49 (0)40 721062-52
kontakt@rudolf-hensel.de
www.rudolf-hensel.de

BUILDING TRUST Sika®

Sika Deutschland GmbH
Industrial Coatings
Rieter Tal
D-71665 Vaihingen/Enz
Telefon +49 (0)7042 109-5105
Telefax +49 (0)7042 109-5102
industrial-coatings@de.sika.com
www.sika.de

Brandschutzbeschichtungen / -farben

Werte besser schützen.

svt Brandschutz GmbH
Glüsinger Str. 86
D-21217 Seevetal
Telefon +49 (0)4105 4090-0
Telefax +49 (0)4105 4090-32
info@svt.de
www.svt.de

Brandschutzlacke

BUILDING TRUST

Sika Deutschland GmbH
Industrial Coatings
Rieter Tal
D-71665 Vaihingen/Enz
Telefon +49 (0)7042 109-5105
Telefax +49 (0)7042 109-5102
industrial-coatings@de.sika.com
www.sika.de

Werte besser schützen.

svt Brandschutz GmbH
Glüsinger Str. 86
D-21217 Seevetal
Telefon +49 (0)4105 4090-0
Telefax +49 (0)4105 4090-32
info@svt.de
www.svt.de

Entrauchung / Lüftung

Fermacell GmbH
fermacell AESTUVER
Düsseldorfer Landstraße 395
D-47259 Duisburg
Telefon +49 (0)800 5235665
Telefax +49 (0)800 5356578
info@xella.com
www.aestuver.de

NEU: Die AESTUVER Lx für feuerwiderstandsfähige Entrauchungs- und Lüftungsleitungen.

DEUTSCHE ROCKWOOL
Mineralwoll GmbH & Co. OHG
Rockwool Str. 37-41
D-45966 Gladbeck
Telefon +49 (0)2043 408-606
Telefax +49 (0)2043 408-575
www.rockwool.de

Systemair GmbH
Seehöfer Straße 45
D-97944 Boxberg-Windischbuch
Telefon +49 (0)7930 9272-0
Telefax +49 (0)7930 9272-92
info@systemair.de
www.systemair.de

Natürliche Rauch- / Wärmeabzugsanlagen (NRA)

AUMÜLLER AUMATIC GmbH
Gemeindewald 11
D-86672 Thierhaupten
Telefon +49 (0)8271 8185-0
Telefax +49 (0)8271 8185-250
info@aumueller-gmbh.de
www.aumueller-gmbh.de

ESSERTEC GmbH
Berghäuschensweg 77
D-41464 Neuss
Telefon +49 (0)2131 183-0
Telefax +49 (0)2131 183-300
vertrieb@essertec.de
www.essertec.de

Schüco International KG
Karolinenstr. 1-15
D-33609 Bielefeld
Telefon +49 (0)521 783-0
Telefax +49 (0)521 783-451
info@schueco.com
www.schueco.de

Stürmann GmbH & Co.KG
Feldheider Str. 49
D-40699 Erkrath
Telefon +49 (0)2104 9384-0
Telefax +49 (0)2104 39229
info@stuermann.de
www.stuermann.de

Maschinelle Rauch- / Wärmeabzugsanlagen (MRA)

systemair

Systemair GmbH
Seehöfer Straße 45
D-97944 Boxberg-Windischbuch
Telefon +49 (0)7930 9272-0
Telefax +49 (0)7930 9272-92
info@systemair.de
www.systemair.de

TROX® TECHNIK
The art of handling air

TROX GmbH
Heinrich-Trox-Platz
D-47504 Neukirchen-Vluyn
Telefon +49 (0)2845 202-0
Telefax +49 (0)2845 202-265
trox@trox.de
www.trox.de

Brandschutzklappen

TROX® TECHNIK
The art of handling air

TROX GmbH
Heinrich-Trox-Platz
D-47504 Neukirchen-Vluyn
Telefon +49 (0)2845 202-0
Telefax +49 (0)2845 202-265
trox@trox.de
www.trox.de

Brandschutzventile

TROX® TECHNIK
The art of handling air

TROX GmbH
Heinrich-Trox-Platz
D-47504 Neukirchen-Vluyn
Telefon +49 (0)2845 202-0
Telefax +49 (0)2845 202-265
trox@trox.de
www.trox.de

Lüftungsleitungen

Paroc GmbH
Heidenkampsweg 51
D-20097 Hamburg
Telefon +49 (0)40 883076-0
Telefax +49 (0)40 883076-199
info@paroc.de
www.paroc.de

Brandschutzkanäle

Fermacell GmbH
fermacell AESTUVER
Düsseldorfer Landstraße 395
D-47259 Duisburg
Telefon +49 (0)800 5235665
Telefax +49 (0)800 5356578
info@xella.com
www.aestuver.de

Celsion
Brandschutzsysteme GmbH
Dresdener Str. 51
D-02625 Bautzen
Telefon +49 (0)3591 270 78-0
Telefax +49 (0)3591 270 78-19
office@celsion.de
www.celsion.de

G+H ISOLIERUNG GmbH
Bürgermeister-Grünzweig-Str. 1
D-67059 Ludwigshafen
Telefon +49 (0)621 502-292
Telefax +49 (0)621 502-599
info@guh-isolierung.de
www.guh-gruppe.de

Brandschutzeinbaugehäuse

Brandschutzschränke

Celsion
Brandschutzsysteme GmbH
Dresdener Str. 51
D-02625 Bautzen
Telefon +49 (0)3591 270 78-0
Telefax +49 (0)3591 270 78-19
office@celsion.de
www.celsion.de

EAS
Technischer Brandschutz GmbH

EAS Technischer
Brandschutz GmbH
Industriestr. 2
D-97947 Grünsfeld
Telefon +49 (0)9346 92772-0
Telefax +49 (0)9346 92772-10
info@eas-tb.de
www.eas-tb.de

PRIORIT
Fire | Resistant | Components

PRIORIT AG
Rodenbacher Chaussee 6
D-63457 Hanau-Wolfgang
Telefon +49 (0)6181 3640-0
Telefax +49 (0)6181 3640-210
info@priorit.de
www.priorit.de

Brandmeldesysteme

CALANBAU Brandschutzanlagen GmbH
Wenderter Str. 12
D-31157 Sarstedt
Telefon +49 (0)5066 808-0
Telefax +49 (0)5066 808-999
info@calanbau.de
www.calanbau.de

EAS Technischer Brandschutz GmbH
Industriestr. 2
D-97947 Grünsfeld
Telefon +49 (0)9346 92772-0
Telefax +49 (0)9346 92772-10
info@eas-tb.de
www.eas-tb.de

Rauchmelder

Ei Electronics GmbH
Königsallee 60F
D-40212 Düsseldorf
Telefon +49 (0)211 8903296
Telefax +49 (0)211 8903999
vertrieb@eielectronics.de
www.eielectronics.de

Rauch-, Hitze- und Kohlenmonoxidwarnmelder; funk- und drahtvernetzte Systeme; Zubehör

Wasserlöschanlagen

CALANBAU
Brandschutzanlagen GmbH
Wenderter Str. 12
D-31157 Sarstedt
Telefon +49 (0)5066 808-0
Telefax +49 (0)5066 808-999
info@calanbau.de
www.calanbau.de

Gaslöschanlagen

Gottschalk
Feuerschutzanlagen GmbH & Co. KG
Am Kortenhoop 47
D-32425 Minden
Telefon +49 (0)571 9451-0
Telefax +49 (0)571 45085
info@gk-feuerschutz.com
www.gk-feuerschutz.com

Schaumlöschanlagen

CALANBAU
Brandschutzanlagen GmbH
Wenderter Str. 12
D-31157 Sarstedt
Telefon +49 (0)5066 808-0
Telefax +49 (0)5066 808-999
info@calanbau.de
www.calanbau.de

Brandvermeidungssysteme

GreCon Greten GmbH & Co. KG
Hannoversche Str. 58
D-31061 Alfeld
Telefon +49 (0)5181 79-0
Telefax +49 (0)5181 79-229
sales@grecon.de
www.grecon.de

Multicomsystem
B. + D. Goßen GbR
Otto-Hahn-Str. 9B
D-40723 Hilden
Telefon +49 (0)2103 25818-0
Telefax +49 (0)2103 25818-29
info@multicomsystem.de
www.multicomsystem.de

Brandvermeidungssysteme

WICHMANN
Brandschutz-Systeme

Wichmann Brandschutzsysteme GmbH & Co. KG
Siemensstr. 7
D-57439 Attendorn
Telefon +49 (0)2722 6382-0
Telefax +49 (0)2722 6382-29
info@wichmann.biz
www.wichmann.biz

Flucht-/ Rettungspläne

Ringwald

BfB-Ringwald
Organisatorischer Brandschutz
Raiffeisenstr. 5 -7
D-71126 Gäufelden
Telefon +49 (0)7032 32087-0
Telefax +49 (0)7032 32087-51
info@bfb-ringwald.de
www.bfb-ringwald.de

BfB-Ringwald
Organisatorischer Brandschutz
Walkmühlen 1-3
23560 Lübeck
Telefon: +49 (0)451 450596-50
Telefax: +49 (0)451 450596-51
info@bfb-ringwald.de
www. bfb-ringwald.de

Feuerwehrpläne

Ringwald

BfB-Ringwald
Organisatorischer Brandschutz
Raiffeisenstr. 5 -7
D-71126 Gäufelden
Telefon +49 (0)7032 32087-0
Telefax +49 (0)7032 32087-51
info@bfb-ringwald.de
www.bfb-ringwald.de

BfB-Ringwald
Organisatorischer Brandschutz
Walkmühlen 1-3
23560 Lübeck
Telefon: +49 (0)451 450596-50
Telefax: +49 (0)451 450596-51
info@bfb-ringwald.de
www. bfb-ringwald.de

Fluchtleitsysteme

INOTEC
Sicherheitstechnik GmbH

INOTEC Sicherheitstechnik GmbH
Am Buschgarten 17
D-59469 Ense
Telefon +49 (0)2938 9730-0
Telefax +49 (0)2938 9730-29
info@inotec-licht.de
www.inotec-licht.de

Treppen/Ausstiege

GTM Wir produzieren Sicherheit.

GTM Gitterroste + Treppen GmbH
Woorteweg 14
D-46354 Südlohn
Telefon +49 (0)2862 9595-0
Telefax +49 (0)2862 9595-95
info@gtm.de
www.gtm.de

wellhöfer
TREPPEN AUS WÜRZBURG
www.wellhoefer.de

Wellhöfer Treppen GmbH & Co. KG
Max-Mengeringhausen-Str. 1
D-97084 Würzburg
Telefon +49 (0)931 61405-0
Telefax +49 (0)931 61405-71
info@wellhoefer.de
www.wellhoefer.de

Prüfstellen / Zertifizierung

MPA Dresden

MPA Dresden GmbH
Fuchsmühlenweg 6 F
D-09599 Freiberg
Telefon +49 (0)3731 203 93-0
Telefax +49 (0)3731 203 93-110
info@mpa-dresden.de
www.mpa-dresden.de

Brandschutz bei Lüftungsanlagen

Inhalt

Übersicht von Systemen im Bereich von Lüftungsanlagen

Auswahl von Systemen im Bereich von Lüftungsanlagen	Grundlage
Brandschutzklappen (Absperrvorrichtungen gegen Feuer und Rauch in Lüftungsleitungen)	DIN EN 15650
Brandschutzklappen (Abluft) für gewerbliche Küchen	–
Brandschutzklappen in feuerwiderstandsfähigen Unterdecken	–
Absperrvorrichtungen in Lüftungsleitungen nach DIN 18017-3	–
Absperrvorrichtungen in Lüftungsleitungen für die Be- und Entlüftung von Wohnungen (gemäß M-LüAR, Abschnitt 7)	DIN EN 15650
Entrauchungsklappen	DIN EN 12101-8
Überströmklappen (feuerwiderstandsfähige Abschlüsse besonderer Bauart und Verwendung	–
Bauarten zur Errichtung von Lüftungsleitungen mit Feuerwiderstand	BRL A Teil 3 (2.4) [E] M-VV-TB C4.4
Bauarten zur Errichtung von Entrauchungsleitungen mit Feuerwiderstand	BRL A Teil 3 (2.10) [E] M-VV-TB C4.10
Entrauchungskanalstücke mit Feuerwiderstand	DIN EN 12101-7

Art des Verwendbarkeitsnachweises	Klassifizierung	Übereinstimmungsnachweis bzw. Übereinstimmungsbestätigung durch ...
CE-Kennzeichnung und Leistungserklärung	EI 30/60/90 ($v_e h_o$ i←→o)-S	Hersteller (CE-Kennzeichnung)
abZ	K 30/60/90	Hersteller (Ü-Zeichen)
abZ	K 30/60/90 U	Hersteller (Ü-Zeichen)
abZ	K 30/60/90 U-18017	Hersteller (Ü-Zeichen)
CE-Kennzeichnung und Leistungserklärung	EI 30/60/90 ($v_e h_o$ i←→o)	Hersteller (CE-Kennzeichnung)
CE-Kennzeichnung und Leistungserklärung	EI 30/60/90 ($v_{exx} h_{oxx}$ i←→o) Sxxx C_{xx} MA multi	Hersteller (CE-Kennzeichnung)
abZ (Z-6.50-...)		Übereinstimmungsbestätigung des Errichters als Bauart
abP	L 30/60/90 (nach DIN 4102-6) EI 30/60/90 ($v_e h_o$ i←→o) S (nach DIN EN 13501-3) L 30/60/90	Übereinstimmungsbestätigung des Errichters als Bauart
abP	L 30/60/90, Kategorie 3 und Druckstufe 1/2/3	Übereinstimmungsbestätigung des Errichters als Bauart
CE-Kennzeichnung und Leistungserklärung	EI 30/60/90 ($v_e h_o$) Sxxx Multi	Hersteller (CE-Kennzeichnung)

Lüftungsanlagen – Erläuterungen zur neuen M-LüAR

Knut Czepuck

Die Muster-Richtlinie über brandschutztechnische Anforderungen an Lüftungsanlagen (Muster-Lüftungsanlagenrichtlinie M-LüAR [1]) aus dem Jahr 2005 wurde in den vergangenen zwei Jahren auf die Notwendigkeit einer Überarbeitung hin geprüft. Seit Dezember 2015 liegt nun die Neufassung vor, dessen Regelungen jedoch nicht zu höheren brandschutztechnischen Anforderungen führen. Das ist auch nicht möglich, da die M-LüAR als Technische Baubestimmung lediglich darstellt, wie der gesetzlich abgesteckte Rahmen ausgefüllt werden kann.

Die Neufassung der M-LüAR berücksichtigt das auf der Grundlage der europäischen Bauproduktenverordnung (unmittelbar in allen EU-Staaten geltendes Recht) eingeführte Klassifizierungssystem für bereits europäisch normierte Bauprodukte. Somit wird für den Anwender deutlich, dass alle Brandschutzklappen, die in der DIN EN 15650 [2] als Bauprodukt für die Verwendung in Lüftungs- und Klimaanlagen zur Sicherstellung der Unterteilung in feuerwiderstandsfähig getrennte Abschnitte geregelt sind, nunmehr die Klassifikationen EI 30/60/90 ($v_e h_o$ i↔o)-S aufweisen müssen (nur eine der drei Feuerwiderstandszeiten entsprechend der Feuerwiderstandsfähigkeit des Bauteils).

Für die Neuerrichtung genügt es also nicht, Brandschutzklappen mit der ehemaligen nationalen Klassifizierung K 30/60/90 zu verwenden. Ausgenommen davon sind jedoch alle von der Norm nicht erfassten Vorrichtungen, also z.B. die Verwendung von Brandschutzklappen in Atmosphären, die planmäßig oder außerplanmäßig aufgrund chemischer Reaktionen eine schädigende und/oder korrosionsverursachende

Wirkung auf die Klappen ausüben. Solange es für derartige Verwendungen keine europäisch harmonisierten Brandschutzklappen gibt, ist die Erteilung einer nationalen allgemeinen bauaufsichtlichen Zulassung (abZ) möglich.

Die bisher in der Muster-Liste der Technischen Baubestimmungen (MLTB) zu findenden Anwendungsregeln für Brandschutzklappen wurden im Vorgriff auf die zu erwartenden Änderungen der Bauregelliste (BRL) und der Liste der Technischen Baubestimmung (LTB) als neuer Abschnitt 4.2 in die Lüftungsanlagenrichtlinie aufgenommen. Damit sind die technischen Bestimmungen für Lüftungsanlagen in nur noch einem Regelwerk zusammengefasst. Für feuerwiderstandsfähige Lüftungsleitungen wird eine Harmonisierung durch die BauPVO nur für fertiggestellte und in Verkehr zu bringende Leitungsteilstücke möglich sein. Derartig normierte Bauprodukte würden auch einer entsprechenden europäischen Klassifizierung bedürfen.

Die in der Praxis übliche Herstellung feuerwiderstandsfähiger Lüftungsleitungen auf der Baustelle bei der Errichtung einer Lüftungsanlage wird weiterhin Bauartregeln erfordern, die sich durch entsprechende Verwendbarkeitsnachweise ergeben.

Soweit bei Schächten und Kanälen der bisherigen nationalen Feuerwiderstandsklassen F 30/60/90 oder L 30/60/90 europäisch gleichwertige Klassifizierungen möglich sind, greift die Technische Baubestimmung (TB) bereits jetzt die zukünftige Entwicklung auf.

Gefahren chemischer Kontamination

In der Fachwelt wurden in den vergangenen zwei Jahren heftige Diskussionen geführt, ob die Abführung der Luft aus Laborabzügen über Lüftungsleitungen mit herkömmlichen Brandschutzklappen unbedenklich sei.

Da in Laborabzügen üblicherweise chemische Stoffe enthalten sind, die auch Materialien schädigen können, muss dafür Sorge getragen werden, dass die Sicherheitselemente in den Lüftungsleitungen nicht beschädigt werden. Nur dann können sie im Gefahrenfall ordnungsgemäß funktionieren.

Eine bisher bauaufsichtlich akzeptierte Lösung ist in Abb. 4 (siehe Seite 125) dargestellt: Aus den jeweiligen Brandabschnittsbereichen erfolgt eine getrennte Abführung der Abluft über korrosionsbeständige Kunststoffabluftleitungen, die ggf. feuerwiderstandsfähig ummantelt sind.

Bei dieser Lösung können auch Ventilatoren aus brennbaren Baustoffen verwendet werden. Um die technische Entwicklung besonderer Absperrvorrichtungen für derartige Anwendungsfälle zu ermöglichen, ist in die Richtlinie nunmehr eine entsprechende Bestimmung aufgenommen worden, die mit der Bestimmung über Küchenabluft-Brandschutzklappen vergleichbar ist.

Soweit von der Abluft keine Gefahren für den Menschen zu erwarten sind, bestehen gemäß der Richtlinie auch keine Bedenken gegen die Verwendung herkömmlicher Brandschutzklappen. Dazu ist jedoch nachzuweisen, dass die Arbeitsplatzgrenzwerte der TRGS 900 [3] jederzeit eingehalten werden. Das bedeutet, dass die zukünftigen Nutzer bereits bei der Errichtung der Lüftungsanlage für die Entlüftung von Laborabzügen Aussagen treffen müssen, wie sie in einer Gefährdungsbeurteilung erforderlich sind.

Der neue Abschnitt 7

In der bisherigen Fassung der M-LüAR behandelte der Abschnitt 7 Lüftungsanlagen nach der Bauartregel DIN 18017-3 [4], d.h. Lüftungsanlagen mit Ventilatoren zur Lüftung von Bädern und Toilettenräumen ohne Außenfenster. In der Neufassung dieses Abschnittes werden nun in drei Unterabschnitten Lüftungsanlagen zur Be- und Entlüftung von Wohnungen sowie Nutzungseinheiten vergleichbarer Größe, Lüftungsanlagen mit Ventilatoren für die Lüftung von Bädern und Toilettenräumen und die Lüftung von nichtgewerblichen Küchen geregelt.

Anlass dieser Umstrukturierung war, dass die lediglich mit abZ für die ausschließliche Verwendung in Luftungsanlagen nach der Bauartregel DIN 18017-3 verwendbaren Absperrvorrichtungen rechtswidrig für andere brandschutztechnische Anwendungszwecke in Lüftungsanlagen eingesetzt wurden.

Nach der allgemeinen Systematik der europäisch geregelten Bauprodukte sind jedoch in diesen abweichenden Fällen für den Einsatz in Lüftungs- und Klimaanlagen zur Sicherstellung der Unterteilung in feuerwiderstandsfähig getrennte Abschnitte ausschließlich Brandschutzklappen nach DIN EN 15650 zu verwenden.

Die immer zulässige Lösung für die Ausführung von Lüftungsanlagen nach Abschnitt 7 besteht in der Verwendung von Brandschutzklappen, d.h., es wird eine herkömmliche Lüftungsanlage errichtet, bei der die Brandschutzklappen entsprechend den Anforderungen der Hersteller regelmäßig überprüft werden und bei denen Grundmaßnahmen zur Instandhaltung erforderlich sind.

Für die Wohnungslüftungsanlagen wurden im neuen Abschnitt 7 des Entwurfs weitere bauaufsichtlich zulässige Varianten beschrieben, deren Umsetzung ggf. die Entwicklung neuer Bauprodukte bedingen. Eine dieser Varianten besteht in der Verwendung von Absperrvorrichtungen einer europäischen Klassifizierungen EI 30/60/90 ($v_e h_o$ i←→o), kombiniert mit Rauchsperren (keine Kalt-Rauchsperren nach Liste C der BRL), wie sie in Abb. 6.1 der M-LüAR (siehe Seite 127) gezeigt wird. Zusätzlich zu diesen Bauprodukten werden entsprechende Anforderungen an die zulässigen Maximalquerschnitte der Hauptleitungen gestellt.

Die regelmäßige Überprüfung und Instandhaltung wurde in der notifizierten Fassung in einem mindestens zweijährigen Abstand für ausreichend erachtet; die genaue Festlegung obliegt aber den Herstellern dieser Absperrvorrichtungen. Normativ betrachtet sind auch diese Vorrichtungen Brandschutzklappen nach DIN EN 15650, jedoch ohne das Klassifizierungsmerkmal S.

Eine andere Variante der Ausführung besteht in einer Lüftungsanlage mit motorisierten Brandschutzklappen. Die ursprünglich mit den Herstellern diskutierte Variante zielte nur darauf ab, die regelmäßige Überprüfung in größeren Zeitabständen vornehmen zu können, weil durch die Motorisierung ein Überprüfen der Sicherheitsstellung der Brandschutzklappen auch aus der Ferne möglich sei. In der notifizierten Fassung wurden die Überlegungen zum Wartungsintervall zur Diskussion gestellt.

Bauaufsichtlich wäre eine Überprüfung durch direkte Inaugenscheinnahme der motorisierten Brandschutzklappen in maximal zulässigen Zeitabständen von sechs Jahren tragbar, sofern der Hersteller keine Arbeiten in kürzeren Zeiträumen an dem Bauprodukt für notwendig hält.

Damit würde der bisherige Zeitraum von einem Jahr (wie er in allen alten abZ zu finden ist) wegen der regelmäßigen automatisierten Prüfung der Sicherheitsstellung bei (neuen) motorisierten Brandschutzklappen deutlich verlängert. Als Folge wäre ein Betreten der Wohnungen für Inspektionsarbeiten an Brandschutzklappen deutlich seltener notwendig. Während der Beratung in den Gremien wurde diese Variante jedoch auch für andere Lüftungsanlagen als zulässige Lösung erachtet. Deshalb befinden sich die Regelungen zur Überprüfungshäufigkeit (noch) im Abschnitt 4.2 der neuen Richtlinie.

Wegen der grundsätzlich beim Hersteller liegenden Verantwortung und Zuständigkeit für die Festlegungen regelmäßiger Überprüfungen, Wartungen und Instandhaltungen (nicht zu verwechseln mit den Prüfungen aufgrund der Prüfvorschriften/-verordnungen der Länder) wird erwartet, dass bei der Veröffentlichung der M-LüAR die Anregungen aus dem Kreis der Bauaufsicht zur Überprüfungshäufigkeit nur in einem informativen Text für Hersteller und interessierte Kreise zusammengefasst werden und nicht mehr als Regelungsbestandteil in der M-LüAR, insbesondere in den Abschnitten 4.2 und 7.1, enthalten bleiben. Dabei wäre auch ein bauaufsichtlicher Gedanke, auch als deutliches Entgegenkommen für die Marktteilnehmer, klarer darzustellen. Bei der Zusammenfassung der Ideen für eine Erleichterung im Bereich der Wohnungslüftungsanlagen ist die aus bauaufsichtlicher Sicht großzügigere Behandlung von Brandschutzklappen, die nur in einer Wohnungslüftungsanlage verwendet werden, den Herstellern als weitere Option für deren Überprüfungs-, Wartungs- und Instandhaltungsregeln nahezubringen: Auch für lediglich in Wohnungslüftungsanlagen eingebaute Brandschutzklappen könnte die bauaufsichtliche Pflicht zur Instandhaltung (siehe § 3 Musterbauordnung – MBO [5]), zu einem Teil durch notwendige Überprüfungen in Zeiträumen von maximal sechs Jahren erfüllt werden.

Die Regelungen für die Bad-/WC-Lüftungsanlagen entsprechen im Wesentlichen den bisherigen Regelungen des Abschnittes 7, wobei jedoch die bisherigen erweiterten Anwendungsbereiche nicht mehr berücksichtigt wurden. In den Regelungen war es auch bisher schon so, dass die Verlegung der Lüftungsleitungen für Anlagen der Bauart nach DIN 18017 zwar in klassifizierten I-Schächten nach DIN 4102-11 [6] erfolgen durfte, aber dann, wenn aus diesem Schächten Anschlussleitungen durch die Schachtwand geführt werden sollten, in den Schachtwänden Brandschutzklappen vorgesehen werden mussten.

Brandschutzklappen, die in Schachtwände vor den Schächten eingebaut werden können, sind derzeit am Markt nicht erhältlich, da eine Prüfung der Brandschutzklappen in derartigen Wänden durch die Hersteller derzeit noch nicht erfolgt ist und somit keine Konformitäts-/Leistungserklärung für diese Verwendung vorliegt.

In der DIN 4102-11 ist ein Passus enthalten, der die Verlegung von Lüftungsleitungen nach DIN 18017 ermöglichen könnte. Aber dieser nationalen Norm ist nicht zu entnehmen, welche Brandschutzmaßnahmen zu treffen sind. Also müssen in allen den Schacht begrenzenden (raumabschließenden) feuerwiderstandsfähigen Bauteilen (Wände, Decken und auch unterteilende Decken) für alle durchgeführten Leitungen (Lüftungsleitungen und andere Installationen) gleichwertige brandschutztechnische Maßnahmen getroffen werden. Brandschutzklappen oder zurzeit noch national für derartige Anwendungen zugelassene Absperrvorrichtungen für Lüftungsanlagen nach DIN 18017 sind derzeit nicht bekannt.

Da die Abluft aus nicht gewerblichen Küchen neben Wasserdampf einen erheblichen Anteil an Fetten enthalten kann, sind auch die Abluftleitungen der Dunstabzugshauben bzw. -anlagen Leitungen, die getrennt von anderen Abluftleitungen geführt werden sollen. Erleichternd dürfen diese Leitungen für einzelne Wohnungsküchen als Abluftleitungen aus Stahlblech auch gemeinsam in einem feuerwiderstandsfähigen Schacht geführt werden. Die reine Küchenabluft (also die Abluft aus dem Raum selbst) darf über die Wohnungslüftungsanlage, aber auch über Anlagen, die nur Bäder und Toilettenräume entlüften, abgeführt werden.

Fazit

Durch die Überarbeitung der M-LüAR erfolgen einige Klarstellungen darüber, was bauaufsichtlich in Bezug auf die Brandschutztechnik vertretbar ist. Viele kreative Interpretationen über brandschutztechnisch zulässige andersartige Ausführungen sollten damit der Vergangenheit angehören, sodass die Anwender die jeweiligen Bauprodukte rechtskonform einsetzen können.

Die Argumentationen vieler Anwender, die mit den Klarstellungen unzufrieden sind, laufen ins Leere. Unter Berücksichtigung der Beurteilungen des Oberverwaltungsgerichts für das Land Nordrhein-Westfalen zum Flughafenbrand in Düsseldorf, kann aus der glücklichen Sachlage, dass seit langer Zeit keine Brände mit bedeutenden Schäden erfasst wurden, nicht geschlossen werden, dass die rechtswidrige Anwendung von Bauprodukten entgegen den Bestimmungen in Verwendbarkeitsnachweisen weiterhin fortgesetzt werden darf.

Diejenigen, die bisher bereits die M-LüAR mit Sachverstand berücksichtigt haben, müssen sich zukünftig bei ihren Planungen lediglich hinsichtlich der neuen BauPVO umorientieren.

Die nächste Novelle der M-LüAR könnte darin bestehen, dass alle Einzelregelungen neu sortiert zusammengestellt werden. Dies ist eine Aufgabe für die nächsten Jahre.

Literatur

[1] Muster-Richtlinie über brandschutztechnische Anforderungen an Lüftungsanlagen (Muster-Lüftungsanlagen-Richtlinie M-LÜAR), Stand: 29.09.2005, zuletzt geändert durch Beschluss der Fachkommission Bauaufsicht vom 1. Juli 2010

[2] DIN EN 156502010-09 „Lüftung von Gebäuden - Brandschutzklappen

[3] Technischen Regeln für Gefahrstoffe 900 - Arbeitsplatzgrenzwerte (TRGS 900), Ausgabe Januar 2006, zuletzt geändert und ergänzt 2015

[4] DIN 18017-3:2009-09 „Lüftung von Bädern und Toilettenräumen ohne Außenfenster – Teil 3: Lüftung mit Ventilatoren"

[5] Musterbauordnung (MBO), Fassung November 2002, zuletzt geändert durch Beschluss der Bauministerkonferenz vom 13.05.2016

[6] DIN 4102411198542 „Brandverhalten von Baustoffen und Bauteilen; Rohrummantelungen, Rohrabschottungen, Installationsschächte und -kanäle sowie Abschlüsse ihrer Revisionsöffnungen; Begriffe, Anforderungen und Prüfungen"

Muster-Richtlinie über brandschutztechnische Anforderungen an Lüftungsanlagen – Muster-Lüftungsanlagen-Richtlinie – M-LüAR (29.9.2005, zul. geänd. 11.12.2015)

Abkürzungen: Absperrvorrichtungen AV / Lüftungsanlagen LA / Lüftungsleitungen LL / Lüftungszentrale LZ / Brandschutzklappen BSK

1 Geltungsbereich

Diese Richtlinie gilt für den Brandschutz von Lüftungsanlagen, die den Anforderungen nach § 41 MBO (siehe unten) unterliegen. Die Richtlinie gilt nicht für mit Luft arbeitende Transportanlagen (z.B. Späneabsaugung, Rohrpostanlagen).
Die Verwendbarkeit von Bauprodukten und die Anwendbarkeit von Bauarten zur Errichtung von Lüftungsanlagen regeln die §§ 17 ff MBO i. V. m. den jeweils aktuellen Bauregellisten.

2 Begriffe

Als LA gelten auch raumlufttechnische und Klimaanlagen sowie Warmluftheizungen.

Musterbauordnung (MBO) § 41 Lüftungsanlagen

(1) Lüftungsanlagen (LA) müssen betriebssicher und brandsicher sein; sie dürfen den ordnungsgemäßen Betrieb von Feuerungsanlagen nicht beeinträchtigen.

(2) Lüftungsleitungen (LL) sowie deren Bekleidungen und Dämmstoffe müssen aus nichtbrennbaren Baustoffen bestehen; brennbare Baustoffe sind zulässig, wenn ein Beitrag der LL zur Brandentstehung und Brandweiterleitung nicht zu befürchten ist. LL dürfen raumabschließende Bauteile, für die eine Feuerwiderstandsfähigkeit vorgeschrieben ist, nur überbrücken, wenn eine Brandausbreitung ausreichend lang nicht zu befürchten ist oder wenn Vorkehrungen hiergegen getroffen sind.

(3) LA sind so herzustellen, dass sie Gerüche und Staub nicht in andere Räume übertragen.

(4) LA dürfen nicht in Abgasanlagen eingeführt werden; die gemeinsame Nutzung von LL zur Lüftung und zur Ableitung der Abgase von Feuerstätten ist zulässig, wenn keine Bedenken wegen der Betriebssicherheit und des Brandschutzes bestehen. Die Abluft ist ins Freie zu führen. Nicht zur LA gehörende Einrichtungen sind in LL unzulässig.

(5) Die Absätze 2 und 3 gelten nicht
1. für Gebäude der Gebäudeklassen 1 und 2,
2. innerhalb von Wohnungen,
3. innerhalb derselben Nutzungseinheit mit ≤ 400 m^2 in nicht mehr als 2 Geschossen.

(6) Für raumlufttechnische Anlagen u. Warmluftheizungen gelten (1) bis (5) entsprechend.

3 Anforderungen an das Brandverhalten der Baustoffe

MBO § 41 fordert nichtbrennbare Baustoffe. Abweichend hiervon dürfen schwerentflammbare Baustoffe verwendet werden für **Lüftungsleitungen**

(1) die nicht durch raumabschließende Bauteile mit vorgeschriebener Feuerwiderstandsfähigkeit hindurchgeführt werden

(2) mit mindestens feuerhemmenden BSK am Durchtritt durch raumabschließende Bauteile mit vorgeschriebenem Feuerwiderstand (höhere Anforderungen aufgrund der Abschnitte 4 bis 6 bleiben unberührt) oder

(3) die mindestens feuerhemmend sind (schwerentflammbare Baustoffe jedoch nur für die innere Schale) sowie für LL, die in einem mindestens feuerhemmenden Schacht verlegt sind (höhere Anforderungen aufgrund der Abschnitte 4 bis 6 bleiben unberührt)

Abweichend von Satz 1 Nr. 1 und 2 sind brennbare Baustoffe nicht zulässig für

(1) nicht mindestens feuerhemmende LL in notwendigen Treppenräumen, in Räumen zwischen diesen und den Ausgängen ins Freie, in notwendigen Fluren oder

(2) LL über Unterdecken, die tragende Bauteile brandschutztechnisch schützen müssen.

Unzulässig sind brennbare Baustoffe für LL, in denen

(1) Luft mit Temperaturen von mehr als 85 °C gefördert wird oder

(2) sich im besonderen Maße brennbare Stoffe ablagern können (z.B. Abluftleitungen für gewerbliche Küchen, Raumlüftungsanlagen in holzverarbeitenden Betrieben).

Die vorstehenden Bestimmungen für LL gelten sinngemäß auch für **Beschichtungen und Bekleidungen**, Dämmschichten, Dampfsperren, Folien für Lüftungsleitungen.

Für Dampfsperren, Folien und Beschichtungen mit ≤ 0,5 mm Dicke dürfen anstelle schwerentflammbarer Baustoffe im eingebauten Zustand normalentflammbare Baustoffe verwendet werden. Solche aus brennbaren Baustoffen bestehenden Bauteile dürfen nicht durch raumabschließende Bauteile mit vorgegebenem Feuerwiderstand hindurchgeführt werden.

Für **lokal begrenzte Bauteile**, wie in Einrichtungen zur Förderung und Aufbereitung der Luft und zur Regelung der Lüftungsanlage sowie für kleine Teile, wie Bedienungsgriffe, Dichtungen, Lager, Messeinrichtungen dürfen brennbare Baustoffe verwendet werden.

Dies gilt auch für elektrische und pneumatische Leitungen, soweit sie außerhalb von LL liegen und den zur Lüftungsanlage gehörenden Einrichtungen in LL von außen auf kürzestem Wege zugeführt sind.

Ein- und Auslässe von LL dürfen aus brennbaren Baustoffen bestehen.

Für **die übrigen Bauteile und Einrichtungen** dürfen brennbare Baustoffe nur im Rahmen der Anforderungen der Abschnitte 5.2.3, 6.2 und 6.4.4 sowie der entsprechenden schematischen Darstellungen verwendet werden.

4 Feuerwiderstandsfähigkeit von Lüftungsleitungen und Absperrvorrichtungen von Lüftungsanlagen

4.1 Grundlegende Anforderungen

Die Anforderungen des § 41 Abs. 2 MBO gelten als erfüllt, wenn die LA nach den Abschnitten 5 bis 8 und den Bildern 1 bis 6 ausgebildet werden.

Dabei muss die Feuerwiderstand der BSK dem vorgeschriebenen Feuerwiderstand der von den LL durchdrungen Bauteile entsprechen (siehe Tabelle) **oder** es muss der Feuerwiderstand der LL bei geforderter feuerwiderstandsfähiger Bauart dem höchsten vorgeschriebenen Feuerwiderstand der durchdrungenen raumabschließenden Bauteile entsprechen.

Feuerwiderstandsfähigkeit Bauteil	Klassifizierung Brandschutzklappe	
feuerhemmend	EI 30($v_e h_o$ i$\leftarrow\rightarrow$o)-S	ehemalig national: K 30
hochfeuerhemmend	EI 30($v_e h_o$ i$\leftarrow\rightarrow$o)-S	ehemalig national: K 60
feuerbeständig	EI 30($v_e h_o$ i$\leftarrow\rightarrow$o)-S	ehemalig national: K 90

In notwendigen Fluren mit feuerhemmenden Wänden genügen anstelle feuerhemmender Ausführung LL aus Stahlblech, ohne Öffnungen, mit Abhängern aus Stahl (Abb. 3.1 und 3.2).

4.2 Anwendungs- und Ausführungsbestimmungen für die Verwendung

In raumabschließenden Bauteilen mit gefordertem Feuerwiderstand dürfen nur BSK verwendet werden, die folgende Leistungsmerkmale aufweisen bzw. Anforderungen erfüllen:

- im Wesentlichen aus nichtbrennbaren Baustoffen (mindestens Klasse A2-s1, d0
- Nennauslösetemperatur der thermischen Auslöseeinrichtung maximal 72 °C, in Zuluftleitungen in Warmluftheizungsanlagen maximal 95 °C
- für mechanische Absperrelemente und motorische Antriebe, die auch bedarfsgemäß und unabhängig von der Schutzfunktion geöffnet/geschlossen werden sollen, muss die Dauerhaftigkeit der Betriebssicherheit für .≥ 10.000 Betätigungen nachgewiesen sein.
- BSK mit mechanischem Absperrelement dürfen nur mit einer durch Feuerwiderstandsprüfung nach EN 1366-2 nachgewiesen Achslage verwendet werden
- BSK dürfen zusätzlich zur thermischen Auslösung mit Rauchauslöseeinrichtungen angesteuert werden, wenn deren Verwendbarkeit nachgewiesen ist. Die Rauchauslöseeinrichtungen müssen für den Anschluss an die jeweilige BSK geeignet und in LL installiert sein.
- Für die Verwendung der BSK sind die detaillierten Produktspezifikationen des Herstellers/seines Vertreters zu beachten (Montage- und Betriebsanleitung). Dazu gehören auch die in der Betriebsanleitung für die Inbetriebnahme, Inspektion, Wartung, Instandsetzung sowie Überprüfung der Funktion der BSK gemachten notwendigen Angaben.

5 Anforderungen an die Installation von Lüftungsleitungen

5.1 Auswahl und Anordnung der Bauteile

Bauteile	Anforderungen
Lüftungsleitungen (5.1.1) mit erhöhter Brand-, Explosions- oder Verschmutzungsgefahr sowie mit chemischer Kontamination	dürfen untereinander und mit anderen LL nur verbunden sein, wenn geeignete Brandschutzklappen die Übertragung von Feuer und Rauch verhindert.
Abluftleitungen, über die mit chemischen Bestandteilen kontaminierte Luft abgeführt werden soll	Feuerwiderstand der LL = höchster geforderter Feuerwiderstand der von ihnen durchdrungenen raumabschließenden Bauteile (siehe Abb. 4) **oder** Eignung der Brandschutzklappen für diese Verwendung muss nachgewiesen sein
Brandschutzklappen in Laborabzügen	unbedenklich, wenn in der Abluft die Arbeitsplatzgrenzwerte TRGS 900 eingehalten werden
Mündungen (5.1.2) von Außenluft- u. Fortluftleitungen, aus denen Brandgase ins Freie gelangen können	müssen so angeordnet oder ausgebildet sein, dass durch sie Feuer oder Rauch nicht in andere Räume übertragen werden können. Das ist **erfüllt, wenn** • ihr Abstand zu Fenstern, Außenwandöffnungen und Außenwänden mit brennbaren Baustoffen (gilt nicht für Holzlattung hinterlüfteter Fassaden) ≥ 1,5 m beträgt **oder** • die Mündungen durch 1,5 m auskragende öffnungslose Bauteile aus nichtbrennbaren Baustoffen (Feuerwiderstand den Decken entsprechend) geschützt sind • sie über Dach Bauteile aus brennbaren Baustoffen ≥ 1 m überragen oder von diesen (waagerecht gemessen) 1,5 m entfernt sind. Nicht erforderlich, wenn diese Baustoffe von den Außenflächen der LL bis zu einem Abstand von ≥ 1,5 m gegen Brandgefahr geschützt sind (z.B. ≥ 5 cm dicke Bekiesung/ ≥ 3 cm dicke, fugendicht verlegte Betonplatten). • sie durch Brandschutzklappen gesichert sind
Zuluftanlagen (5.1.3)	Die Übertragung von Rauch über die Außenluft ist durch Rauch-/Brandschutzklappen mit Rauchauslöseeinrichtungen zu verhindern. Nicht, wenn durch die Lage der Außenluftöffnung das Ansaugen von Rauch auszuschließen ist.

Bauteile (Fortsetzung)	Anforderungen
Lüftungsanlagen mit Umluft (5.1.4)	Schutz der Zuluft gegen Eintritt von Rauch aus der Abluft durch Rauchschutzklappen oder Brandschutzklappen mit Rauchauslöseeinrichtungen. Die Anordnung der Rauchauslöseeinrichtungen darf deren Wirksamkeit nicht durch Verdünnungseffekte beeinträchtigen. Bei Ansprechen der Rauchauslöseeinrichtungen müssen die Ventilatoren abgeschaltet werden, soweit der Weiterbetrieb nicht der Rauchausbreitung entgegenwirkt.
Andere Installationen (5.1.5) in Lüftungsleitungen	Zulässig: Einrichtungen von Lüftungsanlagen und zugehörigen Leitungen, diese dürfen keine brennbaren oder toxischen Stoffe und keine Stoffe mit Temperaturen > 110 °C führen; zulässig jedoch: Leitungen zur Zuführung von Wärmeträgern mit höheren Temperaturen (auf kürzestem Wege)
In Schächten und Kanälen der Feuerwiderstandsklasse L 30/60/90 (nach DIN 4102-4: 1994-03, 8.5.1 bis 8.5.6 oder hierzu gleichwertigen europäischen Klassifizierungen	Zulässig: Leitungen für Wasser, Abwasser und Wasserdampf bis 110 °C sowie für Druckluft, wenn sie ausschließlich aus nichtbrennbaren Baustoffen bestehen (keine brandschutztechnische Abtrennung zwischen Schacht und Lüftungszentrale erforderlich, siehe Abb. 1.2, Anordnung 2).
Wenn Öffnungen in den Wänden dichte Verschlüsse (z. B. mit umlaufendem Anschlag) mit demselben Feuerwiderstand wie die Wände haben	Zulässig: auch andere (z. B. brennbare) Installationen, wenn alle ein- und ausführenden Lüftungsleitungen an den Durchtrittsstellen (auch zur Lüftungszentrale) durch Brandschutzklappen EI 30/60/90 (veho i?o)-S gesichert sind (siehe Abb. 1.2, Anordnung 1). Die Notwendigkeit brandschutztechnischer Maßnahmen für diese anderen Installationen bleibt unberührt.

5.2 Verlegung von Lüftungsleitungen

Verlegung	Anforderungen
Alle Leitungsabschnitte (5.2.1)	
Begrenzung von Kräften (5.2.1.1)	LL dürfen bei Erwärmung durch Brand keine erheblichen Kräfte auf tragende oder notwendig feuerwiderstandsfähige Wände und Stützen ausüben. Erfüllt bei ausreichenden Dehnungsmöglichkeiten, – bei LL aus Stahl ca. 10 mm/lfd. m Leitungslänge – bei anderen Baustoffen ist deren Längenausdehnungskoeffizient zu berücksichtigen.
Bei zweiseitig fester Einspannung der Leitungen	erfüllt, wenn 1. Leitungen keine erhebliche Längssteifigkeit besitzen (z. B. Spiralfalzrohre mit Steckstutzen bis 250 mm Durchmesser oder Flexrohre) 2. Längenänderungen durch Leitungsverformungen aufgenommen werden (siehe Abb. 5) oder 3. Kompensatoren (z. B. Segeltuchstutzen) verwendet werden (Reaktionskraft < 1 kN)
Durchführung durch feuerwiderstandsfähige, raumabschließende Bauteile (5.2.1.2)	Ausführung mit dem höchsten vorgeschriebenen Feuerwiderstand der durchdrungenen Bauteile; andernfalls: BSH (siehe Abb. 1.1 bis Abb. 1.4). Dürfen LL ohne BSK durch die raumabschließenden Bauteile hindurchgeführt werden, sind die verbleibenden Öffnungsquerschnitte mit geeigneten nichtbrennbaren mineralischen Baustoffen in Bauteildicke dicht zu verschließen. Bis zu 50 mm Spaltbreite sind Stopfungen aus Mineralfasern (Schmelzpunkt > 1000 °C) geeignet.
Abstände zu flächig angrenzenden Bauteilen mit brennbaren Baustoffen (5.2.1.3)	Leitungsabschnitte, deren äußere Oberflächen Temperaturen von > 85 °C erreichen können, müssen einen Abstand von ≥ 40 cm einhalten.
Feuerwiderstandsfähige Leitungsabschnitte (5.2.2)	
	müssen an Bauteilen mit entsprechender Feuerwiderstandsfähigkeit befestigt sein

Verlegung (Fortsetzung)	Anforderungen
Leitungen im Freien (5.2.3)	
die von Brandgasen durchströmt werden können	müssen 1. feuerwiderstandsfähig sein **oder** 2. aus Stahlblech bestehen, wenn ein Abstand von ≥ 40 cm zu Bauteilen aus brennbaren Baustoffen eingehalten ist; sind diese Baustoffe durch eine ≥ 2 cm dicke mineralische, nichtbrennbare Schicht geschützt, genügen 20 cm Abstand
– auf Flachdächern	dürfen aus schwerentflammbaren Baustoffen ausgeführt werden, wenn 1. sie gegen Herabfallen (auch im Brandfall) gesichert sind, 2. der Abstand von Bauteilen aus brennbaren Baustoffen ≥ 1,5 m beträgt, sofern diese nicht bis zu diesem Abstand gegen Entflammen geschützt sind **und** 3. die Dachoberfläche aus brennbaren Baustoffen unterhalb der Leitung in einer Breite von jeweils 1,5 m (bezogen auf die Außenkante) gegen Entflammen geschützt ist (z. B. durch eine ≥ 5 cm dicke Bekiesung oder durch ≥ 3 cm dicke, fugendicht verlegte Betonplatten).
Lüftungsleitungen oberhalb von Unterdecken (5.2.4)	
Unterdecken, für die als selbstständiges Bauteil ein Feuerwiderstand gefordert wird,	LL sind so zu befestigen, dass sie auch im Brandfall nicht herabfallen können (siehe DIN 4102-4:1994-03, 8.5.7.5).
Lüftungsleitungen im Dachraum – Brandschutz (5.2.5)	
Führen Lüftungsleitungen durch einen Dachraum,	müssen bei der Durchdringung einer Decke, die feuerwiderstandsfähig sein muss, zwischen oberstem Geschoss und Dachraum 1. Brandschutzklappen eingesetzt werden (siehe Bild 2.1), 2. die Lüftungsanlage im Dachraum feuerwiderstandsfähig (bei Leitungen ins Freie bis über die Dachhaut) umkleidet werden oder 3. die LL selbst feuerwiderstandsfähig ausgebildet sein.

6 Anforderungen an die Installation von Lüftungsleitungen

	Anforderungen
6.1 Lufterhitzer	
mit Heizflächentemperaturen > 160 °C	Sicherheitstemperaturbegrenzer zur Abschaltung des Lufterhitzer bei Erreichen einer Lufttemperatur von 110 °C.
direkt befeuerte Lufterhitzer	zusätzlicher Strömungswächter, der beim Nachlassen/ Ausbleiben des Luftstroms die Beheizung selbsttätig abschaltet, sofern dies nicht auch der Sicherheitstemperaturbegrenzers gewährleistet.
6.2 Filtermedien, Kontaktbefeuchter und Tropfenabscheider	
aus brennbaren Baustoffen	ein engmaschiges Gitter oder eine geeignete Luftaufbereitungseinrichtung aus nichtbrennbaren Baustoffen müssen sicherstellen, dass brennende Teile nicht vom Luftstrom mitgeführt werden können.
6.3 Wärmerückgewinnungsanlagen	
Eine Brandübertragung zwischen Abluft und Zuluft ist durch installationstechnische Maßnahmen oder andere geeignete Vorkehrungen auszuschließen.	
6.4 Lüftungszentralen (LZ) für Ventilatoren und Luftaufbereitungseinrichtungen	
Grundlegende Anforderung (6.4.1)	In Gebäuden müssen LZ eingerichtet werden, wenn an die Ventilatoren/ Luftaufbereitungseinrichtungen in Strömungsrichtung anschließende Leitungen in mehrere Geschosse (nicht bei Gebäudeklasse 3) oder Brandabschnitte führen. LZ können selbst luftdurchströmt sein (Kammerbauweise). Sie dürfen nicht anderweitig genutzt werden.
(6.4.2) – Tragende, aussteifende und raumabschließende Bauteile der LZ zu anderen Räumen	Ausführung mit dem höchsten notwendigen Feuerwiderstand der Decken und Wände entsprechen, durch die LL von der LZ aus hindurchgeführt werden; dabei bleiben Kellerdecken unberücksichtigt.
– Andere Wände und Decken sowie Fußböden	aus nichtbrennbaren Baustoffen oder durch ≥ 2 cm dicke mineralische, nichtbrennbare Schichten geschützt
– Öffnungen in den Wänden zu anderen Räumen	mit mindestens feuerhemmenden dicht- und selbstschließenden Abschlüssen, zu notwendigen Treppenräumen zusätzlich rauchdicht
	LZ dürfen keine Öffnungen zu Aufenthaltsräumen haben.

	Anforderungen
Ausgänge von LZ (6.4.3)	Von jeder Stelle der LZ muss in ≤ 35 m Entfernung ein Ausgang zu einem Flur (Bauart wie notwendige Flure), zu Treppenräumen (Bauart wie notwendige Treppenräume) oder unmittelbar ins Freie erreichbar sein.
Lüftungsleitungen in LZ (6.4.4)	1. aus Stahlblech (nicht mit brennbaren Dämmschichten) 2. Feuerwiderstand der LL den Decken und Wänden der LZ zu anderen Räumen entsprechend 3. am Ein- und Austritt der LZ (nicht Fortluft-/Außenluftleitungen, die unmittelbar ins Freie führen) BSK mit Rauchauslöseeinrichtungen ausgestattet sein. Die Verwendung von LL aus schwerentflammbaren Baustoffen in LZ ist ohne Einhaltung der Anforderungen nach Nr. 2 und 3 zulässig, wenn (siehe auch Abb. 4): 1. die LZ im obersten Geschoss liegt, 2. die LZ im Dach eine selbsttätig öffnende, durch Rauchmelder in der LZ auslösende Rauchabzugseinrichtung hat; deren freier Querschnitt mindestens das 2,5-fache des lichten Querschnitts der größten in die LZ eingeführten Abluftleitung haben muss, 3. die LL durch das Dach der Lüftungszentrale unmittelbar ins Freie geführt werden und 4. in der LZ Bauteile von LL aus brennbaren Baustoffen gegenüber entsprechenden Bauteilen anderer LL gegen Entflammen geschützt sind entweder durch a) einen Abstand von mindestens 40 cm zwischen den entsprechenden Bauteilen beider Leitungen b) einen mindestens 2 cm dicken Strahlungsschutz aus mineralischen nichtbrennbaren Baustoffen dazwischen oder c) andere mindestens gleich gut schützende Bauteile.

7 Lüftungsanlagen für besondere Nutzungen

7.1 Lüftungsanlagen zur Be- und Entlüftung von Wohnungen sowie abgeschlossenen Nutzungseinheiten max. 200 m²

Abweichend von den Abschnitten 3 - 6 sind in Lüftungsanlagen für Wohnungen sowie für Nutzungseinheiten mit nicht mehr als 200 m^2 Fläche anstelle von BSK auch Absperrvorrichtungen (AV) [1)] zulässig, wenn die folgenden Bedingungen erfüllt sind:

Die Abschnitte 3 bis 6 dieser Richtlinie sind zu beachten, soweit nicht nachfolgend abweichende Regelungen zu AV (anstelle von BSK) sowie zu den Maximalquerschnitten luftführender Hauptleitungen getroffen sind.

- Querschnitt der luftführenden Hauptleitung beträgt ≤ 2000 cm^2.
- Eine vollständige Inspektion und Reinigung ist möglich. Das ist gegeben, wenn
  a) die luftführende Hauptleitung in einem Schacht geführt wird und die AV in den jeweiligen Anschlussleitungen installiert sind **oder**
  b) geöffnete AV den luftführenden Querschnitt der Hauptleitung nicht verringern.
- Zusammen mit den AV (mindestens Klassifizierungen EI 30/60/90 (veho i?o)) müssen jeweils Sperren installiert werden, die eine Übertragung von Rauch aus einer Nutzungseinheit in eine andere (siehe Abb. 6.1) verhindern
- die luftführende Hauptleitung muss in einem Schacht geführt werden.

7.2 Lüftungsanlagen mit Ventilatoren für die Lüftung von Bädern und Toilettenräumen (Bad-/WC-Lüftungsanlagen)

Bad-/WC-Lüftungsanlagen dürfen gemäß Abschnitt 7.1 ausgeführt werden.

Daneben werden die Anforderungen des Brandschutzes auch erfüllt, wenn bei Verwendung von AV nach Fußnote 1) die folgenden Bestimmungen eingehalten werden:

- Die AV sind zur Verhinderung einer Brandübertragung innerhalb von Geschossen nicht zulässig (z. B. bei der Überbrückung von Flur- oder Trennwänden).
- Querschnitt der AV (Anschlussquerschnitt) ≤ 350 cm^2
- Die zugehörigen LL müssen nachfolgende Bedingungen erfüllen (Abb. 6.2 und 6.3):
  1. Vertikale feuerwiderstandsfähige LL aus nichtbrennbaren Baustoffen, Feuerwiderstand entsprechend Feuerwiderstand der durchdrungenen Decken.
  2. Schächte für LL aus nichtbrennbaren Baustoffen, Feuerwiderstand entsprechend Feuerwiderstand der durchdrungenen Decken.

[1)] ausgenommen Absperrvorrichtungen mit allgemeiner bauaufsichtlicher Zulassung für die Verwendung in Abluftleitungen nach DIN 18017-3

3. Hauptleitungen im Innern feuerwiderstandsfähiger Schächte sowie ggf. außerhalb der Schächte liegende Anschlussleitungen zwischen AV und luftführender Hauptleitung müssen aus Stahlblech bestehen,
   Anschlussleitungen:
   – Länge zwischen Schachtwand und AV außerhalb des Schachtes ≤ 6 m,
   – dürfen keine Bauteile mit gefordertem Feuerwiderstand überbrücken
   – müssen innerhalb von Schächten aus nichtbrennbaren Baustoffen bestehen.

- Luftführende Hauptleitungen (Querschnitt ≤ 1000 cm^2) dürfen
  1. Ausbildung als feuerwiderstandsfähige LL/feuerwiderstandsfähiger Schacht, keine Installationen innerhalb dieser luftführenden Hauptleitung, AV im Wesentlichen aus nichtbrennbaren Baustoffen (siehe Abb. 6.3.1)
  2. Zulässig: Verlegung in feuerwiderstandsfähigem Schacht ≤ 1000 cm^2 Querschnitt, AV im Wesentlichen aus nichtbrennbaren Baustoffen, keine weiteren Installationen im Schacht (siehe Abb. 6.3.2), **oder**
  3. Verlegung in feuerwiderstandsfähigem Schacht > 1000 cm^2 Querschnitt, **wenn** der Restquerschnitt zwischen Schacht und luftführender Hauptleitung mit einem Mörtelverguss (Dicke ≥ 100 mm) in der Ebene der jeweiligen Geschossdecke vollständig verschlossen ist, weitere Installationen aus nichtbrennbaren Baustoffen für nichtbrennbare Medien sind zulässig (siehe Abb. 6.3.3); für diese Installationen können weitere brandschutztechnische Maßnahmen erforderlich sein.

AV für Entlüftungsanlagen nach DIN 18017-3:2009-09 dürfen auch in Zuluftleitungen verwendet werden, wenn diese Leitungen nur der unmittelbaren Belüftung der entlüfteten Bäder und Toilettenräume dienen. Die AV müssen hierfür geeignet sein.

8 Abluftleitungen von gewerblichen oder vergleichbaren Küchen, ausgenommen Kaltküchen – hier nicht behandelt

9 Gemeinsame Abführung von Küchenabluft und Abgas aus Feuerstätten – hier nicht behandelt

10 Anforderungen an Lüftungsanlagen in Sonderbauten

Die Anforderungen der Abschnitte 3 bis 9 entsprechen in der Regel den brandschutztechnischen Erfordernissen für Lüftungsanlagen in Sonderbauten. Bei gesondert gelagerten Einzelfällen ist zu prüfen, ob zusätzliche oder andere brandschutztechnische Maßnahmen notwendig werden, z. B. zusätzliche Rauchauslöseeinrichtungen für Brandschutzklappen zur Verhinderung der Rauchübertragung. Die Anordnung der Rauchauslöseeinrichtungen darf deren Wirksamkeit durch Verdünnungseffekte nicht beeinträchtigen.

M-LüAR – Schematische Darstellungen

1 Durchführung von Lüftungsleitungen durch raumabschließende Bauteile

1.1 Durchführung vertikaler Lüftungsleitungen durch raumabschließende Decken mit Anforderungen an die Feuerwiderstandsfähigkeit

Zu Abb. 1.2: Folgende Anordnungen sind zulässig:

1) Schacht aus Wänden F30/F60/F90 aus nichtbrennbaren Baustoffen (bildet brandschutztechnisch eigenen Abschnitt), weitere Installationen (aus brennbaren Baustoffen, mit brennbaren Medien) zulässig, wenn alle Ein- und Ausführungen von LL (auch zur LZ) durch BSK EI 30/60/90 ($v_e h_o$ i←→o)-S geschützt sind (siehe 5.1.4), Schacht-Zugangstüren mit Feuerwiderstand (z.B. T30/T60/T90) wie Schachtwände, zu notwendigen Rettungswegen zudem rauchdicht ***oder***

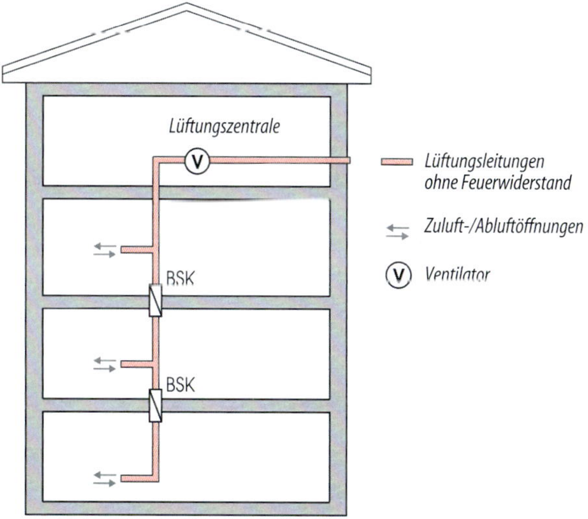

Abb. 1.1: Schottlösung – Brandschutzklappen (BSK) an den Durchdringungen der feuerwiderstandsfähigen Decken

2) Schacht gemäß L-Klassifikation (weitere nichtbrennbare Installationen mit nichtbrennbaren Medien bis 110 °C zulässig) (siehe 5.1.5), keine brandschutztechnische Abtrennung zur LZ notwendig ***oder***

3) selbständige feuerwiderstandsfähige LL (ohne weitere Installationen) der Klassifikation L30/L60/L90 (Schacht = luftführende Hauptleitung).

und

jeweils BSK bei Abzweigen in den Geschossen an den Durchtrittsstellen durch den Schacht bzw. an den Anschlussstellen der Lüftungsleitung.

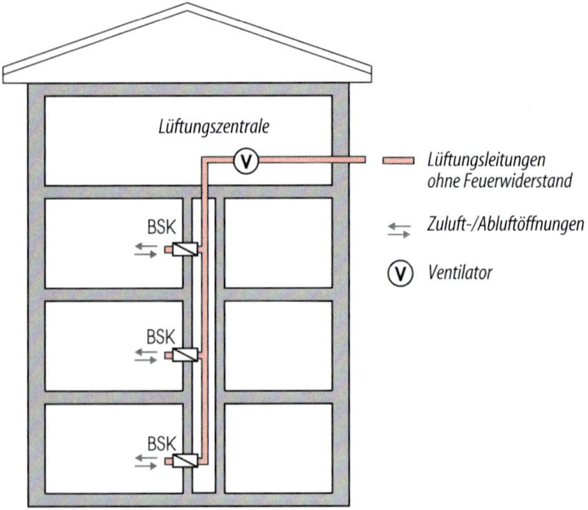

Abb. 1.2: Schachtlösung – Brandschutzklappen (BSK) an den Durchdringungen der feuerwiderstandsfähigen Schachtwände

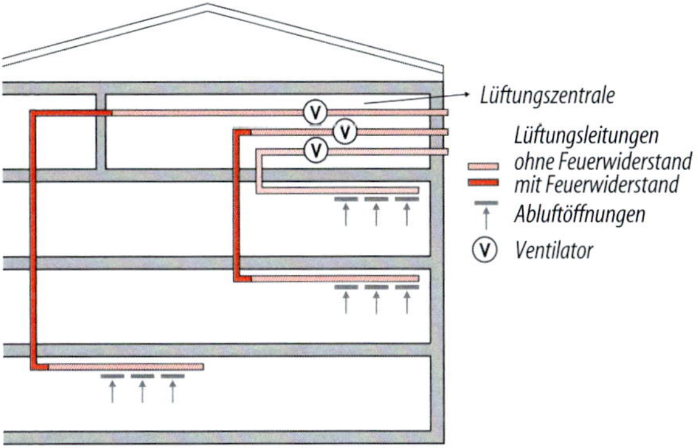

Abb. 1.3: Lüftungsanlagen mit getrennten Haupt- und getrennten Außenluft- oder Fortluftleitungen ohne Absperrvorrichtungen

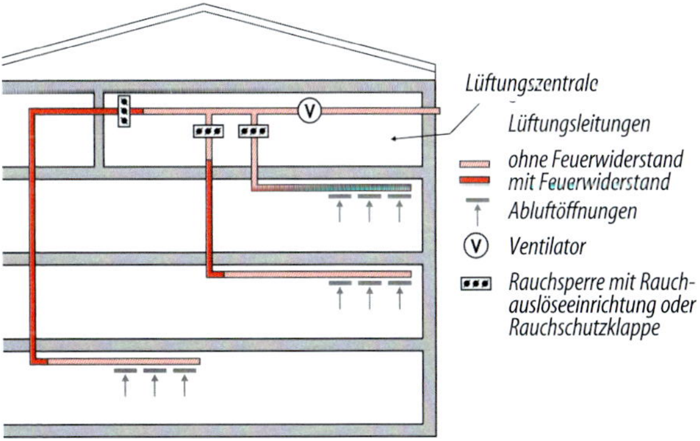

Abb. 1.4: Lüftungsanlagen mit getrennten Hauptleitungen und gemeinsamer Außenluft- oder Fortluftleitung mit Rauchschutz

1.2 Durchführung horizontaler Lüftungsleitungen durch raumabschließende Wände mit Anforderungen an deren Feuerwiderstandsfähigkeit

Die in den Abb. 1.1 bis 1.4 dargestellten Lösungen gelten für Lüftungsanlagen (nicht Lüftungsanlagen nach DIN 18017-3:2009-09) mit horizontal geführten Leitungen, die feuerwiderstandsfähige raumabschließende Wände durchdringen, entsprechend.

Die Abb. 1.1 bis 1.4 sind in diesen Fällen als Horizontalschnitte durch das Gebäude anzuwenden. Die Regelungen der Leitungsdurchführung durch feuerwiderstandsfähige Wände notwendiger Flure sind in den Abb. 3.1 und 3.2 enthalten.

2 Brandschutz im Dachraum

Führen Lüftungsleitungen durch einen Dachraum, müssen bei der Durchdringung einer Decke, die feuerwiderstandsfähig sein muss, zwischen oberstem Geschoss und Dachraum

1. Absperrvorrichtungen eingesetzt werden (siehe Abb. 2.1),
2. die Teile der Lüftungsanlage im Dachraum mit einer feuerwiderstandsfähigen Umkleidung (bei Leitungen, die ins Freie führen, bis über die Dachhaut) versehen werden oder
3. die Lüftungsleitungen selbst feuerwiderstandsfähig ausgebildet sein.

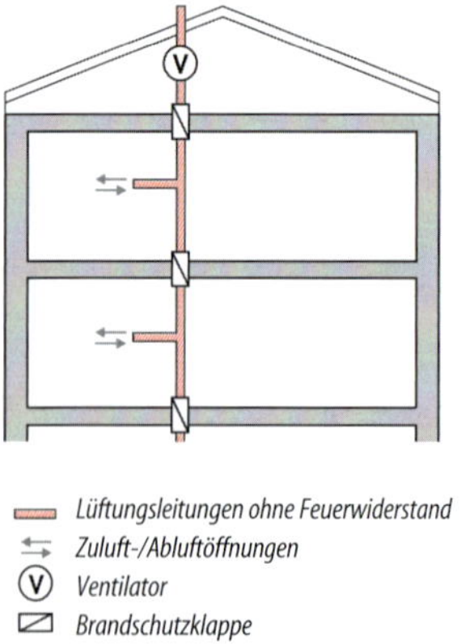

Abb. 2.1: Schottlösung

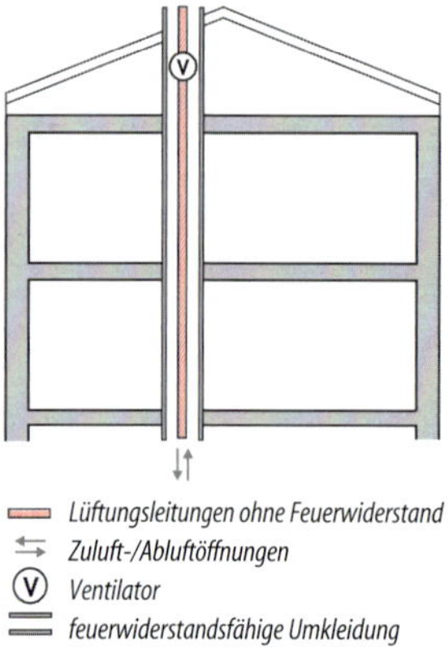

Abb. 2.2: Schachtlösung

3 Leitungsführung durch raumabschließende Wände notwendiger Flure mit Anforderungen an deren Feuerwiderstandsfähigkeit

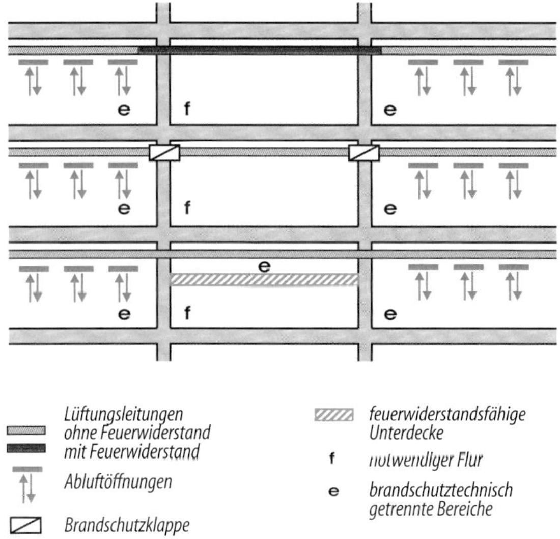

Abb. 3.1: notwendiger Flur unbelüftet

* *Leitung mit Feuerwiderstandsfähigkeit; in Fluren mit feuerhemmenden Wänden siehe bei Stahlblechleitungen Abschnitt 4 . Die Feuerwiderstandsfähigkeit der Leitungen muss auch in den Durchdringungen der Decken oder Wände gegeben sein.*

** *Decke mit entsprechender Feuerwiderstandsfähigkeit bei Beanspruchung von oben und unten; die Decke schließt die Leitung vollständig gegen das Innere des Brandabschnittes bzw. Rettungsweges ab*

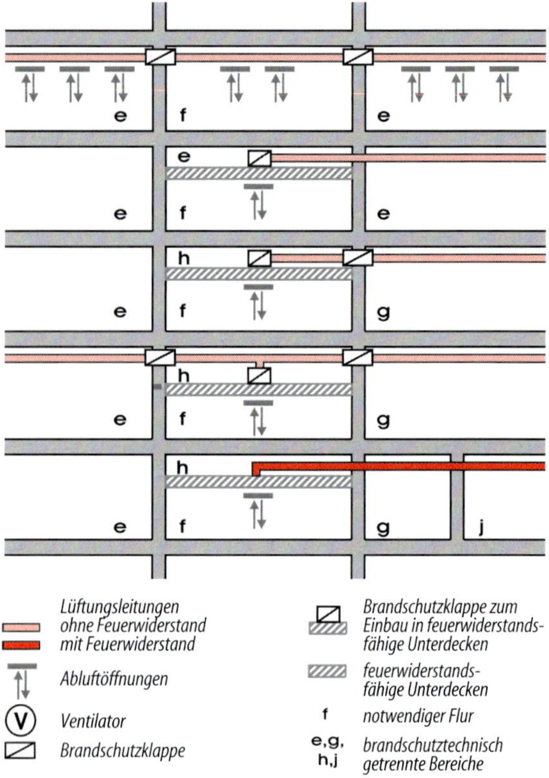

Abb. 3.2: notwendiger Flur belüftet (Fußnoten siehe Abb. 3.1)

4 Abluftanlagen mit Leitungen und Ventilatoren aus brennbaren Baustoffen ohne Absperrvorrichtungen

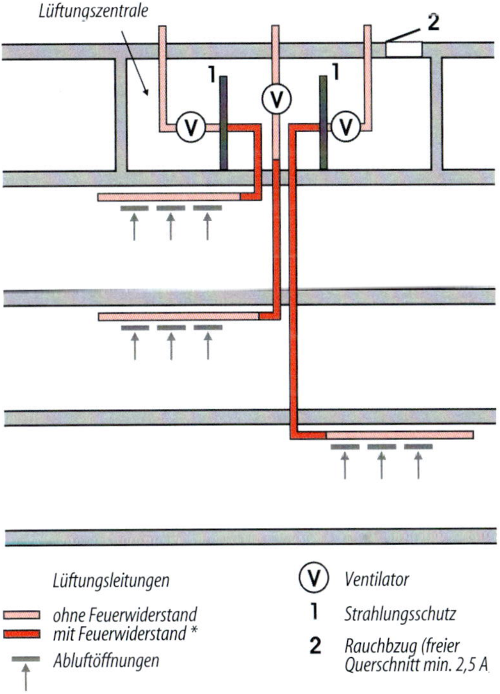

Abb. 4: Abluftanlagen mit Leitungen und Ventilatoren aus brennbaren Baustoffen ohne Absperrvorrichtungen

* *mit brennbarer Innenschale*

5 Begrenzung der Krafteinleitung durch Lüftungsleitungen in Bauteile des Gebäudes im Brandfall durch Winkel und Verziehungen (siehe auch 5.2.1.1)

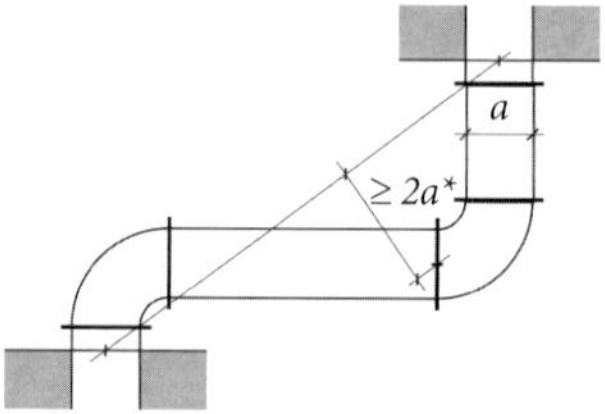

a Kantenlänge des Lüftungskanals oder Durchmesser der Lüftungsleitung

** Es gilt die entfernteste Verbindungsstelle zwischen Bogen und Leitung.*

Abb. 5.1: Begrenzung der Krafteinleitung durch Verzug der Leitung

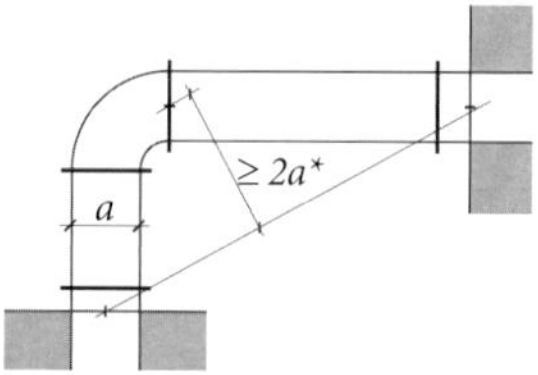

a Kantenlänge des Lüftungskanals oder Durchmesser der Lüftungsleitung

** Es gilt die entfernteste Verbindungsstelle zwischen Bogen und Leitung.*

Abb. 5.2: Begrenzung der Krafteinleitung mit Bogen

Beispielhafte Darstellung von Winkel und Verziehungen, die in den Lüftungsleitungen auftretende Längenänderungen durch Leitungsverformungen z. B. durch Ausknickungen aufnehmen

6 Lüftungsanlagen für besondere Nutzungen

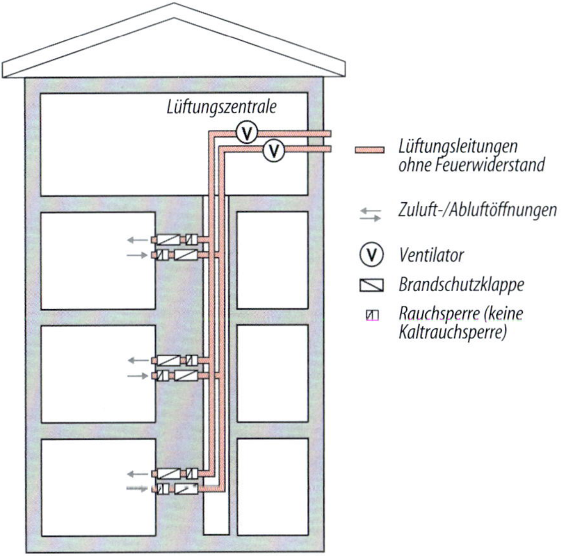

Abb. 6.1: Lüftungsanlagen zur Be- und Entlüftung von Wohnungen bzw. abgeschlossene Nutzungseinheiten max. 200 m

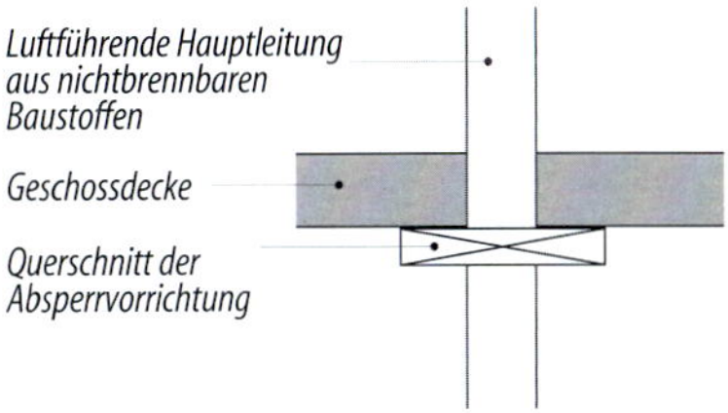

Abb. 6.2: Beispiel für Schottlösung für Lüftungsanlagen nach DIN 18017-3: 2009-09 maximaler Anschlussquerschnitt der Absperrvorrichtungen: 350 cm²

6.3 Schachtlösungen für Lüftungsanlagen nach DIN 18017-3:2009-09

Abkürzungen: AL: Anschlussleitung / AV: Absperrvorrichtung / HL: Hauptleitung / I: weitere Installationen / MV: Mörtelverguss / S: Schacht

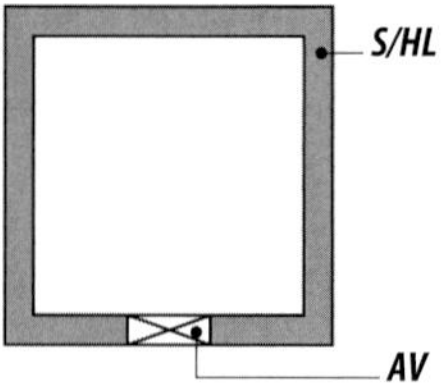

Abb. 6.3.1:

S	*F30/F60/F90 oder L30/L60/L90* *Querschnitt max. 1000 cm²*
HL	*= Schacht*
AV	*im Wesentlichen aus nichtbrennbaren Baustoffen* *Querschnitt max. 350 cm²*
AL	*entfällt*
I	*nicht zulässig*

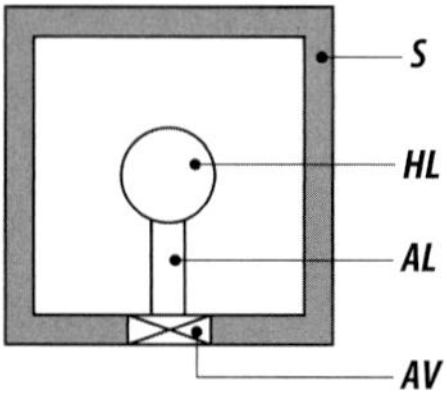

Abb. 6.3.2:

S	*F30/F60/F90 oder L30/L60/L90* *Querschnitt max. 1000 cm²*
HL	*Querschnitt nur begrenzt durch max. zulässigen Schachtquerschnitt*
AV	*im Wesentlichen aus nichtbrennbaren Baustoffen* *Querschnitt max. 350 cm²*
AL	*aus nichtbrennbaren Baustoffen*
I	*nicht zulässig*

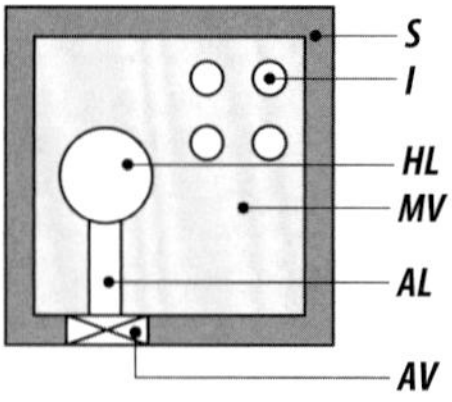

Abb. 6.3.3:

S	*F30/F60/F90 oder L30/L60/L90* *Querschnitt beliebig, auch > 1000 cm²* *Mörtelverguss (≥ 100 mm Dicke) des freien Schachtquerschnittes*
HL	*Querschnitt max. 1000 cm²* *Stahlblech*
AV	*brennbare Baustoffe auch für wesentliche Teile der AV zulässig* *Querschnitt max. 350 cm²*
AL	*aus nichtbrennbaren Baustoffen*
I	*nicht zulässig*

Tabellen

Inhalt

Inhalt (Fortsetzung)

Musterbauordnung und Muster-Richtlinien

Wichtiger Hinweis

Die Tabellen enthalten z.T. alte Bezeichnungen für die Anforderung an die Feuerwiderstandsklasse z.B. F 30, F 60, F 90. Diese Bezeichnungen entsprechen nicht mehr neuen Begriffen nach Muster-Bauordnung. Bitte beachten Sie dazu den Artikel „Benennung von Brandschutzanforderungen“ (→ Seite). Maßgebend für Ihre Planung ist die Anforderung der aktuell in Ihrem Bundesland geltenden Verordnungen.

Sicherheitskennzeichnung – Symbole

Flucht- und Rettungspläne – Symbole (nach ASR A1.3; Ausgabe: 02-2013)

Flucht- und Rettungswege / Erste Hilfe		Einrichtungen zur Brandmeldung und -bekämpfung	
	Erste Hilfe		Feuerlöscher
	Krankentrage		Wandhydrant / Löschschlauch
	Arzt		Brandmelder
	Notruftelefon		Brandmeldetelefon
	Sammelstelle		Mittel, Geräte zur Brandbekämpfung
	Richtungsangabe		Feuerleiter
	Rettungsweg / Notausgang		Notausstieg
	Treppenraum im Verlauf von Rettungswegen		Notausstieg mit Fluchtleiter
	Rettungsweg		Rettungsausstieg

Feuerwehrpläne – Graphische Symbole nach DIN 14034-6 (4.**2016**)

Bauliche Einrichtungen

Hauptzufahrt

Nebenzufahrt

Eingang

Durchfahrtsbreite

Durchfahrtshöhe

Feuerwehrschlüssel Depot

Bauliche Einrichtungen

Brandmeldezentrale

Feuerwehrbedienfeld

Feuerwehrbewegungsfläche

Anleiterstelle

Fluchttunnel

Information für Feuerwehr

Flucht- und Rettungspläne – Symbole (Fortsetzung)

Erste Hilfe

Defibrillator

Augenspüleinrichtungen

Notdusche

Flucht- und Rettungswege

Standort

Nordpfeil

Feuerwehrpläne – Graphische Symbole (Fortsetzung)

Bauliche Einrichtungen

Feuerwehr-Anzeigetableau

Feuerwehr-Gebäudefunkbedienfeld

Feuerwehr-Stromversorgung

Übertragungseinrichtungen

Feuerwehraufzug

Brandwand

Komplextrennwand

Feuerschutztür

ELA Einsprechstelle

Feuerschutzschiebetor

Bauliche Einrichtungen

Brandschutzklappe

Geschossdecke, unterbrochen

Geschossdecke

Brandschutzrollladen

Gebäude mit weicher Bedachung

Treppenraum mit Feuerwiderstand / erreichbare Geschosse

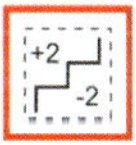

Treppenraum ohne Feuerwiderstand / erreichbare Geschosse

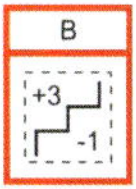

Treppenraum ohne Feuerwiderstand / erreichbare Geschosse / Treppenraumbezeichnung

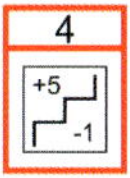

Treppenraum mit Feuerwiderstand / erreichbare Geschosse / Treppenraumbezeichnung

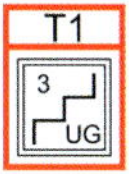

Sicherheitstreppenraum / erreichbare Geschosse / Treppenraumbezeichnung

Feuerwehrpläne – Graphische Symbole (Fortsetzung)

Bauliche Einrichtungen

Rauchschutztüre

Hauptschalter

Freischaltelement

Erdungseinrichtung

Blitzleuchte

Rauch- und Wärmeabzugseinrichtung

Rauch- und Wärmeabzugseinrichtung, Bedienstelle

Zuluftöffnung manuell für Rauch- und Wärmeabzugseinrichtung

Mechanische Entrauchung

Mechanische Entrauchung, Bedienstelle

Bauliche Einrichtungen

Sprinkleranlage

Sprinkleranlage, Bedienstelle

Löschwasserteich

Löschwasserbrunnen

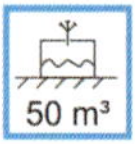

Löschwasserbehälter, überirdisch

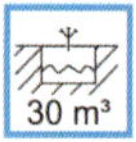

Löschwasserbehälter, unterirdisch

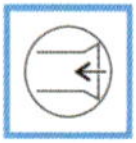
Saugstelle für Löschmittel

Wasser-Staueinrichtung, vorbereitet

Oberflächenwasser-Schacht

Oberflächenwasser-Einlauf

Feuerwehrpläne – Graphische Symbole (Fortsetzung)

Bauliche Einrichtungen

Löschwasser-Sauganschluss, unterflur

Löschwasser-Sauganschluss, überflur

Unterflurhydrant

Wandhydrant

Schlauchanschlussventil nass, C-Anschluss

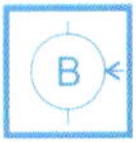

Löschwasser-Einspeiseeinrichtung, B-Anschluss

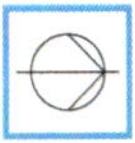
Löschwasserpumpe

Löschwasser-Druckerhöhungspumpe

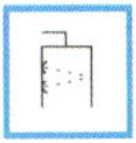
Pulverlöschanlage

Pulverlöschanlage, Bedienstelle

Bauliche Einrichtungen

Kohlendioxid-Löschanlage

Kohlendioxid-Löschanlage, Bedienstelle

Schaumlöschanlage

Schaumlöschanlage, Bedienstelle

Schaumlöschanlage, Einspeisung

Sprinklerzentrale

Sprühflutanlage

Sprühflutanlage, Bedienstelle

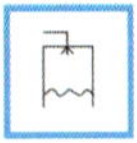
Berieselungsanlage

Berieselungsanlage, Bedienstelle

Feuerwehrpläne – Graphische Symbole (Fortsetzung)

Bauliche Einrichtungen

Stationärer Werfer (Monitor)

Überflurhydrant

Löschmittelvorrat, Inhalt und Bezeichnung

Löschmittelvorrat, allgemein

Schmutz- und Mischwasserschacht

Löschwasserrückhaltung

Verschluss-Abdeckung Oberflächenwassereinlauf

Absperreinrichtung, Rohrleitung

Nicht-mit-Wasser-löschen

Elektronische Datenverarbeitung

Bauliche Einrichtungen

Hinweis auf Gashaupthahn

Gasflaschen

Giftige Stoffe

Elektrische Spannung

Feuergefährliche Stoffe

Warnung allgemein

Ätzende Stoffe

Feuerwehrlaufkarten nach DIN 14675 – Symbole

Gebäudeübersicht

Symbol	Bedeutung
FSD	Feuerwehrschlüssel-Depot
BMZ	Brandmeldezentrale
FBF	Feuerwehrbedienfeld
	Objektzugang
	Laufweg / Laufweg vom Standort zum Meldebereich
	Standort
	Öffentliche Verkehrsfläche

Detailplan

Symbol	Bedeutung
	Laufweg
	Brandmelder, automatisch
	Brandmelder, automatisch, verdeckt eingebaut
	Druckknopfmelder
	Wandhydrant
	Meldebereich
C5/11	Melderbezeichnung Meldebereich-Meldegruppe/ Meldenummer

Sonstiges

Symbol	Bedeutung
	Nordpfeil

Legende und Abkürzungen für den Brandschutzatlas

Wände	Kurzbeschreibung	Bauaufsichtliche Benennung
	KTW	Komplextrennwand
	BW	Brandwand
	fb Bauart BW	feuerbeständig und in der Bauart von Brandwänden
	fb	feuerbeständig
	FW fb	Feuerwiderstandsfähigkeit feuerbeständiger Bauteile
	hf Bauart BW	hochfeuerhemmend u. in der Bauart von Brandwänden
	hf	hochfeuerhemmend
	FW hf	Feuerwiderstandsfähigkeit hochfeuerhemmender Bauteile
	fh	feuerhemmend
	fh oder nb	feuerhemmend oder aus nichtbrennbaren Baustoffen
	nb	aus nichtbrennbaren Baustoffen
	se	aus schwer entflammbaren Baustoffen
	hb	harte Bedachung

Hinweis: Zuordnung der bauaufsichtlichen Benennung zu DIN 4102 und DIN 13501 siehe Seite 171

Räume					
	notwendiger Treppenraum		Aufenthaltsraum		Raum mit erhöhter Brandgefahr
	notwendiger Flur		kein Aufenthaltsraum (z.B. Speicher)		

Legende und Abkürzungen für den Brandschutzatlas (Fortsetzung)

Türen, Tore, Abschottungen und Öffnungsverschlüsse

	Feuerschutzabschlüsse, dicht und selbstschließend
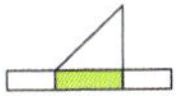	Rauchschutztüren
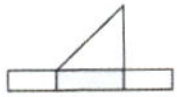	Türen mit geringen Anforderungen an den Rauchschutz und nicht definierter Mindestanforderung gegen Durchbrennen (länderspezifisch unterschiedlich) D = dichtschließend S = selbstschließend V = vollwandig
	Feuerschutzabschlüsse mit Rauchschutz
	sonstige Öffnungsverschlüsse u. Abschottungen mit Feuerwiderstandsdauer, z.B. Kabelabschottungen, Rohrabschottungen, Brandschutzverglasungen
	Leitungen mit Feuerwiderstandsdauer, z. B. Lüftungsleitungen, Installationskanäle u. -schächte, Funktionserhalt
	Absperrvorrichtungen für Lüftungsleitungen mit Feuerwiderstandsdauer, z.B. Brandschutzklappen

Sonstiges

	Rauch- u. Wärmeabzugsöffnungen RWA/NRA
	Rauchschürze
	durch Sprinkleranlage geschützter Bereich
	durch Gaslöschanlage geschützter Bereich
	durch Brandmeldeanlage überwachter Bereich
	Fluchtweg
	anleiterbare Stelle mit tragbarer Leiter
	anleiterbare Stelle mi t Hubrettungsgerät
	Rettungsweglänge
	Feuerwehrzufahrt
	Feuerwehrzugang
	Ausgang
	Notausgang

Abkürzungen und Zeichen

0	keine Anforderungen	nb	nicht brennbar	GK	Gebäudeklassen
fb	feuerbeständig	k.A.	keine Angaben enthalten	VG	Vollgeschoss
hf	hochfeuerhemmend	–	keine Angaben enthalten	Whg.	Wohnung
fh	feuerhemmend	AR	Aufenthaltsraum	FW	Feuerwiderstandsdauer

Brandschutzpläne – Legende (Fortsetzung)

	Brandwand/Bauart Brandwand
	feuerbeständig
	hochfeuerhemmend
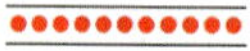	feuerhemmend
	anleiterbare Stelle
	1. Rettungsweg
	2. Rettungsweg
	Notausgang
	notwendiger Treppenraum
	notwendiger Flur
	Raumbezeichnung für bestimmte Räume, z.B. Räume mit erhöhter Brandgefahr
	durch Brandmeldeanlage überwachter Bereich
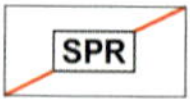	durch Sprinkleranlage geschützter Bereich

Maße und Einheiten

SI-Einheiten und SI-Vorsätze

Basisgröße	Basiseinheit	Zeichen
Länge	das Meter	m
Masse	das Kilogramm	kg
Zeit	die Sekunde	s
elektrische Stromstärke	das Ampere	A
thermodynamische Temperatur	das Kelvin	K
Lichtstärke	die Candela	cd
Stoffmenge	das Mol	mol

Faktor	Vorsatz	Zeichen	Faktor	Vorsatz	Zeichen
10^{-6}	Mikro	µ	10	Deka	da
10^{-3}		m	10^{2}		h
10^{-2}		c	10^{3}	Kilo	k
10^{-1}		d	10^{6}		M

Abgeleitete Einheiten

Größe	SI-Einheit	andere Einheit	Beziehung
Länge (L)	Meter (m)	Zoll (″)	1″= 25,4 mm / 1mm = 0,0394″
Fläche (A)	Quadratmeter (m^2)	Ar (a) Hektar (ha)	1 a = 10^2 m^2 1 ha = 10^4 m^2
Volumen (V)	Kubikm. (m^3)	Liter (L)	1 L = 10^{-3} m^3 = 1 dm^3
Dehnung (ε)	m/m		m/m (einheitslos)
Gefälle (J)	m/m		cm/m = %; mm/m = ‰
ebener Winkel (α, β,...)	Radiant (rad)	Gon (gon) Grad (⊃) Minute (′) Sekunde (″)	1 rad = 1 m/m 1 gon = (π/200) rad 1⊃ = 60′= 3600″ = (π/180) rad
Raumwinkel	Steradiant (sr)		1 sr = 1 m^2/1 m^2
Masse (m)	Kilogramm (kg)	Gramm (g) Tonne (t)	1 g = 10^{-3} kg 1 t = 10^3 kg

Abgeleitete Einheiten – Fortsetzung

Größe	SI-Einheit	andere Einheit	Beziehung
Dichte	(ρ)(kg/m^3)	(kg/dm^3) (g/cm^3)	Rohdichte = Volumen einschl. Hohlräume
Zeit (t)	Sekunde (s)	Minute (min); Stunde (h); Tag (d); Jahr(a)	1 min = 60 s; 1 h = 60 min; 1 d = 24 h; 1 a = 365 d
Drehzahl (n) (1/s)	(1/min; U/min)		1/min = 1/60 s
Geschwindigkeit (v)	(m/s)	(km/h)	1 m/s = 3,6 km/h
Beschleunigung (a)	(m/s^2)		
Kraft (F)	Newton (N)		1 N = 1 kg m/s^2 / 1 kp = 9,81 N
Moment (M)	Newtonmeter (Nm) Joule (J)		1 Nm = 1J = 1Ws 1 kpm = 9,81 Nm (ca. 10 Nm)
Spannung (σ, τ)	(N/m^2) oder Pascal (pa)		1 n/m^2 = 1 Pa 1 N/cm^2 = 0,1 mN/m^2
Druck (p)	Pascal (pa) im Bauwesen N/mm^2 oder kN/cm^2	Bar (bar) Atmosphäre physik. (atm) techn. (at) Torr (T)	1 bar = 10^5 Pa 1 atm = 101,3 x 10^3 Pa = 1,013 bar = 760 Torr 1 at = 1 kp/cm^2 = 9,81 x 10^4 Pa 1 Torr = 1 mm Hg
Arbeit, Energie (W) Wärmemenge (Q)	Joule (J)	kWh	1 J = 1 Nm = 1 Ws = 1 kg m^2/s^2 1 kWh = 3600 kJ
Leistung (P) Wärmestrom	Watt (W)	PS (= 736 W)	1 W = 1 J/s = 1Nm/s = 0,1 kpm/s
Lichtstrom	Lumen (lm)		1 lm = 1 cd x sr
Beleuchtungsstärke	Lux (lx)		1 lx = 1 lm/m^2
el. Stromstärke (J) el. Spannung (U) el. Widerstand (R) el. Arbeit (P) el. Leistung (W)	Ampere (A) Volt (V) Ohm (Ω) Joule (J) Watt (W)	 kWh 	 1 V = 1 W/A 1 Ω = 1 V/A 1 J = 1 Ws 1 W = 1 V x A = 1 J/s
Temperatur (δ)	Kelvin (K)	Celsius (°C)	1 K = 1 °C

Längenmaße

Einheit	mm	m	inches	feet	yards
1 mm	1	0,001	0,039	0,003	0,001
1 cm	10	0,01	0,394	0,033	0,011
1 dm	100	0,1	3.94	0,328	0,109
1 m	1000	1	39,37	3,281	1,094
1 inch	25,39	0,025	1	0,083	0,028
1 foot	304,8	0,305	12	1	0,333
1 yard	914,4	0,914	36	3	1

1 geographische Meile = 7.42 km; 1 deutsche Seemeile = 1853 m = 1 nautical mile

Umwandlung von inch (Zoll) in Millimeter

inch	mm	inch	mm	inch	mm	inch	mm
1/64	0,397	5/16	7,930	19/32	15,081	55/64	21,828
1/32	0,794	19/64	7,541	37/64	13,684	7/8	22,225
3/64	1,191	21/64	8,334	39/64	15.478	57/64	22,622
1/16	1,588	11/32	8,73	5/8	15,875	29/32	23,019
5/64	1,984	23/64	9,128	41/64	16,272	59/64	23,416
3/32	2,381	3/8	9,525	21/32	16,669	15/16	23,813
7/64	2,778	25/64	9,922	43/64	17,066	61/64	24,209
1/8	3,175	13/32	10,319	11/16	17,463	31/32	24,606
9/64	3,572	27/64	10,716	45/64	17,859	63/64	25,003
5/32	3,969	7/16	11,113	23/32	18,256	1	25,400
11/64	4,366	29/64	11,509	47/64	18,653	2	50,800
3/16	4,763	15/32	11,906	3/4	19,050	3	76,200
13/64	5,159	31/64	12,303	49/64	19,447	4	101,600
7/32	5,556	1/2	12,700	25/32	19,844	5	127,000
15/64	5,953	33/64	13,097	51/64	20,241	6	152,400
1/4	6,350	17/32	13,494	13/16	20,638	7	177,800
17/64	6,747	35/64	13,891	53/64	21,034	8	203,200
9/32	7,144	9/16	14,288	27/32	21,431	9	228,600

Flächenmaße

Einheit	km^2	ha	a	m^2
1 Quadratkilometer (km^2)	1	100	10 000	1 000 000
1 Hektar (ha)	0,01	1	100	10 000
1 Ar (a)	0,0001	0.001	1	100
1 Quadratmeter (m^2)	–	0,0001	0,01	1
1 Morgen	0,0026	0.2553	25,53	2 553

Umrechnungstafel für Einzellasten

Einheit	kp	Mp	N	kN	MN
1 kp	1	10^{-3}	10	10^{-2}	10^{-5}
1 Mp	10^{3}	1	10^{4}	10	10^{-2}
1 N	10^{-1}	10^{-4}	1	10^{-3}	10^{-6}
1 kN	10^{2}	10^{-1}	10^{3}	1	10^{-3}
1 MN	10^{5}	10^{2}	10^{6}	10^{3}	1

Umrechnungstafel für Flächenlasten und Spannungen

Einheit	N/mm^2	N/cm^2	kN/mm^2	kN/cm^2	kN/m^2	MN/cm^2	MN/m^2
1 N/mm^2	1	10^{2}	10^{-3}	10^{-1}	10^{3}	10^{-4}	1
1 N/cm^2	10^{-2}	1	10^{-5}	10^{-3}	10	10^{-6}	10^{-2}
1 kN/mm^2	10^{3}	10^{5}	1	10^{4}	10^{6}	10^{-1}	10^{3}
1 kN/cm^2	10	10^{3}	10^{-2}	1	10^{4}	10^{-3}	10
1 kN/m^2	10^{-3}	10^{-1}	10^{-6}	10^{-4}	1	10^{-7}	10^{-3}
1 MN/cm^2	10^{4}	10^{6}	10	10^{3}	10^{7}	1	10^{4}
1 MN/m^2	1	10^{2}	10^{-3}	10^{-1}	10^{3}	10^{-4}	1
1 kp/mm^2	10	10^{3}	10^{-2}	1	10^{4}	10^{-3}	10
1 kp/cm^2	10^{-1}	10	10^{-4}	10^{-2}	10^{2}	10^{-5}	10^{-1}
1 Mkp/cm^2	10^{2}	10^{4}	10^{-1}	10	10^{5}	10^{-2}	10^{2}
1 Mp/m^2	10^{-2}	1	10^{-5}	10^{-3}	10	10^{-6}	10^{-2}

Berechnung von Flächen

A: Fläche / S: Schwerpunkt / D, d: Durchmesser / U: Umfang

Rechteck

$$A = a \cdot b$$

$$d = \sqrt{(a^2 + b^2)}$$

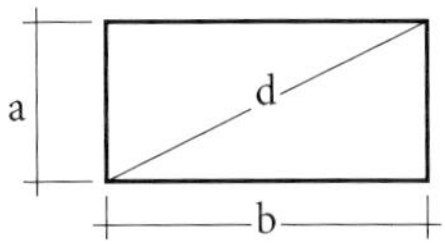

Parallelogramm

$$A = a \times h = a \times b \times \sin a$$

$$d_1 = \sqrt{((a + h \times \cot\alpha)^2 + h^2)}$$

$$d_2 = \sqrt{((a - h \times \cot\alpha)^2 + h^2)}$$

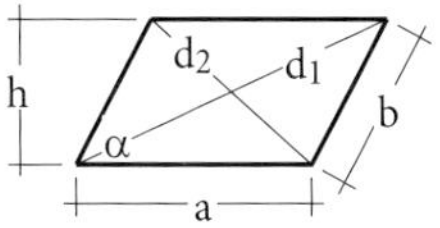

Trapez

$$A = \frac{a + b}{2} \cdot h = m \cdot h$$

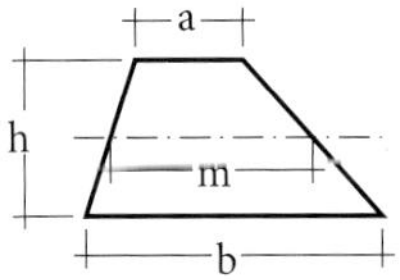

Rechtwinkliges Dreieck

$$A = \frac{a \cdot b}{2} = \frac{c \cdot h}{2}$$

$$a^2 + b^2 = c^2$$

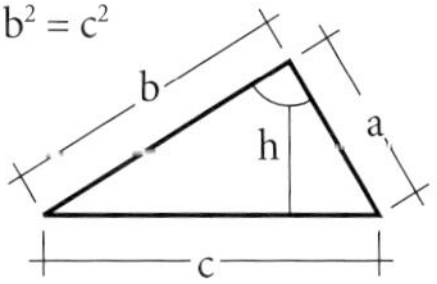

Gleichseitiges Dreieck

$$A = \frac{a^2}{4} \sqrt{3}$$

$$h = \frac{a}{2} \sqrt{3} \approx 0{,}87\,a$$

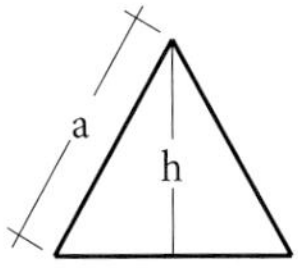

Regelmäßiges Fünfeck

$$A = \frac{5r^2}{8} \sqrt{(10 + 2\sqrt{5})} \approx 2{,}378r^2$$

$$a = \frac{r}{2} \sqrt{(10 - 2\sqrt{5})} \approx 1{,}176\,r$$

$$r \approx 0{,}851\,a$$

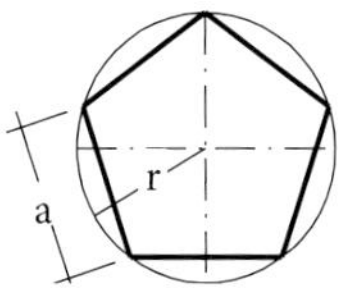

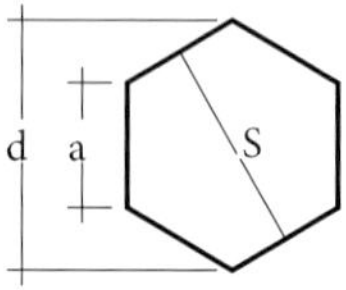

Regelmäßiges Sechseck

$$A = \frac{3}{2}\, a^2 \sqrt{3} \approx 2{,}598\, a^2$$

$$d = 2a = \frac{2s}{\sqrt{3}} \approx 1{,}155\, s$$

$$s = \frac{\sqrt{3}}{2}\, d \approx 0{,}866\, d$$

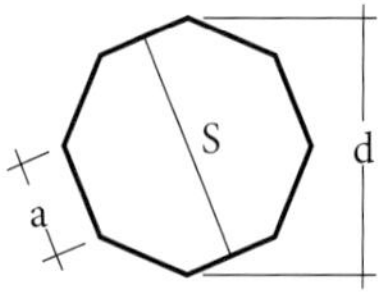

Regelmäßiges Achteck

$$A = 2a \cdot s \approx 0{,}83\, s^2$$

$$a = s \cdot \tan 22{,}5° \approx 0{,}415\, s$$

$$s = d \cdot \cos 22{,}5° \approx 0{,}924\, d$$

$$d = s / \cos 22{,}5° \approx 1{,}083\, s$$

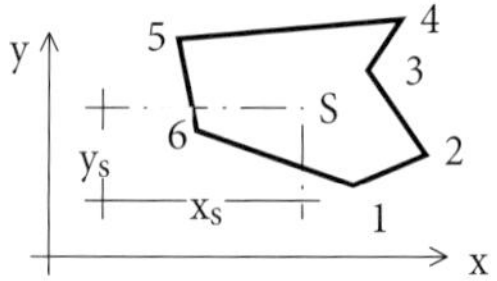

Beliebiges n-Eck

Punkte (x_i, y_i) in Koordinatensystem

Mit $H_i = x_i \cdot y_{i+1} - x_{i+1} \cdot y_i$ ist:

$$A = [H_1 + H_2 + \ldots + H_n] / 2$$

$$x_s = [H_1 \cdot (y_1 + y_2) + H_2 \cdot (y_2 + y_3) + \ldots H_n \cdot (y_n + y_1)] / (6 - A)$$

$$y_s = [H_1 \cdot (x_1 + x_2) + H_2 \cdot (x_2 + x_3)] + \ldots$$

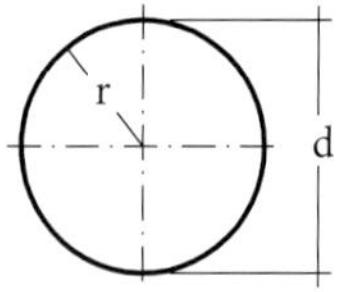

Kreis

$$A = \pi r^2 = \frac{\pi d^2}{4} \approx 0{,}785\, d^2$$

$$U = 2\pi \cdot r = \pi \cdot d$$

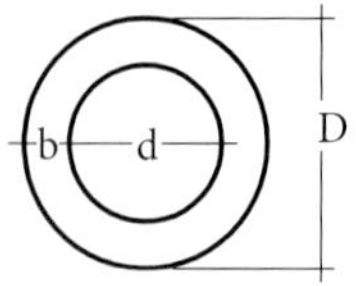

Kreisring

$$A = (D^2 - d^2) \cdot \pi/4 = \pi \cdot b(d + b)$$

$$b = \frac{D - d}{2}$$

Kreisringstück

$$A = \frac{\pi \cdot a}{360^\circ} (R^2 - r^2)$$

$$x_S = \frac{240^\circ}{\pi} \cdot \frac{R^3 - r^3}{R^2 - r^2} \cdot \frac{\sin(\alpha/2)}{a}$$

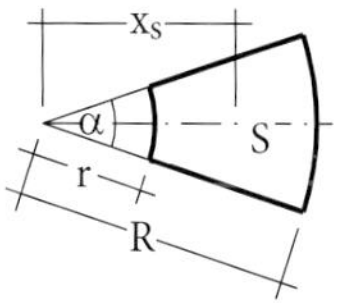

Kreisausschnitt

$$b = \frac{\pi\,\alpha}{180^\circ}\, r \quad s = 2r \cdot \sin(\alpha/2)$$

$$A = \frac{b \cdot r}{2} = \frac{\pi \cdot \alpha}{360^\circ}\, r^2$$

$$x_S = \frac{2r \cdot s}{3b} = \frac{s \cdot r^2}{3a}$$

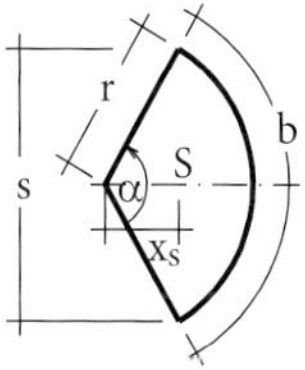

Kreisabschnitt

$$s = 2r \cdot \sin(\alpha/2)$$

$$A = \frac{h}{6s} (3h^2 + 4s^2)$$

$$= r^2/2 \cdot (\pi \cdot \alpha/180^\circ - \sin\alpha)$$

$$h = r\,[1 - \cos(\alpha/2)]$$

$$= \tan(\alpha/4) \cdot s/2$$

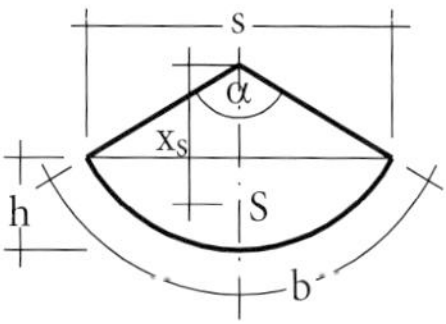

Ellipse

$$A = \pi \cdot a \cdot b$$

$$U \approx \pi\,(a + b)$$

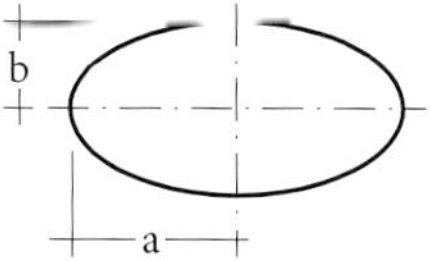

Ellipsenabschnitt

$$y = \frac{b}{a} \sqrt{(a^2 - x^2)}$$

$$A = \frac{\pi \cdot a \cdot b}{180^\circ} \arccos(x/a) - x \cdot y$$

$$x_S = \frac{2a^2 \cdot y^3}{3b^2 \cdot A}$$

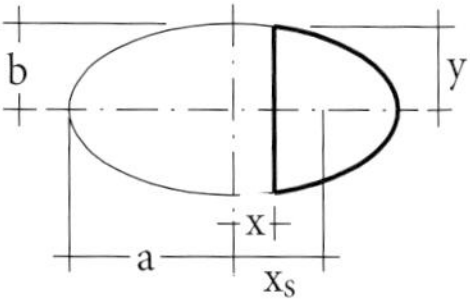

Berechnung von Körpern

A: Fläche allgemein	M: Mantelfläche	V: Volumen
G: Grundfläche	O: Oberfläche	S: Schwerpunkt

Quader

$$V = a \cdot b \cdot c$$

$$d = \sqrt{(a^2 + b^2 + c^2)}$$

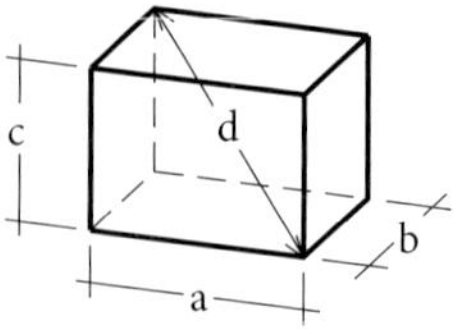

Schiefer Quader

$$V = G \cdot h$$

(Prinzip von Cavalieri)

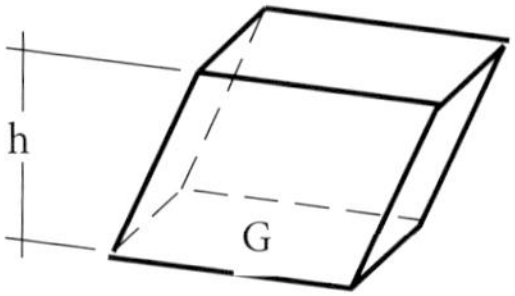

Prisma

$$V = G \cdot \eta$$

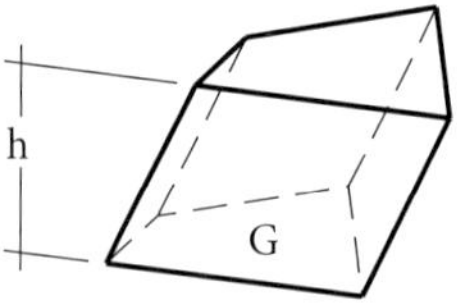

Prismatoid

$$V = \frac{h}{6}(G + 4A + g)$$

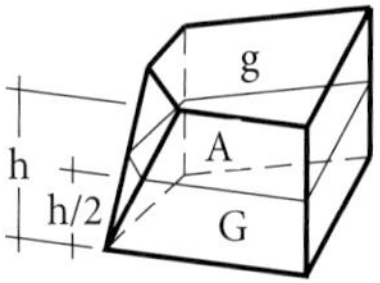

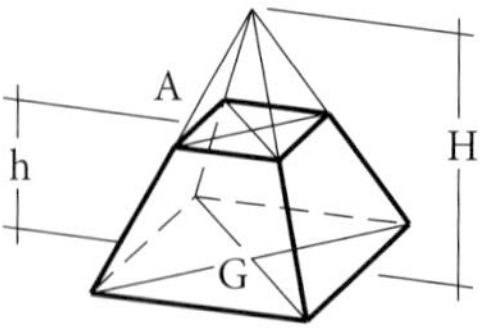

Pyramide

$$V = \frac{G \cdot H}{3}$$

Pyramidenstumpf

$$V = \frac{h}{3} \quad (G + A + \sqrt{(G \cdot A)})$$

Obelisk

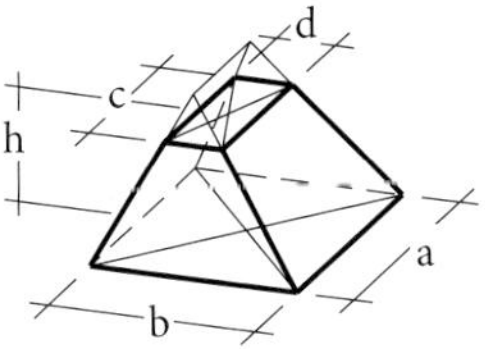

$$V = \frac{h}{6}[(2a + c)b + (2c + a)d]$$

Spezialfall: Keil, Dach (d = 0)

$$V = \frac{h \cdot b}{6}\ (2a + c)$$

Rampe

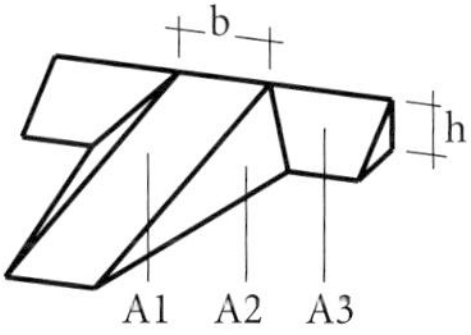

Neigungswinkel der Flächen:

A1 : α A2 : β A3 : γ

für alle Winkel φ gilt:

tan φ = Steigung der Fläche (%)/100

mit $t_a = \tan\alpha$, $t_b = \tan\beta$, $t_c = \tan\gamma$:

$$V = \frac{h^2}{6}\left(\frac{1}{t_a} - \frac{1}{t_b}\right)\left(3b + \frac{2h}{t_c}\left(1 - \frac{t_a}{t_b}\right)\right)$$

Gegenböschung senkrecht (b = 90°):

$$V = \frac{h^2}{6 \cdot t_a}\ \left(3b + \frac{2h}{t_c}\right)$$

Zylinder

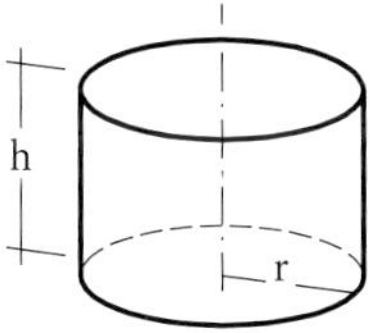

$$V = \pi \cdot r^2 \cdot h$$

$$M = 2\pi \cdot r \cdot h$$

$$O = 2\pi \cdot r\,(r + h)$$

Hohlzylinder

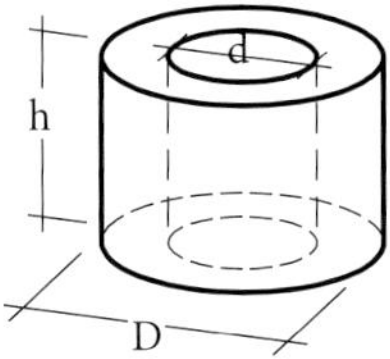

$$V = \frac{\pi}{4}\, h\,(D^2 + d^2)$$

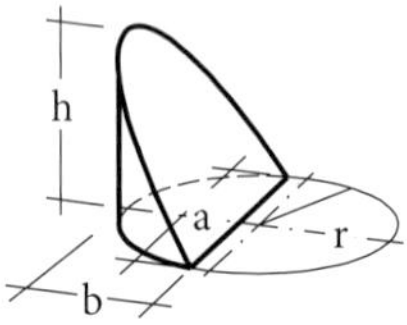

Zylinderabschnitt

$$V = \frac{h}{3b}\,[a\,(3r^2 - a^2) + 3r^2\,(b - r)\cdot f]$$

mit: $r = (a^2 + b^2)\,/\,2b$

$$f = \frac{\pi \cdot \arccos\,(1\text{-}b/r)}{180°}$$

$$M = \frac{2r \cdot h}{b}\,[(b - r)\cdot f + a]$$

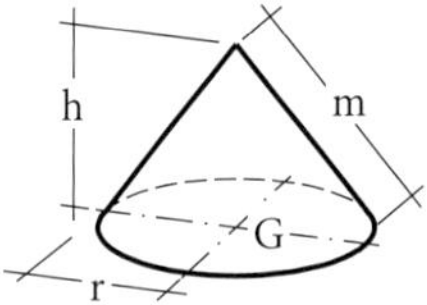

Kegel

$V = \pi \cdot r^2 \cdot h\,/\,3$

$M = \pi \cdot r \cdot m$

$O = \pi \cdot r \cdot (r + m)$

$m = \sqrt{(h^2 + r^2)}$

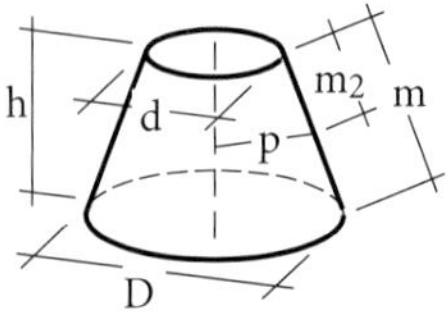

Kegelstumpf

$V = \pi \cdot h\,(D2 + D \cdot d + d^2)\,/\,12$

$$M = \frac{\pi \cdot m}{2}\,(D + d) = 2\pi \cdot p \cdot m$$

$m = \sqrt{[[(D - d)\,/\,2]^2 + h^2]}$

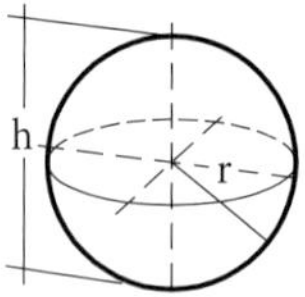

Kugel

$$V = \frac{4}{3}\,\pi\cdot r^3 = \frac{1}{6}\,\pi\cdot d^3 \approx 4{,}189\,r^3$$

$O = 4\pi\cdot r^2 = \pi\cdot d^2$

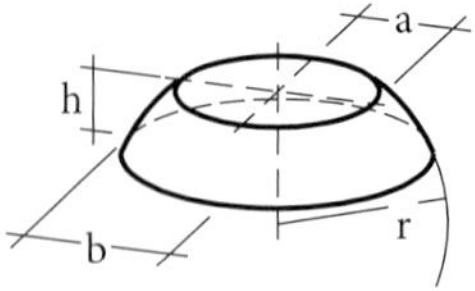

Kugelschicht

$$V = \frac{\pi \cdot h}{6}\,(3a^2 + 3b^2 + h^2)$$

$M = 2\pi\cdot r \cdot h$ (Kugelzone)

$O = \pi\,(2r \cdot h + a^2 + b^2)$

Kugelabschnitt

$$V = \frac{\pi \cdot h}{6} \cdot \frac{3}{4} s^2 + h^2 = \pi \cdot h^2 (r - h/3)$$

$$M = 2\pi \cdot r \cdot h \text{ (Kugelkappe)} = (s^2 + 4h^2) \cdot \pi/4$$

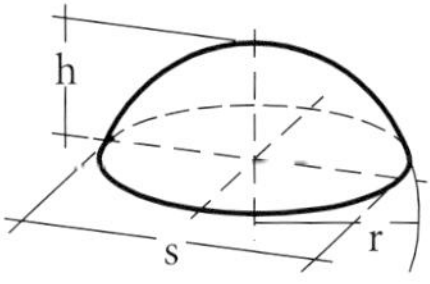

Kugelausschnitt

$$V = \frac{2}{3} \pi \cdot r^2 \cdot h; \quad O = \frac{\pi \cdot r}{2} (4h + s)$$

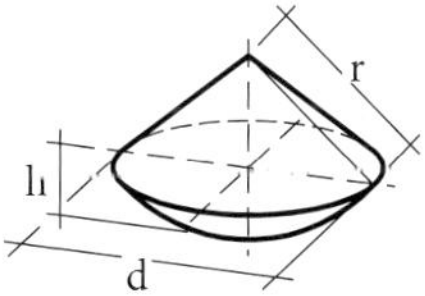

Zylindrisch durchbohrte Kugel

$$V = \frac{\pi \cdot h^3}{6}; \quad O = 2\pi \cdot h \cdot (R + r)$$

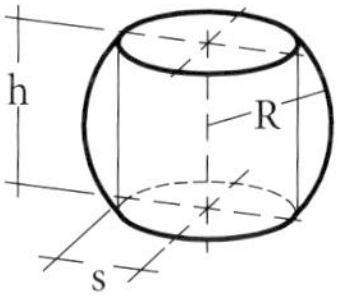

Elliptischer Kübel

$$V = \frac{\pi \cdot h}{6} [(2a + c)b + (2c + a)d]$$

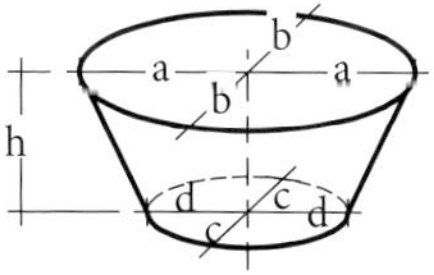

Fass

$$V = \frac{\pi \cdot h}{3} (2R^2 + r^2)$$

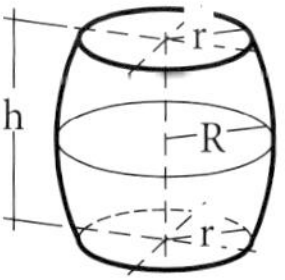

Drehkörper (Ring)

$$V = 2\pi \; \rho_\sigma \cdot A$$

Guldinsche Regel: Das Volumen eines Rotationskörpers ist gleich dem Produkt aus dem Maß der erzeugenden Fläche und der Weglänge ihres Schwerpunktes.

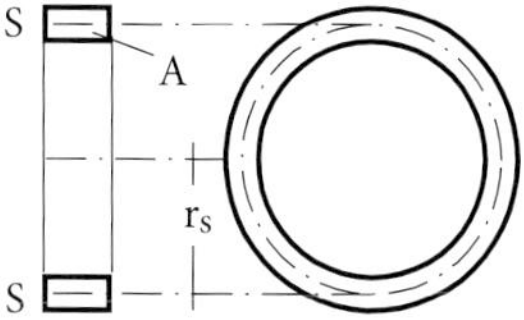

Trigonometrie

Rechtwinkliges Dreieck

Sinus	$\sin \alpha$	$= a / c$
Kosinus	$\cos \alpha$	$= b / c$
Tangens	$\tan \alpha$	$= a / b$
Kotangens	$\cot \alpha$	$= b / a$

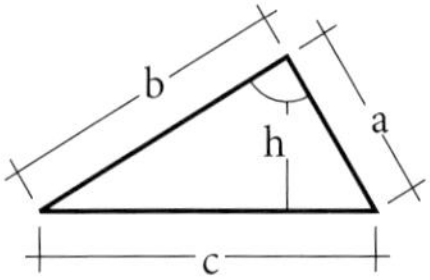

Schiefwinkliges Dreieck

Sinussatz:

$$a = b \cdot \sin \alpha / \sin \beta = c \cdot \sin \alpha / \sin \gamma$$
$$b = \alpha \cdot \sin \beta / \sin \alpha = c \cdot \sin \beta / \sin \gamma$$
$$c = \alpha \cdot \sin \gamma / \sin \alpha = b \cdot \sin \gamma / \sin \beta$$

Cosinussatz:

$$a^2 = b^2 + c^2 - 2b \cdot c \cdot \cos \alpha$$
$$b^2 = a^2 + c^2 - 2a \cdot c \cdot \cos \beta$$
$$c^2 = a^2 + b^2 - 2a \cdot b \cdot \cos \gamma$$

Funktionswerte einiger Winkel

Winkel α	0°	15°	30°	45°	60°	75°	90°	180°	270°
$\sin \alpha$	0	0,259	0,500	0,707	0,866	0,966	1	0	–1
$\cos \alpha$	1	0,966	0,866	0,707	0,500	0,259	0	–1	0
$\tan \alpha$	0	0,268	0,577	1,000	1,732	3,732	∞	0	∞
$\cot \alpha$	∞	3,732	1,732	1,000	0,577	0,268	0	∞	0

Benennung von Brandschutzanforderungen

Lutz Battran, Josef Mayr

Bauaufsichtliche Bezeichnungen

Bauteile	fh	feuerhemmend
	hf	hochfeuerhemmend
	fb	feuerbeständig
	BW	Brandwand
	BABW	Bauart einer Brandwand
	BWEW	Brandwandersatzwand
Baustoffe	ne	normal entflammbar
	se	schwer entflammbar
	nb	nichtbrennbar

DIN Bezeichnung, Bauteile:

F 30	Feuerwiderstandsklasse 30 Minuten
F 60	Feuerwiderstandsklasse 60 Minuten
F 90	Feuerwiderstandsklasse 90 Minuten
[T]	Tragwerk (tragende Bauteile ohne raumabschließende Funktion)
[R]	Raumabschluss (mit raumabschließender Funktion)
-A	aus nichtbrennbaren Baustoffen
-AB	in den wesentlichen Teilen aus nichtbrennbaren Baustoffen
-B	aus brennbaren Baustoffen (ohne besondere Anforderungen an die Baustoffklasse)

Bei raumabschließenden Bauteilen (Bauteilen mit raumabschließender Funktion) müssen die Bauteile eine zusätzlich in Bauteilebene durchgehende Schicht aus nichtbrennbaren Baustoffen haben. Zu den wesentlichen Teilen gehören bei tragenden Bauteilen alle tragenden oder aussteifenden Bauteile.

[HolzR]	Ausführung gemäß Muster-Richtlinie über brandschutztechnische Anforderungen an hochfeuerhemmende Bauteile in Holzbauweise (M-HFHHolzR) Fassung Juli 2004
=	Bauteile, deren tragende und aussteifende Teile aus brennbaren Baustoffen bestehen und die allseitig eine brandschutztechnisch wirksame Bekleidung aus nichtbrennbaren Baustoffen (Brandschutzbekleidung) und Dämmstoffe aus nicht brennbaren Baustoffen haben

Bauaufsichtliche Anforderung	**Abkürzung**	**Klassifizierung**
feuerhemmend	fh	Feuerwiderstandsklasse 30 Minuten
… und in den wesentlichen Teilen aus nichtbrennbaren Baustoffen	fh+wnb	Feuerwiderstandsklasse 30 Minuten, tragende/ aussteifende Teile aus nichtbrennbaren Baustoffen, wenn raumabschließend: zusätzliche in Bauteilebene durchgehende Schicht aus nichtbrennbaren Baustoffen[3)]
... und aus nichtbrennbaren Baustoffen	fh+nb	Feuerwiderstandsklasse 30 Minuten, aus nichtbrennbaren Baustoffen
hochfeuerhemmend	hf	Feuerwiderstandsklasse 60 Minuten, tragende/aussteifende Teile aus nichtbrennbaren Baustoffen, wenn raumabschließend: zusätzliche in Bauteilebene durchgehende Schicht aus nichtbrennbaren Baustoffen[3)]
		Feuerwiderstandsklasse 60 Minuten, tragende/aussteifende Bauteile aus brennbaren Baustoffen, allseitige brandschutztechnisch wirksame Bekleidung aus nichtbrennbaren Baustoffen (Brandschutzbekleidung), Dämmstoffe aus nichtbrennbaren Baustoffen
Achtung: entspricht keiner bauaufsichtlichen Bezeichnung	–	Feuerwiderstandsklasse 60 Minuten

Tabelle : Feuerwiderstandsklassen und ihre Zuordnung zu den bauaufsichtlichen Anforderungen (abgeleitet aus den Anlagen zur Bauregelliste A Teil 1 und § 26 Abs. 2 MBO)

Tragende Bauteile		nichttragende Innenwände	nichttragende Außenwände
ohne Raumabschluss	**mit Raumabschluss**		
F 30 [T] oder F 30-B [T]	F 30 [TR] oder F 30-B [TR]	F 30 [R] oder F 30-B [R]	W 30 [R] oder W 30-B [R]
R 30	REI 30	EI 30	E 30 (i→o) und [6] EI 30-ef (i←o)
F 30-AB [T]	F 30-AB [TR]	F 30-AB [R]	W 30-AB [R]
R 30 [wnb]	REI 30 [wnb]	EI 30 [wnb]	E 30 (i→o) [wnb] und [6] EI 30-ef (i←o) [wnb]
F 30-A [T]	F 30-A [TR]	F 30-A [R]	W 30-A [R]
R 30 [nb]	REI 30 [nb]	EI 30 [nb]	E 30 (i→o) [nb] und [6] EI 30-ef (i←o) [nb]
F 60-AB [T]	F 60-AB [TR]	F 60-AB [R]	W 60-AB [R]
R 60 [wnb]	REI 60 [wnb]	EI 60 [wnb]	E 60 (i→o) [wnb] und [6] EI 60-ef (i←o) [wnb]
	kann nach DIN 4102 nicht nachgewiesen werden		
R 60 [HolzR]	REI 60 [HolzR]	EI 60 [HolzR]	E 60 (i→o) [HolzR] und [6] EI 60-ef (i←o) [HolzR]
F 60 [T] oder F 60-B [T]	F 60 [TR] oder F 60-B [TR]	F 60 [R] oder F 60-B [R]	W 60 [R] oder W 60-B [R]
R 60	REI 60	EI 60	E 60 (i→o) und [6] EI 60-ef (i←o)
F 90-AB [T] [4]	F 90-AB [TR] [4]	F 90-AB [R] [4]	W 90-AB [R]
R 90 [wnb]	REI 90 [wnb]	EI 90 [wnb]	E 90 (i→o) [wnb] und [6] EI 90-ef (i←o) [wnb]

Kurzbezeichnung nach DIN 4102-2 [2]

Kurzbezeichnung nach DIN EN 13501 [2]

Bauaufsichtliche Anforderung	Abkürzung	Klassifizierung
feuerbeständig und aus nichtbrennbaren Baustoffen	fb+nb	Feuerwiderstandsklasse 90 Minuten und aus nichtbrennbaren Baustoffen
Brandwand	BW oder fb+nb+M	auch unter zusätzlicher mechanischer Beanspruchung Feuerwiderstandsklasse 90 Minuten und aus nichtbrennbaren Baustoffen
Feuerwiderstandsfähigkeit feuerbeständiger Bauteile [5]	–	Feuerwiderstandsklasse 90 Minuten

1) Abkürzungen nicht offiziell geregelt
2) Bei den in [ ] stehenden Abkürzungen handelt es sich nicht um genormte oder offizielle Abkürzungen, sondern um ein Abkürzungssystem zur Verknüpfung der Bauteilklassen mit den zusätzlichen Anforderungen der Landesbauordnungen, das im Brandschutzatlas zur besseren Handhabbarkeit verwendet wird
3) entspricht : „in den wesentlichen Teilen aus nichtbrennbaren Baustoffen"
4) Achtung: F 90 ohne ergänzende Einschränkungen an die Baustoffe entspricht nicht der bauaufsichtlichen Anforderung „feuerbeständig"
5) Diese Bezeichnung entstammt § 30 Abs. 3 Nr. 3 MBO. Achtung: Ist nicht identisch mit der bauaufsichtlichen Anforderung „feuerbeständig".

Tabelle: Feuerwiderstandsklassen und ihre Zuordnung zu den bauaufsichtlichen Anforderungen (Fortsetzung)

Fortsetzung von Seite 153

Damit bedeutet der Zusatz [HolzR], dass bei hochfeuerhemmenden Bauteilen mit tragenden und aussteifenden Teilen aus brennbaren Baustoffen zusätzliche Anforderungen bestehen an

- die Baustoffklassen der Bekleidungen und Dämmstoffe (nichtbrennbar)
- den Einbau der Dämmstoffe
- die brandschutztechnische Wirksamkeit der Bekleidungen (K260)
- die sonstige Ausführung gemäß M-HFHHolzR.

Tragende Bauteile ohne Raumabschluss *	mit Raumabschluss **	nichttragende Innenwände	nichttragende Außenwände
F 90-A [T]	F 90 A [TR]	F 90-A [R]	W 90-A [R]
R 90 [nb]	REI 90 [nb]	EI 90 [nb]	E 90 (i→o) [nb] und [6] EI 90-ef (i←o) [nb]
–	F 90-A+M [TR]	F 90-A+M [R]	F 90-A+M [R] (nicht „W"!)
–	REI 90-M [nb]	EI 90-M [nb]	EI 90-M [nb]
F 90 [T] [4] oder F 90-B [T]	F 90 [TR] [4] oder F 90-B [TR]	F 90 [R] [4] oder F 90-B [R]	W 90 [R] oder W 90-B [R]
R 90	REI 90	EI 90	E 90 (i→o) und [6] EI 90-ef (i←o)

6) Beide Anforderungen müssen nachgewiesen werden!

* Bei Kurzbezeichnung nach DIN EN 13501: Für die mit reaktiven Brandschutzsystemen beschichteten Stahlbauteile ist die Angabe IncSlow gemäß DIN EN 13501-2 zusätzlich erforderlich.

** Nach deutschem Baurecht muss die Feuerwiderstandsfähigkeit von Decken sowohl von oben nach unten als auch von unten nach oben erfüllt sein. Die europäischen Klassifizierungen berücksichtigen nur eine Brandbeanspruchung von unten nach oben. Damit auf eine zusätzliche Brandprüfung mit Brandbeanspruchung auf der Oberseite verzichtet werden kann, müssen feuerwiderstandsfähige Holzbalkendecken oberseitig mindestens die in Bauregelliste A Teil 1 Anlage 0.1.2 aufgeführten konstruktiven Bedingungen erfüllen.

Ergänzungen: [1]

[nb] nichtbrennbar (aus nichtbrennbaren Baustoffen)
[wnb] und in den wesentlichen Teilen aus nichtbrennbaren Baustoffen (wie -AB)
[bnb] Bekleidung nichtbrennbar; Wände und Decken aus brennbaren Baustoffen mit einer Bekleidung aus nichtbrennbaren Baustoffen in ausreichender Dicke

1) Wichtig: siehe Fußnote [2] der Tabelle

Fristen nach VOB/B nach Ausgabe 2016

Vorgang nach VOB/B	Fristen
Abhilfe bei unzureichender Ausstattung der Baustelle (Arbeitskräfte etc.) (§ 5 Nr. 3)	**unverzüglich** auf Verlangen
Abnahme	
• auf Verlangen des Auftragnehmers nach Fertigstellung (§ 12 Nr. 1)	**12 Werktage** oder nach Vereinbarung
• Eintritt der Abnahme, wenn keine Abnahme verlangt wird (§ 12 Nr. 5 (1))	**12 Werktage** nach schriftlicher Mitteilung über Fertigstellung
• Eintritt Abnahme durch Benutzung der Bauleistung u. keine Abnahme verlangt (§ 12 Nr. 5 (2))	**6 Werktage** nach Beginn der Benutzung, soweit nicht anders vereinbart
Abschlagszahlung – Fälligkeit (§ 16 Nr. 1 (3))	**21 Tage** nach Zugang der Aufstellung
Bedenken gegen die vorgesehene Art der Ausführung (§ 4 Nr. 3)	**unverzüglich**, möglichst vor Beginn der Arbeiten und schriftlich
Beginn Ausführung nach Aufforderung durch Auftraggeber, wenn keine Frist vereinbart (§ 5 Nr. 2)	**12 Werktage** nach Aufforderung
Behinderung – Anzeige (§ 6 Nr. 1)	**unverzüglich** und schriftlich
• Wiederaufnahme der Arbeit nach Wegfall der Behinderung (§ 6 Nr. 3)	**unverzüglich** und mit Benachrichtigung des Auftraggebers
Kündigung	
• wegen Abrede unzulässiger Wettbewerbsbeschränkung (§ 8 Nr. 4)	**12 Werktage** nach Bekanntwerden des Grundes, schriftlich
• Vorlage prüfbarer Rechnung nach Kündigung durch Auftraggeber (§ 8 Nr. 6)	**unverzüglich**
• Aufstellung der Mehrkosten durch Leistungen Dritter nach Auftragsentzug (§ 8 Nr. 3 (4))	**12 Werktage** nach Abrechnung mit dem Dritten

Vorgang nach VOB/B	Fristen
Nachunternehmer	
• Bekanntgabe des/der beauftragten Nachunternehmer (Namen, gesetzlicher Vertreter, Kontaktdaten) (§ 4 Abs. 8, Nr. 3)	unaufgefordert spätestens bis zum Leistungsbeginn des Nachunternehmers
Schlussrechnung	
• Einreichung bei Ausführungsfrist bis zu 3 Monaten (§ 14 Nr. 3)	nach Vereinbarung, sonst **12 Werktage** nach Fertigstellung
• Einreichung bei Ausführungsfrist von mehr als 3 Monaten (§ 14 Nr. 3)	wie vor, plus 6 Werktage je 3 weiterer Monate Ausführungsfrist
• Fälligkeit (§ 16 Nr. 3 (1)) – wenn dies vereinbart und sachlich gerechtfertigt ist	**30 Tage** nach Zugang der Schlussrechnung **60 Tage** nach Zugang der Schlussrechnung
Schlusszahlung	
• Erklärung Vorbehalt gegen die Schlusszahlung (§ 16 Nr. 3 (5))	**28 Tage** nach Zugang der Mitteilung über Schlusszahlung
• Begründung Vorbehalt gegen die Schlusszahlung oder prüfbare Rechnung (§ 16 Nr. 3 (5))	**28 Tage** nach Erklärung des Vorbehalts
Sicherheitsleistung	
• **durch Einbehalt** Einzahlung einbehaltener Teilbeträge (von Abschlagszahlungen) auf Sperrkonto (§ 17 Nr. 6 (1))	**18 Werktage** nach Mitteilung des Einbehalts
• **durch Hinterlegung** Erbringen der Sicherheitsleistung (§ 17 Nr. 7)	**18 Werktage** nach Vertragsabschluss oder nach Vereinbarung
Streitigkeiten bei öffentlichen Aufträgen	
• schriftliche Entscheidung durch vorgesetzte Behörde (§ 18 Nr. 2)	**2 Monate** nach Anrufung
• Einspruchsfrist gegen Entscheidung	**3 Monate** nach Zugang der Entscheidung
Stundenlohnrechnung – Einreichung durch den Auftragnehmer (§ 15 Nr. 4)	spätestens in Abständen von **4 Wochen**

Vorgang nach VOB/B	Fristen
Stundenlohnzettel – Rückgabe der Stundenlohnzettel durch den Auftraggeber (§ 15 Nr. 3)	**unverzüglich**, spätestens **6 Werktage** nach Zugang
Unterbrechung als Kündigungsgrund (§ 6 Nr. 7)	**länger als 3 Monate**
Verjährungsfrist – Mängelansprüche für	soweit nicht anders vereinbart
• Bauwerke (§ 13 Nr. 4, (1))	**4 Jahre**
• andere Werke, deren Erfolg in Herstellung, Wartung oder Veränderung einer Sache besteht sowie für feuerberührte Teile von Feuerungsanlagen (§ 13 Nr. 4, (1))	**2 Jahre**
• feuerberührte und abgasdämmende Teile industr. Feuerungsanlagen (§ 13 Nr. 4, (1))	**1 Jahr**
• maschinelle u. elektrotechn./elektronische Anlagen, bei denen die Wartung Sicherheit und Funktion beeinflusst (§ 13 Nr. 4, (2))	**2 Jahre**, wenn AN nicht für die Dauer der Gewährleistung mit Wartung beauftragt ist
Verjährungsfrist – Anspruch auf Beseitigung schriftlich gerügter Mängel (§ 13 Nr. 5 (1))	**2 Jahre** ab Zugang des schriftl. Verlangens, mind. Regelfristen
Verjährungsfrist – Mängelansprüche für beseitigte Mängel	**2 Jahre** (neu) nach Abnahme der Mängelbeseitigung, mind. Regelfristen

Erläuterungen zu MBO und Verwaltungsvorschrift Technische Baubestimmungen (VV-TB) (Stand November 2016)

Dipl.-Ing. Thomas Krause-Czeranka

Durch die Entscheidung des Europäischen Gerichtshofes in der Rechtssache C-100/13 vom 16. Okt. 2014 (Vertragsverletzung der Bundesrepublik Deutschland in Bezug auf den freien Warenverkehr von CE-gekennzeichneten Bauprodukten) erfährt das deutsche Bauordnungsrecht Änderungen bzgl. der Verwendung von Bauprodukten sowie der Anwendung von Bauarten.

Mit der neuen MBO (Fass. 2002; zul. geänd. durch den Beschluss der Bauministerkonferenz vom 13.05.2016) erfolgt eine deutlichere Abgrenzung von Anforderungen an die Bauwerkssicherheit zu Anforderungen an Bauprodukte. Damit verbunden ist auch eine deutlichere Differenzierung von Bauprodukten und Bauarten, die im Wesentlichen zwischen harmonisierten Bauprodukten und Bausätzen („europäische Bauprodukte"), nicht harmonisierten Bauprodukten („nationale Bauprodukte") und nationalen Bauarten unterscheidet.

Mit dem Einfügen von §16a Bauarten beinhaltet die MBO eine Neuregelung der Bauarten. Die Regelung bzgl. der Bauarten ist nun in den zweiten Abschnitt („Allgemeine Anforderungen an die Bauausführung") der MBO eingeordnet worden und zielt damit eindeutig auf Anforderungen der Bauwerkssicherheit ab.

Ein weiteres Kernstück der Novellierung stellt das Einfügen von § 85a Technische Baubestimmungen dar. Letzteres stellt eine Ermächtigungsgrundlage für eine „normkonkretisierende Verwaltungsvorschrift" dar, in die im Wesentlichen die Bauregellisten sowie die Liste der Technischen Baubestimmungen überführt werden.

Zum Redaktionsschluss befand sich diese Vorschrift im Notifizierungsverfahren nach der Richtlinie (EU) 2015/1535. Eine Umsetzung in den Ländern wird voraussichtlich frühestens ab dem 24. Januar 2017 zu erwarten sein.

Bzgl. der Umsetzung des Urteils des EuGH vom 16.10.2014 haben die Länder bezogen auf die Verwendung von harmonisierten Bauprodukten Erlasse veröffentlicht. [siehe www.dibt.de/de/DIBt/DIBt-EuGH-Urteil.htm]

Muster-Liste der Technischen Baubestimmungen

Die Musterliste der Technischen Baubestimmungen wird vom Deutschen Institut für Bautechnik erarbeitet. und den Bundesländern zur Umsetzung vorgeschlagen. Damit wird – obwohl die Bauordnung Ländersache ist – das technische Regelwerk für das Bauen weitgehend bundeseinheitlich. Die Liste enthält Hinweise auf Anlagen (Anl.), die Bestandteil der Technischen Baubestimmungen sind und im Anhang zur Liste veröffentlicht werden. Die Musterliste wird in den Ländern durch Bekanntmachung der obersten Baubehörde umgesetzt [1]. Die Mehrheit der Bundesländer veröffentlicht die aktuelle LTB über die Homepage des Ministeriums, dem die oberste Baubehörde des Landes zugeordnet ist. Der aktuelle Stand der Umsetzung wird auch beim DIBt [2] veröffentlicht. Die Listen enthalten länderspezifisch Hinweise zu den Fundstellen, die hier nicht genannt werden. *

Anmerkung:
Zum Redaktionsschluss befindet sich die M-VV-TB noch im Notifizierungsverfahren. In die VV-TB werden die Bauregellisten sowie die Liste der technischen Baubestimmungen überführt. Bzgl. der Umsetzung des Urteils des EuGH in der Rechtsache C-100/13 vom 16.10.2014 haben die Länder bezogen auf die Verwendung von harmonisierten Bauprodukten Erlasse veröffentlicht. (siehe www.dibt.de/de/DIBt/DIBt-EuGH-Urteil.htm)

* Soweit es sich nicht um Vorschriften der Länder handelt, bestehen folgende Bezugsmöglichkeiten:
DIN-Normen: Beuth Verlag GmbH, 10772 Berlin
VDI-Richtlinien: VDI-Verlag GmbH, Heinrichstraße 24, 40239 Düsseldorf
DASt-Richtlinien: Stahlbau-Verlag GmbH, Ebertplatz 1, 50668 Köln
Sonstige Richtlinien: Deutsches Institut für Bautechnik, "Mitteilungen", zu beziehen bei Ernst & Sohn, Verlag für Architektur und technische Wissenschaften GmbH & Co., Bühringstr. 10, 13086 Berlin; Service: Wiley-VCH Kundenservice für Ernst & Sohn

[1] die Bekanntmachungen der Liste der Technischen Baubestimmungen in den Ländern finden sich im Kapitel "Bauordnungsrecht der Länder"

[2] bei Redaktionsschluss: www.dibt.de/de/Data/MLTB-09-2010.pdf

Technische Regeln für die Planung, Bemessung und Konstruktion baulicher Anlagen und ihrer Teile – Musterliste des Deutschen Institut für Bautechnik – DIBt (Fass. Juni/2015)

Nr.	Bezeichnung	Titel	Ausgabe
3	**Technische Regeln zum Brandschutz**		
3.1	DIN 4102 Anl. 3.1/1, 3.1/5	Brandverhalten v, Baustoffen u. Bauteilen;	
	-4 Anl. 3.1/2	-; T 4: Zusammenstell. u. Anwendung klassifizierter Baustoffe, Bauteile u. Sonderbauteile;	3.94
	-4/A1, Anl. 3.1/3	-; T 4: -; Änderung A1	11.04
	-22 Anl. 3.1/4	-; T 22: Anwend.norm zu DIN 4102-4 auf Bemessungsbasis v. Teilsicherheitsbeiwerten	11.04
3.2	Richtlinie	Muster-Richtlinie über den baulichen Brandschutz im Industriebau (MIndBauR)	7.14
3.3	Richtlinie	Richtlinie über brandschutztechnische Anforderungen an Systemböden (MSysBöR)	9.05
3.4	Richtlinie Anl. 3.4/1	Richtl. zur Bemessung von Löschwasser-Rückhalteanlagen beim Lagern wassergefährdender Stoffe (LöRüRL)	8.92
3.5	Richtlinie	Muster-Richtl. über brandschutztechnische Anforderungen an Lüftungsanlagen (M-LüAR)	9.05 geänd. 7.10
3.6	Richtlinie	Muster-Richtl. über brandschutztechnische Anforderungen an Leitungsanlagen (MLAR)	11.05
3.7	Richtlinie	Muster-Richtl. über den Brandschutz bei der Lagerung v. Sekundärstoffen aus Kunststoff (MKLR)	6.96
3.8	Richtlinie	Muster-Richtl. über brandschutztechnische Anforderungen an hochfeuerhemmende Bauteile in Holzbauweise (M-HFHHolzR)	7.04

Nr.	Bezeichnung	Titel	Ausgabe
7	**Technische Regeln als Planungsgrundlagen**		
7.1	DIN 18065 Anl. 7.1/1	Gebäudetreppen; Begriffe, Messregeln, Hauptmaße	6.11
7.2 [1]	DIN 18024 - 1 Anl. 7.2/1	Barrierefreies Bauen; -; T 1: Straßen, Plätze, Wege, öffentliche Verkehrs- u. Grünanlagen sowie Spielplätze; Planungsgrundlagen	1.98
7.3	DIN 18040 -1 Anl. 7.3/1	Barrierefreies Bauen; Planungsgrundlagen T1: Öffentlich zugängliche Gebäude	10.10
	-2 Anl. 7.3/2	T2: Wohnungen	9.11
7.4	Richtlinie Anl. 7.4/1	Muster-Richtlinie über Flächen für die Feuerwehr	2.07

Anlage 3.1/5

Das Brandverhalten von Baustoffen wird auf Grundlage der Norm DIN 4102-1 oder DIN EN 13501-1 klassifiziert. Für die Zuordnung der bauaufsichtlichen Anforderungen des Brandverhaltens zu den Brandverhaltensklassen der jeweiligen Norm sind die Anlagen 0.2.1 und 0.2.2 der Bauregelliste A Teil 1 zu beachten.

Baustoffe, die nach den Landesbauordnungen die Anforderung schwerentflammbar oder nichtbrennbar erfüllen müssen, dürfen nicht glimmen und/oder schwelen.

[1] Mitteilungen Deutsches Institut für Bautechnik 2009 Sonderheft Nr. 38

Anmerkung:
Zum Redaktionsschluss befindet sich die M-VV-TB noch im Notifizierungsverfahren. In die VV-TB werden die Bauregellisten sowie die Liste der technischen Baubestimmungen überführt. Bzgl. der Umsetzung des Urteils des EuGH in der Rechtsache C-100/13 vom 16.10.2014 haben die Länder bezogen auf die Verwendung von harmonisierten Bauprodukten Erlasse veröffentlicht. (siehe www.dibt.de/de/DIBt/DIBt-EuGH-Urteil.htm)

Die nachstehenden Anlagen zur Bauregelliste A Teil 1 werden über die (E) M-VV-TB in der Technischen Regel - Bauaufsichtliche Anforderungen, Zuordnung der Klassen, Verwendung von Bauprodukten, Anwendung von Bauarten geregelt.

Bauregelliste A, Bauregelliste B und Liste C (Ausgabe 2015/2)

Herausgeber: Deutsches Institut für Bautechnik e. V. [1)]

Anlagen zur Bauregelliste A Teil 1

Anlage 0.1 (2006/1)

Bauaufsichtliche Anforderungen an Bauteile zur Gewährleistung einer bestimmten Dauer der Feuerwiderstandsfähigkeit werden durch die Bezeichnungen »feuerhemmend«, »hochfeuerhemmend« und »feuerbeständig« ausgedrückt. In den folgenden Tabellen werden die bauaufsichtlichen Anforderungen den Klassen nach DIN 4102-2 und nach DIN EN 13501-2 sowie DIN EN 13501-3 zugeordnet. Die Klassifizierungen nach DIN 4102-2 und nach den DIN EN 13501-2, -3 und -5 sind für den Nachweis der geforderten Feuerwiderstandsdauer eines Bauteiles alternativ anwendbar. Die Anwendung der Klassifizierungen nach DIN EN 13501-2 und -3 wird in Anlage 0.1.2 besonders erläutert.

Die Zuordnung der Klassen nach DIN 4102 bzw. nach DIN EN 13501 zu den bauaufsichtlichen Anforderungen ersetzt nicht die für die jewei-

1) Mitteilungen Deutsches Institut für Bautechnik 2009 Sonderheft Nr. 38

ligen Bauprodukte und Bauarten vorgeschriebenen bauaufsichtlichen Verwendbarkeitsnachweise bzw. Anwendbarkeitsnachweise.

Bei geregelten Bauprodukten nach Bauregelliste A Teil 1 erfolgt die Klassifizierung im Rahmen des Übereinstimmungsnachweises.

Bei CE-gekennzeichneten Bauprodukten nach Bauregelliste B Teil 1 erfolgt die Klassifizierung im Rahmen des Konformitätsnachweises.

Bei Bauprodukten und Bauarten nach Bauregelliste A Teile 2 und 3 ist das Brandverhalten oder die Feuerwiderstandsfähigkeit durch ein allgemeines bauaufsichtliches Prüfzeugnis, bei anderen nicht geregelten Bauprodukten durch eine allgemeine bauaufsichtliche Zulassung nachzuweisen.

Anlage 0.1.1 (2004/1)

Die in DIN 4102-2 : 1977-09, Abschnitt 8.8.2, Tabelle 2 (nachstehende Seite, Tabelle 1), angegebenen Bezeichnungen entsprechen folgenden Anforderungen in bauaufsichtlichen Verwendungsvorschriften:

Die jeweiligen bauaufsichtlichen Anforderungen an die Feuerwiderstandsfähigkeit von Bauteilen ergeben sich aus den Regelungen der Landesbauordnungen zu Wänden, Decken und Dächern.

Zusätzlich werden Bauteile nach dem Brandverhalten ihrer Baustoffe unterschieden in

1. Bauteile aus nichtbrennbaren Baustoffen,
2. Bauteile, deren tragende und aussteifende Teile aus nichtbrennbaren Baustoffen bestehen und die bei raumabschließenden Bauteilen zusätzlich eine in Bauteilebene durchgehende Schicht aus nichtbrennbaren Baustoffen haben,
3. Bauteile, deren tragende und aussteifende Teile aus brennbaren Baustoffen bestehen und die allseitig eine brandschutztechnisch wirksame Bekleidung aus nichtbrennbaren Baustoffen (Brandschutzbekleidung) und Dämmstoffen haben,
4. Bauteile aus brennbaren Baustoffen.

Bauaufsichtliche Anforderungen	Klassen nach DIN 4102-2	Kurzbezeichnung nach DIN 4102-2
feuerhemmend	Feuerwiderstandsklasse F 30	F 30 - B[1)]
feuerhemmend, aus nichtbrennbaren Baustoffen	Feuerwiderstandsklasse F 30 und aus nichtbrennbaren Baustoffen	F 30 - A[1)]
hochfeuerhemmend	Feuerwiderstandsklasse F 60 und in den wesentlichen Teilen aus nichtbrennbaren Baustoffen	F 60 - AB[2)]
	Feuerwiderstandsklasse F 60 und aus nichtbrennbaren Baustoffen	F 60 - A[2)]
feuerbeständig	Feuerwiderstandsklasse F 90 und in den wesentlichen Teilen aus nichtbrennbaren Baustoffen	F 90 - AB[3) 4)]
feuerbeständig, aus nichtbrennbaren Baustoffen	Feuerwiderstandsklasse F 90 und aus nichtbrennbaren Baustoffen	F 90 - A[3) 4)]

1) bei nichttragenden Außenwänden auch W 30 zulässig
2) bei nichttragenden Außenwänden auch W 60 zulässig
3) bei nichttragenden Außenwänden auch W 90 zulässig
4) nach bestimmten bauaufsichtlichen Verwendungsvorschriften einiger Länder auch F 120 gefordert

Tabelle 1

Das Brandverhalten der wesentlichen Baustoffe der Bauteile wird im Rahmen der Klassifizierung der Feuerwiderstandsfähigkeit nach DIN 4102-2 berücksichtigt und nach DIN 4102-1 (Anlage 0.2.1) oder DIN EN 13501-1 (Anlage 0.2.2) bestimmt.

Die Feuerwiderstandsfähigkeit von hochfeuerhemmenden Bauteilen nach Nr. 3 in Verbindung mit den zusätzlichen Anforderungen an die Brandschutzbekleidung kann jedoch nicht nach DIN 4102-2 nachgewiesen werden und ist deshalb in Tabelle 1 nicht aufgeführt. Eine Klassifizierung dieser Bauteile kann daher nur nach Anlage 0.1.2 Tabelle 1 erfolgen.

Anlage 0.1.2 (2014/2)

Die nach DIN EN 13501-2 und DIN EN 13501-3 und DIN EN 13501-4 klassifizierten Eigenschaften zum Feuerwiderstandsverhalten entsprechen folgenden Anforderungen in bauaufsichtlichen Verwendungsvorschriften: *(siehe Tabelle 1).*

Die jeweiligen bauaufsichtlichen Anforderungen an die Feuerwiderstandsfähigkeit von Bauteilen ergeben sich aus den Regelungen der Landesbauordnungen zu Wänden, Decken und Dächern.

Zusätzlich werden Bauteile nach dem Brandverhalten ihrer Baustoffe unterschieden in

1. Bauteile aus nichtbrennbaren Baustoffen,
2. Bauteile, deren tragende und aussteifende Teile aus nichtbrennbaren Baustoffen bestehen und die bei raumabschließenden Bauteilen zusätzlich eine in Bauteilebene durchgehende Schicht aus nichtbrennbaren Baustoffen haben,
3. Bauteile, deren tragende und aussteifende Teile aus brennbaren Baustoffen bestehen und die allseitig eine brandschutztechnisch wirksame Bekleidung aus nichtbrennbaren Baustoffen (Brandschutzbekleidung) und Dämmstoffen haben,

Bauaufsichtliche Anforderung	**Tragende Bauteile**	
	ohne Raumabschluss [1)]	mit Raumabschluss [1)]
feuerhemmend	R 30	REI 30
hochfeuerhemmmend	R 60	REI 60
feuerbeständig	R 90	REI 90
Feuerwiderstandsfähigkeit 120 Min.	R 120	REI 120
Brandwand	–	REI 90-M

***Tabelle 1:** Feuerwiderstandsklassen von Bauteilen nach DIN EN 13501-2 und ihre Zuordnung zu den bauaufsichtlichen Anforderungen*

4. Bauteile aus brennbaren Baustoffen.

Die europäische Klassifizierung der Feuerwiderstandsfähigkeit von Bauteilen berücksichtigt das Brandverhalten der Baustoffe nicht. Das Brandverhalten der Baustoffe wird deshalb nach DIN EN 13501-1 (Anl. 0.2.2) zusätzlich bestimmt.

Bei hochfeuerhemmenden Bauteilen nach Nr. 3 ist das Brandschutzvermögen der brandschutztechnisch wirksamen Bekleidung aus nichtbrennbaren Baustoffen (Brandschutzbekleidung) zusätzlich zur Feuerwiderstandsfähigkeit nachzuweisen und nach DIN EN 13501-2 mit $K_2 60$ zu klassifizieren.

Nach deutschem Baurecht muss die Feuerwiderstandsfähigkeit von Decken grundsätzlich sowohl von oben nach unten als auch von unten nach oben erfüllt sein. Die europäischen Klassifizierungen berücksichtigen eine Brandbeanspruchung von unten nach oben. Damit auf eine zusätzliche Brandprüfung mit Brandbeanspruchung auf der Oberseite verzichtet werden kann, müssen feuerwiderstandsfähige Holzbalkendecken bei den Brandprüfungen oberseitig mindestens die nachfolgenden konstruktiven Bedingungen erfüllen:

Nichttragende Innenwände	**Nichttragende Außenwände**	**Doppelböden**	**Selbstständige Unterdecken**
EI 30	E 30 (i → o) und EI 30-ef (i ← o)	REI 30	EI 30 (a↔b)
EI 60	E 60 (i → o) und EI 60-ef (i←o)		EI 60 (a↔b)
EI 90	E 90 (i → o) und EI 90-ef (i←o)		EI 90 (a↔b)
–	–		–
EI 90-M	–		–

Tabelle 1 *(Fortsetzung)*

1) Für die mit reaktiven Brandschutzsystemen beschichteten Stahlbauteile ist die Angabe IncSlow gemäß DIN EN 13501-2 zusätzlich erforderlich.

***Tabelle 2**: Feuerwiderstandsklassen von Sonderbauteilen nach DIN EN 13501-2, -3, -4 u. ihre Zuordnung zu den bauaufsichtlichen Anforderungen (→ S. 302)*

- Feuerwiderstandsklasse REI 60:
  Variante 1: 13 mm Spanplatten bzw. 21 mm gespundete Schalung und 15 mm nichtbrennbare Dämmstoffe aus Mineralfasern mit einem Schmelzpunkt ≥ 1000 °C und 20 mm Estrich bzw. nichtbrennbare Trockenestrichplatten (mind. A2) oder
  Variante 2: 13 mm Spanplatten bzw. 21 mm gespundete Schalung und 30 mm Estrich bzw. nichtbrennbare Trockenestrichplatten (mind. A2)
- Feuerwiderstandsklasse REI 90:
  Variante 1: 13 mm Spanplatten bzw. 21 mm gespundete Schalung und 15 mm nichtbrennbare Dämmstoffe aus Mineralfasern mit einem Schmelzpunkt ≥ 1000 °C und 30 mm Estrich bzw. nichtbrennbare Trockenestrichplatten (mind. A2) oder
  Variante 2: 13 mm Spanplatten bzw. 21 mm gespundete Schalung und 40 mm Estrich bzw. nichtbrennbare Trockenestrichplatten (mind. A2)

Die jeweiligen bauaufsichtlichen Anforderungen an die Feuerwiderstandsfähigkeit von Abschlüssen ergeben sich aus den Regelungen der Landesbauordnungen zu Öffnungen in den Bauteilen und deren Abschlüssen.

Nach deutschem Bauordnungsrecht müssen Abschlüsse hinsichtlich der Feuerwiderstandsfähigkeit sowohl das Kriterium "Raumabschluss" als auch das Kriterium "Wärmedämmung unter Brandeinwirkung" erfüllen.

Abschlüsse (z. B. Vorhänge) mit der Klassifizierung "E 30/60/90" oder "EW 30/60" sind nicht ohne Weiteres dort zu verwenden, wo nach bauordnungsrechtlichen Maßgaben "feuerhemmend", "hochfeuerhemmend" oder "feuerbeständig" gefordert wird. Es sind die Bestimmungen der Verwendbarkeitsnachweise zu beachten.

***Tabelle 3**: Erläuterungen der Klassifizierungskriterien und der zusätzlichen Angaben zur Klassifizierung des Feuerwiderstands nach DIN EN 13501-2, -3 (→ Seite 304)*

Fahrschachtabschlüsse mit der Klassifizierung "E 30/60/90" zum Einbau in feuerhemmende, hochfeuerhemmende oder feuerbeständige Fahrschachtwände erfüllen die Anforderungen an den Raumabschluss und sind nach DIN EN 81-58 zu klassifizieren; eine Übertragung von Wärme (unter Brandeinwirkung) wird nicht behindert; die Anforderungen der Musterbauordnung (MBO) für den Fahrschacht und sinngemäß die der Bauregelliste A Teil 1, Anlage 6.1 sind zu beachten. Die Abschlüsse erfüllen die Mindestanforderungen der MBO § 39 (2).

Brandschutzverglasungen der Klassifizierung "E 30/60/90" sind nicht als feuerhemmend, hochfeuerhemmend oder feuerbeständig zu verwenden; Brandschutzverglasungen, bei denen eine Übertragung von Feuer und Wärme über eine bestimmte Dauer (Feuerwiderstandsdauer) verhindert wird, werden nach Tabelle 1 klassifiziert.

Anlage 0.1.3 (2006/1)

Die nach DIN EN 13501-5 klassifizierten Eigenschaften zum Verhalten von Bedachungen bei einer Brandbeanspruchung von außen entsprechen folgenden Anforderungen in bauaufsichtlichen Verwendungsvorschriften:

Bauaufsichtliche Anforderung	Klasse nach DIN EN 13501-5
Widerstandsfähig gegen Flugfeuer und strahlende Wärme (harte Bedachung)	B_{ROOF} (t1)
keine Leistung festgestellt (weiche Bedachung)	F_{ROOF} (t1)

***Tabelle 1**: Klassen von Bedachungen nach DIN EN 13501-5 und ihre Zuordnung zu den bauaufsichtlichen Anforderungen*

Anlage 0.2 (2006/1)

Das Brandverhalten von Baustoffen wird auf der Grundlage der Norm DIN 4102-1 oder der Norm DIN EN 13501-1 klassifiziert. In den folgenden Tabellen werden die bauaufsichtlichen Anforderungen den Brandverhaltensklassen der jeweiligen Norm zugeordnet. Die Klassifizierungen nach DIN 4102-1 und DIN EN 13501-1 sind für den Nachweis des Brandverhaltens von Baustoffen alternativ anwendbar. Die Anwendung der Klassifizierung nach DIN EN 13501-1 wird in Anlage 0.2.2 besonders erläutert.

Die Zuordnung der Klassen nach DIN 4102 bzw. nach DIN EN 13501 zu den bauaufsichtlichen Anforderungen ersetzt nicht die für die jeweiligen Bauprodukte und Bauarten vorgeschriebenen bauaufsichtlichen Verwendbarkeitsnachweise bzw. Anwendbarkeitsnachweise.

Bei geregelten Bauprodukten nach Bauregelliste A Teil 1 erfolgt die Klassifizierung im Rahmen des Übereinstimmungsnachweises.

Bei CE-gekennzeichneten Bauprodukten nach Bauregelliste B Teil 1 erfolgt die Klassifizierung im Rahmen des Konformitätsnachweises.

Bei Bauprodukten und Bauarten nach Bauregelliste A Teile 2 und 3 ist das Brandverhalten oder die Feuerwiderstandsfähigkeit durch ein allgemeines bauaufsichtliches Prüfzeugnis, bei anderen nicht geregelten Bauprodukten durch eine allgemeine bauaufsichtliche Zulassung nachzuweisen.

Anlage 0.2.1 (2004/1)

Die in DIN 4102-1 : 1998-05, Abschnitt 3, und in der Berichtigung 1 : 1998-08 zu DIN 4102-1 angegebenen Baustoffklassen entsprechen den folgenden bauaufsichtlichen Verwendungsvorschriften:

Tabelle 1

Bauaufsichtliche Anforderung	Baustoffklasse nach DIN 4102
nichtbrennbare Baustoffe	A / A 1 / A 2
brennbare Baustoffe	B
schwer entflammbare Baustoffe	B 1
normal entflammbare Baustoffe	B 2
leicht entflammbare Baustoffe	B 3

Bauaufsichtliche Vorschriften können Anforderungen an Baustoffe hinsichtlich des brennenden Abtropfens/Abfallens im Brandfall enthalten. Für schwerentflammbare und normalentflammbare Bauprodukte – ausgenommen Bodenbeläge – werden bei den Prüfungen nach DIN 4102-1 Ergebnisse über das brennende Abtropfen oder das Abfallen brennender Probenteile festgestellt, bei den schwerentflammbaren Bauprodukten außerdem Werte über die Rauchentwicklung.

Tritt brennendes Abtropfen/Abfallen auf bzw. wird bei schwerentflammbaren Bauprodukten – ausgenommen Bodenbeläge – der Grenzwert für die Rauch entwicklung überschritten, ist dies zusätzlich zur Baustoffklassifizierung mit dem Ü-Zeichen anzugeben.

An Bauprodukte in baulichen Anlagen und Räumen besonderer Art oder Nutzung können bezüglich Rauchentwicklung und Entstehung toxischer Gase weitere bauaufsichtliche Anforderungen gestellt werden.

Anlage 0.2.2 (2009/1)

Die nach DIN EN 13501-1 klassifizierten Eigenschaften zum Brandverhalten von Baustoffen (ausgenommen Bodenbeläge) entsprechen folgenden bau auf sichtlichen Anforderungen in bauaufsichtlichen Verwendungsvorschriften:

***Tabelle 1**: (ausgenommen Bodenbeläge) (→ Seite 298)*

Die nach DIN EN 13501-1 klassifizierten Eigenschaften zum Brandverhalten von Bodenbelägen entsprechen folgenden bauaufsichtlichen Anforderungen in bauaufsichtlichen Verwendungsvorschriften:

***Tabelle 2**: (Bodenbeläge) (→ Seite 299)*

***Tabelle 3**: Erläuterungen der zusätzlichen Angaben zur Klassifizierung des Brandverhaltens von Baustoffen (einschl. Bodenbelägen) nach DIN EN 13501-1 (→ Seite 299)*

Anlage 0.2.3 (2003/1)

Die Prüfung nach DIN EN ISO 11925-2 ist bei Kantenbeflammung (Abschnitt 7.3.3.2 der Norm) und, sofern hierbei ein Versagen zu erwarten ist, auch bei Flächenbeflammung (Abschnitt 7.3.3.1 der Norm) durchzuführen. Bei der Durchführung sind die Festlegungen der DIN 4102-1 Abschnitte 6.2.5.2, 6.2.5.5 und 6.2.5.6 zu beachten.

Anmerkung: Es wird darauf hingewiesen, dass die in Anlage 0.2.3 festgelegten Bedingungen eine vorläufige Entscheidung in Ermangelung europäisch harmonisierter Festlegungen darstellt. Künftige harmonisierte Produktspezifikationen können abweichende Prüfbedingungen festlegen, die eine erneute Prüfung erforderlich machen.

Musterbauordnung und Muster-Richtlinien

Mit Tabellen zu den Musterrichtlinien von Thomas Kruszinski und Anke Löbbert

Einführung

Die Fachkommission Bauaufsicht in der Arbeitsgemeinschaft der für das Bau-, Wohnungs- und Siedlungswesen zuständigen Minister und Senatoren der Länder (kurz: ARGEBAU oder Bauministerkonferenz) erarbeitet Musterentwürfe für die Landesbauordnungen sowie für Landesverordnungen und Richtlinien. Von einigen Ländern wurden einige dieser Muster durch Einführungserlass direkt übernommen. Zum Teil wurden die Muster zwar ebenfalls eingeführt, jedoch – entsprechend den Vorstellungen der jeweiligen Länder – geändert oder ergänzt. Andere der von der ARGEBAU erarbeiteten Mustervorschriften wurden jedoch von den Ländern nicht in gültiges Recht umgesetzt. Dies hat zur Folge, dass in Deutschland eine einheitliche Behandlung der Bauvorhaben nicht möglich ist. Musterentwürfe der ARGEBAU für Verordnungen und Richtlinien können jedoch im Einzelfall, soweit keine Landesvorschriftenbestehen, zur Entscheidungshilfe bzw. Orientierung dienen.

Gültigkeit sowie Inhalte der jeweiligen Vorschriften unterscheiden sich in den einzelnen Bundesländern teils erheblich. Um ein rechtskonformes Bauvorhaben zu erstellen, ist es unerlässlich, ausschließlich die in den jeweiligen Bundesländern gültigen Vorschriften in der aktuellen Fassung zu verwenden.

Einführung von Musterrichtlinien in den Bundesländern

Die bauaufsichtliche Einführung neuer Musterrichtlinien der Bauministerkonferenz (ARGEBAU) findet in den Bundesländern zu sehr unterschiedlichen Zeitpunkten statt. Diese Rubrik liefert Ihnen einen aktuellen Überblick. (Quelle: FeuerTRUTZ Magazin, Stand 01/2016)

Alle aktuellen Muster der ARGEBAU finden Sie auf www.feuertrutz.de. Weiterführende Informationen und Begründungen zu den Mustern enthält die Seite der ARGEBAU unter www.is-argebau.de.

	BB	BE	BR	BW	BY	HH	HE	MV	ND	NW	RP	SH	SL	ST	SN	TH
MBO 2002	✔	✔	✔	✔	✔	✔	✔	✔	✔			✔	✔	✔	✔	✔
MLAR 2005-11	✔	✔	✔	✔	✔	✔	✔	✔	✔	✔	✔	✔	✔	✔	✔	✔
MLüAR 2015-12							✔									
MIndBauRL 2014-07	✔	✔	✔	✔	✔	✔	✔	✔		✔	✔	✔	✔	✔	✔	✔
MHHR 2008	✔	✔	✔		✔	(✔)	✔			✔		✔				
M-HFHHolzR 2004-07	✔	✔	✔	✔	✔	✔	(✔)	✔	✔		✔	✔	✔	✔	✔	✔
MSchulbauR 2009		✔	✔			✔	✔	✔	✔			✔	✔	✔	✔	✔
Rauchmelderpflicht	N B3	N B3	N B	N B	N B1	N B	N B	N B	N B	N B	N B	N B	N B	N B	N –	N B2

✔ neu eingeführt (✔) Muster teilweise verändert [✔] Einführung angekündigt

N Pflicht in Neubauten

B Nachrüstpflicht in Bestandsbauten bis Ende 2017 (1) / 2018 (2) / 2020 (3)

Brandschutztechnische Mindestanforderungen nach der Musterbauordnung 2002 (MBO) (zuletzt geändert durch Beschluss der Bauministerkonferenz vom 13.05.2016)

Thomas Kruszinski und Anke Löbbert

Erläuterungen

Zu Spalte 3: Zu den „freistehenden Gebäuden" zählen auch freistehende land- und forstwirtschaftliche Gebäude.

Zu Spalte 7: Hochhäuser müssen weitergehenden Anforderungen genügen. Die Anforderungen an Hochhäuser nach den Hochhausrichtlinien sind in einer extra Tabelle dargestellt

Geschosse: Geschosse sind oberirdische Geschosse, deren Deckenoberkante im Mittel mehr als 1,40 m über die Geländeoberfläche hinausragen. Hohlräume zwischen der obersten Decke und der Bedachung, in denen AR nicht möglich sind, sind keine Geschosse. AR müssen eine Raumhöhe von mind. 2,40 m haben, AR bei Wohngebäuden der GK 1 und 2 sowie AR im Dachgeschoss eine lichte Raumhöhe von 2,30 m.

Trennwände: sind erforderlich zwischen Nutzungseinheiten sowie zwischen Nutzungseinheiten und anders genutzten Räumen und zum Abschluss von Räumen mit erhöhter Explosions- oder Brandgefahr (§ 29 Abs. 2).

Brandwände: müssen feuerbeständig und aus nichtbrennbaren Baustoffen bestehen und den weitergehenden Anforderung nach DIN 4102-3 genügen. Brandwände müssen durchgehend sein. Versetzte Brandwände können gestattet werden. Müssen Gebäude oder Gebaudeteile, die übereck in einem Winkel von weniger als 120° zusammenstoßen, durch Gebäudetrennwände unterteilt werden, so muss sich diese Brandwand mind. 5 m über die innere Ecke fortsetzen (§ 30).

Gebäudeabschlusswände: Wand zum Abschluss von Gebäuden, wenn die Abschlusswand bis zu 2,50 m von der Nachbargrenze errichtet wird oder zwischen Wohngebäuden und angebauten landwirtschaftlich genutzten Gebäuden.

Gebäudetrennwände: Wände (innere Brandwände) zur Unterteilung von ausgedehnten Gebäuden in Abständen von höchstens 40 m oder zur Unterteilung landwirtschaftlich genutzter Gebäude in Brandabschnitte von nicht mehr als 10000 m³ BRI oder zwischen dem Wohnteil und dem landwirtschaftlich genutzten Teil eines Gebäudes

Gebäudeklasse	**GK 1**
Brandschutztechnische Einrichtung	Freistehende Gebäude mit Höhe ≤ 7 m und ≤ 2 NE von insgesamt ≤ 400 m²
1	**2**
Tragende und aussteifende Wände, Unterstützunge, Pfeile, Stützen	keine
...in Kellergeschossen	F 30-B
...für Geschosse im Dachraum 2)	keine
Abschlusswände gegen den nicht ausgebauten Dachraum einschließlich ihrer Zugänge	F 30-B 3) – (T 30)
Nichttrag. Außenwände u. nichttrag. Teile tragender Außenwände	keine
Außenwandbekleidungen einschl. Dämmstoffe u. Unterkonstruktion + Oberflächen	keine
Trennwände (Öffnungen möglich) – müssen bis unter Rohdecke oder Dachhaut geführt werden	F 30-B 3,7) – (T 30)
Gebäudeabschlusswände (Öffnungen unzulässig)	–
Gebäudetrennwände (Öffnungen möglich)	–
Decken	keine 7)
...zwischen Nutzungseinheiten	keine 7)
...über Kellergeschossen	F 30-B 7)
...für Geschosse im Dachraum 2)	keine 7)
Verkleidungen unter Decken (inkl. Dämmstoff, Unterkonstruktion)	wie Spalte 3 bis 6
RW-Länge von jedem Punkt eines AR bis zum TR/Ausgang ins Freie	35 m
2. Rettungsweg über Rettungsgerät der Feuerwehr	wie Spalte 3 und 4
Treppen (notwendige Treppen) anstelle von Treppen sind Rampen mit flacher Neigung möglich	wie Spalte 3 und 4
...tragende Teile	keine
Treppenräume (außenliegende)	eigener TR nicht notwendig
...Breite	wie Spalte 3 bis 6
...Wände	keine

GK 2	GK 3	GK 4	GK 5
Gebäude mit Höhe ≤ 7 m und ≤ 2 NE von insgesamt ≤ 400 m²	Sonstige Gebäude mit Höhe ≤ 7 m	Gebäude bis 13 m Höhe und NE mit jeweils ≤ 400 m² Brutto-Grundfläche	Sonstige Gebäude einschließlich unterirdische Gebäude
3	4	5	6
F 30-B	F 30-B	F 60-BA	F 90-AB [1]
F 30-B	F 90-AB [1]	F 90-AB [1]	F 90-AB [1]
F 30-B [2]	F 30-B [2]	F 60-BA [2]	F 90-AB [1,2]
F 30-B [3] – (T 30)	F 30-B – (T 30)	F 60-BA – (T 30)	F 90-AB [1] – (T 30)
keine	keine	A oder W 30-B [4,6]	A oder W 30-B [4,6]
keine	keine	B 1 [5]	B 1 [5]
F 30-B [3,7] – (T 30)	F 30-B [3,7] – (T 30)	F 60-BA [7] – (T 30)	F 90-AB [1,7] – (T 30)
F 60-BA bis unter Dachhaut [8,9]		F 60-BA+M + 0,3 m über Dach [9,10]	Brandwand + 0,3 m über Dach [9,10]
F 60-BA (T 90) [11] bis unter Dachhaut [9]		F 60-BA+M (T 90) [11] + 0,3 m ü. Dach [9,10]	Brandwand (T 90) + 0,3 m über Dach [9,10]
F 30-B [7]	F 30-B [7]	F 60-BA [7]	F 90-AB [1]
F 30-B [7]	F 30-B [7]	F 60-BA [7]	F 90-AB [1]
F 30-B [7]	F 30-B [2,7]	F 90-AB [1]	F 90-AB [1]
F 30-B [2,7]	F 30-B [2,7]	F 60-BA [2,7]	F 90-AB [1,2]
Anforderungen nur bei Rettungswegen, siehe dort			
35 m	35 m	35 m	35 m
Fenster 0,9 x 1,2 m und zugänglich für die Feuerwehr [12,13]		Fenster 0,9 x 1,2 m, Aufstellflächen für Hubrettungsfahrzeuge [12,13]	
mind. eine Treppe zu jedem Geschoss und zum benutzbaren Dachraum		In einem Zuge zu allen angeschlossenen Geschossen [15]	
keine	A oder F 30-B [14]	A [14]	F 30-A [14]
eigener TR nicht notwendig	eigener durchgehender Treppenraum erforderlich [15]		
für größten zu erwartenden Verkehr (DIN 18065)			
keine	F 30-B [16]	F 60-BA-M [16]	Bauart von BW [16]

Gebäudeklasse	**GK 1**
Brandschutztechnische Einrichtung (Fortsetzung)	
1	**2**
...Wand und Deckenoberflächen, Beläge	keine
...Belüftung	keine
...Beleuchtung	keine
...oberer Abschluss vom Treppenraum	keine
Türen vom Treppenraum zu Nutzungseinheiten	keine
...zu allgemein zugänglichen Fluren	keine
...zum KG, nicht ausgebauten Dachraum, Werkstätten, Läden, Lager- u.ä. Räumen	keine
Allgemein zugängliche Flure (Notwendige Flure)	nicht erforderlich, ausgenommen in KG [3,28)]
...Breite	wie Spalte 3
...Länge	wie Spalte 3
...Wände	im KG F 30-B bis an die Rohdecke [22)]
...Türen zu Nutzungseinheiten u. Laubengängen	dichtschließend [23)]
...Verkleidungen, Dämmschichten, Beläge	A [17)]
Laubengänge	Im KG F 30-B bis an die Rohdecke [24)]
Aufzüge	müssen sicher umkleidet sein
...Schachtwände und deren Abschlüsse	–
...Lüftung	–
...Triebwerkraum, Wände und Türen	

1) Sind die Bauteile zudem raumabschließend, so ist zusätzlich in Bauteilebene eine durchgehende Schicht aus nichtbrennbaren Stoffen anzuordnen.

2) Anforderung gilt, wenn darüber Aufenthaltsräume möglich sind, sonst B 2.

3) Gilt nicht für Wohngebäude.

4) Brennbare Fensterprofile und Fugendichtungen sowie brennbare Dämmstoffe in nichtbrennbaren geschlossenen Profilen der Außenwandkonstruktion sind zulässig.

5) Unterkonstruktionen aus normalentflammbaren Baustoffen (B 2) sind zulässig, wenn eine Brandausbreitung auf und in diesen Bauteilen (z.B. Schürzen und Brüstungen) ausreichend lang begrenzt ist.

6) Bei AW-Konstruktionen mit Geschoss übergreifenden Hohl- oder Lufträumen (wie Doppelfassaden, hinterlüftete AW-Bekleidungen) sind gegen die Brandausbreitung besondere Vorkehrungen zu treffen

GK 2	GK 3	GK 4	GK 5
3	4	5	6
keine	A [17], Fußbodenbelag B 1		
keine	jedes Geschoss ein zu öffnendes Fenster [18] min. 0,5 m²		RA mit min. 1 m²
keine	muss zu beleuchten sein		wie Spalte 4 und 5 [18]
keine	F 30-B [29]	F 60-BA [29]	F 90-AB [1,29]
keine	dicht- und selbstschließend [19]		
keine	RS-Türen	RS-Türen	RS-Türen
keine	T 30-RS	T 30-RS	T 30-RS
nicht erforderlich, ausgenommen in KG [3,28]	bei NE > 200 m², außer in Wohnungen [20]		
ausreichend für den größten zu erwartenden Verkehr			
Bei > 30 m Unterteilung mit nicht abschließbarer RS-Tür [21]			
im KG F 30-B bis an die Rohdecke [22]	F 30-B bzw. KG F 90-AB [1] bis an die Rohdecke [22]		
dichtschließend [23]	dichtschließend [23]	dichtschließend [23]	dichtschließend [23]
A [17]	A [17]	A [17]	A [17]
im KG F 30 B bis an die Rohdecke [24]	F 30 B bzw. KG F 90-AB [1] bis zur Rohdecke [24]		
müssen sicher umkleidet sein	müssen in eigenen Schächten liegen; Ausnahmen möglich [25]		
–	F 30-B [26]	F 60-BA [26]	F 90-A
–	RA [27] mit 2,5 % der Fahrschachtgrundfläche. mind. 0,1 m²		
–	–	–	–

7) Trennwände und Decken zum Abschluss von Räumen mit Explosions- oder erhöhter Bandgefahr (außer bei Wohngebäuden der GK 1 und 2) sowie die Decken zwischen dem landwirtschaftlich genutzten Teil u. dem Wohnteil mind. F 90-AB.

8) Alternativ sind auch Gebäudeabschlusswände möglich, die jeweils von innen nach außen die Feuerwiderstandsfähigkeit der tragenden und aussteifenden Teile des Gebäudes, mindestens jedoch feuerhemmende Bauteile, und von außen nach innen die Feuerwiderstandsdauer feuerbeständiger Bauteile haben.

9) F 90-AB Wände als Gebäudeabschluss- bzw. innere Brandwände zwischen Wohngebäude/-teil und landwirtschaftlich genutzten Gebäude/-teil zulässig, sofern der landwirtschaftl. Bereich < 2000 m³ ist.

10) Alternativ zur Überdachführung ist auch eine beiderseits 0,5 m auskragende Platte bei Brandwänden von F 90-A und bei F 60-BA+M Wänden (GK 4) von F 60-A zulässig.

11) Bei Einbau T 90-Tür in F 60-BA-Wand: Zustimmung im Einzelfall erforderlich.

12) Brüstungshöhe maximal 1,20 m.

13) Bei Sonderbauten ist der zweite Rettungsweg über Rettungsgeräte der Feuerwehr nur zulässig, wenn keine Bedenken wegen der Personenrettung bestehen.

14) Außentreppen müssen aus nichtbrennbaren Baustoffen bestehen.

15) Kein notwendiger TR und keine notwendige Treppe erforderlich für die Verbindung von höchstens zwei Geschossen innerhalb derselben NE von insgesamt nicht mehr als 200 m², wenn in jedem Geschoss ein anderer Rettungsweg erreicht werden kann oder bei Außentreppen, wenn Ihre Nutzung ausreichend sicher ist und im Brandfall nicht gefährdet werden kann.

16) Nicht erforderlich für Außenwände von notwendigen TR, die aus nichtbrennbaren Baustoffen bestehen und durch andere an diese Außenwände anschließende Gebäudeteile im Brandfall nicht gefährdet werden können.

17) Wände und Decken aus brennbaren Baustoffen müssen eine Bekleidung aus nichtbrennbaren Baustoffen in ausreichender Dicke aufweisen.

18) Innenliegende notwendige TR müssen in Gebäuden mit mehr als 13 m Höhe eine Sicherheitsbeleuchtung haben. Außerdem ist bei innenliegenden TR immer ein RA von 1 m² erforderlich

19) Bei Nutzungseinheiten > 200 m², ausgenommen Wohnungen mind. T 30-RS Türen.

20) Notwendige Flure sind nicht erforderlich innerhalb von NE, die einer Büro- und Verwaltungsnutzung dienen, mit nicht mehr als 400 m² Grundfläche; das gilt auch für Teile größerer NE, wenn diese Teile eine Fläche von 400 m² nicht überschreiten, feuerwiderstandsfähige Trennwände haben und jeder Teil unabhängig von anderen Teilen eigenständige Rettungswege hat.

21) Notwendige Flure mit nur einer Fluchtrichtung, die zu einem Sicherheitstreppenraum führen, dürfen nicht länger als 15 m sein

22) Die Abschlüsse dürfen auch bis an die Unterdecke der Flure geführt werden, wenn diese F 30-B ist.

23) Öffnungen zu Lagerbereichen im KG müssen feuerhemmende, dichte und selbstschließende Abschlüsse haben.

24) Fenster ohne Brandschutzanforderungen sind in diesen AW ab einer Brüstungshöhe von 0,90 m zulässig.

25) Aufzüge ohne eigenen Schacht sind zulässig innerhalb eines notwendigen TR (ausgenommen Hochhäuser) oder innerhalb von Räumen, die Geschosse überbrücken oder zur Verbindung von Geschossen, die offen miteinander in Verbindung stehen.

26) Fahrschachtwände aus brennbaren Baustoffen müssen schachtseitig eine Bekleidung aus nichtbrennbaren Baustoffen in ausreichender Dicke haben.

27) Die Lage der Rauchaustrittsöffnungen muss so gewählt werden, dass der Rauchaustritt durch Windeinfluss nicht beeinträchtigt wird.

28) Dies gilt nur für Untergeschosse von Gebäuden die AR aufweisen und nicht dem Wohnen dienen.

29) Gilt nicht, wenn der obere Abschluss das Dach ist und die Treppenraumwände bis unter die Dachhaut reichen.

Abschottung von Leitungen – Anforderungen nach MBO 2002 (zul. geänd. durch Beschluss der Bauministerkonferenz v. 13.05.2016)

Gebäudeklassen [1]	GK 1 (a, b)	GK 2	GK 3	GK 4
Gebäudeart	freistehende	angebaut	alle	alle
Höhe OKF Aufenthaltsräume über OK Erdboden	≤ 7 m	≤ 7 m	≤ 7 m	≤ 13 m
Nutzungseinheiten (NE)	≤ 2	≤ 2	–	–
Fläche NE	insgesamt ≤ 400 m²	insgesamt ≤ 400 m²	–	jeweils ≤ 400 m²
Bauteile in Kellergeschossen (Decken) MBO § 31 (2)	**F30**	**F30**	**F90** [A]	**F90**
Bauteile in Obergeschossen (Decken) MBO § 31 (1)	keine Anforderungen	**F30** [2]	**F30** [2]	**F60/F90** [2]
Raumabschließende Trennwände in Obergeschossen MBO § 29	keine Anforderungen	**F30**	**F30**	**F60/F90**
Wände notwendiger Flure und Ausgänge ins Freie – Untergeschoss, MBO § 36 (4)	keine Anforderungen	keine Anforderungen	**F30**	**F90**
Wände notwendiger Flure und Ausgänge ins Freie – Obergeschoss, MBO § 36 (4)	keine Anforderungen	keine Anforderungen	**F30**	**F30**
Wände von notwendigen Treppenräumen MBO § 35 (3)	keine Anforderungen	**F30-A**	**F90-A**	**F90-A**
Gebäudetrennwände/ Brandwände MBO § 30	keine Anforderungen	**F60/F90-AB**	**F60/F90-AB**	**F60/F90-AB**

keine Abschottung gefordert

Abschottung in F30-Bauteilen mit Brandschutzanforderungen

Abschottung in F30-/F90-/F120-Bauteilen mit Brandschutzanforderungen

Abschottung von Leitungen – Anforderungen nach MBO (2002)

Gebäudeklassen [1]	**GK 5**	**Sonderbauten**	
Gebäudeart	alle		Hochhäuser
OKF Aufenthaltsräume ab OK Erdboden	≤ 22 m	jeder Höhe	≥ 22 m
Nutzungseinheiten (NE)	–	Hotels, Versammlungs-/Sportstätten, Schulen, Krankenhäuser	–
Fläche NE	–		–
Bauteile in Kellergeschossen (Decken) MBO § 31 (2)	**F90**	**F90/F120** [3]	**F90/F120** [3]
Bauteile in Obergeschossen (Decken) MBO § 31 (1)	**F90** [2]	**F90** [2]	**F90** [2]
Raumabschließende Trennwände in Obergeschossen, MBO § 29	**F90**	**F90** [3]	**F90** [3]
Wände notwendiger Flure und Ausgänge ins Freie – Untergeschoss, MBO § 36 (4)	**F90**	**F90**	**F90**
Wände notwendiger Flure und Ausgänge ins Freie – Obergeschoss, MBO § 36 (4)	**F30**	**F30**	**F30**
Wände von notwendigen Treppenräumen MBO § 35 (3)	**F90-A**	**F90-A** [3]	**F90-A** [3]
Gebäudetrennwände/ Brandwände MBO § 30	**F90-A**	**F90-A** [3]	**F90-A** [3]

1) nach § 40 keine Anforderungen an die Abschottung von Leitungsanlagen bei GK 1 und 2, innerhalb von Wohnungen und innerhalb von Nutzungseinheiten mit ≤ 400 m^2 in max. 2 Geschossen

2) keine Anforderungen an Decken zu Dachräumen, in denen keine Aufenthaltsräume möglich sind

3) In Sonderbauten gelten differenzierte Anforderungen, die den Sonderbauordnungen und dem speziellen Brandschutzkonzept der Baugenehmigung zu entnehmen sind.

Musterverordnung über den Bau und Betrieb von Verkaufsstätten – Muster-Verkaufsstättenverordnung (MVKVO)

(Fassung Sept. 1995, zuletzt geändert Juli 2014)

Mit der letzten Änderung der MVKVO sollen Unklarheiten und missverständliche Regelungen bezüglich der Rauchableitung beseitigt werden. Dabei war es erklärtes Ziel, Regelungen zu schaffen, die in der Regel eine ingenieurmäßige Bemessung erübrigen.

Anwendungsbereich und Begriffe

Die Muster-Verkaufsstättenverordnung gilt für Verkaufsstätten, deren Verkaufsräume und Ladenstraßen einschließlich ihrer Bauteile eine Fläche von mehr als 2.000 m^2 haben.
Zu einer Verkaufsstätte gehören alle Räume, die unmittelbar oder mittelbar, insbesondere durch Aufzüge oder Ladenstraßen, miteinander in Verbindung stehen; Treppenräume notwendiger Treppen sowie Leitungen, Schächte und Kanäle haustechnischer Anlagen gelten nicht als Verbindung.

- **Verkaufsstätten** sind Gebäude oder Gebäudeteile, die mindestens einen Verkaufsraum haben und **keine** Messebauten sind.
- **Erdgeschossige Verkaufsstätten** sind eingeschossig, ihr Fußboden darf maximal 1 m unter der Geländeoberfläche liegen.
- **Ladenstraßen** sind überdeckte/überdachte Flächen, an denen Verkaufsräume liegen, sie gelten nicht als Verkaufsräume.
- **Treppenraumerweiterungen** sind Räume, die Treppenräume mit Ausgängen ins Freie verbinden.

Anforderungen

Die wichtigsten Anforderungen bezüglich des Brandschutzes und der Vorkehrungen zur Rettung von Personen sind in der Tabelle 1 zusammengestellt (Änderungen in Rot). Neu ist die Forderung der Anpassung des betrieblichen/organisatorischen Brandschutzes an die Vorgaben der Verordnung (§ 27) **binnen zwei Jahren.** Der § 30 „Prüfungen" ist ersatzlos entfallen.

Tabelle 1: Anforderungen nach Muster-Verkaufsstättenverordnung

brandschutztechnische Einrichtung	eingeschossige mit Sprinkleranlage 1
tragende und aussteifende Wände	keine
Trennwände zwischen … VR u. Büros	F 90-AB
… Lagerräumen > 100 m^2 oder Werkräumen und anderen Räumen	keine
… Betriebs- und betriebsfremden Räumen	F 90-AB (öffnungslos)
… Räumen für die Lagerung von Abfallstoffen und anderen Räumen	F 90-AB (T 30; SN T 30-RS) gilt auch für die Decken
Unterteilung Brandabschnitte durch … – max. Brandabschnittsfläche	Brandwand (T 90) 10.000 m^2
Unterteilung Brandabschnitte durch Ladenstraßen	zulässig, wenn die Ladenstraßen … [3)]
nichttragende Außenwände	B 1 oder F 30-B (SN B 1)
Außenwandbekleidungen	B 1
Decken und ihre Unterstützungen	A
– Unterdecken in Verkaufsräumen (VR)	A [4) 5)]
Wand- und Deckenbekleidungen, Unterkonstruktionen und Dämmstoffe	Decken A nur Wände in Rettungswegen: A
Dächer als oberer Abschluss von VR/Ladenstraßen	wie Spalten 2 bis 4
– Tragwerk	keine
Rettungswege (RW) müssen gekennzeichnet sein	wie Spalten 2 bis 4
RW-Länge (Entfernung) von jeder Stelle – eines VR – sonstiger Räume oder Ladenstraßen	wie Spalten 2 bis 4
Breite – Hauptgänge	wie Spalten 2 bis 4
– Türen ins Freie/zu TR in Obergeschossen	wie Spalten 2 bis 4

Abkürzungen: VS: Verkaufsstätten / VR: Verkaufsraum / AR: Aufenthaltsraum /

(MVKVO)

Verkaufsstätten ohne Sprinkleranlage	mehrgeschossige Verkaufsstätten mit Sprinkleranlage	mehrgeschossige Verkaufsstätten ohne Sprinkleranlage
2	3	4
F 30-AB	F 90-AB	F 90-AB
	F 90-AB	
F 90-AB (T 30)	keine	F 90-AB (T 30)
F 90-AB (öffnungslos)		
F 90-AB (T 30; SN T 30-RS) gilt auch für die Decken	F 90-AB (T 30; SN T 30-RS) gilt auch für die Decken	
Brandwand (T 90) 3.000 m²	Brandwand (T 90) 5.000 m² je Geschoss	Brandwand (T 90) 1.500 m² je Geschoss [2)]
unzulässig	zulässig, wenn die Ladenstraßen … [3)]	unzulässig
B 1 oder F 30-B (SN A)	B 1 oder F 90-AB (SN B 1, BY A oder F 90-AB)	A oder F 90-AB (SN A)
B 1	B 1 (BY A)	A
F 30-A ohne Unterdecke	F 90-A ohne Unterdecke	
A [4)]	A [4) 5)]	A [4)]
Decken A Wände nur in Rettungswegen A		
als harte Bedachung aus A-Baustoffen außer Dachhaut und Dampfsperre Lichtdurchlässige Bedachungen müssen nicht als harte Bedachung ausgeführt sein. [6)]		
F 30	A	F 90-AB
aus jedem VR/AR > 100 m², aus jeder Ladenstraße: 2 voneinander unabhängige RW im selben Geschoss bis ins Freie oder zu einem Treppenraum		
10 m bis zu einem Hauptgang oder einer Ladenstraße 25 m [7) 8)] (Lauflänge ≤ 35 m) bis zum nächsten TR (notwendiger Treppen) oder ins Freie (erster Rettungsweg) 35 m [7) 8)] bis zum nächsten TR (notwendiger Treppen) oder ins Freie (erster RW)		
2 m; anliegende Verkaufsstände müssen unverrückbar sein		
je angefangene 100 m² VR-Fläche 30 cm min. 2 m		

RW: Rettungsweg / TR: Treppenraum

Tabelle 1: Anforderungen nach Muster-Verkaufsstättenverordnung

brandschutztechnische Einrichtung	**eingeschossige mit Sprinkleranlage** **1**
Ausgänge ins Freie/zu notwendigen TR – aus Geschoss – Breite – aus VR – Breite	wie Spalten 2 bis 4
Beleuchtung	Sicherheitsbeleuchtung
Einbauten wie Ausstellungsvitrinen	wie Spalten 2 bis 4
notwendige Treppen	entfällt
– Handläufe	entfällt
– Breite	entfällt
– tragende Teile	entfällt
Treppenräume	entfällt
– Wände	entfällt
– Bodenbeläge	entfällt
– Türen zu Verkaufsräumen	entfällt
– Belüftung	entfällt
notwendige Flure für Kunden / Breite	wie Spalten 2 bis 4
– Wände und Decken / Bodenbeläge	F 90-A / B1
– Türen vom VR zum Flur	RS-Tür [9)]
Ladenstraßen – Breite	wie Spalten 2 bis 4
Alarmeinrichtungen	müssen vorhanden sein
Brandmeldeanlagen	wie Spalten 2 bis 4
(zusätzliche) Feuerlöscheinrichtungen	wie Spalten 2 bis 4
organisatorische Vorkehrungen	wie Spalten 2 bis 4
Blitzschutz	muss vorhanden sein

(MVKVO) – Fortsetzung

Verkaufsstätten ohne Sprinkleranlage	mehrgeschossige Verkaufsstätten mit Sprinkleranlage	ohne Sprinkleranlage
2	**3**	**4**
jeder VR oder AR, jede Ladenstraße: min. 2 Ausgänge (VR/AR $\le$ 100 m^2: 1 Aushang)		
min. 30 cm je angefangene 100 m^2 VR-Fläche + halber Fläche Ladenstraße (Mindestbreite), aber min. 2 m min. 2 m (bei VR $\le$ 500 m^2: 1 m)		
Sicherheitsbeleuchtung		
in TR und notwendigen Fluren unzulässig		
	Wendeltreppen unzulässig, Ausnahmen möglich	
	2 durchgehende ohne freies Ende	
	min. 2 m und max. 2,50 m 11)	
	F 90-A an der Unterseite geschlossen	
	innen liegende TR sind zulässig 10)	
	Bauart von Brandwand 8)	
A	A	A
	RS-Türen 9)	T 30-RS 9)
	TR, die durch mehr als 2 Vollgeschosse führen, und innen liegende TR müssen Rauchabzüge haben	
Sicherheitsbeleuchtung / min. 2 m (bei VR $\le$ 500 m^2: ~~1,40 1,50~~ m)		
F 30-AB / B1	F 90-A / B1	F 30-AB / B1
T 30-RS 9)	RS-Tür 9)	T 30-RS 9)
min. 5 m (Einbauten/Einrichtungen unzulässig)		
müssen vorhanden sein		
nicht automatische Brandmelder müssen vorhanden sein		
geeignete Feuerlöscher und geeignete Wandhydranten		
gefordert sind: Brandschutzbeauftragter; Selbsthilfekräfte für den Brandschutz bei > 15.000 m^2 Gesamtfläche; Brandschutzordnung; Räumungskonzept bei VR > 5.000 m^2; Rauchverbot (mit Ausnahmen); Personalunterweisung		
muss vorhanden sein		

zu Tabelle 1: Anforderungen nach Muster-Verkaufsstättenverordnung

1) nur zulässig bei VS $\leq$ 1.500 m^2 über $\leq$ 3 Geschosse und die Gesamtfläche aller Geschosse des Brandabschnittes $\leq$ 3.000 m^2; bei Geschossen, die $\geq$ 3 m unter der Geländeoberfläche liegen, und bei Verkaufsräumen mit $\geq$ 500 m^2 Fläche ist eine Sprinkleranlage gefordert.

2) Verkaufsstätte mit $\leq$ 3 Geschossen und die Gesamtfläche aller Geschosse des Brandabschnittes $\leq$ 3.000 m^2.

3) ... bis zum oberen Abschluss in voller Höhe zusammenhängend min. 10 m breit sind (ohne Einbauten oder Einrichtungen, ausgenommen Fahrtreppen, Aufzüge, Einrichtungen der technischen Gebäudeausrüstung, die der Ladenstraße dienen), Wärmeabzugsvorrichtungen an oberster Stelle haben (min. 1 m breit, möglichst durchlaufend, mittig angeordnet) und das Tragwerk ihrer Dächer aus nichtbrennbaren Materialien besteht

4) Die Anforderungen gelten auch für Unterdecken in Treppenräumen, Treppenraumerweiterungen, Fluren und Ladenstraßen.

5) Brennbare Baustoffe sind zulässig, wenn auch der Deckenhohlraum durch Sprinkler geschützt ist.

6) Lichtdurchlässige Bedachung darf in Verkaufsstätten mit Sprinkleranlage aus B1-Baustoffen und muss in anderen aus A-Baustoffen bestehen.

7) Führt der RW über eine Ladenstraße, ist eine zusätzliche Länge von 35 m zulässig, wenn der zweite RW nicht über eine Ladenstraße führt ~~und die Ladenstraße Rauchabzüge hat~~ oder VR $\leq$ 100 m^2 und Raumtiefe $\leq$ 10 m mit großflächiger Sichtbeziehung und entgegengesetzten Ausgängen ins Freie.

8) Innerhalb von Brandabschnitten: zusätzliche Länge von 35 m zulässig, wenn RW über einen notwendigen Flur für Kunden unmittelbar ins Freie führt

8) Gilt auch für Treppenraumerweiterungen. Diese dürfen nicht länger als 35 m sein und keine Öffnungen zu anderen Räumen haben.

9) Türen, die selbstschließend sein müssen, dürfen offen gehalten werden, wenn sie Feststellanlagen haben, die bei Raucheinwirkung ein automatisches Schließen der Türen bewirken. Eine elektrische Verriegelung ist nur erlaubt, wenn die Türen im Gefahrenfall jederzeit geöffnet werden können.

10) Notwendige Treppen müssen in Treppenräumen liegen, außer bei Verkaufsstätten mit einer Fläche von weniger als 100 m^2 und bei Verkaufsstätten mit einer Fläche von weniger als 500 m^2, wenn die Treppe nur im Zuge eines der beiden notwendigen RW liegt.

11) Die Mindestbreite von RW von 2 m darf in Verkaufsstätten mit weniger als 500 m^2 bei Treppen auf 1,25 m und bei Fluren auf 1,40 m reduziert werden.

Tabelle 2: Maßnahmen zur geforderten Entrauchung nach MVKVO

	Objekt Anforderungen zur Entrauchung erfüllt durch	Zuluftflächen (ZF)
1	Verkaufs-, Aufenthaltsräume $\leq 200\ m^2$ GF	
	Fenster nach Bauordnung	
2	Verkaufs-, Aufenthalts-, Lagerräume $\leq 1.000\ m^2$ GF	
	Öffnungen[1] an oberster Stelle mit frQ 1 % GF **oder** Öffnungen (Fenster)[2] im oberen Drittel der Außenwände, mit frQ 2 % GF	ZF gleicher Größe im unteren Raumdrittel mit frQ $\leq 12\ m^2$
3	Verkaufs-, Aufenthalts-, Lagerräume $> 1.000\ m^2$ GF	
	RA-Gerät je $\leq 400\ m^2$, aerodynamisch wirksame Fläche $\geq 1{,}5\ m^2$, min. eine Auslösegruppe je $\leq 1.600\ m^2$	ZF, frQ $\geq 12\ m^2$
4	Ladenstraßen mit nur einer Ebene	
	RA-Gerät je ≤ 20 m, min. eine Auslösegruppe je ≤ 80 m	ZF, frQ $\geq 12\ m^2$
5	sonstige Ladenstraßen	
	RA-Gerät, Größe und Anordnung ausreichend bemessen	ZF, ausreichend bemessen
6	notwendige TR mit Fenstern	
	Öffnung[1][2] an oberster Stelle, frQ $\geq 1{,}0\ m^2$	
7	notwendige TR mit Öffnung zur Rauchableitung	
	RA-Gerät[1][2] im oberen TR-Abschluss oder unmittelbar darunter mit aerodynamisch wirksamer Fläche $\geq 1{,}0\ m^2$	
8	Objekte nach Zeile 1 bis 4 – **alternativ**	
	Räume bis $1.600\ m^2$ GF: maschinelle RA-Anlage mit min. 1 RA-Gerät oder min. 1 Absaugstelle mit V $10.000\ m^3/h$ je $\leq 400\ m^2$ GF Räume $> 1.600\ m^2$ GF: zusätzlicher V $5.000\ m^3/h$ je weiterer $400\ m^2$ GF **oder** V $\geq 40.000\ m^3/h$ je Raum, der im Bereich der Brandstelle auf einer GF $\leq 1.600\ m^2$ gleichmäßig gefördert wird	ZF im unteren Raumdrittel, Anordnung und Größe so, dass Strömungsgeschwindigkeit ≤ 3 m/s

Abkürzungen: GF: Grundfläche / V: Luftvolumenstrom / TR: Treppenraum / RA: Rauchabzug / frQ: freier Querschnitt – Fußnoten siehe Seite 192

Tabelle 2 – Fortsetzung

	Objekt Anforderungen zur Entrauchung erfüllt durch	Zuluftflächen (ZF)
9	Objekte nach Zeile 1 bis 3 mit Sprinkleranlage	
	wenn Lüftungsanlagen vorhanden sind, die bei Auslösen einer erforderlichen Brandmeldeanlage bzw. der Sprinkleranlage automatisch nur als Entlüftung betrieben **und** die Volumenströme nach Zeile 7 erreicht werden. In Leitung zur Entlüftung sind nur thermische Auslöser zur Absperrung zulässig.	ZF wie Zeile 8
10	allgemeine Anforderungen an RA-Anlagen	
	RA-Anlagen müssen automatisch auslösen und von Hand von einer jederzeit zugänglichen Stelle ausgelöst werden können. Manuelle Bedienungs- und Auslösestellen sind mit einem Hinweisschild „RAUCHABZUG" und der Angabe des jeweiligen Raumes zu versehen. An den Stellen muss die Betriebsstellung der jeweiligen Anlage sowie der Fenster, Türen, Abschlüsse und Rauchabzugsgeräte erkennbar sein. Maschinelle RA-Anlagen sind für eine Betriebszeit von 30 min bei einer Rauchgastemperatur von 600°C auszulegen. Die Auslegung kann mit einer Rauchgastemperatur von 300°C erfolgen, wenn der Luftvolumenstrom des Raums mindestens 40 000 m^3/h beträgt. Die Zuluftzuführung muss durch automatische Ansteuerung und spätestens gleichzeitig mit Inbetriebnahme der Anlage erfolgen. Maschinelle Lüftungsanlagen können als maschinelle Rauchabzugsanlagen betrieben werden, wenn sie die an diese gestellten Anforderungen erfüllen.	

Abkürzungen: GF: Grundfläche / V: Luftvolumenstrom / TR: Treppenraum / RA: Rauchabzug / frQ: freier Querschnitt

Fußnoten zu Tabelle 2:

1) Ersatzweise ist Rauchableitung durch Schächte mit strömungstechnisch äquivalenten Querschnitten zulässig, wenn die Schachtwände raumabschließend mit einem Feuerwiderstand wie die durchdrungene Bauteile, min. F30-A ausgeführt sind.

2) Fenster, Türen, Öffnungen, RA-Geräte müssen von jederzeit zugänglicher Stelle (in notwendigen TR von jedem Geschoss) aus manuell zu öffnen sein

Neue Regelungen zur Rauchableitung

Die Regelungen zur Entrauchung von Verkaufsstätten wurden völlig neu gefasst. Vorkehrung zur Entrauchung sind gefordert für

- Verkaufs- und Aufenthaltsräume mit Grundfläche $\geq 50\ m^2$,
- Lagerräume mit Grundfläche $\geq 200\ m^2$,
- Ladenstraßen und notwendige Treppenräume.

Die Forderung nach Entrauchung gilt als erfüllt, wenn die in Tabelle 2 angeführten Maßnahmen ergriffen werden.

Sicherheitsbeleuchtung

Neu gefasst wurde auch § 18 Sicherheitsbeleuchtung:

In Verkaufsstätten muss eine Sicherheitsbeleuchtung vorhanden sein, die so beschaffen ist, dass sich Besucher und Betriebsangehörige auch bei vollständigem Versagen der allgemeinen Beleuchtung bis zu öffentlichen Verkehrsflächen hin gut zurechtfinden können.

Eine Sicherheitsbeleuchtung muss vorhanden sein

- in notwendigen Treppenräumen, in Räumen zwischen notwendigen Treppenräumen und Ausgängen ins Freie und in notwendigen Fluren,
- in Verkaufsräumen und allen übrigen Räumen für Besucher sowie Toilettenräumen mit mehr als 50 m^2 Grundfläche,
- ~~in Arbeits- und Pausenräumen~~ in Räumen für Beschäftigte mit mehr als 20 m Grundfläche, ausgenommen Büroräume,
- in elektrischen Betriebsräumen und Räumen für haustechnische Anlagen,
- für Sicherheitszeichen von Ausgängen und Rettungswegen,
- für Stufenbeleuchtungen.

Brandschutztechnische Mindestanforderungen nach den Muster-Schulbaurichtlinien (April 2009)

Eingeführt in Hessen (27.10.2009), Sachsen (23.04.2010)

Erläuterungen
Anwendungsbereich: Die Richtlinie gilt für Anforderungen an allgemein bildende und berufsbildende Schulen, soweit sie nicht ausschließlich der Unterrichtung von Erwachsenen dienen.
Gebäudetrennwand: Gebäudetrennwände unterteilen ausgedehnte Gebäude in Brandabschnitte. Die Brandwände müssen einen Abstand von höchstens 60 m haben. Öffnungen sind mit feuerbeständigen Türen (T 90) zu verschließen. T 30-RS-Türen reichen aus, wenn die Öffnungen im Zuge notwendiger Flure liegen und die angrenzenden Flurwände in einem Bereich von 2,50 m beiderseits der Tür keine Öffnungen haben.

Anforderungen → Tabellen Seite 195 bis 196.

Fußnoten zu Tabellen Seite 195 bis 196:

1) Brandwände: feuerbeständig und aus nichtbrennbaren Baustoffen (F 90-A) und für die höhere Stoßbelastung nach DIN 4102-3 ausgelegt (F 90-A+M), Bauteile aus brennbaren Baustoffen dürfen BW nicht überbrücken. Bei weicher Bedachung müssen BW 0,5 m über Dach geführt werden.

2) GK 1 bis GK 4: Anstelle von Brandwänden sind Wände zulässig, die auch unter zusätzlicher mechanischer Belastung hochfeuerhemmend sind.

3) In Öffnungen in diesen BW im Zuge notwendiger Flure sind T 30-RS Türen zulässig, wenn die angrenzenden Flurwände in einem Bereich von 2,5 m beiderseits der Tür keine Öffnungen haben.

4) Für jeden Unterrichtsraum müssen in demselben Geschoss mindestens zwei voneinander unabhängige Rettungswege zu Ausgängen ins Freie oder zu notwen-digen Treppen vorhanden sein. Anstelle eines dieser Rettungswege darf ein Ret-tungsweg über Außentreppen ohne Treppenräume, Rettungsbalkone, Terrassen oder begehbare Dächer auf das Grundstück führen, wenn dieser Rettungsweg im Brandfall nicht gefährdet ist; dieser Rettungsweg gilt als Ausgang ins Freie.

5) Einer der beiden Wege darf auch durch Hallen führen, wenn die Hallen Rauchabzüge haben.

6) Staffelungen sind nur in Schritten von 60 cm zulässig

Fortsetzung S. 196

Brandschutztechnische Einrichtung	Gebäudeklasse nach Musterbauordnung GK 1	GK 2	GK 3	GK 4	GK 5
1	2	3	4	5	6
Tragende und aussteifende Wände sowie Unterstützungen	F 30-B	F 30 B	F 30-B	F 60-BA	F 90-AB
… in Kellergeschossen	F 30-B	F 30-B	F 30-B	F 60-BA	F 90-AB
Außenwände	wie Bauordnung				
Außenwandverkleidungen einschl. Dämmstoffe und Unterkonstruktion	wie Bauordnung				
Gebäudetrennwände (Öffnungen möglich)	Brandwand [1, 2] (T 90) [3]				
Trennwände von Räumen mit erhöhter Brand- u. Explosionsgefahr	wie Bauordnung				
Decken	wie Bauordnung				
Öffnungen in Decken	Über mehrere Geschosse reichende Hallen sind zulässig				
Verkleidungen unter Decken einschl. Dämmstoffe und Unterkonstruktion	wie Bauordnung				
Dächer	wie Bauordnung				
...Tragwerk	wie Bauordnung				
Rettungswege (müssen eindeutig gekennzeichnet sein)	in jedem Geschoss zwei voneinander unabhängige Rettungswege [4] [5]				
...Länge	wie Bauordnung 35 m				
...Breite	1,2 m je 200 Personen [6]				
Ausgänge aus Unterrichtsräumen und sonstigen Aufenthaltsräumen	mindestens 0,90 m [7]				
notwendige Treppen	Wendeltreppen unzulässig				
...tragende Teile	wie Bauordnung				
...Breite	1,25 m [7]; nicht mehr als 2,50 m [7]				
...Handläufe	wie Bauordnung				
...Geländerhöhe	1,1 m				
Treppenräume (außenliegend)	wie Bauordnung				
… Wände	wie Bauordnung				
… Wand- und Deckenoberflächen, Fußbodenbeläge	wie Bauordnung				

Brandschutztechnische Einrichtung	Gebäudeklasse nach Musterbauordnung GK 1	GK 2	GK 3	GK 4	GK 5
1	2	3	4	5	6
… Belüftung	wie Bauordnung				
… Beleuchtung	Sicherheitsbeleuchtung				
Türen zu allgemein zugänglichen Fluren	wie Bauordnung				
Allgemein zugängliche Flure	Stichflure max. 10 m lang				
… Breite	2 m [7]				
Wände	wie Bauordnung				
… Türen zu Klassenräumen	wie Bauordnung				
… Verkleidungen, Dämmschichten, Beläge	wie Bauordnung				
… Einbauten	wie Bauordnung				
… Beleuchtung	Sicherheitsbeleuchtung				
Entrauchung Hallen	müssen entraucht werden [8]				
Alarmierungsanlagen	Hausalarm muss von einer während der Betriebszeiten besetzten Stelle ausgelöst werden können; hier muss sich ein Telefon befinden, mit dem Feuerwehr und Rettungsdienst jederzeit unmittelbar alarmiert werden können				
Sicherheitsbeleuchtung	gefordert in notwendigen Fluren, Treppenräumen und fensterlosen Arbeitsräumen				
Sicherheitstromversorgung	für Sicherheitsbeleuchtung, Alarmierungsanlagen und elektrisch betriebene Einrichtungen zur Rauchableitung				
Feuerwehrplan, Brandschutzordnung	müssen angefertigt werden				
Blitzschutzanlagen	müssen vorhanden sein				

7) Die erforderliche nutzbare Breite darf durch offen stehende Türen, Einbauten oder Einrichtungen nicht eingeengt werden.

8) Dies gilt als erfüllt, wenn sie entweder an der höchsten Stelle Rauchableitungsöffnungen mit einer freien Öffnungsfläche von insgesamt 1 Prozent der Grundfläche oder im oberen Drittel der Außenwände Fenster oder Türen mit einer freien Öffnungsfläche von insgesamt 2 Prozent der Grundfläche haben.

<table>
<tr><th>Hochhäuser mit nicht mehr als 60 m</th><th>Hochhäuser mit mehr als 60 m</th></tr>
<tr><th>2</th><th>3</th></tr>
<tr><td colspan="2">Überdruckbelüftungsanlage erforderlich</td></tr>
<tr><td colspan="2">unzulässig</td></tr>
<tr><td colspan="2">RS-Tür [12]</td></tr>
<tr><td colspan="2">zulässig</td></tr>
<tr><td colspan="2">RS-Tür [12]</td></tr>
<tr><td colspan="2">nur bei innenliegenden SicherheitsTR und im KG vor dem TR erforderlich</td></tr>
<tr><td colspan="2">wie Treppenräume (außenliegend)</td></tr>
<tr><td colspan="2">unzulässig</td></tr>
<tr><td colspan="2">T 30-RS-Tür [8,12]</td></tr>
<tr><td colspan="2">T 30-RS-Tür [8,12]</td></tr>
<tr><td colspan="2">Ausgänge von Nutzungseinheiten müssen auf notw. Flure oder ins Freie führen [9,10]</td></tr>
<tr><td colspan="2">wie Musterbauordnung 2002. Stichflure max. 15 m bis zu einem Vorraum eines SicherheitsTR, einem Flur mit zwei Fluchtrichtungen oder einem offenen Gang [11]</td></tr>
<tr><td colspan="2">F 30-A [2]</td></tr>
<tr><td colspan="2">T 30-RS (zu offenen Gängen RS)</td></tr>
<tr><td colspan="2">Baustoffklasse B 1</td></tr>
<tr><td colspan="2">Baustoffklasse A</td></tr>
<tr><td colspan="2">dürfen unter oder über den Flurtrennwänden hinweggeführt werden sofern der feuerwiderstandsfähige Raumabschluss gewahrt bleibt!</td></tr>
<tr><td colspan="2">vor den Türen außenliegender Sicherheitstreppenräume [6]</td></tr>
<tr><td colspan="2">F 90-A</td></tr>
<tr><td colspan="2">zwei Aufzüge [13] + ein Feuerwehraufzug der innerhalb von 50 m von jeder Stelle des Geschosses erreichbar ist [14]</td></tr>
<tr><td colspan="2">nur über Vorräume [13]</td></tr>
<tr><td colspan="2">BMA mit automatischen Brandmeldern, die alle Räume, Installationsschächte , Installationskanäle, Hohlräume von Systemböden u. Unterdecken vollständig überwacht [15,16,20]</td></tr>
<tr><td colspan="2">automatische Feuerlöschanlagen [18, 20]; in jedem Geschoss nasse Steigleitungen mit Wandhydranten für die Feuerwehr in den Vorräumen von Feuerwehraufzügen in den Vorräumen der notw. TR, bei notwendigen TR ohne Vorräume an geeigneter Stelle [19]</td></tr>
<tr><td colspan="2">jedes Geschoss muss entraucht werden können</td></tr>
<tr><td colspan="2">Sicherheitsbeleuchtung; Sicherheitsstromversorgungsanlagen; Blitzschutzanlagen; Gebäudefunkanlagen; Druckbelüftungsanlagen für innenliegende Sicherheitstreppenräume und deren Vorräume sowie in Feuerwehraufzugsschächten und deren Vorräume</td></tr>
</table>

17) Hochhäuser müssen:

- Alarmierungs- und Lautsprecheranlagen haben, mit denen im Gefahrenfall Personen alarmiert und Anweisungen erteilt werden können
- Die Vorräume der Feuerwehraufzüge müssen eine Gegensprechanlage mit Verbindung zur Brandmelder- und Alarmzentrale haben.
- In einem für die Feuerwehr leicht zugänglichen Raum zentrale Anzeige- und Bedienungsvorrichtungen für Rauchabzugs-, Brandmelde-, Alarmierungs- und Lautsprecheranlagen und eine zentrale Anzeigevorrichtung für Feuerlöschanlagen haben.
- Die Aufzüge mit einer Brandfallsteuerung ausgestattet werden, die durch die automatische Brandmeldeanlage ausgelöst wird.

18) Automatische Feuerlöschanlagen müssen 2 Steigleitungen in getrennten Schächten haben, damit bei Ausfall einer Steigleitung die Löschwasserversorgung über eine zweite Steigleitung in einem anderen Schacht gesichert ist. In Hochhäusern mit ≤ 60 m Höhe genügt es, wenn die Verteilleitungen unmittelbar übereinander liegender Geschosse nicht an die gleiche Steigleitung angeschlossen sind. Bei Ausfall der automatischen Feuerlöschanlage in einer Geschossebene darf die Wirksamkeit der Feuerlöschanlage in anderen Geschossen nicht beeinträchtigt werden.

19) Bei gleichzeitiger Löschwasserentnahme von 200 l/min an drei Entnahmestellen darf der Fießdruck an diesen Entnahmestellen nicht weniger als 0,45 MPa und nicht mehr als 0,80 MPa betragen

20) Keine Anforderung für Hochhäuser mit ≤ 60 m Höhe und mit NE mit ≤ 200 m² Grundfläche über dem ersten Obergeschoss, wenn

- die NE untereinander, zu anders genutzten Räumen und zu notwendigen Fluren feuerbeständige Trennwände haben, die von Rohdecke zu Rohdecke gehen,
- der Brandüberschlag von Geschoss zu Geschoss durch eine mindestens 1 m hohe feuerbeständige Brüstung oder 1 m auskragende feuerbeständige Deckenplatte behindert wird,
- die automatische Auslösung der Druckbelüftungsanlagen und der Brandfallsteuerung der Aufzüge sicher gestellt ist und
- die Früherkennung eines Brandes in den NE durch Rauchwarnmelder mit Netzstromversorgung erfolgt. Dies gilt auch für NE mit > 200 m² Grundfläche, wenn sie durch raumabschließende feuerbeständige Wände, die von Roh- decke zu Rohdecke gehen, in Teile von ≤ 200 m² Grundfläche unterteilt werden.

Brandschutztechnische Mindestanforderungen nach Muster-Beherbergungsstättenverordnung – MBeVO

(Fassung Dez. 2000, zuletzt geändert Mai 2014)

Gilt für Brandenburg (15.06.2001/23.03.2005), Hessen (22.07.2002), Nordrhein-Westfalen (17.09.2009), Hamburg (05.08.2003), Mecklenburg-V. (20.03.2002), Saarland (24.09.2008) Sachsen (18.03.2005), Sachsen-Anhalt (27.05.2008), Schleswig-Holstein (12.11.2009).

Erläuterungen

Geltungsbereich: Gilt nur für Beherbergungsstätten mit mehr als 12 Gastbetten (§ 1). Hochhäuser: In Hochhäusern können weitergehende Anforderungen gestellt werden (§ 10).

Brandschutztechnische Einrichtung	**Beherbergungsstätten**	
	≤ 2 Vollgeschossen	**> 2 Vollgeschosse**
1	**2**	**3**
Tragende Wände und Stützen	F 30-B	F 90-AB [1)]
Trennwände zwischen Beherbergungsstätten und betriebsfremden Räumen	F 30-B (T 30-RS)	F 90-AB (T30-RS)
… und Gasträumen sowie Küchen [2)]	F 30-B	F 90-AB
Trennwände zwischen Beherbergungsräumen sowie zwischen Beherbergungsräumen und sonstigen Räumen [2)]	F 30-B	
Decken	F 30-B [3)]	F 90-AB [1)]
Rettungswege (im Gebäude) [4)]	für jeden Beherbergungsraum müssen mindestens zwei unabhängige Rettungswege vorhanden sein [5)]	
Zweiter Rettungsweg	Über notwendige Treppe oder Außentreppe [6)]	
Notwendige Treppen	Jeder nicht ebenerdig liegende Beherbergungsraum muss über eine Treppe zugänglich sein [7)]	
Treppenraum		
… Türen zu anderen Räumen ausgenommen zu allgemein zugänglichen Fluren	T 30-RS	
… zu allgemein zugänglichen Fluren	RS-Türen	
Allgemein zugängliche Flure (notwendige Flure)	Stufen müssen beleuchtet sein	
… Länge	Bei Stichfluren: Abstand zwischen Beherbergungsraumtüren und Treppenraumtüre ≤ 15 m	

Brandschutztechnische Einrichtung (Fortsetzung)	**Beherbergungsstätten**	
	≤ 2 Vollgeschossen	**> 2 Vollgeschosse**
1	2	3
Türen zu Räumen in Kellergeschossen, die von Gästen nicht benutzt werden	T 30-RS [8)]	
… zu Beherbergungsräumen	RS-Türen	
… zu Gasträumen [9)]	RS-Türen	
Verkleidungen, Unterdecken und Dämmschichten sowie Beläge	A, Fußbodenbelag B 1	
Sicherheitsbeleuchtung	notwendige Flure, notwendige Treppenräume, Räume zwischen notwendigen Treppenräumen und Ausgängen ins Freie, auf Ausgänge hinweisende Sicherheitszeichen, Stufen in notwendigen Fluren	
Sicherheitsstromversorgung [10)]	Sicherheitsbeleuchtung, Alarmierungseinrichtungen, Brandmeldeanlage	
Sonstige Vorschriften	Alarmierungseinrichtungen [11)], Brandmeldeanlagen [7)], Bedarfsfallsteuerung von Aufzügen [7)], Rettungsplan und Hinweise zum Verhalten im Brandfall am Ausgang jedes Beherbergungsraumes [12)]	

1) Gilt nicht für oberste Geschosse von Dachräumen ohne Beherbergungsräume.
2) Öffnungen sind unzulässig.
3) Gilt auch in obersten Geschossen von Dachräumen mit Beherbergungsräumen.
4) An Abzweigungen notwendiger Flure, an Zugängen zu notwendigen Treppenräumen und an Ausgängen ins Freie ist durch beleuchtete Sicherheitskennzeichen auf die Ausgänge hinzuweisen.
5) HH: Ein Rettungsweg darf über ein Foyer führen: dabei darf die Entfernung zwischen Treppenraum und Ausgang aus dem Foyer ins Freie nicht mehr als 20 m betragen.
6) In Beherbergungsstätten mit insgesamt ≤ 60 Gastbetten genügt als zweiter Rettungsweg eine mit Rettungsgeräten der Feuerwehr erreichbare Stelle des Beherbergungsraumes. Dies gilt nicht, wenn in einem Geschoss > 30 Gastbetten vorhanden sind.
7) Gilt in Beherbergungsstätten mit insgesamt > 60 Gastbetten.
8) SN: Befinden sich im Kellergeschoss keine für Gäste zugänglichen Räume, genügt für die Tür zwischen notwendigem Flur und Treppenraum T 30-RS.
9) Gilt nur, wenn an dem Flur im selben Rauchabschnitt Öffnungen zu Beherbergungsräumen liegen.
10) Sicherheitsstromversorgung für den Betrieb der sicherheitstechnischen Anlagen und Einrichtungen, insbesondere die der in der Tabelle aufgeführten.
11) Bei Beherbergungsstätten mit > 60 Gastbetten müssen die Alarmierungseinrichtungen bei Auftreten von Rauch in den notwendigen Fluren selbst-tätig auslösen.
12) Die Hinweise müssen auch in den Sprachen der üblichen Gäste verfasst sein.

Musterverordnung über den Bau und Betrieb von Versammlungsstätten – Muster-Versammlungsstättenverordnung (MVStättVO) (Fassung Juni 2005, zuletzt geändert Juli 2014)

Die mit der letzten Änderung eingeführten neuen Regelungen zur Rauchableitung verfolgen ausschließlich das Ziel, die Brandbekämpfung zu unterstützen. Bemessungsszenario ist hierfür ein Brandverlauf bis zum Ende der Entstehungsphase mit einer Energiefreisetzung von 2 MW über einen Zeitraum von einer Stunde. Der öffentlichen Feuerwehr wird zudem eine gewisse Verrauchung des Raumes, z. B. durch örtliche Verwirbelung, zugemutet.

Anwendungsbereich und Begriffe

Die Muster-Verordnung gilt für Versammlungsstätten mit Versammlungsräumen (VR), die einzeln oder – bei gemeinsamen Rettungswegen – zusammen mehr als 200 Besucher fassen.

Sie gilt auch für Versammlungsstätten im Freien mit Szenenflächen und Tribünen für mehr als 1.000 Besucher sowie für Sportstadien und Freianlagen mit Tribünen für mehr als 5.000 Besucher.

- **Erdgeschossige Versammlungsstätten** – eingeschossig, Fußboden maximal 1 m unter der Geländeoberfläche
- **Szenenflächen** – Flächen für Darbietungen ≥ 20 m^2
- **Großbühne** – Szenenfläche hinter Bühnenöffnung > 200 m^2, Oberbühne mit lichter Höhe > 2,5 m über Bühnenöffnung, Unterbühne

Die Verordnung gilt **nicht** für

- Räume, die dem Gottesdienst gewidmet sind,
- Unterrichtsräume,
- Ausstellungsräume in Museen und
- Fliegende Bauten.

Bemessung der Personenanzahl

- für Sitzplätze an Tischen: 1 Besucher je m^2 Grundfläche des VR
- für Sitzplätze in Reihen: 2 Besucher je m^2 Grundfläche des VR
- für Stehplätze auf Stufenreihen: 2 Besucher je m Stufenreihe
- für sonstige Stehplätze: 2 Besucher je m^2 Grundfläche des VR
- bei Ausstellungsräumen: 1 Besucher je m^2 Grundfläche des VR

Für Besucher nicht zugängliche Flächen bleiben unberücksichtigt.

Anforderungen

Die wichtigsten Anforderungen bezüglich des Brandschutzes und der Vorkehrungen zur Rettung von Personen sind in der Tabelle 1 zusammengestellt (Änderungen in Rot).

Änderungen

Die Bemessung der **Plätze für Rollstuhlbenutzer** bei Reihenbestuhlung wurde differenziert: Von bis zu 5.000 Besucherplätzen sind 1 % (min. 2 Plätze), von den darüber hinausgehenden Plätzen 0,5 % als Rollstuhlstellflächen vorzusehen.

Rettungswege dürfen wie bisher durch **Foyers und Hallen** geführt werden (mit zweitem, von diesen unabhängigem baulichem Rettungsweg). Foyers und Hallen dürfen aber nicht als Raum zwischen notwendigen Treppen und Ausgängen ins Freie dienen.

Versammlungsstätten, durch deren Foyers oder Hallen Rettungswege anderer Versammlungsstätten führen, müssen mit Brandmelde-, Alarmierungs- und Lautsprecheranlagen ausgestattet sein.

Geändert wurde auch die Anzahl der erforderlichen **Toiletten.** Die Anzahl barrierefreier Toiletten wird nun auf die Zahl der Rollstuhlstellplätze bezogen (min. 1 Toilette je 10 Plätze), nicht mehr auf die Gesamtzahl der geforderten Toiletten (1 je 12).

Tabelle 1: Anforderungen nach Muster-Versammlungsstättenverordnung

brandschutztechnische Einrichtung	**Versammlungsstätten (VS)** eingeschossig	mehrgeschossig
tragende und aussteifende Bauteile	F 30-B [1]	F 90-AB
Trennwände als Abschluss von – VR, Bühnen	F 30-B – (RS) [2]	F 90-AB – (T 30-RS) [2]
– Werkstätten, Magazinen, Lagerräumen, Räumen unter Tribünen, Podien	F 90-AB (T 30-RS)	
– Bekleidungen an Wänden in VR	Baustoffklasse B1 [3) 4]	
Gebäudeabschlusswände (Öffnungen unzulässig)	F 90-A + M und 0,3 m über Dach [5]	
Gebäudetrennwände (Öffnungen möglich)	F 90-A + M (T 30-RS [17] u. 0,3 m über Dach [5]	
Außenwände	keine	Baustoffklasse A
Decken	F 90-AB	F 90-AB
– über Kellergeschossen	nicht relevant	F 90-AB
– für Geschosse im Dachraum [6]	nicht relevant	F 90-AB [6]
– Unterdecken und Bekleidungen	Baustoffklasse A [4,7]	
Fußböden – von Szenenflächen	fugendicht, betriebsbedingte Öffnungen zulässig, Unterkonstruktion Baustoffklasse A [8]	
– von veränderbaren Tribünen, Podien > 20 m²	Unterkonstruktion: Baustoffklasse A [9]	
Dämmstoffe	Baustoffklasse A	
Unterdecken, Bekleidungen	Anforderungen bei VR, Foyers, RW → dort	
Dächer	allgemeine Anforderungen nach MBO 2002	
– Tragwerk	feuerhemmend oder feuerbeständige Bauteile zwischen Räumen und Dachtragwerk [10]	
– Tragwerk von Tribünen+Szenenflächen im Freien	feuerhemmend oder aus nichtbrennbaren Baustoffen (A)	
Bedachungen	Baustoffklasse A [11], außer die Bedachung ist durch F 90-AB-Bauteile geschützt	
– lichtdurchlässige Bedachungen	Baustoffklasse A, mit automatischer Feuerlöschanlage Baustoffklasse B1 nicht brennbar abtropfend	

Abkürzungen: VS: Versammlungsstätten / VR: Versammlungsräume

Tabelle 1: Anforderungen nach MVStättV – Fortsetzung

brandschutztechnische Einrichtung	**Versammlungsstätten (VS)**	
	eingeschossig	**mehrgeschossig**
Ausstellungshallen	Unterteilung in Gänge, so dass die Tiefe von Ausstellungsflächen ≤ 30 m beträgt	
Rettungswege, Länge von jeder Stelle	in jedem Geschoss min. 2 voneinander unabhängige bauliche Rettungswege [12)]	
– Besucherplatz/Tribüne (auch außerhalb von VR)	30 m (Lauflänge) bis Ausgang VR [13)]	
– einer Bühne	30 m (Lauflänge) bis Ausgang	
– eines notwendigen Flurs/Foyers	30 m (Lauflänge) ins Freie oder zu notwendigem TR	
– einer Ausstellungsfläche bis zum Gang	20 m (Lauflänge) + max. 30 m RWL auf dem Gang (Lauflänge) bis zu Ausgang ins Freie	
Rettungswege, lichte Breit	min. 1,20 m (gilt für jeden Teil des RW) [14)]	
– VS im Freien sowie Sportstadien	1,20 m je 600 Personen – ~~Staffelung nur in Schritten von 0,60 m Zwischenwerte sind zulässig~~	
– andere Versammlungsstätten	1,20 m je 200 Personen– ~~Staffelung nur in Schritten von 0,60 m Zwischenwerte sind zulässig~~	
– Gänge einschließlich zugehöriger Ausgänge	min. 3 m	
Treppen (notwendige)	Führung jeweils anderen Geschossen zugeordneter Treppen in einem gemeinsamen TR ist zulässig (Schachteltreppen). Wendeltreppen sind unzulässig.	
– ohne TR, tragende Teile	F 90-AB [15)] [16)]	
– innerhalb notwendiger TR, Außentreppen	Baustoffklasse A [16)]	
– von Tribünen/Podien (veränderbar)	Baustoffklasse A und Stufen aus Holz [16)]	
– notwendige, lichte Breite	min. 2,40 m	
Handläufe	2 griffsichere, feste, durchgehende Handläufe ohne freie Enden	
Türen in Flurtrennwänden	in F 30-B-Wänden min. RS17, in F 90-AB-Wänden (KG) min. T 30-RS17	

Abkürzungen: AR: Aufenthaltsräume / RW: Rettungsweg

Tabelle 1: Anforderungen nach MVStättV – Fortsetzung

brandschutztechnische Einrichtung	Versammlungsstätten (VS) eingeschossig	mehrgeschossig
Foyers durch die RW führen – Türen	wie bei notwendigen Fluren	
– Unterdecken, Bekleidungen / – Bodenbeläge	Baustoffklasse A [4) 7)] / Baustoffklasse B1	
Brandmelde-, Alarmierungsanlagen, Brandmelder-, Alarmzentrale, Brandfallsteuerung Aufzug	VS mit VR von insgesamt > 1.000 m^2 Grundfläche benötigen eine BMA mit nichtautomatischen und automatischen Meldern [18,19)]	
automatische Feuerlöschanlagen [22) 23)]	in Foyers/Hallen, durch die RW aus anderen VR führen; bei VS mit VR von insgesamt > 3.600 m^2 Grundfläche [20)]; VR, die über 22 m über der Geländeoberfläche liegen; VR im KG [21)]; offene Küchen/ähnliche Einrichtungen innerhalb von VR > 30 m^2	
Feuerlöscheinrichtungen	Wandhydranten bei VS mit VR von insgesamt mehr als 1.000 m^2	
sonstige sicherheitstechnische Einrichtungen	Sicherheitsstromversorgung, Sicherheitsbeleuchtung, Blitzschutz (äußerer und innerer)	

Fußnoten:

1) Keine Anforderungen für erdgeschossige VR mit automatischen Feuerlöschanlagen
2) In der Trennwand zwischen Bühne und VR ist eine Öffnung zulässig.
3) In VR < 1.000 m^2 Grundfläche genügen geschlossene, nicht hinterlüftete Holzbekleidungen.
4) Unterkonstruktionen, Halterungen, Befestigungen nichtbrennbar (Baustoffklasse A). Dies gilt nicht für VR < 100 m^2 Grundfläche. In den Hohlräumen hinter Unterdecken und Bekleidungen aus brennbaren Baustoffen dürfen Kabel und Leitungen nur in Installationsschächten oder Installationskanälen aus nichtbrennbaren Baustoffen verlegt werden.
5) Alternativ zur Überdachführung ist eine beiderseits 0,5 m auskragende Platte in F 90-A möglich.
6) Anforderung gilt, wenn darüber AR möglich sind, sonst B2.
7) In VR < 1.000 m^2 Grundfläche genügen Bekleidungen aus B1 (nichtbrennend abtropfend) oder geschlossene, nicht hinterlüftete Holzbekleidungen.
8) Gilt nicht für Lagerhölzer.
9) Veränderbare Einbauten sind so auszubilden, dass sie in ihrer Standsicherheit nicht durch dynamische Schwingungen gefährdet werden können.
10) Gilt nicht für VS mit automatischen Feuerlöschanlagen.
11) Gilt nicht für die Dachhaut und die Dampfsperre und für Bedachungen über VR mit nicht mehr als 1.000 m^2 Grundfläche.

12) Beide RW dürfen innerhalb eines Geschosses über den gemeinsamen notwendigen Flur geführt werden. RW dürfen über Balkone, Dachterrassen und Außentreppen auf das Grundstück führen, wenn sie im Brandfall sicher begehbar sind. Ein RW darf über Gänge und Treppen über Foyers oder Hallen zu Ausgängen ins Freie geführt werden, sofern ein weiterer vom Foyer oder der Halle unabhängiger RW zur Verfügung steht. VS müssen für Geschosse mit jeweils mehr als 800 Besucherplätzen nur diesen Geschossen zugeordnete RW haben. VR oder AR $> 100\ m^2$ Grundfläche oder für > 100 Besucher müssen jeweils 2 möglichst weit auseinander und entgegengesetzt liegende Ausgänge ins Freie oder zu RW haben.

13) Bei mehr als 5 m lichter Höhe ist je 2,5 m zusätzlicher lichter Höhe über der ~~zu entrauchenden~~ für Besucher zugänglichen Ebene für diesen Bereich eine Verlängerung der Entfernung um 5 m zulässig. Die Entfernung von 60 m bis zum nächsten Ausgang darf nicht überschritten werden.

14) Bei RW von VR mit nicht mehr als 200 Besucherplätzen und bei RW im Bühnenhaus genügt eine lichte Breite von 0,90 m. Für RW von Arbeitsgalerien genügt eine Breite von 0,80 m.

15) Bei notwendigen Treppen, die innerhalb eines notwendigen TR liegen, bzw. bei notwendigen Außentreppen sind nichtbrennbare Baustoffe ohne Feuerwiderstandsdauer ausreichend.

16) Gilt nicht für notwendige Treppen von Ausstellungsständen.

17) Türen in RW müssen in Fluchtrichtung aufschlagen, dürfen keine Schwellen haben. Während des Aufenthalts von Personen in der VS müssen die Türen der jeweiligen RW jederzeit von innen leicht und in voller Breite zu öffnen sein. Schiebetüren sind im Zuge von RW unzulässig, dies gilt nicht für automatische Schiebetüren, die die RW nicht beeinträchtigen. Pendeltüren müssen in RW eine Vorrichtung haben, die ein Durchpendeln verhindern.

18) Gefordert für VS mit VR von insgesamt mehr als 1.000 m^2 Grundfläche:

- Alarmierungs- und Lautsprecheranlagen, mit denen im Gefahrenfall alarmiert werden kann und Anweisungen erteilt werden können
- Zusätzlich zu den örtlichen müssen zentrale Bedienungsvorrichtungen für Rauchabzugs-, Feuerlösch-, Brandmelde-, Alarmierungs- und Lautsprecheranlagen in einem für die Feuerwehr leicht zugänglichen Raum zusammengefasst werden.
- Ausstattung der Aufzüge mit Brandfallsteuerung, die durch die automatische BMA ausgelöst wird.

19) Die BMA muss durch technische Maßnahmen gegen Falschalarme gesichert sein von der Brandmeldezentrale unmittelbar und automatisch zur Leitstelle der Feuerwehr weitergeleitet werden.

20) Dies gilt nicht für VS, deren VR jeweils kleiner 400 m^2 Grundfläche haben.

21) Dies gilt nicht für VR im KG mit einer Fläche von $\leq 200\ m^2$, deren Fußboden an keiner Stelle > 5 m unter der Geländeoberfläche liegt.

22) Die Wirkung automatischer Feuerlöschanlagen darf durch überdeckte oder mehrgeschossige Ausstellungs- oder Dienstleistungsstände nicht beeinträchtigt werden.

23) Automatische Feuerlöschanlagen müssen an eine Brandmeldezentrale angeschlossen sein.

24) Für alle Randbedingungen und eine genaue Bemessung der erforderlichen Rauchableitung siehe § 16 VStättV.

Tabelle 2: Maßnahmen zur geforderten Entrauchung nach MVStättV

	Objekt Anforderungen zur Entrauchung erfüllt durch	Zuluftflächen (ZF) frQ: freier Querschnitt
1	Versammlungs-, Aufenthaltsräume $\leq$ 200 m² GF	
	Fenster nach § 47 Abs. 2 MBO bzw. nach Bauordnung	
2	Versammlungs-, Aufenthalts-, Magazine, Lagerräume $\leq$ 1.000 m² GF	
	Öffnungen [1)] an oberster Stelle, mit frQ 1 % GF **oder** Öffnungen (Fenster) [2)] im oberen Drittel der Außenwände, mit frQ 2 % GF	ZF in gleicher Größe im unteren Raumdrittel, frQ $\leq$ 12 m²
3	Versammlungs-, Aufenthalts-, Magazine, Lagerräume > 1.000 m² GF	
	RA-Gerät je $\leq$ 400 m² mit aerodynamisch wirksame Fläche $\geq$ 1,5 m² im oberen Raumdrittel **und** min. eine Auslösegruppe (RA-Geräte) je $\leq$ 1.600 m²	ZF, frQ $\geq$ 12 m² im unteren Raumdrittel
4	Bühnen (ggf. mit Schutzvorhang), Szenenflächen	
	Öffnungen [1) 2)] an oberster Stelle – Bühnen mit frQ $\geq$ 5 % GF – Szenenflächen mit frQ $\geq$ 3 % GF	ZF gleicher Größe im unteren Raumdrittel, wirksam auch bei geschlossenem Vorhang
5	notwendige TR mit Fenstern nach § 35 Abs. 8 Satz 2 Nr. 1 MBO (2012)	
	Öffnung [1) 2)] an oberster Stelle, frQ $\geq$ 1,0 m²	
6	notwendige TR mit Öffnung zur Rauchableitungnach § 35 Abs. 8 Satz 2 Nr. 2 MBO (2012)	
	RA-Gerät [1) 2)] unmittelbar unter oder im oberen TR-Abschluss, aerodynamisch wirksame Fläche $\geq$ 1,0 m²	
7	Objekte nach Zeile 1 bis 3 – **alternativ**	
	Räume bis 1.600 m² GF: maschinelle RA-Anlage mit min. 1 RA-Gerät oder min. 1 Absaugstelle mit V 10.000 m³/h je $\leq$ 400 m² GF Räume > 1.600 m² GF: zusätzlicher V 5.000 m³/h je weiterer 400 m² GF **oder** V $\geq$ 40.000 m³/h je Raum, der im Bereich der Brandstelle auf einer GF $\leq$ 1.600 m² gleichmäßig gefördert wird	ZF im unteren Raumdrittel, Anordnung und Größe so, dass Strömungsgeschwindigkeit $\leq$ 3 m/s, alternativ: ausreichend bemessene RA-Anlagen

Abkürzungen: GF: Grundfläche / V: Luftvolumenstrom / TR: Treppenraum / RA: Rauchabzug

Tabelle 2 – Fortsetzung

	Objekt Anforderungen zur Entrauchung erfüllt durch	Zuluftflächen (ZF) frQ: freier Querschnitt
8	Objekte nach Zeile 1 bis 3 mit Sprinkleranlage	
	wenn Lüftungsanlagen vorhanden sind, die bei Auslösen einer erforderlichen Brandmeldeanlage bzw. der Sprinkleranlage automatisch nur als Entlüftung betrieben **und** die Volumenströme nach Zeile 7 erreicht werden. In Leitung zur Entlüftung sind nur thermische Auslöser zur Absperrung zulässig.	ZF wie Zeile 7
9	allgemeine Anforderungen an RA-Anlagen	
	RA-Anlagen müssen automatisch auslösen und von Hand von einer jederzeit zugänglichen Stelle ausgelöst werden können. Manuelle Bedienungs- und Auslösestellen sind mit einem Hinweisschild „RAUCHABZUG" und der Angabe des jeweiligen Raumes zu versehen. An den Stellen muss die Betriebsstellung der jeweiligen Anlage sowie der Fenster, Türen, Abschlüsse und Rauchabzugsgeräte erkennbar sein. Maschinelle RA-Anlagen sind für eine Betriebszeit von 30 min bei einer Rauchgastemperatur von 600°C auszulegen. Die Auslegung kann mit einer Rauchgastemperatur von 300°C erfolgen, wenn der Luftvolumenstrom des Raums mindestens 40 000 m³/h beträgt. Die Zuluftzuführung muss durch automatische Ansteuerung und spätestens gleichzeitig mit Inbetriebnahme der Anlage erfolgen. Maschinelle Lüftungsanlagen können als maschinelle Rauchabzugsanlagen betrieben werden, wenn sie die an diese gestellten Anforderungen erfüllen.	

Fußnoten zu Tabelle 2:

1) Ersatzweise ist Rauchableitung durch Schächte mit strömungstechnisch äquivalenten Querschnitten zulässig, wenn die Schachtwände raumabschließend mit einem Feuerwiderstand wie die durchdrungene Bauteile, min. F30-A ausgeführt sind.

2) Fenster, Türen, Öffnungen, RA-Geräte müssen von jederzeit zugänglicher Stelle (in notwendigen TR von jedem Geschoss) aus manuell zu öffnen sein

Neu ist die Erfordernis von Maßnahmen, die im Gefahrenfall eine schnelle und geordnete Räumung der Versammlungsstätte oder einzelner Bereiche unter besonderer Berücksichtigung behinderter Menschen ermöglichen. Diese Maßnahmen sind bei Versammlungsstätten für > 1.000 Besucher in einem **Räumungskonzept** darzustellen (§ 42).

Die Anforderungen an den betrieblichen/organisatorischen Brandschutz des § 42 hinsichtlich Brandschutzordnung, Räumungskonzept und Feuerwehrplänen **gelten auch für bestehende Versammlungsstätten.**

Für die Anpassung an die Vorgaben des § 42 setzt die Verordnung eine **Frist von 2 Jahren** (§ 46).

Neue Regelungen zur Rauchableitung

Vorkehrung zur Entrauchung sind gefordert für

- Versammlungsräume und sonstige Aufenthaltsräume mit Grundfläche ≥ 50 m²,
- Magazine, Lagerräume und Szenenflächen mit Grundfläche jeweils ≥ 200 m²,
- Bühnen und notwendige Treppenräume.

Die Prinzipien der Entrauchung sind durch die Raumgeometrie bestimmt. Deshalb entsprechen die Regelungen zur Entrauchung von Versammlungsstätten weitgehend denen von Verkaufsstätten.

Die Forderung nach Entrauchung gilt als erfüllt, wenn die in Tabelle 2 angeführten Maßnahmen ergriffen werden.

Muster-Richtlinie über den baulichen Brandschutz im Industriebau – Muster-Industriebaurichtlinie (MIndBauRL) (Juli 2014)

Industriebauten sind Sonderbauten, die hinsichtlich ihrer baulichen Ausformung auf die Besonderheiten der jeweiligen betrieblichen Bedingungen ausgerichtet sind. Diese erfordern von den Landesbauordnungen abweichende Regelungen, teils in Form von Erleichterungen, teils in weitergehenden Anforderungen. Den Rahmen dazu setzen die Mindestanforderungen der Muster-Richtlinie über den Brandschutz im Industriebau der ARGEBAU, die in der neuen Fassung Juli 2014 vorliegt (Änderungen gegenüber der Vorgängerfassung in Rotdruck).

1 Gültigkeit der Richtlinie

Als Muster-Richtlinie erhält die MIndBauRL erst durch die bauaufsichtliche Einführung per Erlass ihre Gültigkeit als Baurecht der Länder. Die Neufassung der Muster-Richtlinie wurde gerade notifiziert und kann in die Muster-Liste der Technischen Baubestimmungen aufgenommen werden. Alle Bundesländer haben die alte Fassung von 2000 eingeführt. Es ist davon auszugehen, dass auch alle Länder die neue Fassung übernehmen werden.

2 Anwendungsbereich

Die Richtlinie gilt für Gebäude der Industrie oder des Gewerbes, die der Herstellung, Behandlung, Verwertung oder Lagerung von Produkten dienen (Industriebauten).

Sie gilt nicht für Industriebauten mit Aufenthaltsräumen in mehr als 22 Meter Höhe, die nicht nur dem vorübergehenden Aufenthalt zur Wartung oder Kontrolle dienen. Für diese Gebäude gilt die Hochhausrichtlinie.

Erleichterungen können zugelassen werden bei Industriebauten mit geringer Brandgefahr wie überwiegend offenen Industriebauten oder solchen, die nur der Aufstellung technischer Anlagen dienen und die nur zur Wartung oder Kontrolle begangen werden.

Es können aber auch – der jeweiligen Gefährdung entsprechend – weiter gehende Anforderungen gestellt werden.

3 Begriffe und Sicherheitskategorien

Der Begriff „Geschoss" wird neu definiert und durch die Begriffe „Ebene" und „Einbauten" präzisiert:

- **Geschosse** – alle auf gleicher Höhe liegenden und in der Höhe versetzten Räume und Raumteile eines Brand-/Brandbekämpfungsabschnitts, getrennt durch raumabschließende, standsichere Geschossdecken

- **Ebenen** – alle auf gleicher Höhe liegenden Räume und Raumteile eines Brandbekämpfungsabschnitts zwischen den Außenwänden und Wänden zur Trennung von Brandbekämpfungsabschnitten. Ebenen werden durch Decken getrennt, deren Standsicherheit brandschutztechnisch bemessen sein muss und die Öffnungen sowie nicht klassifizierte Abschlüsse und Abschottungen aufweisen.
- **Einbauten** – einzelne, auf gleicher Höhe liegende, begehbare, brandschutztechnisch nicht bemessene Bauteile oberhalb des Fußbodens von Geschossen oder Ebenen

Die Nichtanrechnung bestimmter Räume auf die Grundfläche von Geschossen ist entfallen. Unverändert sind diese Definitionen:

- **Industriebauten** – sind Gebäude oder Gebäudeteile im Bereich der Industrie und des Gewerbes , die der Produktion (Herstellung, Behandlung, Verwertung, Verteilung) oder Lagerung von Produkten oder Gütern dienen.
- **Erdgeschossige Industriebauten** – sind Gebäude mit einem Geschoss (nach 3.5), deren Fußböden an keiner Stelle mehr als 1,0 m unter der Geländeoberfläche liegen.
- **Brandabschnitt** – Bereich eines Gebäudes zwischen den Außenwänden und/oder den über alle Geschosse gehenden Brandwänden
- **Brandabschnittsfläche** – ist die Fläche des Brandabschnitts zwischen den aufgehenden Umfassungsbauteilen.
- **Brandbekämpfungsabschnitt** – ein auf das kritische Brandereignis normativ bemessener, gegen andere Gebäudebereich brandschutztechnisch abgetrennter Gebäudebereich

Tabelle 1: Sicherheitskategorien nach MIndBauRL

Sicherheitskategorie	Brandabschnitte oder Brandbekämpfungsabschnitte		
	Brandmeldeeinrichtung	**Art der Feuerwehr** WF: Werkfeuerwehr	**Art der Feuerlöschanlage**
K 1	–	–	–
K 2	automatisch	–	–
K 3.1	automatisch	WF min. 1 Staffel (hauptberuflich)	–*
K 3.2	automatisch	WF min. Gruppenstärke	–*
K 3.3	automatisch	WF min. 2 Staffeln	–*
K 3.4	automatisch	WF min. 3 Staffeln	–
K 4	–	–	selbsttätig

* Ist eine flächendeckende halbstationäre Feuerlöschanlage vorhanden, ist die Einstufung in die nächsthöhere Kategorie zulässig.

- **Brandsicherheitsklassen** – sind Klassierungsstufen, mit denen die unterschiedliche brandschutztechnische Bedeutung von Bauteilen bewertet wird.
- **Brandschutzklassen** – sind Klassierungsstufen hinsichtlich der Anforderungen an die Feuerwiderstandsfähigkeit von Bauteilen.
- **Sicherheitskategorien (K)** – sind Klassierungsstufen für die brandschutztechnische Infrastruktur. Sie ergeben sich aus den Vorkehrungen für die Brandmeldung, der Art der Feuerwehr und der Art einer Feuerlöschanlage (Tabelle 1).
  Ist zur Einstufung eines BA oder eines BBA in eine Sicherheitskategorie eine automatische Brandmeldung erforderlich, so gilt dies auch als erfüllt, wenn in einem Brandabschnitt oder BBA durch ständige Personalbesetzung eine sofortige Brandentdeckung und Weitermeldung an die Feuerwehr sichergestellt ist.
- **Werkfeuerwehr** – im Sinne dieser Richtlinie ist eine nach Landesrecht anerkannte Werkfeuerwehr, die jederzeit in spätestens 5 Minuten nach ihrer Alarmierung die Einsatzstelle erreicht; Einsatzstelle ist die Stelle des Industriebaus, von der aus vor Ort erste Brandbekämpfungsmaßnahmen vorgetragen werden.

Neu sind diese Definitionen:

- **Grundfläche des Brandbekämpfungsabschnitts** – Grundfläche des untersten oberirdischen Geschosses bzw. der untersten Ebene des Brandbekämpfungsabschnitts, gemessen zwischen den Umfassungsbauteilen an höchster Stelle der Bodenplatte
- **Brandbekämpfungsabschnittsfläche** – Summe der Grundflächen von Geschossen und Ebenen zwischen den aufgehenden Umfassungsbauteilen

4 Verfahren

Im Verfahren nach Abschnitt 6 wird in Abhängigkeit von

- der Feuerwiderstandsklasse der tragenden und aussteifenden Bauteile,
- nach der brandschutztechnischen Infrastruktur der baulichen Anlage (ausgedrückt durch die Sicherheitskategorien) sowie
- der Anzahl der oberirdischen Geschosse

die zulässige Brandabschnittsfläche für einen BA ermittelt.

Im Verfahren nach Abschnitt 7 werden für einen BBA auf Grundlage der DIN 18230-1

- die zulässige Fläche und
- die Anforderungen an die Bauteile nach den Brandsicherheitsklassen bestimmt.

Fußnote zu Tabelle 2:

1) Gilt nicht, wenn min. an einer Seite auf ganzer Länge für Feuerwehr ohne Hilfsmittel zugänglich; sind selbsttätige Feuerlöschanlagen vorhanden oder dienen die Abschnitte ausschließlich als Klär- oder Wasseraufbereitungsanlage, dürfen Werte auf das 3,5-Fache erhöht werden.

Tabelle 2: Allgemeine Anforderungen

Anforderungen							
Brandabschnitte oder Brandbekämpfungsabschnitte							
Löschwasserbedarf – für 2 Stunden (Zwischenwerte interpolieren) – bei selbsttätiger Feuerlöschanlage	festzulegen in Abstimmung mit Brandschutzbehörde Abschnittsfläche ≤ 2.500 m²: ≥ 96 m³/h > 4.000 m²: ≥ 192 m³/h ≥ 96 m³/h für min. 1 Stunde						
Lage und Zugänglichkeit	min. eine Seite an Außenwand, für Feuerwehr zugänglich nicht erforderlich bei selbsttätiger Feuerlöschanlage						
Geschosse von Brandabschnitten mit Fußboden mehr als 1 m unter Geländeoberfläche	Unterteilung durch raumabschließende, feuerbeständige Wände aus nichtbrennbaren Baustoffen in Abschnitte mit – Grundfläche ≤ 1.000 m² im 1. UG 1) – Grundfläche ≤ 500 m² in jedem tiefer liegenden UG 1)						
Brandbekämpfungsabschnitte mit Fußboden mehr als 1 m unter Geländeoberfläche	– Grundfläche ≤ 1.000 m² im 1. UG 1) – Grundfläche ≤ 500 m² in jedem tiefer liegenden UG 1)						
Industrieanlage insgesamt							
frei stehende und zusammengebaute mit Grundfläche insgesamt ≥ 5.000 m²	Feuerwehrumfahrt nach Musterrichtlinie über Flächen für die Feuerwehr (ständig frei zu halten, Kennzeichnung!)						
2 geschossig, feuerbeständige Bauteile (nichtbrennbare Baustoffe), Feuerwehrzufahrten	oberes Geschoss darf wie eingeschossiger Industriebau behandelt werden						
Einbauten auf Grundflächen von Geschossen und Ebenen							
Sicherheitskategorie	K 1	K 2	K 3.1	K 3.2	K 3.3	K 3.4	K 4
max. Grundfläche [m²] (inkl. Öffnungen)	400	600	720	800	920	1.000	1.400
mehrere Einbauten	nebeneinander (nicht übereinander) zulässig, wenn durch min. 5 m breite brandlastfreie Zonen getrennt						
Gesamtfläche Einbauten	≤ 25 % der Grundfläche Geschoss/Ebene, der Brandbekämpfungsabschnittsfläche oder des Teilabschnitts						

Anstelle der Verfahren nach Abschnitt 6 und 7 können auch Methoden des Brandschutzingenieurwesens eingesetzt werden zum Nachweis, dass die Ziele nach Abschnitt 1 erreicht werden (§ 3 (3) Satz 3 MBO). Solche Nachweise sind nach Anhang 1 der Richtlinie aufzustellen.

5 Allgemeine Anforderungen

Im Abschnitt „Allgemeine Anforderungen" trifft die Richtlinie eine Vielzahl brandschutzrelevanter Festlegungen. Diese wurden im Vergleich mit der vorherigen Ausgabe infolge der neuen Differenzierung nach Geschossen, Ebenen und Einbauten erheblich erweitert.

Die allgemeinen Anforderungen gelten für alle Industriebauten. Sie werden hier in den Tabellen 2 bis 4 zusammengefasst.

Tabelle 2 enthält hauptsächlich Anforderungen hinsichtlich Lage und Größe der Industriebauten sowie der Brandabschnitte und der Brandbekämpfungsabschnitte. Neu sind die Regelungen zur Anzahl und Größe zulässiger Einbauten in Geschossen und Ebenen.

Rettungswege

Die Anforderungen hinsichtlich der Rettungswege (Tabelle 3) wurden erweitert durch Anforderungen an Ebenen und Einbauten. So werden für Einbauten über 200 m^2 Grundfläche 2 bauliche Rettungswege gefordert. Für die Erreichbarkeit von Treppen bei Ebenen und Einbauten werden maximale Laufweglängen vorgegeben. Dabei werden zu überwindende Höhendifferenzen berücksichtigt. Neu ist auch die Berücksichtigung von Steigleitern bei Kontroll- und Wartungsgängen.

Rauchableitung

Die alte Richtlinie stellte recht allgemeine, kaum differenzierte Anforderungen. Die neue Richtlinie konkretisiert die Anforderungen für

- Produktions- und Lagerräume ohne Ebenen
- Brandbekämpfungsabschnitte mit Ebenen in Produktions- und Lagerräumen
- Produktions- und Lagerräume mit selbsttätigen Feuerlöschanlagen

Fußnoten zu Tabelle 3

[1] Ein Rettungsweg darf zu anderen Brand-/Brandbekämpfungsabschnitten, über Außentreppen, offene Gänge, begehbare Dächer aufs Grundstück führen, bei Ebenen auch über notwendige Treppen (ohne notwendigen Treppenraum) in unmittelbar darunter liegende Ebenen/Geschosse, wenn diese Ausgänge in min. 2 sichere Bereiche haben.

[2] ins Freie, in notwendigen Treppenraum, zu Außentreppe, zu offenem Gang/begehbarem Dach

Tabelle 3: Allgemeine Anforderungen an Rettungswege:
Hauptgänge, Ausgänge, notwendige Flure und Treppen, Ausgänge ins Freie

Anforderungen	
Brandabschnitte oder Brandbekämpfungsabschnitte	GF: Grundfläche
Industriebauten – GF ≥ 1.600 m²	min. 2 bauliche Rettungswege [1] in jedem Geschoss (möglichst entgegengesetzt liegend)
Ebenen/Einbauten – GF ≥ 200 m²	min. 2 bauliche Rettungswege (möglichst entgegengesetzt liegend)
jeder Raum mit GF ≥ 200 m²	min. 2 Ausgänge
in Produktions-/Lagerfläche eingestellte offene Räume oder geschlossene Räume mit Sichtverbindung (wenn ≥ 20 m²)	Rettungswege dürfen über diese Produktions- oder Lagerflächen führen (zusätzlich Warnung im Brandfall sicherstellen)
Hauptgänge in Produktions- und Lagerräumen	min. 2 m breit, geradlinig, auf kurzem Weg zu Ausgängen führend
Erreichbarkeit Hauptgänge (Soll)	min. 1 Hauptgang in 15 m Entfernung
Erreichbarkeit Ausgang [2] (Entfernung [4])	
– bei mittlerer lichter Höhe [3] ≤ 5 m	≤ 35 m / mit Nutzeralarmierung ≤ 50 m
≥ 10 m	≤ 50 m / mit Nutzeralarmierung ≤ 70 m
zwischen 5 und 10 m	Zwischenwerte dürfen interpoliert werden
Erreichbarkeit Treppe bei Einbauten und Ebenen mit max. GF nach Tabelle 2	Lauflänge auf Ebene oder Einbau 25 m – bei Brandbelastung in Brandbekämpfungsabschnitten < 15 kWh/m² 50 m – mit automatischer Nutzeralarmierung oder selbsttätiger Löschanlage 35 m
Erschließung nur gelegentlich begangener Kontroll- und Wartungsgänge aus nichtbrennbaren Baustoffen	über Steigleitern in ≤ 100 m (bei nur einer Fluchtrichtung in ≤ 50 m) Entfernung zulässig

3) Die mittlere lichte Höhe von Einbauten und Ebenen mit max. Grundfläche nach Tabelle 2 ist die der Ebene oder des Geschosses, in der/dem sie angeordnet sind. Diese Ebenen und Einbauten bleiben somit bei der Ermittlung der mittleren lichten Höhe unberücksichtigt.

4) Die Entfernung wird in Luftlinie, aber nicht durch Bauteile hindurch gemessen. Die Laufstrecke, die tatsächlich zurückzulegen ist, darf nicht größer sein als das 1,5-Fache der Entfernung. Im Laufweg

Tabelle 4: Allgemeine Anforderungen an die Rauchableitung

Produktions-, Lagerräume, Ebenen ≥ 200 m müssen entraucht werden können.
GF: Grundfläche / RAG: Rauchabzuggerät

1. Produktions- und Lagerräume ohne Ebenen	
a. Anforderung erfüllt, wenn	
– je ≥ 400 m² GF	≥ 1 RAG im Dach/oberen Raumdrittel
– aerodynamisch wirksame Fläche	insgesamt ≥ 1,5 m² je 400 m² GF
– Auslösegruppen	≥ 1 je ≤ 1.600 m² GF
– Zuluftflächen (unteres Raumdrittel)	insgesamt ≥ 12 m² freier Querschnitt
b. Anforderung erfüllt bei Produktions- und Lagerräumen ≤ 1.600 m², wenn	
– Öffnungen zur Rauchableitung **oder**	freier Querschnitt insgesamt 1 % GF
– Öffnungen, Türen, Fenster im oberen Drittel der Außenwand	freier Querschnitt insgesamt 2 % GF
c. Anforderung erfüllt, wenn	
– je ≥ 400 m² GF	≥ 1 RAG oder Absaugstelle im oberen Raumdrittel mit Luftvolumenstrom = 10.000 m³/h
bei Räumen > 1.600 m² GF	zusätzlicher Luftvolumenstrom = 5.000 m³/h
	oder
– je ≥ 400 m² weiterer GF	Luftvolumenstrom ≥ 40.000 m³/h je Raum, wenn dieser im Bereich der Brandstelle auf einer GF ≤ 1.600 m² gleichmäßig zu fördern ist
– Zuluftflächen (unteres Raumdrittel)	mit Strömungsgeschwindigkeit von ≤ 3 m/s
2. Brandbekämpfungsabschnitte (BBA) mit Ebenen in Produktions-/Lagerräumen	
a. Anforderung erfüllt, wenn	
– je ≥ 400 m² Dachfläche	≥ 1 RAG im Dach
– aerodynamisch wirksame Fläche	insgesamt ≥ 1,5 m² je 400 m² BBA-Fläche
– Auslösegruppen	≥ 1 je ≤ 1.600 m² Dachfläche
– Unterteilung in Rauchabschnitte	je ≤ 5.000 m² BBA-Fläche
– Zuluftflächen (Öffnungen in Ebenen mit freiem Querschnitt < 1 m² werden nicht angerechnet)	freier Querschnitt der Öffnungsflächen im Dach, muss in allen Ebenen und als Zuluftfläche in unterster Ebene vorhanden sein

Tabelle 4: Allgemeine Anforderungen an die Rauchableitung (Fortsetzung)

2. Fortsetzung	
b. Anforderung erfüllt bei Ebenen ≤ 1.000 m² GF (mit Werkfeuerwehr 1.600 m²), wenn	
– Öffnungen, Türen, Fenster im oberen Drittel der Außenwand	freier Querschnitt insgesamt 2 % GF der jeweiligen Ebene
– Zuluftflächen (Öffnungen in Ebenen mit freiem Querschnitt < 1 m² werden nicht angerechnet)	von insgesamt gleicher Größe im unteren Raumdrittel oder in darunter liegender Ebene
3. Produktions- und Lagerräume mit selbsttätigen Feuerlöschanlagen	
a. Anforderung erfüllt, wenn	
bei Auslösung der selbsttätigen Feuerlöschanlage die automatische Lüftungsanlage nur als Entlüftung betrieben wird	mit Luftvolumenströmen nach Nr. 1c, soweit es die Zweckbestimmung der Absperrvorrichtung gegen Brandübertragung zulässt; ist eine automatische Brandmeldeanlage vorhanden, muss bei deren Auslösung die Lüftungsanlage als Entlüftung betrieben werden (automatische Ansteuerung der Lüftungsanlage mit behördlicher Zustimmung verzichtbar)

Für jeden dieser Fälle wird (teilweise in Alternativen) vorgegeben, wie die Anforderung an die Rauchableitung zu erfüllen ist. Die Anforderungen sind in Tabelle 4 zusammengestellt. Nachdem nahezu alle Regelungen neu sind, wurde auf Rotdruck verzichtet.

Weitere Regelungen zur Rauchableitung:

- Rauchableitung durch Schächte ist bei gleichwertigem Querschnitt zulässig, wenn die Schachtwände den gleichen Feuerwiderstand aufweisen wie die durchdrungenen Bauteile (min. feuerhemmend) .
- Fenster, Türen, Abschlüsse zur Rauchableitung müssen von jederzeit zugänglichen Stellen zu öffnen sein.
- Rauchabzugsanlagen müssen automatisch auslösen und von jederzeit zugänglichen Stellen manuell auszulösen sein.
- Bei maschinellen Rauchabzugsanlagen muss Zuluftführung automatisch erfolgen.
- Auslegung maschineller Rauchabzugsanlagen für 30 Min. Betriebszeit und Rauchgastemperatur 600 °C (300 °C zulässig bei Luftvolumenstrom ≥ 40.000 m³/h je Raum)
- Maschinelle Lüftungsanlagen, die die Anforderungen an Rauchabzugsanlagen erfüllen, können als solche betrieben werden.

Anforderungen an Bauteile

Die allgemeinen Anforderungen an Bauteile fasst Tabelle 5 zusammen.

Sonstige Maßnahmen

- Feuerlöscher nach Art und Nutzung des Betriebs
- in Räumen mit Grundfläche > 1.600 m^2 Wandhydranten Typ F
- alternativ bei Sicherheitskategorie K 3.1 bis K 4 trockene Löschwasserleitungen
- Industriebauten mit Grundfläche von insgesamt > 2.000 m^2: Feuerwehrpläne
- Industriebauten mit Grundfläche von insgesamt > 5.000 m^2: Bestellung eines Brandschutzbeauftragten
- nach Art oder Nutzung des Betriebs und bei Industriebauten mit Grundfläche von insgesamt > 2.000 m^2: Brandschutzordnung
- Industriebauten mit Grundfläche von insgesamt > 30.000 m^2: Einrichtungen zur Funkkommunikation mit Feuerwehr

6 Größe der Brandabschnitte – Verfahren ohne Brandlastermittlung

Im vereinfachten Nachweisverfahren werden die Größe der Brandabschnitte und die Anforderungen an Bauteile und Baustoffe nach Tabellenwerten ermittelt. Das Verfahren ist nicht anwendbar für Geschosse mit Ebenen.

Die zulässige Größe der Brandabschnitte ist in Tabelle 7, abhängig von der Sicherheitskategorie, der Zahl der oberirdischen Geschosse und der Feuerwiderstandsfähigkeit der tragenden und aussteifenden Bauteile zu bestimmen. Die zugrunde gelegte Feuerwiderstandsfähigkeit müssen auch Geschossdecken, Verschlüsse von Öffnungen dieser Decken und das Haupttragwerk des Daches aufweisen.

Nach der Feuerwiderstandsfähigkeit und den Vorgaben zum Brandverhalten der Baustoffe nach Tabelle 4 ergeben sich die Feuerwiderstandsklassen und die Baustoffklassen nach Anlagen 0.1.1 oder 0.1.2 bzw. 0.2.1 oder 0.2.2 der Bauregelliste A Teil 1.

Unterdecken (einschließlich deren Aufhängung) und Deckenbekleidungen (einschließlich Dämmstoffen und Unterkonstruktion) müssen aus nichtbrennbaren Baustoffen bestehen.

Lagergebäude und Gebäude mit Lagerbereichen

Für solche Gebäude ohne selbsttätige Feuerlöschanlage wird gefordert:

- Unterteilung der Fläche des Brandabschnitts oder des Lagerbereichs in jedem Geschoss durch **Freiflächen** in Lagerabschnitte von max. 1.200 m^2
- Breite der Freiflächen bei Lagerguthöhe (Höhe Oberkante Ladegut)
  bis 4,5 m / von 7,5 m $\geq$ 3,5 m / $\geq$ 5,0 m
  (für Zwischenwerte ist zu interpolieren)
  Lagerguthöhen > 7,5 m sind nur zulässig mit selbsttätiger Feuerlöschanlage.

Tabelle 5: Allgemeine Anforderungen an Bauteile

Anforderung	
1. Brandwände und Wände zur Trennung von Brandbekämpfungsabschnitten Die nach § 30 Abs. 3 Satz 2 MBO vorgesehenen Ersatzmaßnahmen sind nicht zulässig.	
a. Führung über Dach Eingreifen von Bauteilen mit brennbaren Baustoffen, Leitungen, Schlitzen, Kaminen	≥ 0,5 m, darüber keine brennbaren Teile (Abb. 2) zulässig, wenn verbleibender Wandquerschnitt die erforderliche Feuerwiderstandsklasse aufweist
b. Verhindern von Brandübertrag im Bereich der Außenwände	– Überstand der Brandwand etc. ≥ 0,5 m aus nichtbrennbaren Baustoffen (inklusive Bekleidungen) über Außenwand (Abb. 2) **oder** – Außenwandabschnitt von min. 1,0 m Breite im Bereich der Brandwand etc. (Abb. 2)
c. Öffnungen in inneren Brandwänden Abschlüsse der Öffnungen – in Brandwänden – in Trennwänden von BBA offen zu haltende Abschlüsse lichtdurchlässige Teilflächen	zulässig, soweit für die Nutzung erforderlich feuerbeständig, dicht- und selbstschließend nach Tabelle 7 bei Raucheinwirkung schließende Feststellanlagen Feuerwiderstand min. wie angrenzende Wände
d. als Abschluss oder Unterteilung von Gebäuden oder Gebäudeteilen, die über Eck zusammenstoßen	Wand muss über die Innenecke min. 5,0 m hinausragen (nicht bei Innenwinkel > 120°)
2. Feuerüberschlagswege	
a. Verhindern vertikaler Brandübertrag im Bereich der Außenwände bei versetzt übereinander angeordneten Brandabschnitten – Sicherheitskategorien K 3.1 bis K 4	– min. 1,5 m (1,0 m) auskragende, ausreichend feuerwiderstandsfähige [1)] Bauteile **oder** – ausreichend feuerwiderstandsfähige[1)] Bauteile mit ≥ 1,5 m (1,0 m) Höhe zwischen Öffnungen es gelten die Werte in ( )

Tabelle 5: Allgemeine Anforderungen an Bauteile (Fortsetzung)

Anforderung	
3. Außenwände und Außenwandbekleidungen	
a. Ausbildung nichtragender Außenwände, Oberflächen u. Bekleidungen einschließlich Dämmstoffen u. Unterkonstruktion – nichttragende Außenwände aus schwer entflammbaren Baustoffen	muss Brandausbreitung auf und in diesen Bauteilen begrenzen gilt als gegeben, wenn die Bauteile § 28 Abs. 2 bis 4 MBO entsprechen unter bestimmten, in der Richtlinie beschriebenen Umständen zulässig
b. Grenzabstand < 5 m	Außenwand aus nichtbrennbaren Baustoffen
c. Lagerung brennbarer Stoffe an Außenwänden u. deren Öffnungen	zulässig bei folgenden Abständen: Außenwand aus – min. schwer entflammbaren Baustoffen: 6 m – nichtbrennbaren Baustoffen 3 m (unter bestimmten Bedingungen kein Abstand)
4. Dächer	
a. Ausbildung von zusammenhängenden Dachflächen > 2.500 m^2 (Anforderung gilt nicht für erdgeschossige Lagerhallen mit Dachfläche ≤ 3.000 m^2 für ausschließlich nichtbrennbare Stoffe)	muss Brandweiterleitung über das Dach behindern, erfüllt bei – Dächern nach DIN 18234-1 und -2 – tragenden Dachschalen (mineralische Baustoffe) – Bedachung aus nichtbrennbaren Baustoffen
b. Ausbildung im Bereich von Dachdurchdringungen	Brandweiterleitung bei Entstehungsbrand von unten ist konstruktiv zu behindern, gilt als gegeben – bei Dächern nach DIN 18234-1 und -2 und Durchdringungen nach DIN 18234-3 und -4
c. Anforderung „harte Bedachung" nach § 32 Abs. 1 MBO	gilt nicht für erforderliche Rauch- und Wärmeabzugsflächen

[1] Die Bauteile sind ausreichend feuerwiderstandsfähig, wenn sie die Feuerwiderstandsfähigkeit der Decke aufweisen und (inklusive Wärmedämmung) aus nichtbrennbaren Baustoffen bestehen.

7 Größe der Brandbekämpfungsabschnitte – Rechenverfahren nach DIN 18230-1

Für jeden Brandbekämpfungsabschnitt wird

- die äquivalente Branddauer t_a zur Bestimmung der zulässigen Brandbekämpfungsabschnittsfläche und
- die rechnerisch erforderliche Feuerwiderstandsdauer *erf* t_F zur brandschutztechnischen Bemessung der Bauteile gemäß ihrer Zuordnung zu den Brandsicherheitsklassen ermittelt.

Grundlagen sind die ermittelten Brandlasten und die bewerteten Wärmeabzugsflächen.

Die Zuordnung der Bauteile erfolgt nach deren brandschutztechnischer Bedeutung in eine der folgende **Brandsicherheitsklassen**:

- **SK_b3 – hohe Anforderungen:**
  – Bauteile, die einen Brandbekämpfungsabschnitt gegen andere oder Brandlasten abtrennen (einschließlich Feuerschutzabschlüsse und -abschottungen)
  – tragende und aussteifende Bauteile, deren Versagen zum Einsturz des Tragwerks führen kann
  – Lüftungsleitungen sowie Installationsschächte und -kanäle, die Brandbekämpfungsabschnitte überbrücken
  – Feuerschutzabschlüsse, Rohr-/Kabelabschottungen und dergleichen in Bauteilen, die Brandbekämpfungsabschnitte trennen.
- **SK_b2 – mittlere Anforderungen:**
  – tragende und aussteifende Bauteile, deren Versagen nicht zum Einsturz des Tragwerks führen kann
  – Bauteile des Dachtragwerks, deren Versagen zum Einsturz der übrigen Dachkonstruktion führen kann
  – Lüftungsleitungen und Installationskanäle, die Bauteile mit geforderter Feuerwiderstandsfähigkeit überbrücken
  – Feuerschutzabschlüsse und -abschottungen in trennenden Bauteilen mit geforderter Feuerwiderstandsfähigkeit
- **SK_b1 geringe Anforderungen:**
  Bauteile des Dachtragwerks, deren Versagen nicht zum Einsturz der übrigen Dachkonstruktion führt

Bauteile ohne brandschutztechnische Bedeutung werden nicht zugeordnet. Das gilt für untergeordnete Dachkonstruktion nicht zu begehender Dächer oder durch Geschossdecken abgetrennte Dachkonstruktionen ohne zusätzliche Brandlasten. Auch für Einbauten ist eine Zuordnung nicht nötig.

Tabelle 6: Zulässige Größe von Brandabschnittsflächen [m²]

Anzahl oberirdische Geschosse	**Feuerwiderstandsfähigkeit tragender und aussteifender Bauteile**	**Sicherheitskategorie**		
		K 1	**K 2**	**K 3.1**
erdgeschossig	aus **nbr** Baustoffen	1.800 1)	2.700 1) 4)	3.200 1)
	fh	3.000	4.500 4)	5.400
2-geschossig	**fh**	800 2) 3)	1.200 2) 3)	1.400 2) 3)
	hfh und aus **nbr** Baustoffen	1.600 2)	2.400 2)	2.900 2)
	fb und aus **nbr** Baustoffen	2.400	3.600	4.300
3-geschossig	**hfh** und aus **nbr** Baustoffen	1.200 2) 3)	1.800 2)	2.100 2)
	fb und aus **nbr** Baustoffen	1.800	2.700	3.200
4-geschossig	**fb** und aus **nbr** Baustoffen	1.500	2.300	2.700
5-geschossig	**fb** und aus **nbr** Baustoffen	1.200	1.800	2.200

Abkürzungen: **fh** feuerhemmend / **hfh** hochfeuerhemmend / **fb** feuerbeständig / **br** brennbar / **nbr** nicht brennbar

1) Breite Industriebau ≤ 40 m, Wärmeabzugsfläche ≥ 5 %
2) Wärmeabzugsfläche ≥ 5 %

Die zulässige Größe von Brandbekämpfungsabschnitten wird nach der Summe der bewerteten Grundflächen der Geschosse und Ebenen mit Hilfe der Tabelle 7 bestimmt.

$$zul A_{bew} > A_G \cdot F_{H1} \cdot F_{A1} + \sum_{i=2}^{n} A_{Ei} \cdot F_{Hi} \cdot F_{Ai}$$

mit	A_G	Grundfläche des Brandbekämpfungsabschnitts
	A_{Ei}	Grundfläche des Geschosses i oder der Ebene i
	i	Laufindex
	n	Anzahl der Geschosse und Ebenen

Faktor F_H zur Bewertung der Grundflächen der Geschosse oder Ebenen:

Tabelle 6 (Fortsetzung)

Anzahl oberirdische Geschosse	K 3.2	K 3.3	K 3.4	K 4
erdgeschossig	3.600 1)	4.200 1)	4.500 1)	10.000
	6.000	7.000	7.500	10.000
2-geschossig	1.600 2)	1.800 2)	2.000 2)	8.500
	3.200 2)	3.600 2)	4.000 2)	8.500
	4.800	5.500	6.000	8.500
3-geschossig	2.400 2)	2.800 2)	3.000 2)	6.500
	3.600	4.100	4.500	6.500
4-geschossig	3.000	3.500	3.800	5.000
5-geschossig	2.400	2.800	3.000	4.000

3) Für Gebäudeklasse 3 und 4 ergibt sich nach MBO eine zulässige Größe von 1.600 m^2 – darf um 10 % überschritten werden, wenn im Brandabschnitt Rauchabzugsanlagen wie folgt vorhanden sind: je 200 m2 Grundfläche Rauchabzugsgeräte mit insgesamt min. 1,5 m^2 aerodynamisch wirksamer Fläche im Dach, je 1.600 m^2 Grundfläche min. eine Auslösegruppe, Zuluftflächen mit freiem Querschnitt min. 36 m^2 im unteren Raumdrittel

Tabelle 7: Zulässige Summe *zul* A_{bew} **der bewerteten Grundflächen der Geschosse und Ebenen eines Brandbekämpfungsabschnitts** [m^2]

Sicherheits-kategorie	**äquivalente Branddauer** *t* in Minuten				
	≤ 5	**15**	**30**	**60**	**≥ 90**
K 1	30.000	20.000	12.000	6.000	4.000
K 2	50.000	30.000	18.000	9.000	6.000
K 3.1	60.000	36.000	21.000	10.800	7.200
K 3.2	67.000	40.000	24.000	12.000	8.000
K 3.3	77.000	46.000	27.000	13.800	9.200
K 3.4	85.000	50.000	30.000	15.000	10.000
K 4	120.000	70.000	42.000	21.000	14.000

Tabelle 8: Brandbekämpfungsabschnitte mit Bemessung der Bauteile –

	Feuerwiderstandsfähigkeit von
1.	Decken, die Brandbekämpfungsabschnitte trennen und Bauteile, die diese Decken tragen, aussteifen oder überbrücken
2.	Bauteilen der Brandsicherheitsklasse SK_b3, die nicht Nr. 1 zuzuordnen sind
3.	Bauteilen
4.	Abschlüssen von Öffnungen in – Bauteilen nach Nr. 1 und Brandbekämpfungsabschnittswänden
5.	– Geschossdecken mit Feuerwiderstandsfähigkeit
6.	– Bauteilen mit Feuerwiderstandsfähigkeit
	Lüftungsleitungen, Installationsschächten und -kanälen oder Vorkehrungen gegen Brandübertragung bei Leitungen, Lüftungsleitungen, Installationsschächten und -kanälen ohne Feuerwiderstandsfähigkeit, die
7.	– Brandbekämpfungsabschnitte überbrücken
8.	– Geschossdecken mit Feuerwiderstandsfähigkeit überbrücken
9.	– Bauteile mit Feuerwiderstandsfähigkeit überbrücken in der Brandsicherheitsklasse SK_b2 und SK_b1

Abkürzungen: **fh** feuerhemmend / **hfh** hochfeuerhemmend / **fb** feuerbeständig / **br** brennbar / **nbr** nicht brennbar / **kA** keine Anforderung

[1] Die Werte gelten auch für eine rechnerisch erforderliche Feuerwiderstandsdauer von mehr als 90 min, die sich insbesondere aus einem Teilflächennachweis ergeben können.

Anforderungen an Baustoffe/Bauteile (nach MIndBauR Tabelle 6)

	erf t **nach DIN 18230-1**			
	≤ 15 min	**15 bis ≤ 30 min**	**30 bis ≤ 60 min**	**60 min**
1.	**fh**, aus **nbr** Baustoffen			
2.	**kA** [2)]	**fh**, in den wesentlichen Teilen aus **nbr** Baustoffen [3)]	**hfh**, in den wesentlichen Teilen aus **nbr** Baustoffen [3)]	**fb**
3.	**kA** [2)]	**fh**	**hfh**, aus **br** Baustoffen	**fb**, aus **br** Baustoffen
4.	**fh**, dicht- und selbstschließend			
5. 6.	**kA** [2)]	**fh**, dicht- und selbstschließend	**hfh**, dicht- und selbstschließend	**fb**, dicht- und selbstschließend
7.	**fh**	**fh**	**hfh**	**fb**
8.	**kA** [2)]	**fh**	**hfh**	**fb**
9.	**kA** [2)]	**fh**	**hfh**	**fb**

[2)] Der Raum zwischen Leitungen, Schächten und Kanälen und dem umgebenden Bauteil ist vollständig mit Baustoffen aus Mineralfasern (Schmelztemperatur ≥ 1.000 °C, lichter Abstand zwischen Leitungen etc. und umgebendem Bauteil ≤ 50 mm) oder im Brandfall aufschäumenden Baustoffen (lichter Abstand ≤ 15 mm) zu verschließen. Werden Hüllrohre verwendet, müssen diese nicht brennbar sein.

[3)] Für Bauteile in Industriebauten bis zu 2 Geschossen und max. 1 Ebene je Brandbekämpfungsabschnitt sind brennbare Baustoffe zulässig.

	Abstand Bezugsniveau				
	0 m	5 m	10 m	15 m	20 m
Faktor F_H	1,0	1,1	1,2	1,3	1,4

Faktor F_A zur Bewertung des jeweiligen Öffnungsverschlusses der Ebenen:

Öffnungen	**Faktor** F_A
durch Bauteile nach SK_b3 geschlossen	0,4
durch Bauteile mit nichtbrennbaren Baustoffen geschlossen	0,7 [1)]
ohne Verschluss	1,7

1) Überschreitet der Anteil der so geschlossenen Öffnungen 10 % der jeweiligen Ebene, ist Faktor 1,7 anzusetzen.

Für die größte Ebene des Brandbekämpfungsabschnitts (zumeist die Grundfläche) ist $F_{A1} = 1{,}0$ anzusetzen.

Brandbekämpfungsabschnitte > 60.000 m²

Brandbekämpfungsabschnitte dieser Größe sind nur in eingeschossigen Industriebauten zulässig, und zwar bei einer lichten Raumhöhe > 7,0 m/12 m bis 90.000 m²/120.000 m².

Dies unter folgenden Voraussetzungen:

- rechnerische Brandlast $\leq$ 100 kWh/m²
- Werkfeuerwehr vorhanden
- bei rechnerischer Brandlast > 15 kWh/m² ist selbsttätige Löschanlage erforderlich
- Brandbekämpfungsabschnitte ohne selbsttätige Löschanlage müssen für Feuerwehr befahrbar sein
- Überwachung durch automatisches Brandmeldesystem
- ausreichende Vorkehrungen für Alarmierung und Brandbekämpfung
- Löschwassermenge $\geq$ 192 m³/h

Muster-Richtlinie über brandschutztechnische Anforderungen an Leitungsanlagen – Muster-Leitungsanlagen-Richtlinie – MLAR (Fassung 10.2.2015) – Änderungen rot

Abkürzungen: TR: Treppenräume / NTR: Notwendige TR / NF: Notwendige Flure

1 Geltungsbereich

Diese Richtlinie gilt für

a) Leitungsanlagen in NTR, in Räumen zwischen NTR und Ausgängen ins Freie, in notwendigen Fluren ausgenommen in offenen Gängen vor Außenwänden,
b) die Führung von Leitungen durch raumabschließende Bauteile (Wände und Decken),
c) den Funktionserhalt von elektrischen Leitungsanlagen im Brandfall

sowie entsprechend für bauordnungsrechtlich vorgeschriebene Vorräume und Sicherheitsschleusen. Sie gilt nicht für Lüftungs- und Warmluftheizungsanlagen.

2 Begriffe

2.1 Leitungsanlagen – sind Anlagen insbesondere aus elektrischen oder Rohrleitungen, sowie den zugehörigen Armaturen, Hausanschluss-, Mess-, Steuer-, Regel- und Sicherheitseinrichtungen, Netzgeräten, Verteilern und Dämmstoffen. Zu den Leitungen gehören ihre Befestigungen und Beschichtungen. Lichtwellenleiter- und elektrische Kabel gelten als elektrische Leitungen.

2.2 Elektrische Leitungen mit verbessertem Brandverhalten – sind Leitungen, die die Prüfanforderungen nach DIN 4102-1:1998-05 in Verbindung mit DIN 4102-16:1998-05 Baustoffklasse B 1, auch in Verbindung mit einer Beschichtung, erfüllen und eine nur geringe Rauchentwicklung aufweisen oder hierzu europäisch gleichwertig klassifiziert sind.

2.3 Medien im Sinne dieser Richtlinie sind Flüssigkeiten, Dämpfe, Gase und Stäube.

3 Leitungsanlagen in Rettungswegen

3.1 Grundlegende Anforderungen

3.1.1 Gemäß § 40 Abs. 2 MBO sind Leitungsanlagen in

a) NTR gemäß § 35 Abs. 1 MBO,
b) Räumen zwischen NTR und Ausgängen ins Freie (§ 35 Abs. 3 Satz 3 MBO) und
c) NF gemäß § 36 Abs. 1 MBO

nur zulässig, wenn die Nutzung als Rettungsweg im Brandfall ausreichend lang möglich ist. Dies ist der Fall, wenn die Leitungsanlagen in diesen Räumen 3.1.2 bis 3.5.6 entsprechen. Die Anforderungen an NTR gelten hierbei auch für bauordnungsrechtlich vorgeschriebene Vorräume und Sicherheitsschleusen.

3.1.2 Leitungsanlagen dürfen in tragende, aussteifende oder raumabschließende Bauteile sowie in Bauteile von Installationsschächten und -kanälen nur so weit eingreifen, dass die erforderliche Feuerwiderstandsfähigkeit erhalten bleibt.

3.1.3 In Sicherheits-TR gemäß § 33 Abs. 2 Satz 3 MBO und in Räumen zwischen Sicherheits-TR und Ausgängen ins Freie sind nur Leitungsanlagen zulässig, die ausschließlich der unmittelbaren Versorgung dieser Räume oder der Brandbekämpfung dienen.

3.2 Elektrische Leitungsanlagen

3.2.1 Elektrische Leitungen müssen wie folgt verlegt werden:

a) einzeln oder nebeneinander angeordnet voll eingeputzt,
b) in Schlitzen von massiven Bauteilen, die mit ≥15 mm dickem mineralischem Putz auf nichtbrennbarem Putzträger oder mit ≥ 15 mm dicken Platten aus mineralischen Baustoffen verschlossen werden,
c) in mind. feuerhemmenden Wänden in Leichtbauweise jedoch nur Leitungen zur ausschließlichen Versorgung der in/an der Wand befindlichen elektrischen Betriebsmitteln,
d) in Installationsschächten und -kanälen nach 3.5,
e) über Unterdecken nach 3.5,
f) in Unterflurkanälen nach 3.5 oder
g) in Systemböden.

Sie dürfen offen verlegt werden, wenn sie

a) nichtbrennbar sind (z.B. Leitungen nach DIN EN 60702-1(VDE 0284 Teil 1):2002-11),
b) ausschließlich der Versorgung der Räume und Flure nach 3.1.1 dienen oder
c) Leitungen mit verbessertem Brandverhalten in NF von Gebäuden der Gebäudeklassen 1 bis 3 mit Nutzungseinheiten von jeweils ≤ 200 m^2, die keine Sonderbauten sind.

In NF dürfen einzelne kurze Stichleitungen offen verlegt werden. Werden dazu Installationskanäle/-rohre (siehe DIN EN 50085-1 (VDE 0604 Teil 1):1998-04 ~~und DIN EN 50086-1 (VDE 0605 Teil 1):1994-05~~) verwendet, müssen diese aus nichtbrennbaren Baustoffen bestehen.

3.2.2 Messeinrichtungen und Verteiler sind abzutrennen gegenüber

a) NTR und Räumen zwischen NTR und Ausgängen ins Freie durch mind. feuerhemmende Bauteile aus nichtbrennbaren Baustoffen; Öffnungen in diesen Bauteilen sind durch mind. feuerhemmende Abschlüsse mit umlaufender Dichtung zu verschließen;
b) NF durch Bauteile aus nichtbrennbaren Baustoffen mit geschlossenen Oberflächen; Öffnungen in diesen Bauteilen sind mit Abschlüssen aus nichtbrennbaren Baustoffen mit geschlossenen Oberflächen zu verschließen.

3.3 Rohrleitungsanlagen für nichtbrennbare Medien

3.3.1 Die Rohrleitungsanlagen einschließlich der Dämmstoffe aus nichtbrennbaren Baustoffen - auch mit brennbaren Dichtungs- und Verbindungsmitteln und mit brennbaren Rohrbeschichtungen bis 0,5 mm Dicke - dürfen offen verlegt werden.

3.3.2 Die Rohrleitungsanlagen aus brennbaren Baustoffen oder mit brennbaren Dämmstoffen müssen wie in 3.2.1 b), d), e), f) oder g) gefordert verlegt werden.

3.4 Rohrleitungsanlagen für brennbare oder brandfördernde Medien

3.4.1 Die Rohrleitungsanlagen müssen einschließlich ihrer Dämmstoffe aus nichtbrennbaren Baustoffen bestehen. Dies gilt nicht für

a) deren Dichtungs- und Verbindungsmittel,
b) Rohrbeschichtungen bis 0,5 mm Dicke,
c) Rohrbeschichtungen bis 2 mm Dicke bei nach 3.4.2 Satz1 verlegten Rohrleitungsanlagen.

3.4.2 Die Rohrleitungsanlagen müssen

a) einzeln mit ≥ 15 mm Putzüberdeckung voll eingeputzt oder
b) in Installationsschächten oder –kanälen nach 3.5.1 in Verbindung mit 3.5.5 verlegt werden.

Sie dürfen in notwendigen Fluren auch offen verlegt werden. Dichtungen von Rohrverbindungen müssen wärmebeständig sein.

3.4.3 Gaszähler sind in NTR und in Räumen zwischen notwendigen TR und Ausgängen ins Freie nicht zulässig. Gaszähler müssen in notwendigen Fluren

a) thermisch erhöht belastbar sein,
b) durch eine thermisch auslösende Absperreinrichtung geschützt sein oder
c) durch mind. feuerbeständige Bauteile aus nichtbrennbaren Baustoffen abgetrennt sein; Öffnungen in diesen Bauteilen sind mit mind. feuerbeständigen Abschlüssen zu verschließen; die Abschlüsse müssen mit umlaufenden Dichtungen versehen sein.

3.5 Installationsschächte und -kanäle, Unterdecken und Unterflurkanäle

3.5.1 Installationsschächte/-kanäle müssen - inklusive der Abschlüsse von Öffnungen - aus nichtbrennbaren Baustoffen bestehen. Ihre Feuerwiderstandsfähigkeit muss der höchsten notwendigen Feuerwiderstandsfähigkeit der von ihnen durchdrungenen raumabschließenden Bauteile entsprechen. Die Abschlüsse müssen ~~mit einer~~ umlaufend~~en Dichtung~~ dicht schließen. Die Installationsschächte/-kanäle sind mit nichtbrennbaren Mitteln zu befestigen.

3.5.2 Abweichend von 3.5.1 genügen in notwendigen Fluren Installationsschächte, die keine Geschossdecken überbrücken und Installationskanäle (einschließlich der Abschlüsse von Öffnungen), die mind. feuerhemmend sind und aus nichtbrennbaren Baustoffen bestehen.

3.5.3 Unterdecken müssen – einschließlich der Abschlüsse von Öffnungen – aus nichtbrennbaren Baustoffen bestehen und bei einer Brandbeanspruchung sowohl von oben als auch von unten in notwendigen Fluren mind. feuerhemmend sein und in NTR und in Räumen zwischen NTR und Ausgängen ins Freie mind. der notwendigen Feuerwiderstandsfähigkeit der Decken entsprechen. Die Abschlüsse müssen umlaufend dicht schließen. Die besonderen Anforderungen hinsichtlich der brandsicheren Befestigung der im Bereich zwischen den Geschossdecken und Unterdecken verlegten Leitungen sind zu beachten.

3.5.4 In notwendigen Fluren von Gebäuden der Gebäudeklassen 1 bis 3, deren Nutzungseinheiten eine Fläche von jeweils 200 m^2 nicht überschreiten und die keine Sonderbauten sind, brauchen Installationsschächte, die keine Geschossdecken überbrücken, Installationskanäle und Unterdecken (einschließlich der Abschlüsse von Öffnungen) nur aus nichtbrennbaren Baustoffen mit geschlossenen Oberflächen zu bestehen. Einbauten, wie Leuchten und Lautsprecher, bleiben unberücksichtigt.

3.5.5 Installationsschächte und -kanäle für Rohrleitungsanlagen nach 3.4.1 sind mit nichtbrennbaren Baustoffen formbeständig und dicht zu verfüllen oder müssen abschnittsweise oder im Ganzen be- und entlüftet werden. Die Be- und Entlüftungsöffnungen müssen mind. 10 cm^2 groß sein. Sie dürfen nicht in notwendigen Treppenräumen und nicht in Räumen zwischen notwendigen Treppenräumen und Ausgängen ins Freie angeordnet werden.

3.5.6 Estrichbündig oder -überdeckt angeordnete Unterflurkanäle für die Verlegung von Leitungen müssen in NTR, in Räumen zwischen NTR und Ausgängen ins Freie sowie in notwendigen Fluren eine obere Abdeckung aus nichtbrennbaren Baustoffen haben. Sie dürfen keine Öffnungen haben, ausgenommen in notwendigen Fluren Revisions- oder Nachbelegungsöffnungen mit umlaufend dicht schließenden Abschlüssen aus nichtbrennbaren Baustoffen.

4 Führung von Leitungen durch raumabschließende Bauteile

4.1 Grundlegende Anforderungen

4.1.1 Nach § 40 Abs. 1 MBO dürfen Leitungen durch raumabschließende Bauteile mit vorgeschriebenem Feuerwiderstand nur hindurchgeführt werden, wenn eine Brandausbreitung (ggf. durch Vorkehrungen hiergegen) ausreichend lang nicht zu befürchten ist; dies gilt nicht ~~für Decken~~

a) in Gebäuden der Gebäudeklassen 1 und 2,
b) innerhalb von Wohnungen,
c) innerhalb derselben Nutzugseinheit mit insgesamt $\leq$ 400 m^2 in $\leq$ zwei Geschossen.

Diese Voraussetzungen sind erfüllt, wenn die Leitungsdurchführungen den Anforderungen der Abschnitte 4.1 bis 4.3 entsprechen.

4.1.2 Die Leitungen müssen

a) durch Abschottungen geführt werden, die mind. die gleiche Feuerwiderstandsfähigkeit aufweisen wie die raumabschließenden Bauteile oder
b) in Installationsschächten/-kanälen geführt werden, die - inklusive der Abschlüsse von Öffnungen - mind. die gleiche Feuerwiderstandsfähigkeit aufweisen wie die durchdrungenen raumabschließenden Bauteile und aus nichtbrennbaren Baustoffen bestehen.

4.1.3 Der Mindestabstand zwischen Abschottungen, Installationsschächten oder -kanälen sowie der erforderliche Abstand zu anderen Durchführungen (z. B. Lüftungsleitungen) oder anderen Öffnungsverschlüssen (z. B. Feuerschutztüren) ergibt sich aus den Bestimmungen der jeweiligen Verwendbarkeits- oder Anwendbarkeitsnachweise; fehlen entsprechende Festlegungen, ist ein Abstand von ≥ 50 mm erforderlich.

4.2 Erleichterungen für die Leitungsdurchführung durch feuerhemmende Wände

Abweichend von 4.1.2 dürfen durch feuerhemmende Wände – ausgenommen solche von NTR und Räumen zwischen NTR und den Ausgängen ins Freie –

a) einzelne elektrische Leitungen sowie einzelne dichtgepackte Kabelbündel (∅ ≤ 50 mm)
b) Rohrleitungen aus nichtbrennbaren Baustoffen – auch mit brennbaren Rohrbeschichtungen bis 2 mm Dicke -

geführt werden, wenn der Raum zwischen den Leitungen und dem umgebenden Bauteil aus nichtbrennbaren Baustoffen mit nichtbrennbaren Baustoffen oder mit im Brandfall aufschäumenden Baustoffen vollständig ausgefüllt wird. Bei Verwendung von Mineralfasern müssen diese eine Schmelztemperatur von ≥ 1 000°C aufweisen. Bei Verwendung von aufschäumenden Dämmschichtbildnern und von Mineralfasern darf der Abstand zwischen der Leitung und dem umgebenden Bauteil ≤ 50 mm betragen.

4.3 Erleichterungen für einzelne Leitungen

4.3.1 Einzelne Leitungen ohne Dämmung in gemeinsamen Durchbrüchen für mehrere Leitungen. Abweichend von 4.1 dürfen einzelne

a) elektrische Leitungen,
b) Rohrleitungen mit Außendurchmesser ≤ 160 mm aus nichtbrennbaren Baustoffen (ausgenommen Aluminium und Glas), auch mit brennbarer Beschichtung bis zu 2 mm Dicke,
c) Rohrleitungen für nichtbrennbare Medien und Installationsrohre für elektrische Leitungen mit Außendurchmesser bis 32 mm aus brennbaren Baustoffen, Aluminium oder Glas über gemeinsame Durchbrüche durch die Wände und Decken geführt werden.

Dies gilt nur, wenn

a) der lichte Abstand untereinander bei Leitungen nach Satz 1 a und b mind. dem einfachen, nach Satz 1 c mind. dem 5fachen des größeren Leitungsdurchmessers entspricht,
b) der lichte Abstand zwischen einer Leitung nach Satz 1 c und einer Leitung nach Satz 1 a oder b mind. dem größeren der sich aus der Art und dem Durchmesser der beiden Leitungen ergebenden Abstandsmaße (Satz 2 a) entspricht,
c) die feuerbeständige Wand oder Decke eine Dicke von ≥ 80 mm, die hochfeuerhemmende Wand oder Decke eine Dicke von ≥ 70 mm, die feuerhemmende Wand oder Decke eine Dicke von ≥ 60 mm hat und
d) der Raum zwischen den Leitungen und den umgebenden Bauteilen mit Zementmörtel oder Beton in der vorgenannten Mindestbauteildicke vollständig ausgefüllt wird.

4.3.2 Einzelne Leitungen ohne Dämmung in jeweils eigenen Durchbrüchen/Bohröffnungen

Abweichend von 4.1 gelten die Vorgaben nach 4.3.1. Es genügt jedoch, den Raum zwischen der Leitung und dem umgebenden Bauteil oder Hüllrohr aus nichtbrennbaren Baustoffen mit Baustoffen aus Mineralfasern oder mit im Brandfall aufschäumenden Baustoffen vollständig zu verschließen. Der lichte Abstand zwischen der Leitung und dem umgebenden Bauteil oder Hüllrohr darf bei Verwendung von Baustoffen aus Mineralfasern ≤ 50 mm, bei Verwendung von im Brandfall aufschäumenden Baustoffen ≤15 mm betragen. Die Mineralfasern müssen eine Schmelztemperatur von ≥ 1 000 °C aufweisen.

4.3.3 Einzelne Rohrleitungen mit Dämmung in Durchbrüchen oder Bohröffnungen

Abweichend von 4.1 dürfen einzelne Rohrleitungen nach 4.3.1 Satz 1 b und c mit Dämmung in gemeinsamen oder eigenen Durchbrüchen oder Bohröffnungen durch Wände und Decken geführt werden, wenn

a) die Dicke einer feuerbeständigen Wand/Decke ≥ 80 mm, einer hochfeuerhemmenden Wand/Decke ≥ 70 mm, einer feuerhemmenden Wand/Decke ≥ 60 mm beträgt,
b) die Restöffnung in der Wand/Decke nach 4.3.1/4.3.2 bemessen und verschlossen ist,
c) die Dämmung im Bereich der Leitungsdurchführung aus nichtbrennbaren Baustoffen mit einer Schmelztemperatur von ≥ 1 000°C besteht, auch mit Umhüllung aus brennbaren Baustoffen bis 0,5 mm Dicke und
d) der lichte Abstand, gemessen zwischen den Dämmschichtoberflächen im Bereich der Durchführung, ≥ 50 mm beträgt; das Mindestmaß von 50 mm gilt auch für den Abstand der Rohrleitungen zu elektrischen Leitungen.

Bei Rohrleitungen mit Dämmungen aus brennbaren Baustoffen außerhalb der Durchführung ist eine Umhüllung aus Stahlblech oder beidseitig der Durchführung auf eine Länge von jeweils 500 mm eine Dämmung aus nichtbrennbaren Baustoffen anzuordnen.

4.3.4 Einzelne Rohrleitungen mit/ohne Dämmung in Wandschlitzen/mit Ummantelung

Abweichend von 4.1 dürfen einzelne Rohrleitungen mit Außendurchmesser bis 110 mm

a) aus nichtbrennbaren Baustoffen - ausgenommen Aluminium und Glas – (auch mit brennbaren Beschichtungen) oder
b) aus brennbaren Baustoffen, Aluminium oder Glas für nichtbrennbare Flüssigkeiten, Dämpfe oder Stäube

durch die Decken geführt werden. Dies gilt nur, wenn sie in den Geschossen durchgehend

a) in eigenen Schlitzen von massiven Wänden verlegt werden, die mit ≥ 15 mm dickem mineralischem Putz auf nichtbrennbarem Putzträger mit dahinter liegender Dämmung (≥ 10 mm dick, nicht brennbar, Schmelztemperatur ≥ 1 000°C) oder ~~mit ≥ 15 mm dicken Platten aus nichtbrennbaren mineralischen Baustoffen~~ mehrlagig mit nichtbrennbaren mineralischen Platten (Gesamtdicke ≥ 25 mm) verschlossen werden; die verbleibenden Wandquerschnitte müssen die erforderliche Feuerwiderstandsdauer behalten, oder
b) einzeln derart in Wandecken von massiven Wänden verlegt werden, dass sie mind. zweiseitig von den Wänden und im Übrigen von Bauteilen aus ≥ 15 mm dickem mineralischem Putz auf nichtbrennbarem Putzträger mit dahinter liegender Dämmung (≥ 10 mm dick, nicht brennbar, Schmelztemperatur ≥ 1 000°C) oder ~~mit ≥ 15 mm dicken Plat-~~

~~ten aus nichtbrennbaren mineralischen Baustoffen~~ mehrlagig mit nichtbrennbaren mineralischen Platten (Gesamtdicke ≥ 25 mm) vollständig umschlossen sind.

Die von diesen Rohrleitungen abzweigenden Leitungen dürfen offen verlegt werden, sofern sie nur innerhalb eines Geschosses geführt werden.

5 Funktionserhalt von elektrischen Leitungsanlagen im Brandfall

5.1 Grundlegende Anforderungen

5.1.1 Die elektrischen Leitungsanlagen für bauordnungsrechtlich vorgeschriebene sicherheitstechnische Anlagen und Einrichtungen müssen so beschaffen (oder durch Bauteile abgetrennt) sein, dass diese im Brandfall ausreichend lang funktionsfähig bleiben (Funktionserhalt). Dieser Funktionserhalt muss bei möglicher Wechselwirkung mit anderen Anlagen, Einrichtungen oder deren Teilen gewährleistet bleiben.

5.1.2 An die Verteiler der elektrischen Leitungsanlagen für bauordnungsrechtlich vorgeschriebene sicherheitstechnische Anlagen und Einrichtungen dürfen auch andere betriebsnotwendige sicherheitstechnische Anlagen und Einrichtungen angeschlossen werden. Dabei ist sicherzustellen, dass die bauaufsichtlich vorgeschriebenen sicherheitstechnischen Anlagen und Einrichtungen nicht beeinträchtigt werden.

5.2 Funktionserhalt

5.2.1 Der Funktionserhalt der Leitungen ist gewährleistet, wenn die Leitungen

a) die Prüfanforderungen der DIN 4102-12 (Funktionserhaltsklasse E 30 – E90) erfüllen oder hierzu gleichwertig klassifiziert sind oder
b) auf Rohdecken unterhalb des Fußbodenestrichs mit einer Dicke von ≥ 30 mm oder
c) im Erdreich verlegt werden.

5.2.2 Verteiler für elektrische Leitungsanlagen mit Funktionserhalt nach 5.3 müssen

a) in eigenen, für andere Zwecke nicht genutzten Räumen untergebracht werden, die gegenüber anderen Räumen durch Wände, Decken und Türen mit einer Feuerwiderstandsfähigkeit entsprechend der notwendigen Dauer des Funktionserhaltes und - mit Ausnahme der Türen - aus nichtbrennbaren Baustoffen abgetrennt sind,
b) durch Gehäuse abgetrennt werden, für die durch einen bauaufsichtlichen Verwendbarkeitsnachweis die Funktion der elektrotechnischen Einbauten des Verteilers im Brandfall für die notwendige Dauer des Funktionserhaltes nachgewiesen ist oder
c) mit Bauteilen (einschließlich ihrer Abschlüsse) umgeben werden, die eine Feuerwiderstandsfähigkeit entsprechend der notwendigen Dauer des Funktionserhaltes haben und (mit Ausnahme der Abschlüsse) aus nichtbrennbaren Baustoffen bestehen, wobei sichergestellt werden muss, dass die Funktion der elektrotechnischen Einbauten des Verteilers im Brandfall für die Dauer des Funktionserhaltes gewährleistet ist. Der Nachweis des Funktionserhalts der Einbauten ist zu dokumentieren.

5.3 Dauer des Funktionserhaltes der Leitungsanlagen

5.3.1 Dauer des Funktionserhaltes muss ≥ 90 Minuten betragen bei

a) automatische Feuerlöschanlagen und Wasserdruckerhöhungsanlagen zur Löschwasserversorgung,
b) maschinellen Rauchabzugsanlagen und Rauchschutz-Druckanlagen für notwendige TR in Hochhäusern sowie für Sonderbauten, für die solche Anlagen im Einzelfall verlangt werden; abweichend hiervon genügt für Leitungsanlagen, die innerhalb dieser TR verlegt sind, eine Dauer von 30 Minuten,
c) Bettenaufzügen in Krankenhäusern und anderen baulichen Anlagen mit entsprechender Zweckbestimmung und Feuerwehraufzügen; ausgenommen sind Leitungsanlagen, die sich innerhalb der Fahrschächte oder der Triebwerksräume befinden.

5.3.2 Dauer des Funktionserhaltes muss ≥ 30 Minuten betragen bei

a) Sicherheitsbeleuchtungsanlagen; ausgenommen Leitungsanlagen, die der Stromversorgung der Sicherheitsbeleuchtung nur in einem Brandabschnitt, einem Geschoss oder einem Treppenraum dienen (Grundfläche je Brandabschnitt ≤ 1.600 m^2),
b) Personenaufzügen mit Brandfallsteuerung; ausgenommen sind Leitungsanlagen, die sich innerhalb der Fahrschächte oder der Triebwerksräume befinden,
c) Brandmeldeanlagen einschließlich der zugehörigen Übertragungsanlagen; ausgenommen sind Leitungsanlagen in Räumen, die durch automatische Brandmelder überwacht werden, sowie Leitungsanlagen in Räumen ohne automatische Brandmelder, wenn bei Kurzschluss oder Leitungsunterbrechung durch Brandeinwirkung in diesen Räumen alle an diese Leitungsanlage angeschlossenen Brandmelder funktionsfähig bleiben,
d) Anlagen zur Alarmierung und Erteilung von Anweisungen an Besucher und Beschäftigte, sofern diese Anlagen im Brandfall wirksam sein müssen; ausgenommen Leitungsanlagen, die der Stromversorgung der Anlagen nur eines Brandabschnittes in einem Geschoss oder eines Treppenraumes dienen (Grundfläche je Brandabschnitt ≤ 1.600 m^2),
e) natürlichen Rauchabzugsanlagen (Rauchableitung durch therm. Auftrieb); ausgenommen sind Anlagen, die bei einer Störung der Stromversorgung selbsttätig öffnen, sowie Leitungsanlagen in Räumen, die durch automat. Brandmelder überwacht werden u. das Ansprechen eines Brandmelders durch Rauch bewirkt, dass die Anlage selbsttätig öffnet,
f) maschinellen Rauchabzugs- u. Rauchschutz-Druckanlagen in anderen Fällen als nach 5.3.1.

Brandschutzklassifizierung nach DIN 4102-4

Putz als Ersatz für Achsabstand oder Querschnitt

zur Brandschutzklassifizierung von Bauteilen nach DIN 4102-4 Tab.2 (5.**2016**)

Putzbekleidungen verbessern das Feuerwiderstandsverhalten von Bauteilen. Durch Putzbekleidungen können bei **Stahlbeton- und Spannbetonbauteilen** die Abstände der Bewehrungsstäbe von der Betonoberfläche sowie die Mindestquerschnitte verringert werden. Maßgeblich hierfür ist die folgende Tabelle, soweit die nachstehenden Tabellen zur Klassifizierung der Bauteile keine Beschränkungen beinhalten.

	Putzart	erforderliche Putzdicke als Ersatz für 10 mm Normalbeton [mm]	maximal zulässige Putzdicke
1.	Putze ohne Putzträger [1]		
a)	Kalk-Zementmörtel nach DIN EN 998-1 mit DIN 18550-2 bzw. DIN EN 13914-2	15	20
b)	Gipsmörtel nach DIN EN 13279-1 mit DIN 18550-2 bzw. DIN EN 13914-2	10	25
2.	Putze auf Putzträger	8	25 [2]
3.	Dämmputze auf Putzträger [3]	5	30 [2]
4.	Putze auf Holzwolle-Platten	nach Tabellen S. 240-243 [4]	

Anforderungen an Putzträger

Als Putzträger eignen sich nichtbrennbare Putzträger, z. B. Drahtgewebe, Ziegeldrahtgewebe oder Rippenstreckmetall. Voraussetzungen:

- Putzträger muss ausreichend verankert werden
- Spannweite der Putzträger = 500 mm
- Stöße von Putzträgern mit etwa 100 mm Überlappung; die einzelnen Bahnen sind mit Draht zu verrödeln.
- Putz muss grobmaschige Putzträger 10 mm, Rippenstreckmetall 5 mm durchdringen

1) Putzgrund nach DIN 18550-2/DIN EN 13914-2, mit Spritzbewurf nach DIN 18550/DIN EN 13914
2) gemessen über Putzträger
3) 2-lagige Vermiculite-/Perlite-Zementputze oder Vermiculite-/Perlite-Gipsputze mit Mischungsverhältnissen nach DIN 4102-4 Ziff. 5.1.4 (5)
4) Platten dicht gestoßen, Befestigung mit mindestens 6 Haftsicherungsankern (Stahl) pro m2

Stahlbeton- und Spannbetonplatten (Normalbeton)

Brandschutz-Klassifizierung nach DIN 4102-4 (5.**2016**) und DIN EN 1992-1-2

Konstruktionen	**Mindestdicke *d*** (mm) **für Feuerwiderstandsklasse**				
	F30-A	**F60-A**	**F90-A**	**F120-A**	**F180-A**
1. Platten, ein- und zweiachsig gelagerte, unbekleidet					
Lagerung statisch bestimmt	60	80	100	120	150
Mindestachsabstand *a*					
- einachsig	10	20	30	40	55
- zweiachsig $ly/lx \leq 1{,}5$ [1]	10	10	15	20	30
$ly/lx \leq 2$	10	15	20	25	40
Werte gelten auch für statisch unbestimmt gelagerte Platten					
2. Flachdecken, punktförmig gestützt					
mit Stützenkopfverstärkung	150	150	150	150	150
ohne Stützenkopfverstärkung	150	180	200	200	200
Mindestachsabstand *a* [2]	10	15	25	35	45
Die Dicke *h*2 von Estrichen der Baustoffklasse A darf auf die Mindestdicke *h*s angerechnet werden (siehe Abb.). Dabei gilt:					
Estrich-Mindestdicke *h*2 bei Estrich der Baustoffklasse A	25	25	25	30	40
3. Platten nach Ziff. 1 und 2 mit					
- Putz	Abminderung der Tabellenwerte nach Tab. S. 239 aber nicht < 50				
- Holzwolle-Leichtbauplatten ≤ 25 mm	50	50	–	–	–
- Holzwolle-Leichtbauplatten ≤ 50 mm	50	50	50	50	50
- Unterdecken	≥ 50, Konstruktion nach Ziff. 10.10				

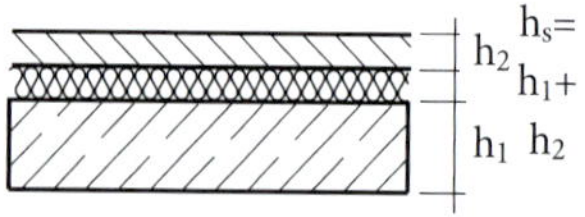

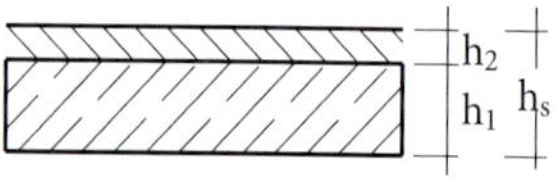

1) Verhältnis der Spannweiten zweiachsig gespannter Platten (Richtungen rechtwinklig zueinander), wobei ly die längere Spannweite bezeichnet

2) überschreitet die Momentenumlagerung nach EN 1992-1-1 (5) 15 %, sollte der Achsabstand nach Ziff. 1 für einachsig gespannte Platten gewählt werden

3) bei Verwendung von Gussasphalt, Walzasphalt, Dämmschichten der Baustoffklasse B und Holzwolle-Platten Bezeichnung F30-AB etc.

Stahlbeton- u. Spannbetonhohlplatten (Normalbeton)

Brandschutz-Klassifizierung nach DIN 4102-4 Tab. 5.4 (5.**2016**)

Konstruktionen	Mindestdicke *d* (mm) für Feuerwiderstandsklasse				
	F30-A	F60-A	F90-A	F120-A	F180-A
1. Hohlplatten **ohne** brennbare Bestandteile [1]					
Lagerung statisch bestimmt					
- Rechteckquerschnitt	60	60	60	60	60
- Kreis- oder Ovalquerschnitt	50	50	50	50	50
Lagerung statisch unbestimmt [2] und Einfeldplatten mit Kragarm					
- Rechteckquerschnitt	80	80	80	80	80
- Kreis- oder Ovalquerschnitt	70	70	70	70	70
2. Hohlplatten **mit** brennbaren Bestandteilen [1]					
Lagerung statisch bestimmt					
- Rechteckquerschnitt	80	80	80	80	80
- Kreis- oder Ovalquerschnitt	70	70	70	70	70
Lagerung statisch unbestimmt	80	80	100	120	150
3. Hohlplatten mit Bekleidungen aus Putz	Abminderung der Tabellenwerte nach Tab. S. 239 aber nicht < 50				
Holzwolle-Leichtbauplatten ≥ 25	50	50	–	–	–
Holzwolle-Leichtbauplatten ≥ 50	50	50	50	50	50
Unterdecken	≥ 50, Konstruktion nach 10.10				

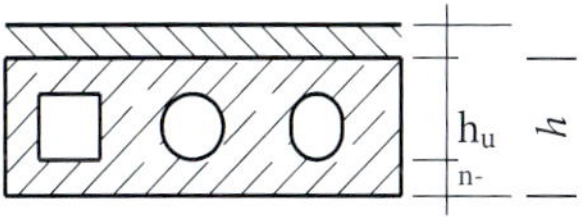

[1] Für Ziff. 1 und 2 gilt: $A_{netto} / b \geq d$ nach Tabelle Seite 240 Ziff.1

[2] Bei Hohlplatten mit Massiv- oder Halbmassivstreifen bis zu den Momentennullpunkten Mindestdicken wie bei bestimmter Lagerung

[3] bei Hohlplatten nach Ziff. 2 oder bei Verwendung von Holzwolle-Leichtbauplatten Bezeichnung F30-AB etc.

Stahlbetonhohldielen und Porenbetonplatten

Brandschutz-Klassifizierung nach DIN 4102-4 (5.**2016**) Tab. 5.7, 5.18, 6.2

Konstruktionen	**Mindestdicke *d*** (mm) **für Feuerwiderstandsklasse**				
	F30-A	**F60-A**	**F90-A**	**F120-A**	**F180-A**
1. Hohldielen aus Normalbeton, unbekleidet [1]					
ohne Estrich	80	100	120	140	170
mit Estrich der Baustoffklasse A [2]	80	80	80	80	80
mit schwimmendem Estrich und Dämmschicht [1]	80	80	80	80	80
2. Hohldielen incl. Estrich [1] der Baustoffklasse A [2]	80	100	120	140	170
3. Estrich-Mindestdicke bei Estrich der Baustoffklasse A [2]	25	25	25	30	40
4. Hohldielen aus haufwerkporigem Leichtbeton, unbekleidet, ohne Estrich					
- Fugen nach DIN 4028, Bild 2a	75	75	75	100	125
- Fugen nach DIN 4028, Bild 2b, c	75	75	100	125	150
5. Porenbetonplatten, unbekleidet, ohne Estrich					
- Fugen nach Abb. 1	75	75	75	100	125
- Fugen nach Abb. 1	75	75	100	125	150

Abb. 1

Abb. 2

6. Hohldielen nach Ziff. 1 mit Putz	Abminderung der Tabellenwerte nach Tab. S. 239, aber nicht < 80				
7. Hohldielen nach Ziff. 4 und Porenbetonplatten nach Ziff. 5 mit Putz	Abminderung der Tabellenwerte nach Tab. S. 239, aber nicht kleiner als				
	50	50	75	100	125
8. Hohldielen, Platten (1. bis 5.) mit Unterdecken	≥ 50, Konstruktion nach 6.5				

[1] bei Betonfeuchte > 4 % oder Bewehrungsstababständen < 100 Dicke $d \geq 100$

[2] auch Gussasphaltestrich

[3] bei Verwendung von Gussasphalt und Dämmschichten Baustoffklasse B Bezeichnung F30-AB etc.

Beton-, Stahlbetonwände (Normalbeton), raumabschließend

Brandschutz-Klassifizierung nach DIN 4102-4 (5.**2016**) und DIN EN 1992-1-2 (12.10) Tab. 5.3 und 5.4

Konstruktionen **a:** Brandbeanspruchung einseitig **b:** Brandbeanspruchung mehrseitig		**Mindestdicke *d*** (mm) Werte in ( ): Mindestachsabstand Längsbewehrung **für Feuerwiderstandsklasse**				
		F30-A	**F60-A**	**F90-A**	**F120-A**	**F180-A**
1. nichttragende Wände, unbekleidet kein Mindestabstand gefordert	a	80	90	100	120	130
- kalksteinhaltige Zuschläge		Mindestdicke um 10 % vermindert				
- mit beidseitig Putz		Abminderung nach Tab. S. 239, aber ≥ 80				
als Brandwand:	a	**120**				
2. tragende Wände, unbekleidet						
- Ausnutzungsfaktor $\mu_{fi} = 0{,}35$	a	100 (10)	110 (10)	120 (10)	150 (25)	180 (40)
	b	120 (10)	120 (10)	140 (10)	160 (25)	200 (45)
- Ausnutzungsfaktor $\mu_{fi} = 0{,}7$	a	120 (10)	130 (10)	140 (25)	160 (35)	210 (50)
	b	120 (10)	140 (10)	170 (25)	220 (35)	270 (55)
- mit beidseitigem Putz	a,b	Abminderung der Wanddicke und der Mindestachsabstände nach Tab. S. 239 aber ≥ 100 (10)				
als Brandwand:	a	**140** (25)				
3. tragende Wände, unbewehrt unbekleidet		Mindestdicke wie Ziff. 2				
als Brandwand:	a	**200**				

Stahlbetonstützen (Normalbeton)

Brandschutz-Klassifizierung nach DIN 4102-4 Tab. 31 (3.94) und -4/A1 (11.04), neu gefasst nach Musterliste der Techn. Baubestimmungen (Sept. 2007), Anlage 3.1/10 [1)]

Konstruktionen (siehe Skizzen) α_1 = Ausnutzungsfaktor [2)]	**Mindestquerschnitt *h*** (mm) **Mindestachsabstände *u*** (mm) **für Feuerwiderstandsklasse** **R 30**	**R 60**	**R 90**	**R 120**	**R 180**
1. unbekleidete Stahlbetonstützen, Brandbeanspruchung mehrseitig					
1.1 Ausnutzungsfaktor $\alpha_1 = 0{,}2$					
- Stützenlänge min l_{col}	120	120	150	180	240
Mindestachsabstand *u*	34	34	34	37	34
- Stützenlänge max l_{col}	120	120	180	240	290
Mindestachsabstand *u*	34	34	37	34	40
1.2 Ausnutzungsfaktor $\alpha_1 = 0{,}5$					
- Stützenlänge min l_{col}	120	160	200	260	350
Mindestachsabstand *u*	34	34	34	46	40
- Stützenlänge max l_{col}	120	180	270	300	400
Mindestachsabstand *u*	34	37	34	40	46
1.3 Ausnutzungsfaktor $\alpha_1 = 0{,}7$					
- Stützenlänge min l_{col}	120	190	250	320	440
Mindestachsabstand *u*	34	34	37	40	46
- Stützenlänge max l_{col}	120	250	320	360	490
Mindestachsabstand *u*	34	37	40	46	46
2. unbekleidete Stahlbetonstützen, Brandbeanspruchung 1-seitig					
Ausnutzungsfaktor $\alpha_1 = 0{,}7$					
- Stützenlänge max l_{col}	120	120	190	200	220
Mindestachsabstand *u*	34	34	34	34	37

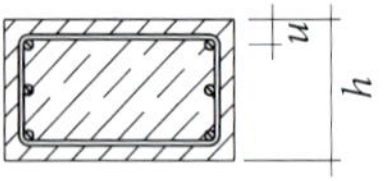

max $l_{col} = 6$ m
min $l_{col} = 2$ m

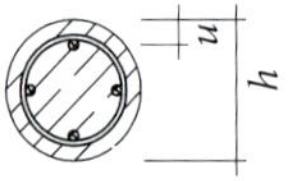

max $l_{col} = 5$ m
min $l_{col} = 1{,}7$ m

1) Anwendbar für ausgesteifte Gebäude, sofern die Stützenenden rotationsbehindert gelagert sind. Bei durchlaufenden Stützen gilt der entsprechende Endquerschnitt im Brandfall ebenfalls als an seiner Rotation wirksam gehindert. Die Tabelle darf nicht angewendet werden, wenn die Stützenenden konstruktiv als Gelenk (z. B. Auflagerung auf Zentrierleiste) ausgebildet sind.

2) α_1 ist das Verhältnis der Bemessungswerte der vorhandenen Längskraft im Brandfall NEd,A nach DIN 1055-100:2001-03, Abs. 8.1 und der Tragfähigkeit NRd nach DIN 1045-1. Bei planmäßig ausmittiger Beanspruchung ist für die Ermittlung von α_1 von einer konstanten Ausmitte auszugehen.

Nichttragende, raumabschließende Wände aus Mauerwerk

Brandschutz-Klassifizierung nach DIN 4102-4 (5.2016) Tab. 9.1

Konstruktionen mit Normal-, Dünnbett-, Leichtmörtel	**Mindestdicke *d*** (mm) Werte in ( ): mit beidseitigem Putz ** **für Feuerwiderstandsklasse**				
Brandbeanspruchung einseitig	**F30-A**	**F60-A**	**F90-A**	**F120-A**	**F180-A**
1. Porenbeton					
- Bau-, Planbauplatten DIN 4166	75 1)	75	100 2)	115	150
	(50)	(75)	(75)	(75)	(115)
- Steine nach DIN V 4165-100 *	115	115	115	115	150
	(115)	(115)	(115)	(115)	(115)
2. Mauersteine aus Leichtbeton					
- Hohlwandplatten nach DIN 18148	100	100	100	115	–
	(100)	(100)	(100)	(100)	(115)
- Vollsteine/-blöcke nach DIN V 18152-100,	95	95	95	115 *	140 *
Beton-Mauersteine nach DIN 18153-100	(95)	(95)	(95)	(95)	(115) *
- Leichtbeton-Wandbauplatten,	50	70	95	–	–
unbewehrt nach DIN 18162	(50)	(50)	(70)	(95)	–
3. Mauerziegel					
- Mauerziegel nach DIN V 105-100	115	115	115	140	175
Planziegel nach DIN V 105-6	(70)	(70)	(100)	(115)	(140)
- Leichtlanglochziegel und -ziegelplatten	115	115	140	175	190
nach DIN 105-5	(70)	(70)	(115)	(140)	(175)
4. Kalksandsteine DIN 106					
- Voll-, Loch-, Block-, Hohlblocksteine *	115	115	115	115	175
	(115)	(115)	(115)	(115)	(140)
- Plansteine, Planelemente, Fasensteine,	115	115	115	115	175
Bauplatten *	(115)	(115)	(115)	(115)	(115)
5. Ziegel-Vergusstafeln	115	115	115	165	165
Mauerwerk nach DIN 1053-4	(115)	(115)	(115)	(140)	(140)
6. Gips-Wandbauplatten ohne Hohlräume nach DIN EN 12859, Rohdichte ≥ 0,6 kg/dm³, Kleber DIN EN 12860	60	80	80	80	100

* Werte nach DIN EN 1996-1-2(NA)

** Gipsmörtel B 1 bis B 6 (DIN EN 13279-1), Kalk- und Kalk-Zementputze aus Werktrockenmörtel (DIN EN 998-1), Wärmedämmputzmörtel (DIN EN 998-1)

1) mit Dünnbettmörtel $d \geq 50$ – 2) mit Dünnbettmörtel $d \geq 75$ (Fortsetzung Fußnoten Seite 000)

Tragende Wände aus Mauerwerk

Brandschutz-Klassifizierung nach DIN 4102-4 (5.**2016**) und DIN EN 1996-1-2 (6.13)

Konstruktionen **a:** Brandbeanspruchung einseitig **b:** Brandbeanspruchung mehrseitig		**Mindestdicke *d*** [mm] Werte in ( ): mit beidseitigem Putz ** **für Feuerwiderstandsklasse**				
		F30-A	**F60-A**	**F90-A**	**F120-A**	**F180-A**
1. Porenbeton – Steine nach DIN V 4165-100 Rohdichteklasse ≥ 0,4 (Dünnbettmörtel)						
- Ausnutzungsfaktor $\alpha_{6,fi} \leq 0{,}15$	**a**	115	115	115	115	150
	b	115	150	150	150	175
	a,b	(115)	(115)	(115)	(115)	(115)
- Ausnutzungsfaktor $\alpha_{6,fi} \leq 0{,}42$	**a**	115	115	150	150	175
		(115)	(115)	(115)	(150)	(175)
	b	150	175	175	175	240
		(115)	(150)	(150)	(150)	(175)
- Ausnutzungsfaktor $\alpha_{6,fi} \leq 0{,}70$	**a**	115	150	175 *	175 *	200
* Rohdichteklasse ≥ 0,35		(115)	(115)	(150)	(175)	(200)
	b	175	175	240	300	300
		(150)	(150)	(175)	(240)	(240)
als Brandwand: (Dünnbettmörtel)						
Rohdichte ≥ 0,55	**a**	300/240 3) oder 2x240/2x175 3)				
≥ 0,40	**a**	300/240 4, 5) oder 2x240/2x175 4, 5)				
- Planelemente Rohdichte ≥ 0,55	**a**	240 4, 5) oder 2x175 4, 5)				
≥ 0,40	**a**	300 oder 2x240				
2. Leichtbeton-/Normalbeton-Mauersteine nach DIN V 18151-100, DIN V 18152-100 bzw. DIN V 18153-100 – Rohdichte ≥ 0,50 bzw. ≥ 0,80 / Normal-/Leichtmörtel						
- Ausnutzungsfaktor $\alpha_{6,fi} \leq 0{,}15$	**a**	115	115	115	140	140
	b	115	140	140	140	175
	a,b	(115)	(115)	(115)	(115)	(115)
- Ausnutzungsfaktor $\alpha_{6,fi} \leq 0{,}42$	**a**	140	140	175	175	190
		(115)	(115)	(115)	(140)	(175)
	b	140	175	190	240	240
		(115)	(140)	(175)	(190)	(240)
- Ausnutzungsfaktor $\alpha_{6,fi} \leq 0{,}70$	**a**	175	175	175	190	240
* Steine nach		(140) *	(140)	(140)	(175)	(190)
DIN V 18153-100: (115)	**b**	175	175	240	300	300
		(140)	(175)	(175)	(240)	(240)
als Brandwand: Rohdichte ≥ 0,6	**a**	300 (240) oder 2x240 (2x175)				
Rohdichte ≥ 0,8	**a**	240 (175) oder 2x175 (2x175)				

Tragende Wände aus Mauerwerk (Fortsetzung)

Konstruktionen **a:** Brandbeanspruchung einseitig **b:** Brandbeanspruchung mehrseitig		**Mindestdicke *d*** (mm) Werte in ( ): mit beidseitigem Putz **für Feuerwiderstandsklasse**				
		F30-A	**F60-A**	**F90-A**	**F120-A**	**F180-A**
3.1 Voll und Hochlochziegel nach DIN V 105-100 – Lochung: Mz, HLz A, HLz B, HLzT1						
Rohdichteklasse ≥ 1,20 (Normalmörtel)						
- Ausnutzungsfaktor $\alpha_{6,fi} \leq 0{,}15$	**a**	115 (115)	115 (115)	115 (115)	115 (115)	175 (140)
	b	115 (115)	115 (115)	175 (115)	240 (115)	240 (175)
- Ausnutzungsfaktor $\alpha_{6,fi} \leq 0{,}42$	**a**	115 (115)	115 (115)	140 (115)	175 (115)	240 (115)
	b	115 (115)	115 (115)	175 (115)	240 (115)	300 (200)
- Ausnutzungsfaktor $\alpha_{6,fi} \leq 0{,}70$	**a**	115 (115)	115 (115)	175 (115)	240 (140)	240 (175)
	b	115 (115)	115 (115)	240 (115)	365 (175)	400 (240)
als Brandwand: [3] Rohdichte ≥ 1,2	**a**	300 (175) oder 2x200 (2x150) [7]				
Rohdichte ≥ 1,4	**a**	240 (175) oder 2x175				
3.2 Hochlochziegel nach DIN 105-100 – Lochung HLz A, HLz B, HLzT1						
Rohdichte ≥ 0,8 (Normal-/Leicht-/Dünnbettmörtel)						
- Ausnutzungsfaktor $\alpha_{6,fi} \leq 0{,}15$	**a**	(115)	(115)	(115)	(115)	(115)
	b	(115)	(115)	(115)	(115)	(175)
- Ausnutzungsfaktor $\alpha_{6,fi} \leq 0{,}42$	**a**	(115)	(115)	(115)	(115)	(115)
	b	(115)	(115)	(115)	(115)	(200)
- Ausnutzungsfaktor $\alpha_{6,fi} \leq 0{,}70$	**a,b**	(115)	(115)	(115)	(140)	(175)
Rohdichte ≥ 0,9 – $\alpha_{6,fi} \leq 0{,}70$	**a**	175	175	175	240 *	–
* Rohdichte ≥ 1,0	**b**	(115)	(115)	(115)	(175)	(240)
Wände nach 3.1 und 3.2 als Brandwand – $\alpha_{6,fi} = 0{,}70$						
Rohdichteklasse ≥ 1,4	**a**	240 oder 2x175				
≥ 1,2	**a**	300 [6] (175) oder 2x200 (2x150)				
≥ 0,9	**a**	300 [6] (175) oder (2x150) [5]				
≥ 0,8	**a**	365 [7] (240) [7] oder 2x240 (2x175)				
3.3 Hochlochziegel DIN 105-100 – Lochung W, HLz T2/T3/T4						
Rohdichte ≥ 0,8 (Normal-/Leichtmörtel)						
- Ausnutzungsfaktor $\alpha_2 = 0{,}2$	**a**	(115)	(115)	(140)	(175)	(240)
	b	(175)	(175)	(175)	(175)	(240)

Tragende Wände aus Mauerwerk (Fortsetzung)

Konstruktionen **a:** Brandbeanspruchung einseitig **b:** Brandbeanspruchung mehrseitig		**Mindestdicke *d*** (mm) Werte in ( ): mit beidseitigem Putz **für Feuerwiderstandsklasse**				
		F30-A	**F60-A**	**F90-A**	**F120-A**	**F180-A**
- Ausnutzungsfaktor $\alpha_2 = 0,6$	**a**	(115)	(115)	(140)	(175)	(240)
	b	(175)	(175)	(240)	(240)	(300)
- Ausnutzungsfaktor $\alpha_2 = 1,0$	**a**	(115)	(175)	(240)	(300)	(365)
	b	(240)	(240)	(240)	(300)	(365)
als Brandwand – $\alpha_{6,fi} \leq 0,70$ (Normalmörtel)	**a**	240 (240) oder (2x175)				
4. Kalksandsteine **(1)** Voll-, Block-, Plan-, Fasensteine, Planelemente **(2)** Loch-, Hohlblocksteine (auch als Plan-/Fasenstein) nach DIN V 106-1 (Normal-/Dünnbettmörtel)						
- Ausnutzungsfaktor $\alpha_{6,fi} \leq 0,15$	**a**	115	115	115	115	175
	b	115	115	115	140	175
(Werte auch für $\alpha_{6,fi} \leq 0,42$)	**a,b**	(115)	(115)	(115)	(115)	(140)
- Ausnutzungsfaktor $\alpha_{6,fi} \leq 0,42$	**a**	115	115	115	140	200
	b	115	115	140	150	200
		(115)	(115)	(115)	(115)	(175)
- Ausnutzungsfaktor $\alpha_{6,fi} \leq 0,70$	**a**	115	115	115	200	240
		(115)	(115)	(115)	(140)	(175)
	b	115	115	140	200	240
		(115)	(115)	(115)	(175)	(190)
als Brandwand: [13]						
Rohdichteklasse $\geq 0,8$	**a**	300 oder 2x240 (2x175)				
$\geq 0,9$	**a**	300 (300) oder 2x200 (2x175)				
$\geq 1,4$	**a**	240 oder 2x175				
$\geq 1,8$	**a**	175 [8] oder 2x150 [8]				
Planelemente $\geq 1,8$	**a**	200/175 [5] oder 2x175/150 [5]				
5. Ziegel-Fertigbauteile Mauerwerk nach DIN 1053-4 Ausnutzungsfaktor $\alpha_{fi} \leq 0,0379\,\kappa$	**a,b**	115 (115)	165 (115)	165 (165)	190 (165)	240 (190)
als Brandwand: Hochlochtafeln mit Ziegeln [9] $a_{fi} \leq 0,0284\kappa$	**a**	165 oder 2x165				

[1] mit Dünnbettmörtel $d \geq 50$ – [2] mit Dünnbettmörtel $d \geq 75$ – [3] zweiter Wert: Plansteine, Stoßfugen vermörtelt oder beidseitig 20 mm Putz – [4] mit glatten vermörtelten Stoßfugen – [5] mit aufliegender Geschossdecke $\geq$ F90 als konstruktive obere Halterung – [6] 240 mm bei $\alpha_{6,fi} \leq 42$ – [7] auch mit Leichtmörtel bei $\alpha_{6,fi} \leq 0,42$ – [8] Plansteine mit Dünnbettmörtel – [9] Exzentrizität $e \leq t/6$

Gipskarton-Ständerwände (Stahlprofile u. Holzständer)

Mindestbeplankungsdicken nach DIN 4102-4 (5.**2016**) Tab. 10.2, 10.3

Konstruktionen	Mindestdicke in mm für Feuerwiderstandsklasse				
	F30-A	**F60-A**	**F90-A**	**F120-A**	**F180-A**
1. Stahlprofile, GK-Feuerschutzplatte GKF - Mindestdicke *d* Dämmschicht 5) Mindestdicke *D*/ Mindestrohdichte in kg/m³	12,5 1) 40/30	2x12,5 2) 40/40	15+12,5 40/40	2x18 3) 40/40	
alternativ: GKF - Mindestdicke *d* Dämmschicht 5) Mindestdicke *D*/ Mindestrohdichte in kg/m³			2x12,5 2) 80/30	2x15 80/50	3x12,5 4) 80/50
oder			60/50	60/100	60/100
oder			40/100		

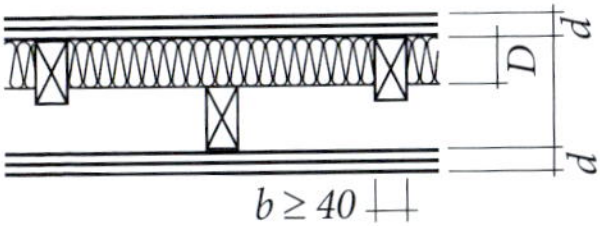

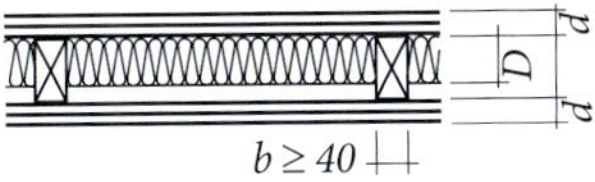

Konstruktionen	F30-A	F60-A	F90-A	F120-A	F180-A
2. Holzständer, GK-Feuerschutzplatte GKF - Mindestdicke *d* Dämmschicht 5) Mindestdicke *D*/ Mindestrohdichte in kg/m³	12,5 1) 40/30	2x12,5 2) 40/40	15+12,5 80/100		

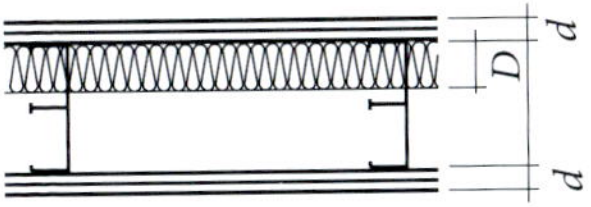

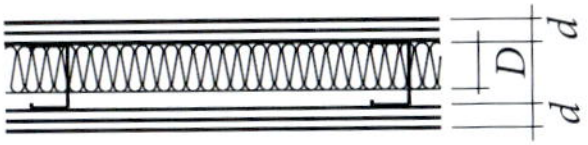

1) alternativ: 18 mm GKB oder ≥ 2x9,5 mm GKB

2) alternativ: 25 mm

3) alternativ: 3x12,5 mm oder 25+12,5 mm

4) alternativ: 25+12,5 mm

5) Mineralfaser nach DIN 18165-1, Baustoffklasse A, Schmelzpunkt ≥ 1000 °C

Bekleidete Stahlstützen mit U/A ≤ 300m⁻¹

Brandschutz-Klassifizierung nach DIN 4102-4 (5.**2016**) Tab. 7.4, 7.5 und 7.6

Konstruktionen **Art der Bekleidung**	**Mindestdicke in mm für** **Feuerwiderstandsklasse** Werte in ( )				
	F30-A	**F60-A**	**F90-A**	**F120-A**	**F180-A**
1. Stahlbeton DIN EN 206-1, DIN 1045-2 oder bewehrter Porenbeton DIN 4223	50 (30)	50 (30)	50 (40)	60 (50)	75 (60)
2. Mauerwerk oder Wandbauplatten DIN EN 1996-2 aus					
– Porenbeton-Steinen oder Hohlblocksteinen, Vollsteinen, Wandbauplatten aus Beton	50 (50)	50 (50)	50 (50)	50 (50)	75 (50)
– Mauerziegeln DIN 105-6, -100 oder Kalksandsteinen DIN V 106	50 (50)	50 (50)	70 (50)	70 (70)	115 (70)
– Gips-Wandbauplatten DIN EN 12859	60 (60)	60 (60)	80 (60)	100 (80)	120 (100)
3. Putze aus Kalk-Zementmörtel DIN EN 998-1 oder aus Gipskalkmörtel nach DIN EN 13279-1 mit DIN 18550-2 bzw. DIN EN 13914-2					
U/A < 90 m^{-1}	15	25	45	45	65
U/A = 90 bis 179 m^{-1}	15	25	45	55	65
U/A = 180 bis 300 m^{-1}	15	25	55	55	65
Putze aus Gipsmörtel nach DIN EN 13279-1 mit DIN 18550-2 bzw. DIN EN 13914-2					
U/A < 90 m^{-1}	10	10	35	35	45
U/A = 90 bis 119 m^{-1}	10	20	35	45	60
U/A = 120 bis 179 m^{-1}	10	20	45	45	60
U/A = 180 bis 300 m^{-1}	10	20	45	60	60
Vermiculite- oder Perlitemörtel [2)]					
U/A < 90 m^{-1}	10	10	35	35	45
U/A = 90 bis 119 m^{-1}	10	20	35	45	55
U/A = 120 bis 179 m^{-1}	10	20	35	45	55
U/A = 180 bis 300 m^{-1}	10	20	45	45	55
4. Gipskarton-Feuerschutzplatten DIN 18180 (geschlossene Fläche)	12,5 [3)]	12,5+ 9,5	3 x 15	4 x 15	5 x 15

* U/A wird verwendet für Profilfaktor *Ap/V* nach DIN EN 1993-1-2

1) Werte für vollständig ausbetonierte Hohlprofile oder offene, zwischen den Flanschen voll ausbetonierte, vermörtelte oder ausgemauerte Profile

2) bezüglich c: Mindestwerte nach DIN 1045

3) oder Gipskarton-Bauplatte (GKB) DIN 18180 ≥ 18 mm

Brandschutz

Inhalt

Weiterführende Literatur:

Mayr, J./Battran, L.: Brandschutzatlas, FeuerTrutz Network GmbH, Köln 2017

Schutzziele (Lutz Battran)

Bei der Erstellung von Brandschutznachweisen / Brandschutzkonzepten sollten grundsätzlich auch die Schutzziele berücksichtigt werden. Haupt-Schutzziele resultieren aus Interessenslagen beim Brandschutz. Interesse am Brandschutz kommt in der Regel vom:

- Gesetzgeber
- Versicherer und
- Betrieb (Unternehmer / Betreiber / Mitarbeiter)

In den Brandschutzkonzepten werden oft nur die Interessenlagen des Gesetzgebers, durch Einhalten der Bauvorschriften umgesetzt. Dabei bleiben jedoch die restlichen Schutzziele auf der Strecke. Oft wird dabei übersehen, dass die Bauordnung samt der damit zusammenhängenden Vorschriften so beschaffen sind, dass verschiedene Wege zu einem rechtskonformen Brandschutzkonzept möglich sind. Beispiele hierfür sind:

- Abweichungen, im Rahmen der Landesbauordnungen und Sonderbauvorschriften,
- Wahlweise Vorgehen nach Abschnitt 6 oder 7 bzw. variable Anwendung der Tabellen 1 oder 9 in der Industriebaurichtlinie.

Leider werden diese Möglichkeiten in der Praxis oft nicht genutzt, weil der Brandschutz nicht unter Berücksichtigung der genannten Haupt-Schutzziele entwickelt, sondern bei Behörden oder anderen Stellen „abgefragt" wird.

Wesentliche Schutzziele im Detail:

Gesetzgeber:

Vorwiegend **Personenschutz**, **Nachbarschutz**, **Umweltschutz**.
Der Sachschutz ist zwar teilweise in § 14 MBO enthalten, wurde aber bei den vergangenen Novellierungen der Bauordnungen und der damit zusammenhängenden Vorschriften stetig zurückgefahren. Vorgaben enthalten im Wesentlichen die Landesbauordnung, die Arbeitsstättenver-

ordnung, sowie das Bundesimmissionsschutzgesetz sowie die mit diesen Gesetzen verknüpften Vorschriften.

Versicherer:
Versicherung eines Objekts zu konkurrenzfähigen Prämien. Daraus resultiert: Vorwiegend **Sachschutz und Schutz vor Betriebsunterbrechung**.
Je besser die versicherten Risiken eines Versicherers ist, desto geringer sind die statistischen Schadenerwartungen. Aus diesem Grund finden gerade Industrierisiken mit hohem Sachschutzniveau leichter und billiger einen angepassten Versicherungsschutz.
Abhängig vom Brandschutzkonzept ergeben sich hier z.B. bauart- und risikoabhängige Prämiensätze und Rabatte für Schutzeinrichtungen.

Betrieb:
Produktion und Vertrieb von Gütern und Dienstleistungen bei wirtschaftlicher Sicherheit. Voraussetzungen hierfür sind: Abstimmung von Aufwand und Ertrag und eine störungsfreie Produktion. Daraus resultiert: Vorwiegend **Schutz vor Betriebsunterbrechung und Personenschutz.**

Gefahren durch einen Brand / einer Betriebsunterbrechung:

- Verlust der Lieferfähigkeit (Vor allem problematisch bei just in time-Verträgen)
- Abwanderung von Kunden an die Konkurrenz
- Wertverlust des Unternehmens, z.B. durch negative Schlagzeilen
- Datenverlust z.B. durch Zerstörung von Datenträgern
- Verlust von unersetzbaren Maschinen und Halbzeugen
- Verlust von Know-how, z.B. bei Personenschäden

Unabhängig von der Notwendigkeit, öffentlich-rechtliche Vorschriften einzuhalten sollte es die Entscheidung des Bauherrn überlassen sein, inwieweit er einem Risiko durch geeignete Maßnahmen vorbeugen will, ob er das Risiko auf Versicherungen abwälzen will oder ob er es selber tragen möchte. Für diese Entscheidung ist es jedoch erforderlich, dem Bauherrn die Schutzziele zu erläutern.

Ein kompetentes Brandschutzkonzept berücksichtigt alle Schutzziele:

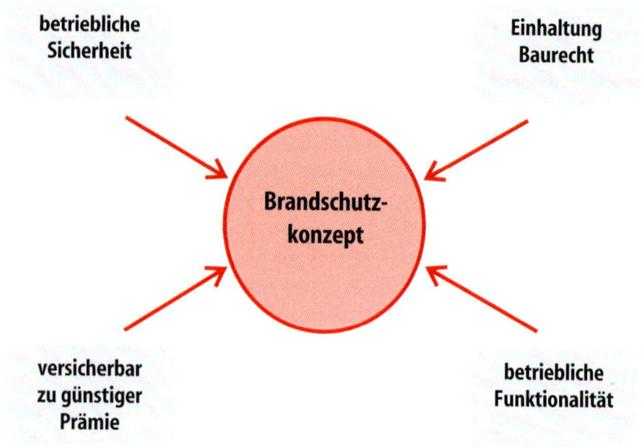

**** Hinweis zum Sachstand des Kapitels „Brandschutz"**

Das vorliegende Kapitel ist auf Grundlage der MBO 2002 (Fassung November 2002 mit Änderungen September 2012) verfasst.

Bezüglich der Regelungen zu der Verwendung von Bauprodukten sowie der Anwendung von Bauarten ergeben sich durch die Novellierung der MBO (Mai 2016) in Verbindung mit der [E] M-VV-TB Änderungen, die zum Zeitpunkt des Redaktionsschlusses nicht abschließend waren.

Siehe hierzu Seite 165: „Erläuterungen zu MBO und Verwaltungsvorschrift Technische Baubestimmungen (VV-TB)".

Josef Mayr

Brandschutz * – Hinweis zum Sachstand (Vorseite)

1 Gebäudeklassen, Schutzziele (MBO 2002)

Gebäudeklasse 1a (freistehend)

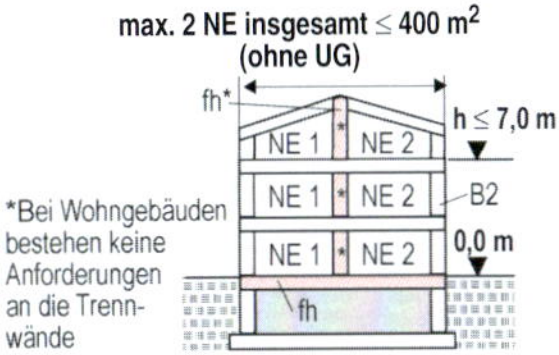

Gebäudeklasse 1b (freistehend)

Gebäudeklasse 2

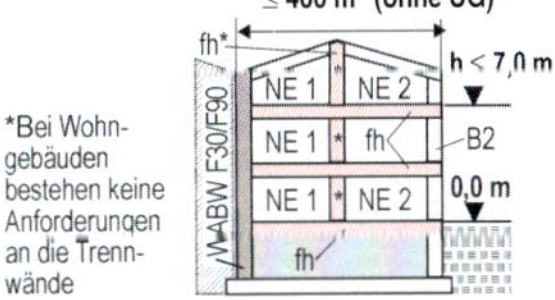

Gebäudeklasse 3

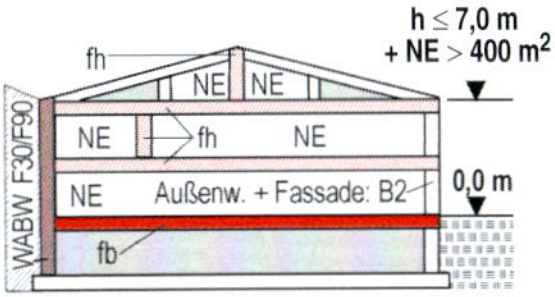

Gebäudeklasse 4

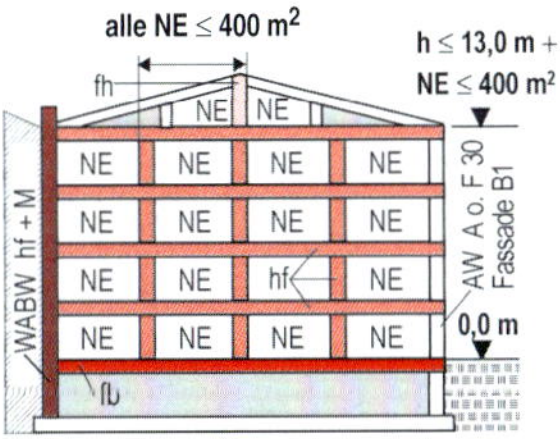

Gebäudeklasse 5

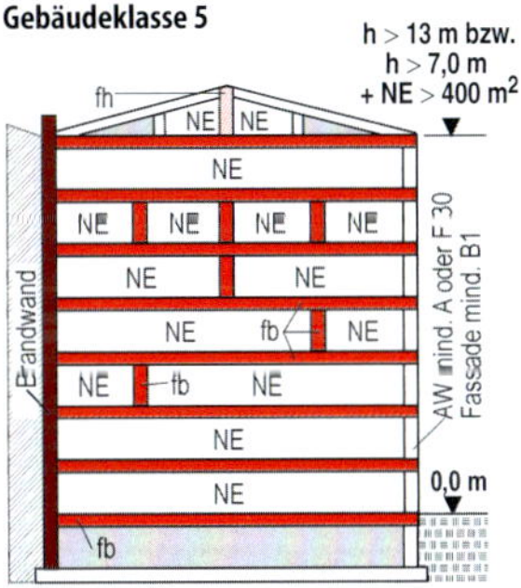

h = OK Fußboden des höchstgelegenen Geschosses, in dem ein Aufenthaltsraum **möglich** ist, über der Geländeoberfläche im **Mittel** (in den LBOs teilweise unterschiedlich geregelt).

WABW = Wand anstelle einer Brandwand
NE = Nutzungseinheit (Brutto-Grundfläche)

* (→ Kap) weist auf erläuternde Kapitel im Brandschutzatlas hin.

1.1 Bauaufsichtliche Schutzziele

Bauliche Anlagen sind so

- anzuordnen
- zu errichten
- zu ändern und
- instand zu halten,

dass der **Entstehung** eines Brandes und der **Ausbreitung** von Feuer und Rauch (Brandausbreitung) vorgebeugt wird und bei einem Brand die **Rettung** von Menschen und Tieren sowie **wirksame Löscharbeiten** möglich sind (§ 14 MBO 2002).

Wichtig: Zum Nachweis, dass diese Schutzziele eingehalten werden, ist bei Sonderbauten und meist auch bei Gebäuden, die nach der LBO behandelt werden können, ein **Brandschutznachweis bzw. -konzept** erforderlich. Dort, wo keines vorgeschrieben wird, ist es trotzdem sehr empfehlenswert.

1.2 Private Schutzziele

Über die bauaufsichtlichen Schutzziele hinaus können weitergehende Schutzziele bestehen, z.B.:

- Produktionssicherheit
- Arbeitsplatzsicherung
- Datensicherung
- Schutz der Baudenkmäler und Kunstwerke
- Schutz des eigenen Lebens.

Bei Industrie- und Gewerbegebäuden ist eine frühzeitige Abstimmung mit dem Feuerversicherer zu empfehlen.

Zum Schutz gegen die tödliche Gefahr durch Brandrauch bei Wohnungsbränden sind Rauchwarnmelder nach DIN 14676 dringend notwendig und werden in den meisten LBOs in der Regel in Schlafräumen, Kinderzimmern und Fluren, die zu Aufenthaltsräumen führen vorgeschrieben. Empfehlenswert sind Rauchwarnmelder mit dem Q-Label wobei „Q" für erhöhte Qualität (z.B. fest eingebaute 10-Jahresbatterie, geprüfte Langlebigkeit und Reduktion von Falschalarmen) steht.

2 Feuerwehr, Zugänglichkeit, Löschwasser

2.1 Flächen für die Feuerwehr (→ Kap. 7.1)

Ausführung nach:

- Richtlinien für Feuerwehrflächen (wenn gemäß Liste der eingeführten Technischen Baubestimmungen Punkt 7.4 eingeführt)
- DIN 14090 (wenn im jeweiligen Land eingeführt)
- Anforderungen der LBO

Wird der zweite Rettungsweg (2. RW) über **Rettungsgeräte der Feuerwehr** hergestellt, z.B. über anleiterbare Fenster, sind abhängig von der Brüstungshöhe (H) der zum Anleitern bestimmten Fenster oder Stellen folgende Maßnahmen erforderlich:

- **H ≤ 8 m:** Feuerwehrzu-/durchgänge
- **H > 8 m:** Feuerwehrzu-/durchfahrten + Aufstell- und Bewegungsflächen für Hubrettungsfahrzeuge
  - ▸ **F-Zugang:** geradlinig, b ≥ 1,25 m, h ≥ 2 m
  - ▸ **F-Zufahrt:** b ≥ 3 m, h ≥ 3,50 m, wenn Durchfahrtslänge > 12 m: b ≥ 3,50 m, Gefälle maximal 10 %, Übergangsradius 15 m; weitere Anforderungen → Kap. 7.1.

Wird der 2. RW baulich hergestellt (z.B. über weitere notwendige Treppen), sind hierzu Feuerwehrzu- und -durchgänge anzuordnen. Liegen Gebäude oder Teile davon mehr als 50 m von öffentlicher Verkehrsfläche entfernt, sind Feuerwehrzu-/durchfahrten herzustellen, wenn sie für den Feuerwehreinsatz erforderlich sind.

Tipp: Rechtzeitig mit Feuerwehr klären:

- Zugänglichkeit des Gebäudes
- Feuerwehrzu- und -durchgänge Feuerwehrzu- und -durchfahrten
- Aufstell- und Bewegungsflächen
- Löschwasserversorgung
- Flucht- und Rettungswege, insbesondere zweiter Rettungsweg.

2.2 Löschwasserversorgung
(→ Kap. 6.17.1)

Ausführung nach:

- DVGW Arbeitsblatt W 405 sowie
- Feuerwehrvorschriften

Größenordnung: je nach baulicher Nutzung, Gebäudegröße und Bauart: 800, 1600, 3200 l/min (entspricht 48, 96, 192 m /h) für mindestens 2 Stunden.

Tipp: Abweichende Regelung in IndBauRL Punkt 5.1 (→ Kap. 9.2.5.1).

In Gebäudeklassen (GK) 4 und 5 bei fehlendem oder zu kleinem Treppenauge prüfen bzw. mit für den Brandschutz zuständiger Stelle abstimmen, ob Steigleitung (trocken) notwendig ist.

3 Flucht- und Rettungswege (→ Kap. 7.3)

Grundsatz: Für Nutzungseinheiten (NE) mit mindestens einem Aufenthaltsraum (AR), wie Wohnungen, Praxen, selbstständige Betriebsstätten, müssen

- mindestens zwei voneinander unabhängige Rettungswege (RW)
- ins Freie

vorhanden sein.

Tabelle 3-1: Erster und zweiter Rettungsweg [1]

Erster Rettungsweg aus NE ohne AR	• Länge im KG ≤ 35 m • Ausgang ins Freie (im EG) • Ausgang zu notwendiger Treppe (andere Geschosse)
Erster Rettungsweg aus NE mit AR	• Länge ≤ 35 m • sicherer Ausgang ins Freie (im EG) • notwendiger Flur mit sicherem Ausgang ins Freie (im EG) • notwendige Treppe mit sicherem Ausgang ins Freie (andere Geschosse) • notwendiger Flur + notwendige Treppe mit sicherem Ausgang ins Freie (andere Geschosse)
Zweiter Rettungsweg aus NE ohne AR	• in der Regel nicht erforderlich, da keine AR vorhanden
Zweiter Rettungsweg aus NE mit AR	• weiterer sicherer Ausgang ins Freie (im EG) • weitere notwendige Treppe mit sicherem Ausgang ins Freie (alle Geschosse) • eine mit Rettungsgeräten anleiterbare Stelle (Fenster) [2] • Fluchtbalkon [3], Nottreppe [3], Notleiter [3]
Sonderfall Sicherheitstreppenraum	• ein zweiter Rettungsweg ist nicht erforderlich, wenn der RW über einen Sicherheitstreppenraum führt.

- in jedem Geschoss

[1] ASR A2.3: Treppen im Verlauf von ersten Fluchtwegen müssen, Treppen im Verlauf von zweiten Fluchtwegen sollen über gerade Läufe verfügen.

[2] Bei Sonderbauten sowie in einzelnen Ländern auch bei anderen Gebäuden bzw. unter bestimmten Voraussetzungen nur zulässig, wenn keine Bedenken wegen der Personenrettung bestehen (z.B. ist in Sachsen bei allen Gebäuden und in Niedersachsen bei Geschossen einer NE > 10 Personen (ausgenommen Wohngebäude) zu prüfen, ob Bedenken bestehen).

Beide RW dürfen jedoch innerhalb des Geschosses über denselben notwendigen Flur führen.

- Der **erste RW** muss immer baulich sein.
- Der **zweite RW** kann baulich (durch notwendige Treppen) oder von der Feuerwehr hergestellt werden, wenn diese über die hierfür erforderlichen Rettungsgeräte (wie Hubrettungsgeräte) verfügt. 2)

NE ohne AR benötigen nur einen baulichen ersten Rettungsweg (Länge im KG ≤ 35 m).

Als Rettungsgeräte der Feuerwehr können in der Regel angesetzt werden: 2)

- vierteilige Steckleiter (Rettungshöhe bis 8 m) oder
- Drehleiter, z.B. DL 23/12 bzw. DLK 23/12 (wenn diese bei der Feuerwehr vorgehalten wird)

Anmerkung: Soll eine dreiteilige Schiebleiter angesetzt werden, ist eine Abstimmung mit der für den Brandschutz zuständigen Stelle erforderlich, da diese in der Regel bei Neubauten in vielen Ländern nicht (mehr) akzeptiert wird.

Wichtig: Wenn die Feuerwehr mit Rettungsgeräten retten soll, muss sie über die notwendigen Rettungsgeräte verfügen und es sind Feuerwehrflächen notwendig (→ vorstehenden Punkt 2.1).

3.1 Rettungsweglängen

Wohngebäude und vergleichbare Gebäude: ≤ 35 m. [3] Gemessen wird die kürzeste Entfernung in Lauflinie (ohne Berücksichtigung der Raumausstattung), jedoch nicht durch Wände und feste Einbauten. Dies gilt auch für das KG.

Sonderbauten: unterschiedliche Rettungsweglängen und Messmethoden, → jeweilige Sonderverordnung bzw. Richtlinie (→ Kap. 8 und 9.2).

3.2 Rettungswegbreiten

- Mindestbreite nach jeweiliger Verordnung. (in der Regel 1 m, teilweise 1,25 m)
- Mindestmaße enthält auch DIN 18065, die teilweise über die LTB eingeführt ist (1 m)
- nach MVStättV mind. 1,20 m für je 200 darauf angewiesene Perso-

[3] Stichflure zu Sicherheitstreppenräumen → Punkt 12

nen (Vergrößerung nur in 60 cm-Schritten).

- bei Arbeitsstätten nach ASR A 2.3, → Tabelle 3-1: (→ Kap. 7.4, Abschnitt 8).

Tabelle 3-1: Rettungswegbreiten nach ASR A 2.3

Anzahl Personen (Einzugsgebiet)	**Lichte Breite** (m)
bis 5	0,875
bis 20	1,000
bis 200	1,200
bis 300	1,800
bis 400	2,400

3.3 Anleiterbare Fenster

- Mindestgröße 0,9 x 1,20 m [4]
- Brüstungshöhe ≤ 1,20 m
- im DG: Abstand Unterkante Fenster zur Traufe horizontal gemessen ≤ 1 m (→ Kap. 7.7)
- müssen jederzeit zugänglich und zu öffnen sein

3.4 Nottreppe und -leitern

Ausführung nach DIN 14094 [5]

3.5 Rettungswege für Behinderte

Tipp: Berliner Betriebsverordnung Teil 1: Öffentlich zugängliche bauliche Anlagen, die von Behinderten im Rollstuhl genutzt werden (→ BSN-CD)

3.6 Gefangene Räume

Wenn nach LBO Nutzungseinheiten bis 400 m zulässig sind, bestehen nach Baurecht keine besonderen Anforderungen. Ansonsten sind besondere Maßnahmen notwendig (→ Kap. 7.6 Abschnitt 3.7). Bei Arbeitsstätten ASR beachten. Notwendige Maßnahmen können hier z.B. sein:

- Sichtverbindung
- zweiter Ausgang
- Brandmeldeanlage mit Evakuierungssignal.

[4] In einigen Ländern unterschiedlich (z.B. Bayern: b x h mind. 0,6 x 1 m, Baden-Württemberg: Reduzierung auf b x h mind. 0,60x 1 m ist im Einzelfall nach entsprechender Abstimmung mit der für den Brandschutz zuständigen Stelle möglich.

[5] In der Regel ist hierfür eine Abweichung (Ausnahme/Befreiung) erforderlich.

4 Bauprodukte

4.1 Baustoffe (→ Kap. 4.2)

Klassifizierung nach DIN 4102-1:

Nach DIN 4102-1 werden die Baustoffe entsprechend ihrem Brandverhalten in die Baustoffklassen

- A (A 1, A 2 = nichtbrennbar)
- B (B 1, B 2 und B 3 = brennbar)

eingeteilt.

Anforderungen der LBOs:

Es wird unterschieden in

- nichtbrennbare (nb)
- schwer entflammbare (se)
- normal entflammbare (ne)
- leicht entflammbare Baustoffe.

Leicht entflammbare Baustoffe dürfen nicht verwendet werden, → Tabelle 4-1

(**Europa + Übersichten** → Punkte 15 und 16)

Achtung: Auch bei Einfamilienhäusern dürfen nur Baustoffe verwendet werden, die mindestens normal entflammbar (B 2) sind. Nachweis durch DIN 4102-4 Abschnitt 2 oder P. Insbesondere ist dies bei „baubiologischen" Dämmstoffen zu beachten (z.B. Schafwolle, Kork, Kokosfaser, Papier).

Tabelle 4-1: Zuordnung der bauaufsichtlichen Benennungen von Baustoffen zu den Klassifizierungen nach DIN 4102-1

Bauaufsichtliche Benennung nach den LBOs	Baustoffklasse nach DIN 4102-1	
nichtbrennbare Baustoffe	**A**	
nichtbrennbare Baustoffe ohne brennbare Bestandteile		A1
nichtbrennbare Baustoffe mit brennbaren Bestandteilen		A2
brennbare Baustoffe	**B**	
schwer entflammbare Baustoffe		B1
normal entflammbare Baustoffe		B2
leicht entflammbare Baustoffe *)		B3

*) Nach den LBOs dürfen Baustoffe, die nicht mindestens normal entflammbar sind (leicht entflammbare Baustoffe), nicht verwendet werden. Dies gilt nicht, wenn sie in Verbindung mit anderen Baustoffen nicht leicht entflammbar sind. Anmerkung: Allerdings muss dann die Eigenschaft, dass sie in Verbindung mit anderen Baustoffen nicht mehr leicht entflammbar sind, mit einem allgemeinen bauaufsichtlichen Prüfzeugnis (P) nachgewiesen werden.

4.2 Bauteile, Bauarten (→ Kap. 4.3)

Klassifizierung nach DIN 4102-2:
Nach DIN 4102-2 werden Bauteile und Bauarten eingeteilt in die Feuerwiderstandsklassen

- F 30
- F 60
- F 90
- F 120
- F 180.

Anforderungen der LBOs:
Es wird unterschieden in

- feuerbeständige (fb)
- hochfeuerhemmende (hf)
- feuerhemmende (fh)

Bauteile und Bauarten.

Diese können

- nur tragend
- nur raumabschließend
- raumabschließend und tragend sein.

Die Feuerwiderstandsfähigkeit bezieht sich

- bei tragenden und aussteifenden Bauteilen auf deren Standsicherheit im Brandfall und
- bei raumabschließenden Bauteilen auf deren Widerstand gegen die Brandausbreitung.

Wichtig: Bei feuerbeständigen und hochfeuerhemmenden Bauteilen und Bauarten bestehen gemäß den LBOs (nach deutschem Baurecht) neben den Anforderungen an die jeweiligen Feuerwiderstandsklassen (F 90 und F 60) noch zusätzliche Anforderungen an das Brandverhalten ihrer Baustoffe. Diese werden auf nationaler Ebene (in Deutschland) durch die Zusatzbezeichnungen -A, -AB, -B und [HolzR] [6]) kenntlich gemacht.

Damit bestehen folgende grundsätzliche Anforderungen:

- **Tragende feuerbeständige** Bauteile müssen in den tragenden und aussteifenden Bauteilen aus nichtbrennbaren Baustoffen bestehen (Zusatz national -AB bzw. europäisch [wnb]).
- **Raumabschließende feuerbeständige** Bauteile müssen zusätzlich eine in Bauteilebene durchgehende Schicht aus nichtbrennbaren Baustoffen haben (Zusatz national -AB bzw. europäisch [wnb]).
- **Hochfeuerhemmende Bauteile** können in den tragenden und aussteifenden Bauteilen sowohl

[6]) Erläuterungen zu den in [...] stehenden Abkürzungen → Tabelle 16-7

Tabelle 4-2: Zuordnung der bauaufsichtlichen Benennungen von Bauteilen und Bauarten zu den Klassifizierungen nach DIN 4102-2

Bauaufsichtliche Benennung nach den LBOs	Kurzbezeichnung nach DIN 4102-2
feuerhemmend	F 30-A
	F 30-AB
	F 30-B
	F 30
hochfeuerhemmend	F 60-A
	F 60-AB
	R (EI) 60-[HolzR] [7)]
feuerbeständig	F 90-A
	F 90-AB

aus nichtbrennbaren Baustoffen oder aus brennbaren Baustoffen ausgeführt werden. Hierfür bestehen folgende Möglichkeiten:

- Die **tragenden** hochfeuerhemmenden Bauteile bestehen in den tragenden und aussteifenden Bauteilen aus nichtbrennbaren Baustoffen (Zusatz national -AB bzw. europäisch [wnb]).
- Die **raumabschließenden** hochfeuerhemmenden Bauteile haben zusätzlich eine in Bauteilebene durchgehende Schicht aus nichtbrennbaren Baustoffen (Zusatz national -AB bzw. europäisch [wnb]).
- Die hochfeuerhemmenden Bauteile bestehen in den tragenden und aussteifenden Bauteilen aus **brennbaren Baustoffen**. In diesem Fall müssen die Bauteile allseitig eine brandschutztechnisch wirksame Bekleidung aus nichtbrennbaren Baustoffen (Brandschutzbekleidung) und Dämmstoffe aus nichtbrennbaren Baustoffen haben (Zusatz [HolzR] [7)]).

Erläuterung der Abkürzungen → Tabelle 16-7:

Wichtig:

- F 90 bzw. F 90-B ist nicht gleich feuerbeständig. Nach Baurecht müssen feuerbeständige Bauteile in den wesentlichen Bauteilen aus nichtbrennbaren Baustoffen bestehen (Zusatz F 90-AB).
- F 60 bzw. F 60-B bzw. F 90 bzw. F 90-B ist nicht gleich hochfeuerhemmend. Nach Baurecht müssen hochfeuerhemmende Bauteile mit tragenden und aussteifenden Teilen aus brennbaren Baustoffen allseitig eine brandschutztechnisch wirksame Bekleidung

Tabelle 4-3: Zuordnung der bauaufsichtlichen Benennungen von Sonderbauteilen zu den Klassifizierungen nach DIN 4102

		Klassifiziert nach DIN 4102	Feuerwiderstandsklassen nach DIN 4102 (Feuerwiderstandsdauer in Minuten)					
			≥ 30	≥ 60	≥ 90	≥ 120	≥ 180	Zusatz
Bauteile: Wände, Decken, Stützen, Unterzüge, Treppen		Teil 2	F 30	F 60	F 90	F 120	F 180	A/AB/B
Sonderbauteile	Brandwände	Teil 3	F 90-A + Stoßbeanspruchung					
	Nichttragende Außenwände		W 30	W 60	W 90	W 120	W 180	A/AB/B
	Feuerschutzabschlüsse (Türen, Tore, Klappen)	Teil 5	T 30	T 60	T 90	T 120	T 180	
	Abschlüsse in feuerbeständigen Fahrschachtwänden		verhindern die Übertragung von Feuer und Rauch in andere Geschosse					
	Rohre und Formstücke für Lüftungsleitungen	Teil 6	L 30	L 60	L 90	L 120		
	Absperrvorrichtungenfür Lüftungsleitunen (Brandschutzklappen)		K 30	K 60	K 90			
	Bedachungen	Teil 7	widerstandsfähig gegen Flugfeuer und strahlende Wärme					
	Kabelabschottungen	Teil 9	S 30	S 60	S 90	S 120	S 180	
	Installationsschächte und -kanäle	Teil 11	I 30	I 60	I 90	I 120		
	Rohrdurchführungen		R 30	R 60	R 90	R 120		
	F-Brandschutzverglasungen (strahlungsundurchlässig)	Teil 13	F 30	F 60	F 90	F 120		
	G-Brandschutzverglasungen (strahlungsdurchlässig)		G 30	G 60	G 90	G 120		
Funktionserhalt elektrischer Leitungen		Teil 12	E 30	E 60	E 90			

aus nichtbrennbaren Baustoffen (Brandschutzbekleidung K260) und Dämmstoffe aus nichtbrennbaren Baustoffen haben (Zusatz [HolzR] [7]).

Europa + Übersichten (→ Punkte 15 und 16)

4.3 Sonderbauteile (→ Kap. 4.4)

Bauteile, wie Wände, Decken, Stützen, Unterzüge, Treppen usw., werden nach DIN 4102-2 mit dem Kennbuchstaben -F klassifiziert. Alle anderen Bauteile mit brand schutztechnischen Sonderanforderungen werden Sonderbauteile genannt und nach DIN 4102 mit anderen Kennbuchstaben (z.B. W, T, L, K, S, I, R, G, E) behandelt, → Tabelle 4-3.

5 Verwendbarkeits- und Übereinstimmungsnachweise

5.1 Baustoffe [7]

(→ Kap. 4.2 und 5.2)

Verwendbarkeitsnachweis:

entweder Verwendung von

- genormten Baustoffen = geregelte Baustoffe; (in der Regel DIN 4102-4 Abschnitt 2 bzw. Bauregelliste A Teil 1) oder
- Baustoffen, die durch ein anerkanntes Prüfverfahren geprüft wurden = nicht geregelte Baustoffe. In diesen Fällen Nachweis durch
  - Z
  - P
  - ZiE (nur in besonderen Einzelfällen)

  (in der Regel P – nach Bauregelliste A Teil 2).

Übereinstimmungsnachweis:

- bei geregelten Baustoffen: durch Einhaltung der Vorgaben von DIN 4102-4 Abschnitt 2 bzw. Bauregelliste A Teil 1
- bei nicht geregelten Baustoffen mit einem P:
  - für A-Baustoffe ohne brennbare Bestandteile und B 2-Baustoffe: ÜH
  - für A-Baustoffe mit brennbaren Bestandteilen und B 1-Baustoffe: ÜZ

7) Abkürzungen siehe Legende in Tabelle 16-7

5.2 Bauteile und Bauarten
(→ Kap. 4.3 und 5.2)

Verwendbarkeitsnachweis:
entweder Verwendung von

- genormten Bauteilen und Bauarten = **geregelte** Bauprodukte. (in der Regel DIN 4102-4 bzw. Bauregelliste A Teil 1) oder
- Bauteilen und Bauarten, die durch ein anerkanntes Prüfverfahren geprüft wurden = **nicht geregelte** Bauprodukte. Nachweis durch
  - ▸ Z
  - ▸ P
  - ▸ ZiE (nur in besonderen Einzelfällen)

  (in der Regel P - nach Bauregelliste A Teil 2 und Teil 3).

Anmerkung: Bauprodukte, die weder in DIN 4102-4 noch in der Bauregelliste geregelt werden, benötigen als Verwendbarkeitsnachweis immer eine Z (z.B. Wärmedämmverbundsysteme)

Übereinstimmungsnachweis:

- bei **geregelten** Bauteilen und Bauarten durch Einhaltung der Vorgaben von DIN 4102-4 bzw. Bauregelliste A Teil 1
- bei **nicht geregelten** Bauteilen und Bauarten mit einem P als Verwendbarkeitsnachweis: Angabe des Übereinstimmungsnachweises in der Bauregelliste A Teil 2 und 3 (in der Regel ÜH, ÜHP bzw. ÜZ)
- bei nicht geregelten Bauteilen und Bauarten mit einem Z als Verwendbarkeitsnachweis: Angabe des Übereinstimmungsnachweises in der Z

▸ ÜH – Übereinstimmungserklärung des Herstellers

▸ ÜHP– Übereinstimmungserklärung des Herstellers nach vorheriger Prüfung des Bauprodukts durch eine anerkannte Prüfstelle

▸ ÜZ – Übereinstimmungszertifikat einer anerkannten Zertifizierungsstelle

Grundsätzlich gilt:
Der Hersteller muss die Übereinstimmung entsprechend den Vorgaben des Verwendbarkeitsnachweises bestätigen. Die ausführende Firma muss dem Auftraggeber eine schriftliche Erklärung (z.B. Werksbescheinigung) ausstellen, mit der sie die fachgerechte Ausführung nach Verwendbarkeits-

nachweis bestätigt. Bei **Bauarten** ist eine Übereinstimmungserklärung des **Anwenders** erforderlich.

5.3 Sonderbauteile

(→ Kap. 4.4 und 5.2)

→ sinngemäß Punkt 5.2. Sonderbauteile, die **nicht** in der **Bauregelliste** geregelt werden, benötigen als Verwendbarkeitsnachweis immer eine **Z** (z.B. Feuerschutzabschlüsse, nicht geregelte Brandschutzverglasungen, Kabelabschottungen, Brandschutzklappen usw.).

5.4 Kennzeichnung

Für die meisten Bauprodukte (Baustoffe, Bauteile und Sonderbauteile) ist eine Kennzeichnung vorgeschrieben. Diese muss

- auf nationaler Ebene mit dem Ü-Zeichen und
- auf europäischer Ebene mit dem CE-Zeichen

erfolgen und weitere Angaben gemäß den Vorgaben des jeweiligen Verwendbarkeitsnachweises enthalten.

Wichtig: Bei Bauprodukten mit einem europäischen Verwendbarkeitsnachweis und CE-Kennzeichnung ist unbedingt darauf achten, dass das Bauprodukt alle im bauaufsichtlichen verfahren geforderten (Leistungs)Klassen erfüllt. Die Klassen müssen im jeweiligen Verwendbarkeitsnachweis und direkt neben der CE Kennzeichnung angegeben sein. Zuordnungstabellen siehe Punkt 16.

Beispiel 1: Besteht bei Oberflächen von Außenwänden sowie Außenwandbekleidungen einschließlich der Dämmstoffe und Unterkonstruktionen die Anforderung „schwer entflammbar", so dürfen diese nicht brennend abfallen oder abtropfen. Diese bedeutet, dass europäisch klassifizierte Bau- und Dämmstoffe neben der eigentlichen Baustoffklasse unbedingt auch die Zusatzanforderung „kein brennendes Abfallen/Abtropfen" erfüllen müssen (siehe Tabelle 16-1).

Beispiel 2: Bei Feuerschutz-/Rauchschutzabschlüssen ist auf die jeweils erforderliche „Closing-Klasse) zu achten. Z.B.: C5 (200.000 Zyklen) für Feuerschutz-/Rauchschutztüren (Drehflügelabschlüsse) C2 (10.000 Zyklen) für sonstige Feuerschutz-/Rauchschutzabschlüsse (z. B. Klappen, Tore) sowie für Feuerschutzabschlüsse in Förderanlagen als planmäßig offene Abschlüsse.

6 Tragende Bauteile (→ Kap. 6.1 + BSN-CD)

Schutzziel: Tragende und aussteifende Wände und Stützen müssen im Brandfall ausreichend lange standsicher sein (§ 27 MBO). Diese Anforderung bezieht sich auf das **Tragwerk**, d.h., die Wände müssen keine raumabschließende Funktion haben, es sei denn, sie müssen zugleich auch Anforderungen an den Raumabschluss erfüllen, → Punkt 7.

Anforderungen

→ Tabelle 6-1

Die Ausführung des Tragwerkes kann Einfluss auf die Höhe der Versicherungsprämie der Feuerversicherung haben (→ Kap. 6.1.0, Punkt 7 und Kap. 10.1).

Bei Industriebauten: Berechnung nach IndBauRL möglich (→ Kap. 9)

Ausführung

Mauerwerk, Beton: (→ Kap. 6.1.1-B) Verwendbarkeitsnachweis: Ausführung als

- geregelte Bauart nach DIN 4102-4 Abschnitt 3 + 4 (→ Kap. 3.5-V) oder als
- nicht geregeltes Bauprodukt bzw. nicht geregelte Bauart mit P oder
- Berechnung nach Eurocodes

Tabelle 6-1: Anforderungen an das Tragwerk gemäß § 27 MBO

Gebäudeklasse	Normalgeschosse und notwendige Flure als Laubengänge	DG, über denen AR möglich sind	DG, über denen keine AR möglich sind	KG	Balkone	Sonderbauten
GK 5	fb	fb	–	fb	–	→ auch Sonderverordnung
GK 4	hf	hf	–	fb	–	
GK 3	fh	fh	–	fb	–	
GK 2	fh	fh	–	fh	–	
GK 1	–	–	–	fh	–	

DG = Dachgeschosse; KG = Kellergeschosse; AR = Aufenthaltsräume

Holz: (→ Kap. 6.1.2-B, Abschnitt 2.4 ff.)
Verwendbarkeitsnachweis:

- Ausführung bzw. Bekleidung als geregelte Bauart nach DIN 4102-4 Abschnitt 5.5 bzw. 5.6 oder
- Bekleidung mit Brandschutzplatten als nicht geregeltes Bauprodukt bzw. nicht geregelte Bauart mit P oder
- Berechnung nach Eurocodes

Anmerkung: Mit Brandschutzanstrichen kann bei Holzstützen und -balken die Feuerwiderstandsdauer nicht erhöht werden, sondern es wird eine Verbesserung der Baustoffeigenschaft erreicht (von B 2 auf B 1), Ausführung nach Z.

Stahl: (→ Kap. 6.6 ff.)
Verwendbarkeitsnachweis:

- Bekleidung mit Platten/Putz/Ausmauerung als geregelte Bauart nach DIN 4102-4 Abschnitt 6 oder
- Stahlverbundbau als geregelte Bauart nach DIN 4102-4 Abschnitt 7.3 (→ Kap. 6.1.2-B, Abschnitt 2.2)
- Bekleidung mit Brandschutzplatten als nicht geregeltes Bauprodukt bzw. nicht geregelte Bauart mit P oder
- Brandschutzanstrich bzw. Brandschutzputz als nicht geregeltes Bauprodukt bzw. nicht geregelte Bauart mit Z oder
- Berechnung nach Eurocodes

Wichtig: U/A-Verhältniswert beachten (→ Kap. 6.6.1-B)

7 Abschottende Bauteile

Das **Abschottungsprinzip** ist die wirksamste Maßnahme des baulichen Brandschutzes. Die raumabschließenden (abschottenden) Wände und Decken verhindern für die Dauer ihrer Feuerwiderstandsfähigkeit eine Ausbreitung von Feuer und Rauch und begrenzen damit den Brandschaden auf den Brandentstehungsraum oder einen brandschutztechnisch getrennten Abschnitt bzw. Bereich (Wohnung, Nutzungseinheit, Geschoss, Brandabschnitt) oder auf das betroffene Gebäude.
Das Abschottungsprinzip ist jedoch nur wirksam, wenn die abschottenden Wände und Decken

fachgerecht ausgeführt werden. Dies gilt besonders für die An- und Abschlüsse, die Ausführung im Dachbereich und die Sicherung der für die Nutzung des Gebäudes notwendigen Öffnungen und Leitungsdurchführungen.

7.1 Brandschutzabstände

Wenn Platz zur Verfügung steht, die preiswerteste Brandschutzmaßnahme. Erforderlich nach LBO (Abstände zur Grundstücksgrenze → Kap. 6.2.2-A Abschnitt 3.3 und Abstandsflächen → Kap. 7.2) sowie Versicherungsrichtlinien (räumliche Trennung → Kap. 10.2).

Beispiel: Anstelle einer baulichen Trennung durch eine Brandwand kann auch eine räumliche Brandabschnittstrennung mit einem Abstand ≥ 5 m angeordnet werden (→ Kap. 6.2.2-A, Bild 3.3-9).

7.2 Komplextrennwände

Erfordernis: Versicherungsrichtlinien der Feuer-Industrieversicherung

Ausführung: F 180-A + Stoßbeanspruchung 4000 Nm, unversetzt, keine eingreifenden Bauteile, Überdachführung 50 cm, Abstand von Dachöffnungen 7 m, Sicherung des einspringenden Winkels 7 m, besondere Maßnahmen im Fassadenbereich. Begrenzung der Öffnungen. Feuerschutzabschlüsse T 90-D und nur mit Feststellanlagen (→ Kap. 6.2.3).

7.3 Brandwände nach den LBOs (→ Kap. 6.2.2)

Schutzziel: Brandwände müssen als raumabschließende Bauteile zum Abschluss von Gebäuden = **Gebäudeabschlusswand** oder zur Unterteilung von Gebäuden in Brandabschnitte = **innere Brandwand** ausreichend lange die Brandausbreitung auf andere Gebäude oder Brandabschnitte verhindern.

Erfordernis:

- als **Gebäudeabschlusswand** [8] (GA) bei einem Abstand von ≤ 2,50 m zur Grundstücksgrenze [9]

[8] Ausgenommen von Gebäuden ohne Aufenthaltsräume und ohne Feuerstätten mit nicht mehr als 50 m^3 Brutto-Rauminhalt

[9] Gilt nicht für bestimmte seitliche Wände von Vorbauten, wenn sie vom Nachbargebäude oder der Nachbargrenze einen Abstand einhalten, der ihrer eigenen Ausladung entspricht (jedoch mind. 1 m)

Tabelle 7-1: Anforderungen an Brandwände und Wände anstelle von Brandwänden gemäß § 30 MBO

Gebäudeklasse	Anforderungen
GK 5	Brandwand (BW) = feuerbeständige und nichtbrennbare raumabschließende Wand mit Stoßfestigkeit • F 90-A+M • Verwendbarkeitsnachweis: Ausführung als geregelte Bauart nach DIN 4102-4 Abschnitt 4.8 (→ Kap. 3.5-V) oder als nicht geregeltes Bauprodukt bzw. nicht geregelte Bauart mit P
GK 4	WABW als hochfeuerhemmende raumabschließende Wand mit zusätzlicher mechanischer Beanspruchung • F 60-A+M oder F 60-AB+M oder F 60 [HolzR] 8)+M • Verwendbarkeitsnachweis: Ausführung als nicht geregeltes Bauprodukt bzw. nicht geregelte Bauart mit P
GK 1 bis 3 (innere BW)	WABW als hochfeuerhemmende raumabschließende Wand • F 60-A oder F 60-AB oder F 60 [HolzR] 8) • Verwendbarkeitsnachweis: Ausführung als nicht geregeltes Bauprodukt bzw. nicht geregelte Bauart mit P
GK 1 bis 3 (Gebäudeabschlusswand)	WABW als raumabschließende Wand von innen F 30 und von außen F 90 • F 30 (innen → außen) – F 90 (außen → innen) • Verwendbarkeitsnachweis: Ausführung als geregelte Bauart nach DIN 4102-4 Abschnitt 4.12.8 (→ Kap. 3.5-V) oder als nicht geregeltes Bauprodukt bzw. nicht geregelte Bauart mit P
Landwirtschaft *	Wenn der umbaute Raum des landwirtschaftlich genutzten Gebäudes oder Gebäudeteils ≤ 2000 m³ ist: WABW als feuerbeständige raumabschließende Wand • F 90-A oder F 90-AB • Verwendbarkeitsnachweis: Ausführung als geregelte Bauart nach DIN 4102-4 Abschnitt 4 (→ Kap. 3.5-V) oder als nicht geregeltes Bauprodukt bzw. nicht geregelte Bauart mit P

*) Gebäudeabschlusswand zwischen Wohngebäuden und angebauten landwirtschaftlich genutzten Gebäuden sowie innere Brandwand zwischen dem Wohnteil und dem landwirtschaftlich genutzten Teil eines Gebäudes

- als **innere Brandwand** zur Unterteilung ausgedehnter Gebäude in Abständen von ≤ 40 m [10]
- als **innere Brandwand** zur Unterteilung landwirtschaftlich genutzter Gebäude in Brandabschnitte ≤ 10.000 m .
- als **Gebäudeabschlusswand** zwischen Wohngebäuden und angebauten landwirtschaftlich genutzten Gebäuden sowie als **innere Brandwand** zwischen dem Wohnteil und dem landwirtschaftlich genutzten Teil eines Gebäudes.

Anforderungen: → Tabelle 7-1

Bei Gebäuden der Gebäudeklassen 1 bis 4 sind anstelle von Brandwänden die in Tabelle 7-1 genannten Wände zulässig (Wände anstelle von Brandwänden = WABW). Diese müssen jedoch bezüglich ihrer sonstigen Ausführung (→ nachfolgende Punkte) alle Anforderungen an BW einhalten

Weitere Ausführung:

- BW und Wände anstelle BW (WABW) müssen unversetzt bis zur Bedachung durchgehen. Versatz von inneren BW und WABW ist nur unter bestimmten Voraussetzungen zulässig, die eine Brandübertragung nach oben in andere Brandabschnitte (BA) ausschließen, → LBO und → BSN-CD.
- **Ausbildung im Dachbereich:**
  ▸ **GK 4 bis 5**: BW und WABW: 30 cm über Dach oder beidseitig 50 cm auskragende F 90-A Platte. Darüber dürfen brennbare Teile des Daches nicht geführt werden.
  ▸ **GK 1 bis 3**: BW und WABW: Bis (*unmittelbar*) unter die Dachhaut. Verbleibende Hohlräume sind vollständig mit nichtbrennbaren Baustoffen auszufüllen.
- Bauteile mit brennbaren Baustoffen dürfen nicht über BW und WABW hinweggeführt werden.
- **Sicherung einspringender Winkel:** 5 m. Das gilt nicht, wenn der Winkel der inneren Ecke > 120° beträgt.
- Bauteile dürfen in BW und WABW nur so weit eingreifen, dass deren Feuerwiderstandsfähigkeit nicht beeinträchtigt wird. Dies gilt entsprechend auch für Leitungen, Leitungsschlitze und Schornsteine.

10) Rheinland-Pfalz 60 m

- Ausführung BW und WABW bis **Außenkante Fassade** – bei Doppelfassaden oder hinterlüfteten Außenwandbekleidungen besondere Vorkehrungen erforderlich.
- Außenwandbekleidungen von Gebäudeabschlusswänden müssen einschließlich der Dämmstoffe und Unterkonstruktionen nichtbrennbar sein.
- **Öffnungen in BW und WABW:**
  - ▸ in Gebäudeabschlusswänden: unzulässig.
  - ▸ in inneren BW und WABW: nur zulässig, wenn auf die für die Nutzung erforderliche Zahl und Größe beschränkt – in diesem Fall Sicherung von
    - Türöffnungen: fb (bzw. gleiche FW-Dauer wie WABW) + dicht + selbstschließend
    - Sichtöffnungen: fb (Brandschutzverglasung F 90 bzw. gleiche FW-Dauer wie WABW)

Tipp: maximale Größe der einzelnen Brandschutzverglasung teilweise begrenzt, z.B. auf 1 m^2

- Sicherung von **Leitungsdurchführungen**: fb (bzw. gleiche FW-Dauer wie WABW) Ausführung nach MLeiAR und MLüAR.

7.4 Trennwände [11] (→ Kap. 6.2.1)

Schutzziel: Trennwände müssen als raumabschließende Bauteile von Räumen oder Nutzungseinheiten innerhalb von Geschossen ausreichend lange widerstandsfähig gegen die Brandausbreitung sein.

Erfordernis und Anforderungen
→ Tabelle 7-2

Ausführung:

- **Verwendbarkeitsnachweis:** Ausführung als
  - ▸ geregelte Bauart nach DIN 4102-4 Abschnitt 4 oder
  - ▸ nicht geregeltes Bauprodukt bzw. nicht geregelte Bauart mit P
- **Oberer An- bzw. Abschluss:**
  - ▸ in Normalgeschossen bis zur Rohdecke
  - ▸ im Dachraum
    – bis unter die Dachhaut oder
    – an eine raumabschließende Decke (Unterdecke), die einschließlich der sie tragenden und aussteifenden Bauteile feuerhemmend herzustellen ist.
    Anmerkung: auf Ausführbarkeit

[11] Gilt nicht für Wohngebäude der Gebäudeklasse 1 und 2

Tabelle 7-2: Anforderungen an Trennwände gemäß § 29 MBO

Gebäudeklasse	Zwischen NE sowie zwischen NE und anders genutzten Räumen, ausgenommen notwendigen Fluren			Zwischen AR und anders genutzten Räumen im KG	Zum Abschluss von Räumen mit Explosions- oder erhöhter Brandgefahr
	Normalgeschosse	DG, über denen AR möglich sind	DG, über denen keine AR möglich sind *		
GK 5	fb	fb	fh	fb	fb
GK 4	hf	hf	fh	fb	fb
GK 3	fh	fh	fh	fb	fb
GK 1 + 2 **	fh	fh	fh	fh	fb

DG = Dachgeschoss; KG = Kellergeschoss; AR = Aufenthaltsraum; NE = Nutzungseinheiten

* Auf fachgerechten oberen An- bzw. Abschluss der Trennwand achten

** Gilt nur für Nicht-Wohngebäude. Für Wohngebäude bestehen keine Anforderungen.

gemäß den Verwendbarkeitsnachweisen von Trennwand und Unterdecke achten.

- **Öffnungen:** nur zulässig, wenn sie auf die für die Nutzung erforderliche Zahl und Größe beschränkt sind – in diesem Fall:
  - ▸ Sicherung von Türöffnungen in fb, hf und fh Trennwänden: fh + dicht + selbstschließend (T 30-D)
  - ▸ Sicherung von Sichtöffnungen: Brandschutzverglasungen in der gleichen Feuerwiderstandsdauer wie die Trennwand.
- **Leitungsdurchführungen**: Sicherung in der gleichen Feuerwiderstandsdauer wie die Trennwände (gilt nicht für Decken der GK 1 – 2 innerhalb von Wohnungen und innerhalb derselben NE ≤ 400 m ≤ 2 Geschosse). Ausführung nach MLeiAR und MLüAR. [12)]

7.5 Decken (→ Kap. 6.4.1 +)

Schutzziel: Decken müssen als tragende und raumabschließende Bauteile zwischen Geschossen im Brandfall ausreichend lange standsicher und widerstandsfähig gegen die Brandausbreitung sein.

[12)] In einigen Ländern bei feuerhemmenden Trennwänden geringere Anforderungen, z.B. NRW

Erfordernis und Anforderungen:

→ Tabelle 7-3

Ausführung:

- Verwendbarkeitsnachweis: Ausführung als
  - geregelte Bauart nach DIN 4102-4 Abschnitt 4 oder
  - nicht geregeltes Bauprodukt bzw. nicht geregelte Bauart mit P.
- Anschluss der Decken an Außenwände so, dass das vorgenannte Schutzziel eingehalten wird.
- Öffnungen in feuerwiderstandsfähigen Decken:
  - zulässig in Gebäuden der GK 1 bis 2 und innerhalb derselben NE ≤ 400 m ≤ 2 Geschosse
  - ansonsten nur zulässig, wenn sie auf die für die Nutzung erforderliche Zahl und Größe beschränkt sind. In diesem Fall: Sicherung in der gleichen Feuerwiderstandsfähigkeit wie die Decke
- Sicherung von Leitungsdurchführungen → 7.5.

Tabelle 7-3: Anforderungen an Decken gemäß § 31 MBO *

Gebäudeklasse	Normalgeschosse und notwendige Flure als Laubengänge	DG, über denen AR möglich sind	DG, über denen keine AR möglich sind **	KG	Balkone	Räume mit Explosions/ erhöhter Brandgefahr
GK 5	fb	fb	–	fb	–	fb
GK 4	hf	hf	–	fb	–	fb
GK 3	fh	fh	–	fb	–	fb
GK 2	fh	fh	–	fh	–	fb ***
GK 1	–	–	–	fh	–	fb ***

DG = Dachgeschosse; KG = Kellergeschosse; AR = Aufenthaltsräume

*) Landwirtschaftliche Gebäude → auch Punkt 7.4 Tabelle 7-4

**) Bei feuerwiderstandsfähigen (fh) Trennwänden auf fachgerechten oberen An- bzw. Abschluss achten, → Punkt 7.5

***) Gilt nur für Nicht-Wohngebäude. Für Wohngebäude bestehen keine Anforderungen.

8 Nichttragende Bauteile (→ Kap. 6.7 + BSN-CD)

Ausführung:

- **Verwendbarkeitsnachweis**: Ausführung als
  - geregelte Bauart nach DIN 4102-4 Abschnitt 4 oder
  - nicht geregeltes Bauprodukt bzw. nicht geregelte Bauart mit P
- Auf An- und Abschlüsse achten. Oberer Anschluss muss DIN 4102-4 bzw. dem P entsprechen (besonders bei nichttragenden BW oder nichttragenden Trennwänden bzw. Flurtrennwänden, die an eine Holzbalkendecke bzw. Dachschräge bzw. Trapezblechdach anschließen).
- Unterdecken: → Punkte 12 u. 14
- Hohlraumböden: → Muster-Systembödenrichtlinie (MSysBöR, in der Regel über die LTB eingeführt.

9 Außenwände, Fassaden, Dächer

9.1 Außenwände

(→ Kap. 6.3.3 + BSN-CD)

Schutzziel: Außenwände und Außenwandteile wie Brüstungen und Schürzen sind so auszubilden, dass eine Brandausbreitung auf und in diesen Bauteilen ausreichend lange begrenzt ist.

Anforderungen

→ Tabelle 9-1

Ausführung:

- **Verwendbarkeitsnachweis:** Ausführung als
  - geregelte Bauart nach DIN 4102-4 oder
  - nicht geregeltes Bauprodukt bzw. nicht geregelte Bauart mit P
- Bei Außenwandkonstruktionen mit geschossübergreifenden Hohl- oder Lufträumen, wie Doppelfassaden und hinterlüfteten Außenwandbekleidungen, sind gegen Brandausbreitung besondere Vorkehrungen zu treffen.

9.2 Fassaden

(→ Kap. 6.3.4 + BSN-CD)

Anforderungen: → Tabelle 9-1

Ausführung

- **Wärmedämmverbundsysteme**.
  - Verwendbarkeitsnachweis: Z

Tabelle 9-1: Anforderungen an Außenwände und Fassaden gemäß MBO § 28

Gebäudeklasse	Außenwände – nichttragende Außenwände und nichttragende Teile tragender Außenwände	Fassaden – Oberflächen von Außenwänden sowie Außenwandverkleidungen einschließlich Dämmstoffe und Unterkonstruktionen
GK 4 bis 5	• aus nichtbrennbaren Baustoffen oder • aus brennbaren Baustoffen, wenn sie als raumabschließende Bauteile feuerhemmend sind. gilt nicht für Türen und Fenster, Fugendichtungen und brennbare Dämmstoffe in nicht-brennbaren geschlossenen Profilen der Außenwandkonstruktionen.	• mind. schwer entflammbar *) • Unterkonstruktionen sind aus normal entflammbaren Baustoffen zulässig, wenn eine Brandausbreitung ausreichend lang begrenzt ist. • Balkonbekleidungen, die über die erforderliche Umwehrungshöhe hinaus hochgeführt werden und mehr als zwei Geschosse überbrückende Solaranlagen an Außenwänden müssen schwerentflammbar *) sein. • Bei Außenwandkonstruktionen mit geschossübergreifenden Hohl- oder Lufträumen wie hinterlüfteten Außenwandbekleidungen sowie bei Doppelfassaden sind gegen die Brandausbreitung besondere Vorkehrungen zu treffen.*) (Siehe z.B. LTB Anlage 2.6/4 zu DIN 18516-1).
GK 3	Außer bei Doppelfassaden keine besonderen Anforderungen, jedoch mindestens normalentflammbar. Bei Doppelfassaden sind gegen die Brandausbreitung besondere Vorkehrungen zu treffen, siehe weiter oben.	
GK 1 bis 2	Keine besonderen Anforderungen, jedoch mindestens normalentflammbar.	

*) Baustoffe, die schwer entflammbar sein müssen, dürfen nicht brennend abfallen oder abtropfen (siehe auch Punkt 5.4, Beispiel 1).

- darauf achten, dass Ausführung nach Z
- und Montageanleitung des Herstellers erfolgt
- Bei größeren Dämmdicken (ab 10 cm) ist in der Regel eine Brandbarriere erforderlich, → Z und Montageanleitung des Herstellers.

- ▸ Brennbare Dämmstoffe (B 2, B 1) dürfen nicht über Brandwände und Wände anstelle von Brandwänden geführt werden.
- ▸ Übereinstimmungserklärung für die fachgerechte Ausführung ist erforderlich (→ Z)

9.3 Dächer (→ Kap. 6.5)

Schutzziel: Bedachungen müssen gegen eine Brandbeanspruchung von außen durch Flugfeuer und strahlende Wärme ausreichend lange widerstandsfähig sein (harte Bedachung).

Anforderungen

- harte Bedachung erforderlich (gegen Flugfeuer und strahlende Wärme widerstandsfähig)
- weiche Bedachungen sind bei GK 1 bis 3 zulässig. Dann bestehen jedoch besondere Anforderungen, z.B. wesentlich größere Abstände (bis zu 24 m)
- Anforderungen an harte Bedachung bestehen nicht bei:
  - ▸ Gebäuden ohne Aufenthaltsräume und ohne Feuerstätten ≤ 50 m Brutto-Rauminhalt.
  - ▸ lichtdurchlässigen Bedachungen aus nichtbrennbaren (nb) Baustoffen - brennbare Fugendichtungen und brennbare Dämmstoffe in nb-Profilen zulässig
  - ▸ Dachflächenfester, Oberlicht und Lichtkuppeln von Wohngebäuden.
  - ▸ Eingangsüberdachungen und Vordächern aus nb-Baustoffen
  - ▸ Eingangsüberdachungen aus brennbaren Baustoffen, wenn die Eingänge nur zu Wohnungen führen.
- Lichtdurchlässige Teilflächen aus brennbaren Baustoffen und begrünte Bedachungen sind zulässig, wenn eine Brandentstehung bei einer Brandbeanspruchung von außen durch Flugfeuer und strahlende Wärme nicht zu befürchten ist oder Vorkehrungen hiergegen getroffen werden.
- Dachüberstände, Dachgesimse, Dachaufbauten, lichtdurchlässige Bedachungen, Dachflächenfenster, Lichtkuppeln, Oberlichte und Solaranlagen sind so anzuordnen und herzustellen, dass Feuer nicht auf andere Gebäudeteile und Nachbargrundstücke übertragen werden kann.

- Von Brandwänden und WABW müssen mind. 1,25 m entfernt sein:
  - Dachflächenfenster, Oberlichte, Lichtkuppeln und Öffnungen in der Bedachung, wenn diese Wände nicht mind. 30 cm über die Bedachung geführt sind,
  - Solaranlagen, Dachgauben und ähnliche Dachaufbauten aus brennbaren Baustoffen, wenn sie nicht durch diese Wände gegen Brandübertragung geschützt sind.
- Oberlichte, Lichtkuppeln, Dachgauben und Öffnungen im Bereich von **BW und BABW**:
  - ▸ Abstand zu Oberlichten, Lichtkuppeln und Öffnungen in der Bedachung: ≥ 1,25 m oder BW bzw. Wand anstelle der BW 30 cm über Dach führen
  - ▸ Abstand zu Dachgauben und ähnlichen Dachaufbauten aus brennbaren Baustoffen: ≥ 1,25 m, wenn sie nicht durch die BW bzw. bzw. Wand anstelle der BW gegen Brandübertragung geschützt sind
- Traufseitig aneinandergebaute Gebäude: fh von innen nach außen einschließlich Tragwerk; Öffnungen müssen waagerecht gemessen ≥ 2 m [13]) von der BW bzw. WABW entfernt sein
- Dächer von Anbauten, die an Wände mit Öffnungen oder ohne Feuerwiderstandsfähigkeit anschließen: 5 m gleiche Feuerwiderstandsfähigkeit von innen nach außen (einschließlich Tragwerk) wie die Decken des höheren Gebäudes; gilt nicht für Anbauten an Wohngebäude der GK 1 bis 3.

Ausführung

- Verwendbarkeitsnachweis für harte Bedachung: Ausführung als
  - geregelte Bauart nach DIN 4102-4 Abschnitt 8.7 oder
  - nicht geregeltes Bauprodukt bzw. nicht geregelte Bauart mit P.

13) In Bayern ≥ 1,25 m

10 Treppen (→ Kap. 7.4 + BSN-CD)

Anforderungen

- Jedes nicht ebenerdige Geschoss und der benutzbare Dachraum müssen über mind. eine notwendige Treppe (NT) zugänglich sein.
- Statt notwendiger Treppen sind flache Rampen zulässig.
- Rolltreppen sind als NT unzulässig.
- Einschiebbare Treppen und Leitern sind als NT unzulässig. Sie sind in GK 1 bis 2 zu Dachräumen ohne AR zulässig.
- NT sind in GK 4 bis 5 in einem Zug zu allen Geschossen zu führen und müssen mit den Treppen zum Dachraum unmittelbar verbunden sein. Dies gilt nicht für Maisonette-Treppen ≤ 2 Geschosse in NE ≤ 200 m , wenn in jedem Geschoss ein anderer RW erreicht werden kann.
- Anforderungen an **tragende Teile** notwendiger Treppen → Tabelle 10-1
- Nutzbare Breite muss für den größten zu erwartenden Verkehr ausreichen (mind. 1 m; innerhalb von Wohnungen mind. 80 cm. Weitere Infos → Punkt 3.2
- Fester und griffsicherer Handlauf erforderlich. Wenn Verkehrssicherheit es erfordert: beidseitige Hand- und Zwischenhandläufe
- Treppe darf nicht unmittelbar hinter einer Tür beginnen, die in Richtung Treppe aufschlägt. Zwischen Treppe und Tür ist ein ausreichender Treppenabsatz anzuordnen.

Tabelle 10-1 Anforderungen an die tragenden Teile notwendiger Treppen gemäß § 34 MBO

Gebäudeklasse	Treppen im Gebäude	Außentreppen
GK 5	fh und nb	nb
GK 4	nb	nb
GK 3	fh oder nb	nb
GK 1 bis 2	keine besonderen Anforderungen (B 2)	

11 Treppenräume (→ Kap. 7.5 + BSN-CD)

Schutzziel: Notwendige Treppenräume müssen so angeordnet und ausgebildet sein, dass die Nutzung der notwendigen Treppen im Brandfall ausreichend lange möglich ist

Anforderungen:

- Jede notwendige Treppe (NT) in Gebäuden der GK 3 bis 5 muss in einem eigenen, durchgehenden Treppenraum liegen = notwendiger Treppenraum (NTR). Dies gilt nicht für
  - Maisonette-Treppen ≤ 2 Geschosse in NE ≤ 200 m , wenn in jedem Geschoss ein anderer RW erreicht werden kann, sowie für
  - Außentreppen, wenn ihre Nutzung ausreichend sicher ist und im Brandfall nicht gefährdet werden kann.
- Von jeder Stelle eines AR sowie eines KG muss mindestens ein Ausgang in einen NTR oder ins Freie in höchstens 35 m Entfernung erreichbar sein. [2)]
- Übereinanderliegende KG benötigen jeweils zwei Ausgänge in NTR oder ins Freie.
- Mehrere erforderliche NTR sind so zu verteilen, dass sie möglichst entgegengesetzt liegen und die RW möglichst kurz sind.
- Jeder NTR muss einen unmittelbaren Ausgang ins Freie haben.
- Führt der Ausgang des NTR nicht unmittelbar ins Freie, muss der Raum zwischen NTR und Ausgang ins Freie mind. so breit sein wie die NT, Wände wie der NTR und RS-Türen zu notwendigen Fluren haben und ohne Öffnungen zu anderen Räumen, ausgenommen notwendigen Fluren, sein.

> **Tipp:** Wenn mehr als 4 Wohnungen bzw. Nutzungseinheiten je Geschoss an NT angeschlossen werden ist es empfehlenswert, notwendige Flure anzuordnen bzw. die Ausführung mit der für den Brandschutz zuständigen Stelle abzustimmen.

- **Anforderungen an die Wände** von NTR → Tabelle 11-1
- **oberer Abschluss:**
  - gleiche Feuerwiderstandsfähigkeit wie Geschossdecken oder
  - Ausführung bis unmittelbar unter die Dachhaut (sinnge-

mäß wie BW bzw. WABW der GK 1 bis 3).

- Bekleidungen, Putze, Dämmstoffe, Unterdecken, Einbauten: aus nb-Baustoffen.
- Wände und Decken aus brennbaren Baustoffen müssen eine Bekleidung aus nb-Baustoffen in ausreichender Dicke haben.
- Bodenbeläge, ausgenommen Gleitschutzprofile: mindestens schwer entflammbare Baustoffe.
- **Sicherung von Öffnungen** → Tabelle 11-2
- Die Feuerschutz- und Rauchschutzabschlüsse dürfen lichtdurchlässige Seitenteile und Oberlichte enthalten, wenn der Abschluss insgesamt nicht breiter als 2,50 m ist.
- NTR müssen zu beleuchten sein.
- NTR ohne Fenster in Gebäuden mit einer Höhe h des obersten möglichen Aufenthaltsraums ≥ 13 m [14] benötigen eine Sicherheitsbeleuchtung.
- NTR müssen belüftet und zur Unterstützung wirksamer Löscharbeiten entraucht werden können. Es wird unterschieden zwischen Treppenräumen mit und Treppenräumen ohne öffenbare Fenster.

Tabelle 11-1: Anforderungen an die Wände notwendiger Treppenräume (NTR) gemäß § 35 MBO

Gebäudeklasse	Wände von NTR	Außenwände von NTR, die durch andere an diese anschließende Gebäudeteile im Brandfall ...	
		... gefährdet werden können [15]	... nicht gefährdet werden können [16]
GK 5	Bauart einer Brandwand		aus nichtbrennbaren Baustoffen
GK 4	auch unter zusätzlicher mechanischer Beanspruchung hochfeuerhemmend		
GK 3	feuerhemmend + Bekleidung nichtbrennbar		
GK 1 bis 2	Nicht relevant, da kein notwendiger Treppenraum erforderlich		

[14] → Punkt 1 Gebäudeklassen

[15] Sicherung von Öffnungen in den Treppenraumaußenwänden bzw. Beurteilung der Gefährdungssituation durch die an diese Wände anschließenden anderen Gebäudeteile → Kap. 7.5 Abschnitt 10

- **Treppenräume mit öffenbaren Fenstern**: Die Treppenräume müssen in jedem oberirdischen Geschoss unmittelbar ins Freie führende öffenbare Fenster mit lichtem Querschnitt ≥ 0,5 m haben. In Gebäuden der GK 5 ist zusätzlich an der obersten Stelle eine Öffnung zur Rauchableitung erforderlich.
- **Treppenräume ohne ausreichend große öffenbare Fenster in jedem Geschoss**: Die Treppenräume müssen an der obersten Stelle eine Öffnung zur Rauchableitung haben. In Gebäuden der GK 4 und 5 sind, soweit dies zur Belüftung und zur Entrauchung für die Unterstützung wirksamer Löscharbeiten erforderlich ist, besondere Vorkehrungen zu treffen. [16]
- Die vorgenannten Öffnungen zur Rauchableitung müssen in jedem

Tabelle 11-2: Anforderungen an die Sicherung von Türöffnungen in den Wänden notwendiger Treppenräume gemäß § 35 MBO

Lage der Tür	Bauaufsichtliche Anforderung	Klassifizierung
• zu Wohnungen sowie zu sonstigen Räumen und NE vergleichbarer Größe (bis 200 m²), ausgenommen der nachfolgend genannten Räume	dicht + selbstschließend *)	DS *) Bayern: DVS
• zu notwendigen Fluren	rauchdicht + selbstschließend	DIN 18095-RS
• zu KG, zu nicht ausgebauten DG, Werkstätten, Läden, Lager- und ähnlichen Räumen	feuerhemmend, rauchdicht und selbstschließend	T 30 DIN 18095-RS
• zu sonstigen Räumen und NE > 200 m², ausgenommen Wohnungen		

*) Anforderungen teilweise unterschiedlich, z.B. in Bayern: Dicht vollwandig und selbstschließend (DVS); in Baden-Württemberg zu Wohnungen: Keine besonderen Anforderungen und zu sonstigen Räumen und NE: Dicht und selbstschließend (DS).

16) In einigen Ländern bestehen zusätzliche Anforderungen, die teilweise erheblich über die Anforderungen der MBO hinausgehen (z.B. Hessen, Mecklenburg-Vorpommern, Nordrhein-Westfalen und Sachsen) Kap. 7.5 Punkt 4.2.2

Treppenraum einen freien Querschnitt ≥ 1 m haben. Sie müssen vom EG und obersten Treppenabsatz geöffnet werden können. [17]

- Leitungsanlagen sind nur zulässig, wenn keine Bedenken bestehen, → MLeiAR und MLüAR (→ Kap. 6.10 und 6.11).

Ausführung und Verwendbarkeitsnachweise → Tabelle 7-4.

12 Notwendige Flure (→ Kap. 7.6 + BSN-CD)

Schutzziel: Flure, über die Rettungswege aus Aufenthaltsräumen oder aus Nutzungseinheiten mit Aufenthaltsräumen zu Ausgängen in notwendige Treppenräume oder ins Freie führen (notwendige Flure), müssen so angeordnet und ausgebildet sein, dass die Nutzung im Brandfall ausreichend lange möglich ist.

Anforderungen:

- Notwendige Flure sind nicht erforderlich:
  - in Wohngebäuden der GK 1 bis 2
  - in sonstigen Gebäuden der GK 1 bis 2, ausgenommen in KG
  - innerhalb von Wohnungen oder innerhalb von NE ≤ 200 m
  - innerhalb von NE, die einer Büro- und Verwaltungsnutzung dienen ≤ 400 m ; gilt auch für Teile größerer NE, wenn diese ≤ 400 m sind, Trennwände nach Punkt 7.5 haben und jeder Teil unabhängig von anderen Teilen jeweils einen 1. und 2. RW hat.

    Anmerkung: Auf die Gebäudeklasse achten; Beispiel: Zwei Teilnutzungseinheiten von je 201 m ergeben eine Nutzungseinheit mit insgesamt 402 m , was bei einem Gebäude mit einer Höhe [16] h ≤ 13 m zur Einstufung in GK 5 führt.
- Nutzbare Breite: muss für größten zu erwartenden Verkehr ausreichen (mindestens 1 m; innerhalb von Wohnungen mindestens 80 cm, weiteres → Punkt 3.2.
- Folge von < 3 Stufen ist unzulässig.
- Bei Flurlängen > 30 m: Unterteilung in Rauchabschnitte durch nichtabschließbare, rauchdichte und selbstschließende Abschlüsse

(Türen DIN 18095-RS, nicht abschließbar). Ausführung des oberen Abschlusses bis an die Rohdecke oder bis an die Unterdecke der Flure, wenn diese fh ist.[17]

- Fallen die genannten RS-Türen mit BW zusammen, dann sind nicht absperrbare T 90-DIN 18095-RS erforderlich.
- Notwendige Flure mit nur einer Fluchtrichtung, die zu einem Sicherheitstreppenraum führen: maximale Länge ≤ 15 m.[18]

Tipp: Wenn beidseitig auf 2,50 m Länge keine ungesicherten Öffnungen in den Flurwänden vorhanden sind bzw. die dort eventuell vorhandenen Öffnungen mit T 30-D-Türen gesichert werden, dann sind in der BW im Bereich des Flurs meist T 30-DIN 18095-RS möglich. Hierfür ist eine Abweichung (Ausnahme/Befreiung) erforderlich.

- Anforderungen an **Wände** und **Brüstungen** von notwendigen Fluren und Laubengängen
  - in Normalgeschossen und DG: fh + Bekleidung nb
  - in KG der GK 3 bis 5: fb
  - in KG der GK 1 bis 2: fh + Bekleidung nb

  Die Wände sind bis an die Rohdecke zu führen. Sie dürfen bis an die Unterdecke der Flure geführt werden, wenn diese fh ist und ein den vorstehenden Anforderungen entsprechender Raumabschluss sichergestellt ist.
- **Sicherung von Türöffnungen:**
  - zu Wohnungen, NE vergleichbarer Größe und Räumen mit vergleichbarer Nutzung: dichtschließend (dicht und vollwandig)
  - zu sonstigen Räumen und NE > 200 m , ausgenommen Wohnungen:
    - gemäß MBO dichtschließend.
    - *Empfehlung: feuerhemmend, rauchdicht und selbstschließend* (T 30-DIN 18095-RS).
  - zu Lagerbereichen im KG: feuerhemmend, dicht und selbstschließend (T 30-D).
- **Sicherung von Sichtöffnungen:**
  - *grundsätzlich in der gleichen Feuerwiderstandsdauer der raumabschließenden Wände*
  - In notwendigen Fluren mit feuerhemmenden Wänden sind meist ab einer Höhe von

[17] Gilt nicht für notwendige Treppenräume

1,80 m Oberlichte aus G 30-Verglasungen möglich. Hierfür ist meist eine Abweichung (Ausnahme/Befreiung) erforderlich.
- ▸ In den Außenwänden von notwendigen Laubengängen sind ab einer Brüstungshöhe von 0,90 m Fenster ohne Anforderungen zulässig. Wichtig. Für die Brüstungen dieser Laubengänge gilt jedoch die gleiche Anforderung wie an Flurwände (also feuerhemmend und Bekleidung nb).

- Bekleidungen, Putze, Unterdecken und Dämmstoffe aus nichtbrennbaren Baustoffen.
- Wände und Decken aus brennbaren Baustoffen müssen eine Bekleidung aus nichtbrennbaren Baustoffen in ausreichender Dicke haben.
- Leitungsanlagen sind nur zulässig, wenn keine Bedenken bestehen, → und MLüAR (→ Kap. 6.10 und 6.11).

13 Sicherung von Öffnungen

13.1 Feuerschutztüren (→ Kap. 6.8.1)

Anforderungen:

- Komplextrennwände: T 90-D + Feststellanlage + weitere Anforderungen
- Brandwände: → Punkt 7.4
- Trennwände: → Punkt 7.5
- Wände notwendiger Treppenräume: → Punkt 11, Tabelle 11-2
- Wände notwendiger Flure: → Punkt 12
- Schachttrennwände: Feuerschutz-Wandklappen in gleicher Feuerwiderstandsdauer wie Schachtwand + RS. Wichtig: Die Abschlüsse müssen mindestens eine vierseitig umlaufende Zarge haben.
  - ▸ fb-Schachtwand: Feuerschutz-Wandklappe T 90-RS
  - ▸ hf-Schachtwand: Feuerschutz-Wandklappe T 60-RS
  - ▸ fh-Schachtwand: Feuerschutz-Wandklappe T 30-RS

Ausführung:

- Feuerschutzabschlüsse (T 90-D, T 60-D und T 30-D)

- ▸ Verwendbarkeitsnachweis: Z
- ▸ Einbau nach Z und Einbauanleitung des Herstellers
- ▸ Kennzeichnung mit Ü auf Blechschild (auch bei Zustimmung im Einzelfall)
- ▸ Änderungen nicht zulässig (ausgenommen die in der DIBt-Liste angegebenen)
- ▸ Einbau von Zarge, Türe und Türschließer nur wie in der Z und Einbauanleitung des Herstellers angegeben (darauf achten, dass Wände und Wandanschlüsse diesen Vorgaben entsprechen).
- ▸ Schiebe- und Rolltore sind als Fluchttüren nicht geeignet.

- Feuerschutzabschlüsse mit Rauchschutz (T 90-DIN 18095-RS, T 60-DIN 18095-RS, T 30-DIN 18095-RS)
  - ▸ Bei älteren Abschlüssen sind zwei Verwendbarkeitsnachweise und zwei Kennzeichnungsschilder erforderlich: Z für T und P für RS.
  - ▸ Bei neueren Abschlüssen ist nur noch ein Kennzeichnungsschild für den gesamten Abschluss notwendig, wenn im Verwendbarkeitsnachweis des Abschlusses der Rauchschutz nach DIN 18095 enthalten ist.

13.2 Rauchschutztüren

(→ Kap. 6.8.4)

Anforderungen:

- Wände notwendiger Treppenräume: → Punkt 11, Tabelle 11-2
- Wände notwendiger Flure: → Punkt 12

Ausführung:

- Türen DIN 18095-RS
  - ▸ Verwendbarkeitsnachweis: P
  - ▸ Kennzeichnung mit Ü auf Blechschild.
  - ▸ Einbau und Anschlüsse der Zargen an die Wände wie im P und der Einbauanleitung des Herstellers angegeben.

13.3 Sonstige Türen (dicht, vollwandig, selbstschließend)

(→ Kap. 6.8.4)

Anforderungen:

- Wände notwendiger Treppenräume: → Punkt 11, Tabelle 11-2
- Wände notwendiger Flure: → Punkt 12

Ausführung:

- dichte Türen (D)
  - ▸ Als dicht bzw. dichtschließend gelten Türen mit stumpf einschlagendem oder gefalztem

vollwandigem Türblatt und einer mindestens dreiseitig umlaufenden Dichtung.

- ▸ **Anmerkung:** Gemäß den Verwaltungs- bzw. Durchführungsvorschriften einiger Länder (z.B. Mecklenburg-Vorpommern, Nordrhein-Westfalen, Sachsen, Sachsen-Anhalt, Thüringen) sind in diesen vollwandigen Türblättern Verglasungen zulässig.

- Vollwandige Türen (V)
  Wird in der Bauordnung eine dichte, selbstschließende und ausdrücklich auch **vollwandige** Türe verlangt (z.B. in Bayern, → Tabelle 11-2), sind Verglasungen in diesen Türblättern nicht mehr ohne Weiteres möglich. Für Verglasungen ist dann eine Abweichung mit entsprechenden Kompensationen erforderlich (→ Kap. 6.8.4-B Abschnitt 3.4).

Tipp: Sind Verglasungen unbedingt erforderlich, sollten diese in ihrer Größe begrenzt und so eingebaut werden, dass sie im Brandfall mindestens genauso lange halten wie das vollwandige Türblatt. Eine Abstimmung mit der für den Brandschutz zuständigen Stelle ist empfehlenswert.

- Selbstschließende Türen (S)
  Diese Türen müssen mit geeigneten Schließmitteln ausgerüstet werden, so dass sie während ihrer gesamten Lebensdauer zuverlässig selbstschließend sind.

Tipp: Eine verglaste T 30-RS-Türe erfüllt die Anforderung dicht, vollwandig und selbstschließend.

13.4 Feststellanlagen

(→ Kap. 6.8.5)

Erfordernis:

Tipp: Empfehlenswert bzw. notwendig ist ein entsprechender Verwendbarkeitsnachweis für die Schließmittel sowie eine regelmäßige Prüfung und Wartung.

Wenn die selbstschließende Eigenschaft von Türen stört, ist eine Feststellanlage erforderlich. Andernfalls werden unzulässige Mittel für die Offenhaltung eingesetzt (Keile usw.). Dies kann im Brandfall katastrophale Folgen haben, z.B. auch Regressanspruch der Versicherung.

Ausführung:

- bauaufsichtlich zugelassene Feststellanlage
- erforderlicher Verwendbarkeitsnachweis: Z
- Ausführung und Kennzeichnung nach Z und Einbauvorschrift des Herstellers
- nach Fertigstellung Abnahmeprüfung durch Sachkundigen erforderlich
- Feststellanlagen müssen regelmäßig geprüft und gewartet werden. Sie müssen
  - ständig betriebsbereit sein,
  - monatlich und
  - jährlich geprüft und gewartet werden.
- Die Durchführung der monatlichen und jährlichen Prüfungen ist in einem Prüfbuch zu dokumentieren
- Anzahl und Lage der Brandmelder nach Z bzw. den Richtlinien für Feststellanlagen; bei Türen in Rettungswegen sind nur Rauchmelder zulässig.
- Gemäß den Vorschriften der Feuerversicherer sind Feuerschutzabschlüsse mit Feststellanlagen nach Betriebsschluss zu schließen.

13.5 Brandschutzverglasungen

(→ Kap. 6.9.1)

Erfordernis:

- Sicherung von Sichtöffnungen in raumabschließenden feuerwiderstandsfähigen Wänden und Decken
  - Grundsatz: gleiche Feuerwiderstandsdauer wie Wand bzw. Decke
  - Abweichungen nach unten im Einzelfall möglich, wenn keine Bedenken bestehen [19)]
- F-Verglasungen: Raumabschluss mit Wärmedämmung wie F-Wände
- G-Verglasungen: Raumabschluss ohne Wärmedämmung; Strahlungshitze kann mehr oder weniger ungehindert durchdringen (abhängig von der Bauart der Verglasung).
- Bei Flurwänden oberhalb von 1,80 m Höhe sind in der Regel G-Verglasungen möglich.[19)] Ebenso können G-Verglasungen häufig in Fassaden angeordnet werden, da ein Teil der Strahlungswärme unschädlich in die Atmosphäre entweichen kann.[18)]

Ausführung:

- Brandschutzverglasungen F 90, F 60, F 30 bzw. G 90, G 60, G 30
- Verwendbarkeitsnachweis:
  - in der Regel Z
  - bestimmte G-Verglasungen auch nach DIN 4102-4 Abschnitt 8.4 als geregelte Bauarten möglich
- Eine Brandschutzverglasung ist ein Bauprodukt, das in allen Einzelheiten (Scheiben, Rahmen, Glashalteleisten, Dichtstoffe und die für den Einbau vorgesehenen Wände) dem Verwendbarkeitsnachweis und der Einbauvorschrift des Herstellers entsprechen muss.
- Nach Ausführung ist, wie in der Z angegeben, eine Übereinstimmungsbescheinigung und Kennzeichnung erforderlich.
- **Kennzeichnung** wie in der Z vorgeschrieben:
  - Rahmen: Stahlblechschild mit Ü
  - Scheiben: Ätzstempel oder gleichwertig

14 Sicherung von Leitungsanlagen

14.1 Schutzziele und Vorschriften

- **Gewährleistung des Abschottungsprinzips:** Verhinderung einer Übertragung von Feuer und Rauch durch raumabschließende feuerwiderstandsfähige Wände und Decken im Bereich von Leitungsdurchführungen
- **Gewährleistung der Rettungswege:** Sicherung der für die Rettung und Brandbekämpfung bedeutsamen Gebäudebereiche (Rettungswege) durch Begrenzung der Brandlasten (die sich aus den brennbaren Leitungsanlagen ergeben) auf ein unbedenkliches Maß oder durch Abkapselung der brennbaren Leitungsanlagen
- **Gewährleistung der Funktion von Sicherheitseinrichtungen**: Funktionserhalt von elektrischen Leitungsanlagen von Sicherheitseinrichtungen bei äußerer Brandeinwirkung

Wichtig: Es gibt meist mehrere Möglichkeiten, den erforderlichen

18) Eine Abstimmung mit der für den Brandschutz zuständigen Stelle ist empfehlenswert bzw. erforderlich und in der Regel eine entsprechende Abweichung (Ausnahme, Befreiung).

Brandschutz zu gewährleisten; deshalb rechtzeitig mit allen Beteiligten ein Brandschutzkonzept erstellen. Ausführung nach

- Muster-Leitungsanlagenrichtlinie (MLeiAR)
- Muster-Lüftungsanlagenrichtlinie (MLüAR)
- Muster-Systembödenrichtlinie (MSysBöR)

bzw. nach den im jeweiligen Land eingeführten Richtlinien (→ Kap. 6.10-V, 6.11-V, 6.7-3-V).

14.2 Gewährleistung des Abschottungsprinzips

Grundsatz: Sicherung der Leitungsdurchführungen in der gleichen Feuerwiderstandsdauer wie die der durchdrungenen raumabschließenden feuerwiderstandsfähigen Wände und Decken. Dies gilt nicht für Decken in Gebäuden der GK 1 und 2, innerhalb von Wohnungen und innerhalb von Maisonette-Nutzungseinheiten ≤ 400 m und ≤ 2 Geschossen. [19] (→ Kap. 6.10).

> Tipp: Die eingeführten Richtlinien ergeben sich aus der jeweils gültigen Liste der eingeführten Technischen Baubestimmungen (LTB).

Nach den Landesbauordnungen sind als Maßnahmen gegen eine Übertragung von Feuer und Rauch entweder **Vorkehrungen** oder **Erleichterungen** möglich.

- **Vorkehrungen** sind geprüfte und qualifizierte Abschottungen in der gleichen Feuerwiderstandsdauer wie der raumabschließenden Wand/Decke (z.B. S 90 (60, 30), R 90 (60, 30), K 90 (60, 30) L 90 (60, 30) I 90 (60, 30).
- **Erleichterungen** sind Maßnahmen, bei denen eine Übertragung von Feuer und Rauch nicht zu befürchten ist. Solche Erleichterungen sind z.B. für bestimmte Leitungen in der MLeiAR genannt. **Wichtig:** Die dort für die Erleichterung angegebenen Rahmenbedingungen, wie Abstände, Mindestdicke des Bauteils usw. sind einzuhalten.

Grundsätzlich kann die Sicherung von Leitungsdurchführung durch

[19] Bei feuerhemmenden Wänden/Decken werden in einigen LBOs teilweise keine bestimmten Anforderungen genannt (z.B. NRW).

- **Abschottungen**
- **Ummantelungen**
- **Installationsschächte und -kanäle**

erfolgen, wobei auch Kombinationen möglich sind (→ Kap. 6.10.0 bis 6.10.3).

Abschottungen:
Jede Rohrleitung wird für sich behandelt und im Bereich der Durchführung feuerwiderstandsfähig abgeschottet. Hierfür sind Vorkehrungen und bei bestimmten Leitungen nach MLeiAR auch Erleichterungen möglich.

Ummantelungen:
Die Leitung wird entweder feuerwiderstandsfähig ummantelt oder selbst in der erforderlichen Feuerwiderstandsklasse hergestellt.
Wichtig: Damit das Abschottungsprinzip eingehalten wird, darf die Leitung nur in einem brandschutztechnisch getrennten Bereich offen sein. In allen anderen brandschutztechnisch getrennten Bereichen muss sie in der erforderlichen Feuerwiderstandsklasse ummantelt bzw. hergestellt sein.

Installationsschächte und -kanäle:
Im Gebäude wird ein eigener brandschutztechnisch abgetrennter haustechnischer Abschnitt (Installationsschacht) gebildet. Der Installationsschacht führt durch mehrere brandschutztechnisch getrennte Bereiche. Die Schachtwände werden nichtbrennbar und in der gleichen Feuerwiderstandsdauer wie die Decken, durch die der Schacht führt, hergestellt. Ausführung der Schachtwände entweder nach DIN 4102-4 Abschnitt 8.6 oder gemäß P.

Die Leitungen im Schacht müssen bei allen Ein- und Austritten durch die Schachtwände in der gleichen Feuerwiderstandsdauer der Schachtwände mit entsprechenden **Vorkehrungen** bzw. **Erleichterungen** gesichert werden.

Bei einer Anordnung von gemischt belegten Installationsschächten und -kanälen ist ein eigenes haustechnisches **Brandschutzkonzept** erforderlich. **Beispiel:** In Installationsschächten für Lüftungsleitungen nach DIN 18017 (mit Brandschutzklappen K 90/DIN 18017) sind brennbare Leitungen und Dämmstoffe nicht zulässig bzw. es bestehen besondere Anforderungen an die brandschutztechnische Ausführung der Lüftung (z.B. die Ausführung von Systemlösungen mit Brandschutzklappen K 90/DIN 18017-S und entsprechend geprüften Systembauteilen).

14.3 Nichtbrennbare Rohrleitungen

Vorkehrungen:

- Rohrabschottungen bzw. Rohrummantelungen R 90 (60, 30)
  - Verwendbarkeitsnachweis: P [20]
- Verlegung in Installationsschächten und -kanälen F 90-A (F 60-A, F 30-A) bzw. I 90 (60, 30)
  - Verwendbarkeitsnachweis: Ausführung nach DIN 4102-4 Abschnitt 8.6 oder gemäß P.

Erleichterungen nach MLeiAR:

Nach MLeiAR sind für bestimmte **einzelne** Rohrleitungen mit einem Außendurchmesser bis 160 mm aus nichtbrennbaren Baustoffen (ausgenommen Aluminium und Glas) Erleichterungen möglich. Diese dürfen durch raumabschließende feuerwiderstandsfähige Wände und Decken geführt werden, wenn

- die Wand oder Decke eine bestimmte Mindestdicke hat (fb = 80 mm, hf = 70 mm und fh = 60 mm
- der Raum zwischen den Leitungen und den umgebenden Bauteilen entsprechend den Vorgaben der MLeiAR vollständig verschlossen wird; dieser Verschluss kann ausgeführt werden
  - mit Zementmörtel oder Beton,
  - mit nichtbrennbaren Mineralfasern Schmelzpunkt ≥ 1000 °C,
  - mit im Brandfall aufschäumenden Stoffen,

  wobei die jeweiligen Vorgaben der MLeiAR einzuhalten sind.
- bestimmte Mindestabstände zwischen den Rohrleitungen sowie weitere Anforderungen der MLeiAR beachtet werden (→ Kap. 6.10.0-V sowie 6.10.0 bis 6.10.3.).

Alternativ ist auch eine Verlegung in Wandschlitzen oder Wandecken möglich, wenn die Ausführung gemäß den entsprechenden Vorgaben der MLeiAR erfolgt.

20) Wenn die Funktion auf dem Verschluss des Rohrquerschnitts durch dämmschichtbildende Baustoffe oder Mechanik beruht, ist eine Z erforderlich.

14.4 Brennbare Rohrleitungen

Vorkehrungen:

- Rohrabschottungen bzw. Rohrummantelungen R 90 (60, 30)
  - Verwendbarkeitsnachweis: Z [21]
- Verlegung in Installationsschächten und -kanälen (→ Punkt 14.3)

Erleichterungen nach MLeiAR:

Nach MLeiAR sind für bestimmte **einzelne** Rohrleitungen für nichtbrennbare Medien und Installationsrohre für elektrische Leitungen mit einem Außendurchmesser ≤ 32 mm aus brennbaren Baustoffen, Aluminium oder Glas Erleichterungen möglich, Ausführung → Punkt 14.3.

Wichtig: Mindestabstand ≥ fünffacher Leitungsdurchmesser der größeren brennbaren Rohrleitung bzw. ≥ Durchmesser einer angrenzenden nichtbrennbaren Leitung; das größere Maß zählt.

14.5 Elektrische Kabel

Vorkehrungen:

- Kabelabschottungen S 90 (60, 30)
  - Verwendbarkeitsnachweis: Z
  - **Empfehlung**: sind Nachinstallationen zu erwarten, Kabelboxen, Kleinschotts oder Brandschutzkissen (→ Kap. 6.12.1-B.)
- Verlegung in Installationsschächten und -kanälen (→ Punkt 14.3)

Erleichterungen nach MLeiAR:

Nach MLeiAR sind für bestimmte **einzelne** elektrische Leitungen Erleichterungen möglich. Einzelne Kabeldurchführungen können hohlraumfrei mit Zementmörtel eingemörtelt werden, Ausführung → Punkt 14.3.

14.6 Lüftungsleitungen

Für die fachgerechte Planung und Ausführung des Brandschutzes bei Lüftungsanlagen ist ein entsprechendes Brandschutzkonzept erforderlich, Ausführung nach MLüAR.

Vorkehrungen:

- Brandschutzklappen K 90 (60, 30)
  - Verwendbarkeitsnachweis: Z.
  - **Wichtig:** Brandschutzklappen K 90/DIN 18017 (60, 30) können weniger, so dass hier Einschränkungen bestehen, die zu beachten sind (→ Kap. 6.10.3 und 6.11).

[21] Wenn die Funktion **nicht** auf dem Verschluss des Rohrquerschnitts durch dämmschichtbildende Baustoffe oder Mechanik beruht, ist nur ein P erforderlich.

- Lüftungsleitungen oder Lüftungsleitungsummantelungen in feuerwiderstandsfähiger Bauart: L 90 (60, 30).
  - Verwendbarkeitsnachweis: Ausführung nach DIN 4102-4 Abschnitt 8.5 oder gemäß P.

14.7 Leitungen in Rettungswegen

- **Grundsätzliche Anforderungen bei brennbaren Leitungsanlagen in notwendigen Fluren und notwendigen Treppenräumen:** Die bei älteren Vorschriften möglichen Vergünstigungen bei Brandlasten bis 7 kWh/m sind gemäß MLeiAR entfallen. Damit ist auch bei geringeren Brandlasten eine brandschutztechnisch sichere Verlegung gemäß MLeiAR erforderlich. Davon ausgenommen sind Leitungen, die ausschließlich der Versorgung der notwendigen Flure und Treppenräume dienen, sowie Leitungen mit verbessertem Brandverhalten in notwendigen Fluren von Gebäuden der GK 1 bis 3 mit Nutzungseinheiten ≤ 200 m , die keine Sonderbauten sind.
- Bei Rohrleitungsanlagen für **brennbare Medien** zusätzliche Anforderungen der MLeiAR beachten
- **Empfehlung:** in der Vorplanungsphase untersuchen, ob nicht alternative Brandschutzkonzepte möglich sind, z.B. Verlegung von ausschließlich nichtbrennbaren Leitungen im notwendigen Flur und Anordnung der Elektrokabel an der Außenwand (→ Kap. 7.6).
- Unter bestimmten Voraussetzungen können Rauchmelder im Deckenhohlraum des notwendigen Flurs erforderlich bzw. empfehlenswert sein (→ Kap. 7.6).
- Bei Anordnung von feuerwiderstandsfähigen Unterdecken bzw. Installationskanälen hängen die Anforderungen an die Abschottung von Leitungsdurchführungen durch die Trennwände auch von den jeweils angeschlossenen NE ab (→ Kap. 6.10.3).
- Möglichkeiten für eine brandschutztechnisch sichere Verlegung von brennbaren Leitungsanlagen in notwendigen Fluren und Treppenräumen → MLeiAR.
  Häufigste Maßnahmen:
  - Anordnung einer feuerwiderstandsfähigen nichtbrennbaren

Unterdecke mit Feuerwiderstand von oben und unten

- Verlegung in **Installationskanälen** der Feuerwiderstandsklasse I
- Verlegung in **Unterflurkanälen** bzw. **Systemböden**

Feuerwiderstandsfähige nichtbrennbare Unterdecken [22)]

- in notwendigen Fluren: F 30-A mit Feuerwiderstand von oben und unten
- in notwendigen Treppenräumen:
  - GK 5: F 90-A
  - GK 4: F 60-A
  - GK 3: F 30-A

  jeweils mit Feuerwiderstand von oben und unten.

Achtung: Die gesamte Installation im Deckenhohlraum muss der Feuerwiderstandsklasse der Unterdecke entsprechend feuerwiderstandsfähig befestigt werden, da die Unterdecke im Brandfall nicht durch herabfallende Teile beansprucht werden darf.

Installationskanäle der Feuerwiderstandsklasse I [23)]

- in notwendigen Fluren: I 30
- in notwendigen Treppenräumen:
  - GK 5: I 90
  - GK 4: I 60
  - GK 3: I 30

Unterflurkanäle, Systemböden:[23)]

- in notwendigen Fluren und Treppenräumen: Anforderungen → MLeiAR und MSysBöR

14.8 Funktionserhalt

Vorkehrungen

- Kabelkanäle E 30, E 60, E 90 oder elektrische Kabel mit integriertem Funktionserhalt.
- Verwendbarkeitsnachweis: P, teilw. auch Z. Wichtig ist insbesondere die fachgerechte Verlegung gemäß Verwendbarkeitsnachweis.

14.9 Weitere Hinweise

Bei Gebäuden, die nicht alleine nach der LBO beurteilt werden können (z.B. Sonderbauten), sind noch weitere Punkte zu beachten, → z.B. die entsprechenden Sonderverordnungen und Richtlinien.

[22)] Bei einer Verlegung von brennbaren Leitungsanlagen in notwendigen Fluren und Treppenräumen

15 Europäische Klassifizierung

15.1 Baustoffe

Zwischen folgenden Baustoffklassen wird unterschieden:

A kein Beitrag zum Brand (A1, A2)

B sehr begrenzter Beitrag zum Brand

C begrenzter Beitrag zum Brand

D hinnehmbarer Beitrag zum Brand

E hinnehmbares Brandverhalten

F keine Leistung festgestellt

Außerdem werden zusätzlich die **Rauchentwicklung** (Smoke, Klassen s1, s2 und s3) und das **brennende Abtropfen** (Droplets, Klassen d0, d1 und d2) klassifiziert. Zuordnung der bauaufsichtlichen Benennungen zu den Baustoffklassen → Tabellen 16-1 bis 16-3.

15.2 Bauteile, Bauarten

Nach europäischer Regelung sind die Feuerwiderstandsklassen 15, 20, 30, 45, 60, 90, 120, 180 und 240 vorgesehen (Zahl = jeweils Feuerwiderstandsdauer in Minuten). Die Klassifizierung erfolgt im Wesentlichen mit folgenden Kurzbezeichnungen:

R Résistance (Tragfähigkeit)

E Etanchéité (Raumabschluss)

I Isolation (Wärmedämmung unter Brandeinwirkung)

M Mechanische Einwirkung auf Wände (Stoßbeanspruchung).

Für bestimmte Bauprodukte und Eigenschaften bestehen zahlreiche Zusatzkriterien (→ Tabelle 16-4).

16 Umsetzung der bauaufsichtlichen Anforderungen in nationale und europäische Klassen

In den Tabellen 16-1 bis 16-6 wird angegeben, wie die jeweiligen bauaufsichtlichen Anforderungen gemäß DIN 4102 in nationale bzw. DIN EN 13501 in europäische Klassen umgesetzt werden kön-

Tabelle 16-1: Zuordnung der bauaufsichtlichen Benennungen von Baustoffen (ausgenommen Bodenbeläge) zu den nationalen Klassifizierungen nach DIN 4102-1 und europäischen Klassifizierungen nach DIN EN 13501-1

Nationale Klasse nach DIN 4102-1	Bauaufsichtliche Anforderung	Europäische Klasse nach DIN EN 13501-1	Zusatzanforderungen	
			kein Rauch	kein brennendes Abfallen/Abtropfen
A 1	nichtbrennbar	A 1	X	X
A 2		A 2 - s1, d0	X	X
B 1 *)	schwer entflammbar	B - s1, d0 oder C - s1, d0	X	X
		A 2 - s2, d0 oder A 2 - s3, d0		X
		B - s2, d0 oder B - s3, d0		X
		C - s2, d0 oder C - s3, d0		X
		A 2 - s1, d1 oder A 2 - s1, d2	X	
		B - s1, d1 oder B - s1, d2	X	
		C - s1, d1 oder C s1, d2	X	
		A 2 - s3, d2 / B - s3, d2 / C - s3, d2		
B 2 *)	normal entflammbar	D - s1, d0 oder D - s2, d0		X
		D - s3, d0 oder E		X
		D - s1, d1 oder D - s2, d1		
		D - s3, d1 oder D - s1, d2		
		D - s2, d2 oder D - s3, d2		
		E - d2		
B 3 **)	leicht entflammbar **)	F **)		

*) Angaben über hohe Rauchentwicklung und brennendes Abtropfen/Abfallen im Verwendbarkeitsnachweis und in der Kennzeichnung

**) leicht entflammbare Baustoffe dürfen nicht verwendet werden. Dies gilt nicht, wenn sie in Verbindung mit anderen Baustoffen nicht mehr leicht entflammbar sind.

Tabelle 16-2: Zuordnung der bauaufsichtlichen Benennungen von Bodenbelägen zu den nationalen und den europäischen Klassifizierungen nach DIN 4102-1 bzw. nach DIN EN 13501-1

Nationale Klasse nach DIN 4102-1	Bauaufsichtliche Anforderungen	Europäische Klasse nach DIN EN 13501-1
A 1	nichtbrennbar	$A\,1_{fl}$
A 2		$A\,2_{fl}$ - s1
B 1	schwer entflammbar	B_{fl} - s1
		C_{fl} - s1
B 2	normal entflammbar	$A\,2_{fl}$ - s2
		B_{fl} - s2
		C_{fl} - s2
		D_{fl} - s1
		D_{fl} - s2
		E_{fl}
B 3 *)	leicht entflammbar *)	F_{fl} *)

*) → Tabelle 16-1

Tabelle 16-3: Erläuterungen der Kurzbezeichnungen

	Kriterium / Anforderung
A	kein Beitrag zum Brand
B	sehr begrenzter Beitrag zum Brand
C	begrenzter Beitrag zum Brand
D	hinnehmbarer Beitrag zum Brand
E	hinnehmbares Brandverhalten
F	keine Leistung festgestellt
s	**Smoke** (Rauchentwicklung)
s1	geringe Rauchentwicklung
s2	mittlere Rauchentwicklung
s3	hohe Rauchentwicklung bzw. Rauchentwicklung nicht geprüft
d	**Droplets** (brennendes Abtropfen)
d0	kein brennendes Abtropfen/Abfallen innerhalb von 600 Sek.
d1	kein brennendes Abtropfen/Abfallen mit einer Nachbrennzeit länger als 10 Sek. innerhalb von 600 Sek.
d2	keine Leistung festgestellt
fl	Brandverhaltensklasse für Bodenbeläge

nen, Erläuterung der Abkürzungen für die zusätzlichen Kriterien nach MBO → Tabelle 16-7.

Wichtig: Die auf nationaler Ebene bei **hochfeuerhemmend** und **feuerbeständig** bestehenden Verknüpfungen von Feuerwiderstandsklassen mit bestimmten Baustoffen (→ Punkt 4.2) ist auf europäischer Ebene nicht vorgesehen. Deshalb ist bei der Verwendung der europäischen Klassen 60 und 90 unbedingt darauf zu achten, dass auf nationaler Ebene zusätzlich auch bestimmte Anforderungen an die Baustoffe bestehen.

Anmerkung: In dieser Publikation und im Brandschutzatlas werden die zusätzlichen Anforderungen jeweils in eckigen Klammern […] dargestellt, → Tabelle 16.7.

Tabelle 16-4: Zuordnung der bauaufsichtlichen Benennungen von Bauteilen und Bauarten zu den nationalen und europäischen Klassifizierungen

Bauaufsichtliche Benennung	**Klassifizierung nach**		**Verwendbarkeitsnachweis national** *)
	DIN 4102	**DIN EN 13501**	
Raumabschließende tragende Wände			
Brandwand (BW)	F 90-A+M [TR]	REI 90-M [nb]	DIN 4102-4 / P
Wand, auch unter zusätzlicher mechanischer Beanspruchung hochfeuerhemmend, anstelle BW	F 60-AB+M [TR]	REI 60-M [wnb]	P
	REI 60-[HolzR]+M [TR]	REI 60-M [HolzR]	
hochfeuerhemmende Wand anstelle BW	F 60-AB [TR]	REI 60 [wnb]	DIN 4102-4 / P
	REI 60-[HolzR] [TR]	REI 60 [HolzR]	P
Wand F 30 innen – F 90 außen anstelle BW	F 30 [i→a] - F 90 [i←a] [TR]	REI 30(i→o) - REI 90(i←o)	DIN 4102-4 oder P
feuerbeständige Trennwand	F 90-AB [TR]	REI 90 [wnb]	
hochfeuerhemmende Trennwand	F 60-AB [TR]	REI 60 [wnb]	
	REI 60-[HolzR] [TR]	REI 60 [HolzR]	P
feuerhemmende Trennwand	F 30	REI 30	DIN 4102-4 / P
Raumabschließende nichttragende Wände			
Brandwand (BW)	F 90-A+M [R]	EI 90-M [nb]	DIN 4102-4 / P
Wand, auch unter zusätzlicher mechanischer Beanspruchung hochfeuerhemmend, anstelle BW	F 60-AB+M [R]	EI 60-M [wnb]	P
	EI 60-[HolzR]+M [R]	EI 60-M [HolzR]	
hochfeuerhemmende Wand anstelle BW	F 60-AB [R]	EI 60 [wnb]	DIN 4102-4 / P
	EI 60-[HolzR] [R]	EI 60 [HolzR]	P
Wand F 30 innen – F 90 außen anstelle BW	F 30 [i→a] - F 90 [i←a] [R]	EI 30(i→o) - REI 90(i←o)	DIN 4102-4 oder P
feuerbeständige Trennwand	F 90-AB [R]	EI 90 [wnb]	
hochfeuerhemmende Trennwand	F 60-AB [R]	EI 60 [wnb]	
	EI 60-[HolzR] [R]	EI 60 [HolzR]	P
feuerhemmende Trennwand	F 30	EI 30	DIN 4102-4 / P
Raumabschließende Decken			
feuerbeständige Decke	F 90-AB [TR]	REI 90 [wnb]	DIN 4102-4 oder P
hochfeuerhemmende Decke	F 60-AB [TR]	REI 60 [wnb]	
	REI 60-[HolzR] [TR]	REI 60 [HolzR]	P
feuerhemmende Decke	F 30	REI 30	DIN 4102-4 / P

Tabelle 16-4: Zuordnung der bauaufsichtlichen Benennungen von Bauteilen und Bauarten zu den nationalen und europäischen Klassifizierungen (Fortsetzung)

Bauaufsichtliche Benennung	**Klassifizierung nach DIN 4102**	**Klassifizierung nach DIN EN 13501**	**Verwendbarkeitsnachweis national** *)
Tragende Stützen und Wände ohne Raumabschluss			
feuerbeständige Stütze/Wand	F 90-AB [T]	R 90 [wnb]	DIN 4102-4 oder P
hochfeuerhemmende Stütze/ Wand	F 60-AB [T]	R 60 [wnb]	
	R 60-[HolzR] [T]	R 60 [HolzR]	P
feuerhemmende Stütze/Wand	F 30	R 30	DIN 4102-4 / P
Nichttragende Außenwände			
feuerbeständig	W 90-AB	E 90 (i→o) [wnb] und EI 90-ef (i←o) [wnb]	DIN 4102-4 oder P
hochfeuerhemmend	W 60-AB	E 60 (i→o) [wnb] und EI 60-ef (i←o) [wnb]	
	W 60-[HolzR]	E 60 (i→o) [HolzR] und EI 60-ef (i←o) [HolzR]	P
feuerhemmend	W 30	E 30 (i→o) und EI 30-ef (i←o)	DIN 4102-4 oder P
Selbstständige Unterdecken in notwendigen Fluren und notwenigen Treppenräumen			
feuerbeständig	F 90-A [R]	EI 90 (a↔b) [nb]	P
hochfeuerhemmend	F 60-A [R]	EI 60 (a↔b) [nb]	
feuerhemmend	F 30-A [R]	EI 30 (a↔b) [nb]	

[ ] Ausdrücke in eckigen Klammern → Punkt 16 und Erläuterungen in Tabelle 16-6

*) Verwendbarkeitsnachweis auf europäischer Ebene: europäische Zulassung + entsprechende CE-Kennzeichnung. Falls dies nicht möglich ist (z.B. wegen noch nicht harmonisierter Prüfnormen) ist in der Regel auf nationaler Ebene eine Z oder ein P erforderlich. Die jeweiligen Anforderungen ergeben sich aus der Bauregelliste. Sind dort keine Regelungen getroffen, ist in der Regel eine Z erforderlich.

Fußnote zu Tabelle 16-5

**) Festlegungen zur Prüfzyklenanzahl für die Dauerfunktionsprüfungen:
- C5 (200.000 Zyklen) für Feuerschutz-/Rauchschutztüren (Drehflügelabschlüsse) sowie für Feuerschutzabschlüsse in Förderanlagen als planmäßig geschlossene Abschlüsse
- C2 (10.000 Zyklen) für sonstige Feuerschutz-/Rauchschutzabschlüsse (z.B. Klappen, Tore) sowie für Feuerschutzabschlüsse in Förderanlagen als planmäßig offene Abschlüsse

Tabelle 16-5: Zuordnung der bauaufsichtlichen Benennungen von Sonderbauteilen zu den nationalen und europäischen Klassifizierungen

Bauaufsichtliche Benennung		**Klassifizierung nach DIN 4102**	**DIN EN 13501**	**Verwendbarkeitsnachweis national** *)
Türen (Feuerschutzabschlüsse, Rauchschutzabschlüsse, dichte Türen)				
feuerbeständig	+ rauchdicht	T 90 DIN 18095-RS	EI$_2$90-S$_{200}$C.. **)	Z ***)
hoch-feuerhemmend	+ selbst-schließend	T 60 DIN 18095-RS	EI$_2$60-S$_{200}$C.. **)	
feuerhemmend		T 30 DIN 18095-RS	EI$_2$30-S$_{200}$C.. **)	
feuerbeständig	+ dicht	T 90-[D]	EI$_2$90-S$_a$C.. [D] **)	Z
hochfeuerhem-mend	+ selbst-schließend	T 60-[D]	EI$_2$60-S$_a$C.. [D] **)	
feuerhemmend		T 30-[D]	EI$_2$30-S$_a$C.. [D] **)	
rauchdicht + selbstschließend		DIN 18095-RS	S$_{200}$C.. **)	P
dicht + selbstschließend (DS)		Tür selbstschließend mit vollwandigem Türblatt und dreiseitig umlaufender Dichtung ****) - S$_a$C.. **)		Auf nationaler Ebene ist kein besonderer Verwendbarkeitsnachweis erforderlich
dicht (D)		Tür mit vollwandigem Türblatt und dreiseitig umlaufender Dichtung ****) - S$_a$		
vollwandig (V)		Tür mit vollwandigem Türblatt ****)		
Fahrschachttüren in feuerwiderstandsfähigen Schachtwänden				
feuerbeständig		Türen nach DIN 18090, 18091 und 18092	E 90 *****)	Z
hochfeuerhemmend		–	E 60 *****)	
feuerhemmend		–	E 30 *****)	
Brandschutzverglasungen				
feuerbeständig		F 90	EI 90	Z
hochfeuerhemmend		F 60	EI 60	
feuerhemmend		F 30	EI 30	
nur raumab-schließend	90 Minuten	G 90	E 90	DIN 4102-4 Abschn. 8.4 oder Z
	60 Minuten	G 60	E 60	
	30 Minuten	G 30	E 30	

*) Erläuterung → Tabelle 16-4
**) siehe vorherige Seite unten
***) Für den Rauchschutz: P (ist in den neueren Zulassungen enthalten)

Tabelle 16-5: Zuordnung der bauaufsichtlichen Benennungen von Sonderbauteilen zu den nationalen und europäischen Klassifizierungen (Fortsetzung)

Bauaufsichtliche Benennung	**Klassifizierung nach DIN 4102**	**DIN EN 13501**	**Verwendbarkeitsnachweis national** *)
Kabelabschottungen			
feuerbeständig	S 90	EI 90	Z
hochfeuerhemmend	S 60	EI 60	
feuerhemmend	S 30	EI 30	
Rohrabschottungen für brennbare Rohre bzw. für nichtbrennbare Rohre mit Schmelzpunkt < 1000 °C			
feuerbeständig	R 90	EI 90-U/U	Z 22)
hochfeuerhemmend	R 60	EI 60-U/U	
feuerhemmend	R 30	EI 30-U/U	
Rohrabschottungen für nichtbrennbare Rohre mit Schmelzpunkt < 1000 °C			
feuerbeständig	R 90	EI 90-C/U	P 21)
hochfeuerhemmend	R 60	EI 60-C/U	
feuerhemmend	R 30	EI 30-C/U	
Brandschutzklappen für Lüftungsleitungen			
feuerbeständig	K 90	EI 90 ($v_e h_o$ i↔o)-S	Z
hochfeuerhemmend	K 60	EI 60 ($v_e h_o$ i↔o)-S	
feuerhemmend	K 30	EI 30 ($v_e h_o$ i↔o)-S	
Lüftungsleitungen			
feuerbeständig	L 90	EI 90 ($v_e h_o$ i↔o)-S	DIN 4102-4
hochfeuerhemmend	L 60	EI 60 ($v_e h_o$ i↔o)-S	Abschn. 8.5
feuerhemmend	L 30	EI 30 ($v_e h_o$ i↔o)-S	oder P
Installationsschächte und -kanäle			
feuerbeständig	I 90 o. L 90 o. F 90-A	EI 90 ($v_e h_o$ i↔o)	DIN 4102-4
hochfeuerhemmend	I 60 o. L 60 o. F 60-A	EI 60 ($v_e h_o$ i↔o)	Abschn. 8.6
feuerhemmend	I 30 o. L 30 o. F 30-A	EI 30 ($v_e h_o$ i↔o)	oder P
Elektrische Anlagen mit Funktionserhalt			
90 Minuten Funktionserhalt	E 90	P 90	P
60 Minuten Funktionserhalt	E 60	P 60	
30 Minuten Funktionserhalt	E 30	P 30	

****) Erläuterung der Eigenschaft „vollwandig" → Punkt 13.3

*****) Klassifizierung nach DIN EN 81-58, konstruktive Randbedingungen nach Bauregelliste A Teil 1 Anlage 6.1 sind sinngemäß zu beachten.

Tabelle 16-6: Erläuterungen der Klassifizierungskriterien und der zusätzlichen Angaben zur Klassifizierung des Feuerwiderstandes nach DIN EN 13501-2, -3 und -4

Kurzzeichen	Kriterium	Anwendungsbereich
R (Résistance)	Tragfähigkeit	zur Beschreibung der Feuerwiderstandsfähigkeit
E (Étanchéité)	Raumabschluss	
I (Isolation)	Wärmedämmung (unter Brandeinwirk.)	
W (Radiation)	Begrenzung des Strahlungsdurchtritts	
M (Mechanical)	mechan. Einwirkung auf Wände (Stoß)	
S_a (Smoke)	Begrenzung der Rauchdurchlässigkeit (Dichtheit, Leckrate); erfüllt die Anforderungen bei Umgebungstemperatur	Dichtschließende Abschlüsse (bauaufsichtliche Bezeichnung: „dichtschließend"
S_{200} (Smoke max... leakage rate)	-, erfüllt die Anforderungen sowohl bei Umgebungstemperatur als auch bei 200 °C.	Rauchschutztüren (als Zusatzanforderung auch bei Feuerschutzabschlüssen)
C... (Closing)	selbstschließende Eigenschaft (ggf. mit Anzahl Lastspiele) inkl. Dauerfunktion.	Rauchschutztüren, Feuerschutzabschlüsse (inkl. für Förderanl.)
C_{xx}	Dauerhaftigkeit der Betriebssicherheit (Anzahl der Öffnungs-/Schließzyklen)	Entrauchungsklappen
P	Aufrechterhaltung der Energieversorgung und/oder Signalübermittlung	Elektrische Kabelanlagen allgemein
G	Rußbrandbeständigkeit	Schornsteine
K_1, K_2	Brandschutzvermögen	Wand- und Deckenbekleidungen (Brandschutzbekleidungen)
I_1, I_2	unterschiedliche Wärmedämmungskriterien	Feuerschutzabschlüsse (auch Abschlüsse für Förderanlagen)
i→o i←o i↔o (in ↔ out)	Richtung der klassifizierten Feuerwiderstandsdauer	Nichttragende Außenwände, Installationsschächte/ -kanäle, Lüftungsanlagen/-klappen
a↔b (above – below)	Richtung der klassifizierten Feuerwiderstandsdauer	Unterdecken
v_e, h_o (vertical, horizontal) Indizes $_{w,\,d,\,dw}$	für vertikalen/horizontalen Einbau klassifiziert Einbau in Wände, Leitungen	Lüftungs-/Entrauchungsleitungen, Brandschutzklappen Entrauchungsklappen
U/U (U/C) C/U (U), C: (un)capped	Rohrende offen innerhalb/offen (geschlossen) außerhalb des Prüfofens Rohrende geschlossen innerhalb/offen außerhalb des Prüfofens	Rohrabschottungen
MA	Manuelle Auslösung (auch automatisch mit manueller Übersteuerung	Entrauchungsklappen
multi	Eignung, feuerwiderstandsfähige Bauteile zu durchdringen/darin einzubauen	Entrauchungsleitungen, Entrauchungsklappen

Tabelle 16-7: Erläuterung der in den vorstehenden Tabellen verwendeten Abkürzungen.

[…]	Bei den in […] stehenden Abkürzungen handelt es sich nicht um genormte oder offizielle Abkürzungen, sondern um ein Abkürzungssystem zur Verknüpfung der Bauteilklassen mit den zusätzlichen Anforderungen der LBOs, das im Brandschutzatlas zur besseren Handhabbarkeit verwendet wird (→ auch Punkt 16)
Atlas/BSN-CD	Brandschutzatlas / Brandschutz-Nachweis-CD
fb, hf, fh	fb = feuerbeständig, hf = hochfeuerhemmend, fh = feuerhemmend,
nb, se, ne	nb = nichtbrennbar, se = schwer entflammbar, ne = normal entflammbar
A 1, A 2, B 1, B 2, B 3	Baustoffklassen nach DIN 4102-1 → Punkt 4.1
F 30, F 60, F 90	Feuerwiderstandsklassen nach DIN 4102-2 → Punkt 4.2
W 90, T 90, L 90, K 90, I 90, R 90, G 90, E 90	Feuerwiderstandsklassen von Sonderbauteilen nach DIN 4102 → Punkt 4.3.
BW, BABW	BW = Brandwand, BABW = Bauart einer Brandwand
WABW	Wand anstelle einer Brandwand
-A	und aus nichtbrennbaren Baustoffen
-AB	und in den **wesentlichen Teilen** aus nichtbrennbaren Baustoffen Zu den wesentlichen Teilen gehören • bei tragenden Bauteilen alle tragenden oder aussteifenden Bauteile. • bei nichttragenden Bauteilen auch Bauteile, die deren Standsicherheit bewirken (z.B. Rahmenkonstruktionen von nichttragenden Wänden) • bei raumabschließenden Bauteilen eine in Bauteilebene durchgehende Schicht aus nichtbrennbaren Baustoffen. Bei Decken muss diese Schicht eine Gesamtdicke von mind. 50 mm besitzen. Hohlräume im Innern dieser Schicht sind zulässig. • Bei der Beurteilung des Brandverhaltens der Baustoffe können Oberflächendeckschichten oder andere Oberflächenbehandlungen außer Betracht bleiben.
-B	und aus brennbaren Baustoffen (ohne besondere Anforderung an die Baustoffklasse)
[nb]	**n**icht**b**rennbar (vollständig aus nichtbrennbaren Baustoffen)
[wnb]	und in den **w**esentlichen Teilen **n**icht**b**rennbar, gleiche Anforderung wie -AB
[bnb]	**B**ekleidung **n**icht**b**rennbar; Wände und Decken aus brennbaren Baustoffen mit einer Bekleidung aus nichtbrennbaren Baustoffen in ausreichender Dicke

Tabelle 16-7: Erläuterung der in den vorstehenden Tabellen verwendeten Abkürzungen (Fortsetzung)

[HolzR]	Bei hochfeuerhemmenden Bauteilen, deren tragenden und aussteifenden Teile aus **brennbaren** Baustoffen bestehen, müssen diese gemäß den LBOs • allseitig eine brandschutztechnisch wirksame Bekleidung aus nichtbrennbaren Baustoffen (Brandschutzbekleidung K_260) und • Dämmstoffe aus nichtbrennbaren Baustoffen haben. Diese bauaufsichtliche Anforderung wird erreicht, indem die Ausführung nach der „Richtlinie über brandschutztechnische Anforderungen an hochfeuerhemmende Bauteile in Holzbauweise – **HFHHolzR**" erfolgt. Damit bedeutet der Zusatz [HolzR], dass bei hochfeuerhemmenden Bauteilen mit tragenden und aussteifenden Teilen aus brennbaren Baustoffen zusätzliche Anforderungen bestehen an • die brandschutztechnische Wirksamkeit der Bekleidungen (K_260) • die Baustoffklasse der Bekleidungen und Dämmstoffe (nichtbrennbar) • den Einbau der Dämmstoffe und der Bekleidungen sowie • die sonstige Ausführung (gemäß HFHHolzR)
R, E, I, M	→ Tabelle 16-6
[T]	**T**ragwerk (tragende Bauteile ohne raumabschließende Funktion)
[R]	**R**aumabschluss (Bauteil mit raumabschließender Funktion)
[TR]	**T**ragwerk und **R**aumabschluss (Tragendes Bauteil mit Raumabschluss)
P	allgemeines bauaufsichtliches **P**rüfzeugnis einer amtlich anerkannten Materialprüfanstalt
Z	allgemeine bauaufsichtliche **Z**ulassung des Deutschen Instituts für Bautechnik in Berlin (DIBt)
ZiE	**Z**ustimmung **i**m **E**inzelfall von der Obersten Baubehörde
ÜH / ÜHP	**Ü**bereinstimmungserklärung des **H**erstellers / ... nach vorheriger **P**rüfung des Bauprodukts durch eine anerkannte Prüfstelle
ÜA	**Ü**bereinstimmungserklärung des **A**nwenders
ÜZ	**Ü**bereinstimmungszertifikat durch eine anerkannte **Z**ertifizierungsstelle
VDS / DS	vollwandig, dicht und selbstschließend / dicht und selbstschließend
RS	Rauchschutztür nach DIN 18095
AR / NE	Aufenthaltsraum / Nutzungseinheit
BRL / LTB	**Bau**rege**ll**iste / **L**iste der eingeführten **T**echnischen **B**aubestimmungen

Inhalt des Brandschutznachweises

Die Dokumentation des Brandschutzes im Rahmen von Bauanträgen ist in den Bundesländern sehr unterschiedlich geregelt. Manche Landesbauordnungen verlangen überhaupt keine Dokumentation und überlassen es den einzelnen Bauaufsichtsbehörden zu einzelnen Sachfragen Gutachten zu beauflagen. Viele Landesbauordnungen schreiben für Sonderbauten Brandschutzkonzepte vor, in denen der Brandschutz dieser Bauvorhaben erläutert wird. Hier existieren in einigen Bundesländern spezifische Checklisten oder es wird auf die vfdb-Richtlinie 01-01 zurückgegriffen.

Aktuell folgen mehrere Bundesländer dem System der Musterbauordnung bzw. der Muster Bauvorlagenverordnung. Hier wird für jedes Bauvorhaben ein Brandschutznachweis vorgeschrieben. Dieser ist anhand der Pläne und wenn erforderlich in einen eigenen schriftlichen Teil zu führen. Brandschutznachweis bedeutet einen Abgleich zwischen den einschlägigen materiell-rechtlichen Anforderungen und der geplanten Ausführung. Hierzu ist in § 11 Muster-Bauvorlagenverordnung eine Liste aufgeführt, welche Punkte, im Rahmen des Brandschutznachweises abgearbeitet werden müssen.

In der Praxis hat es sich bewährt, anhand dieser Liste das betroffene Bauvorhaben abzuarbeiten. Ergibt es sich, dass Anforderungen nicht eingehalten werden können oder sollen, führt dies in der Regel zu Abweichungen, die schriftlich bei der Bauaufsichtsbehörde (in manchen Bundesländern auch beim Prüfsachverständigen für Brandschutz) einzureichen und zu begründen sind. Dabei ist deren Unbedenklichkeit, ggf. unter Einbeziehung von Ersatzmaßnahmen zu begründen.

Insbesondere bei Sonderbauten ohne bauaufsichtlich eingeführte Sonderbauvorschrift kann der Brandschutznachweis auch gesondert in Form eines objektbezogenen Brandschutzkonzeptes dargestellt werden.

Nachfolgend werden die Inhalte des § 11 Muster-Bauvorlagenverordnung als Checkliste wiedergegeben:

Checkliste nach § 11 Muster-Bauvorlagenverordnung

Das Bauvorhaben ist eingestuft in die **Gebäudeklasse**			
Das Bauvorhaben ist ein **Sonderbau** ja / nein			
	Anforderung mit gültiger Rechtsgrundlage	**Geplante Ausführung**	**Anforderung erreicht? Ja / Nein**
Baustoffklassen • Brandverhalten der Baustoffe			
Feuerwiderstandsfähigkeit (Feuerwiderstandsklasse) von Bauteilen mit Anforderungen an den Brandschutz • Brandwände (oder Wände anstelle von Brandwänden) • Decken • Trennwände • Unterdecken • Installationsschächte und -kanäle • Lüftungsanlagen • Feuerschutzabschlüsse			
Bauteile mit Anforderungen an den Brandschutz mit Lage und ggf. Bemessung • Rauchschutztüren • Öffnungen zur Rauchableitung • Fenster zur Belüftung von Treppenräumen			

Erforderliche Zahl von • Nutzungseinheiten • Brandabschnitte • Rauchabschnitte			
Aus Gründen des Brandschutzes erforderliche Abstände • innerhalb des Gebäudes • außerhalb des Gebäudes			
Rettungswege (notwendige Treppenräume, notwendige Flure, mit Rettungsgeräten der Feuerwehr erreichbare Stellen einschließlich der Fenster, die als Rettungswege aus einer Nutzungseinheit dienen, unter Angabe der lichten Maße und Brüstungshöhen usw.) • erster Rettungsweg • zweiter Rettungsweg			
Flächen für die Feuerwehr • Zu- und Durchgänge • Zu- und Durchfahrten • Bewegungsflächen • Aufstellflächen für Hubrettungsfahrzeuge			
Löschwasser • Löschwasserversorgung			

Bei Sonderbauten, Mittel- und Großgaragen müssen, soweit es für die Beurteilung erforderlich ist, zusätzlich Angaben gemacht werden insbesondere über:

Brandschutzrelevante Einzelheiten der Nutzung, insbesondere • Anzahl und Art der die bauliche Anlage nutzenden Personen • Explosions- oder erhöhte Brandgefahren • Brandlasten • Gefahrstoffe • Risikoanalysen			

Zusätzliche Angaben zu Rettungswegen • Rettungswegbreiten • Rettungswegelängen • Einzelheiten der Rettungswegführung und -ausbildung • Sicherheitsbeleuchtung und -kennzeichnung			
Technische Anlagen und Einrichtungen zum Brandschutz, wie • Branderkennung • Brandmeldung • Alarmierung • Brandbekämpfung • Rauchableitung • Rauchfreihaltung			
Notstrom • Sicherheitsstromversorgung			
Zusätzliche Angaben zum Löschwasser • Bemessung der Löschwasserversorgung • Einrichtungen zur Löschwasserentnahme • Löschwasserrückhaltung			

Betriebliche und organisatorische Maßnahmen zur
• Brandverhütung
• Brandbekämpfung
• Rettung von Menschen und Tieren wie
  • Feuerwehrplan
  • Brandschutzordnung
  • Werkfeuerwehr			

Bestellung von • Brandschutzbeauftragten • Selbsthilfekräften			

Vorschriften

Inhalt

Verzeichnis baurechtlicher Bestimmungen

Abkürzungen:

AV	Ausführungsvorschrift	R	Richtlinie(n)
Bek	Bekanntmachung	Rd	Rundschreiben
G v.	Gesetz vom	V v.	Verordnung vom
i.d.F.v.	in der Fassung vom	Verw	Verwaltungsvorschrift
Erl	Erlass	RdErl	Runderlass
NeuF v.	Neufassung vom	geänd.	geändert (letzte Änderung)
fett:	Änderungen **2015** und **2016**		

Hinweis: Ist als Nachweis der Veröffentlichung nur die Seitenzahl angegeben, so bezieht sich diese auf die vorgenannte Publikation.

Bund

9. V über zwingende **Arbeitsbeding.** im Baugewerbe v. 16.10.13 BAnz AT 18.10.2013 V1

V über **Arbeitsstätten** v. 12.8.04 BGBl I S.2179, geänd. 31.8.**2015** BGBl I S.1474

Baubetriebe-V v. 28.10.80 BGBl I S.2033, geänd. 20.12.11 BGBl I S.2854

Durchführ. der V (EU) Nr. 305/2011 zur Festleg. harmonisierter Beding. für die Vermarktung v. Bauprodukten …, G v. 5.12.12 BGBl I S.2449, geänd. 31.8.**2015** S.1474

V über Sicherheit u. Gesundheitsschutz auf **Baustellen** v. 10.6.98 BGBl I S.1283, geänd. 23.12.04 BGBl I S.3758

Aufstellung von **Betriebskosten**, V v. 25.11.03 BGBl I S.2346, geänd. 3.5.12 S.958

V über energiesparenden Wärmeschutz u. energiesparende Anlagentechnik bei Gebäuden (**EnEV**) v. 24.7.07 BGBl. I. S.1519, geänd. 24.10.**2015** BGBl I S.1789

G zur Einspar. v. **Energie in Gebäuden** NeuF v. 1.9.05 BGBl I S.2684, geänd. 4.7.13 S.2197

Erneuerbare-Energien-G v. 21.7.14 BGBl I S.1066, geänd. 21.12.**2015** S.2498

Erneuerbare-Energien-WärmeG v. 7.8.08 BGBl I S.1658, geänd. 20.10.**2015** S.1722

V über kleine u. mittlere **Feuerungsanlagen** (1. BImSchV) v. 26.1.10 BGBl I S.38, geänd. 31.8.**2015** S.1474

V über das Inverkehrbringen von **Heizkessel**n u. Geräten nach dem BauproduktenG v. 28.4.1998 BGBl I S.796, geänd. 5.12.12 BGBl I S.2449

Bauliche Mindestanforderungen für **Altenheime**, Altenwohnheime u. Pflegeheime für Volljährige, V i.d.F. v. 3.5.83 BGBl I S. 550, geänd. 25.11.03 BGBl I S. 2346

V zur Berechnung der **Wohnfläche** v. 25.11.03 BGBl I S.2346

Vergabe- u. Vertragsordn. für Bauleistungen (VOB) Teil A: Allg. Bestimmungen für die Vergabe v. Bauleistungen 7.1.**2016** BAnz AT 19.1.16 B3, ber. BAnz AT 1.4.16 B1

VOB Teil B: Allg. Vertragsbedingungen für die Ausführ. v. Bauleistungen, Ausgabe **2016** BAnz AT 19.01.2016 B3; ber. AT 01.04.2016 B1

Zweite BerechnungsV v. 12.10.90 BGBl I S.2178, geänd. 23.11.07 BGBl I S.2614

Technische Regeln nach Arbeitstättenverordnung

Die Sicherheit und der Gesundheitsschutz der Beschäftigten in Arbeitsstätten wird in der Verordnung über Arbeitsstätten (Arbeitsstättenverordnung – ArbStättV) * geregelt. Die Arbeitsstättenverordnung richtet sich an Arbeitgeber und enthält Festlegungen für Einrichtung und Betrieb von Arbeitsstätten.

Arbeitsstätten sind Orte in Gebäuden oder im Freien, die sich auf dem Gelände eines Betriebes oder einer Baustelle befinden und zur Nutzung für Arbeitsplätze vorgesehen sind bzw. zu denen die Beschäftigten im Rahmen ihrer Arbeit Zugang haben.

Technische Regeln für Arbeitsstätten ASR A (nur formale Änderungen werden hier nicht berücksichtigt)		**Ausgabe**	**zul. geänd.**
A1.2	Raumabmessungen und Bewegungsflächen	9.2013	
A1.3	Sicherheits- und Gesundheitsschutzkennzeichnung	2.2013	
A1.5/1,2	Fußböden	2.2013	9.2013
A1.6	Fenster, Oberlichter, lichtdurchlässige Wände	1.2012	
A1.7	Türen und Tore	11.2009	
A1.8	Verkehrswege	11.2012	
A2.1	Schutz gegen Absturz und herabfallende Gegenstände, Betreten von Gefahrenbereichen …	11.2012	4.2014
A2.2	Maßnahmen gegen Brände	11.2012	
A2.3	Fluchtwege, Notausgänge, Flucht- und Rettungsplan	8.2007	9.2013
A3.4	Beleuchtung	4.2011	9.2013
A3.4/3	Sicherheitsbeleuchtung, optische Sicherheitsleitsysteme	5.2009	6.2011
A3.5	Raumtemperatur	6.2010	8.2012
A3.6	Lüftung	1.2012	2.2013
A4.1	Sanitärräume	9.2013	
A4.2	Pausen- und Bereitschaftsräume	8.2012	
A4.3	Erste-Hilfe-Räume, Mittel u. Einrichtungen zur Ersten Hilfe	12.2010	12.2011
A4.4	Unterkünfte	6.2010	
V3a.2	Barrierefreie Gestaltung von AS	8.2012	2.**2015**

* Arbeitsstättenverordnung (ArbStättV) v. 12.08.2004 (BGBl I S. 2179), zuletzt geändert durch Verordnung v. 19.07.2010 (BGBl. I S. 960)

Mustervorschriften der ARGEBAU (Fassung)

Die mit * markierten Vorschriften sind in der Musterliste der Techn. Baubestimmungen enthalten und werden deshalb bei den Ländern nicht angeführt

* R Bewert. u. Sanierung schwach gebundener **Asbestprodukte** in Gebäuden (1/96)
Bauvorlagenverordnung - MBauVorlV (2/07))
Beherbergungsstättenverordnung - MBeVO (12/00, geänd. 5/14)
V über den Bau v. **Betriebsräume**n für elektr. Anlagen - EltBauVO (1/09)
Feuerungsverordnung - MFeuV (9/07, geänd. 2/10)
* R über **Flächen für die Feuerwehr** - MRFlFw (2/07, geänd. 10/09)
R über den Bau u. Betrieb **Fliegender Bauten** - M-FlBauR (6/10)
Verw Ausführungsgenehmigungen für **Fliegende Bauten** ... - M-FlBauVwV (2/07)
Garagenverordnung - MGarVO (5/93, geänd. 30.5.08)
Hersteller- und Anwender-V - MHAVO (9/08, geänd. 9/13)
* R über brandschutztechnische Anforderungen an **hochfeuerhemmende Bauteile** in Holzbauweise - M-HFHHolzR (7/04)
R über den Bau und Betrieb von **Hochhäuser**n - MHHR (4/08, geänd. 2/12)
* R über den baulichen Brandschutz im **Industriebau** - MIndBauRL (7/14)
* R Brandschutz bei **Lagerung** v. Sekundärstoffen aus Kunststoff - MKLR (6/96)
* R über brandschutztechn. Anforderungen an **Leitungsanlagen** - MLAR (11/05)
* R Bemess. v. **Löschwasser**-Rückhalteanl. beim Lagern wassergefährd. Stoffe (8/92, geänd.)
* Bauaufsichtl. R über die **Lüftung** fensterloser Küchen, Bäder . . . (4/09, geänd. 7/10)
* R brandschutztechn. Anford. an **Lüftungsanl.** M-LüAR (9/05, geänd. 12/**2015**)
Musterbauordnung - MBO (11/2002, geänd. 13.5.**2016**)
PAK-Belastung durch Parkettböden mit Teerklebstoffen in Gebäuden - PAK-Hinweise (4/00)
* R Bewertung u. Sanierung **PCB**-belasteter Baustoffe u. Bauteile in Gebäuden (9/94)
* R Bewert. u. Sanierung **PCP**-belasteter Baustoffe u. Bauteile in Gebäuden (10/96)
V über **Prüfungen** v. techn. Anlagen nach Bauordnungsrecht (3/11)
V **Prüfingenieure** u. Prüfsachverständige nach § 85 (2) MBO - M-PPVO (10/12)
V Anerkenn. als Prüf-, Überwachungs-/Zertifizierungsstelle - PÜZAVO (16.9.08)
R über autom. **Schiebetüren** in Rettungswegen - MAutSchR (12/97)
Schulbau-Richtlinie - MSchulbauR (4/09)
* R über brandschutztechnische Anforderungen an **Systemböden** (9/05)
Muster-Liste der **Technischen Baubestimmungen** - MLTB (6/**2015**)
Übereinstimmungszeichen-VO - MÜZVO (10/97)
Überwachung v. Tätigkeiten mit Bauprodukten u. bei Bauarten - MÜTVO (6/04)
Verkaufsstättenverordnung - MVkVO (9/95, geänd. 7/14)
Versammlungsstättenverordnung - (6/05, geänd. 7/14)
R bauaufsichtli. Anford. an **Wohnformen** f. Menschen mit Pflegebedürftigk. ... - MWR (5/12)

Baden-Württemberg

V Einleit. v. **Abwasser** in öffentl. Abwasseranl. v. 19.4.99 GBl S.181, geänd. 2.12.13 S.389, 441

Überwach. Tätigk. mit **Bauprodukte**n u. Bauarten; V v. 12.11.01 GBl S.630, geänd. 25.1.12 S.65

Anforderungen an Hersteller von **Bauprodukte**n und Anwender von Bauarten; V v. 12.11.01 GBl S.630, geänd. 25.1.12 GBl S.65, 81

Feststellung der wasserrechtlichen Eignung von **Bauprodukte**n und Bauarten durch Nachweise nach der LBO; V v. 21.12.98 GBl 1999 S.57

Verw. **Brandverhütungsschau** v. 17.9.12 GABl S.863, geänd. 3.3.**2015** GABl S.83

Zuwend. zur Erhalt. u. Pflege v. Kultur**denkmalen**; Verw. v. 26.11.12 GABl S.899

DenkmalschutzG v. 6.12.83 GBl S.797, geänd. 9.12.14 GBl S.686

Elektr. Betriebsräume, V v. 28.10.75 GBl S.788 1976 S.256, geänd. 25.1.12 GBl S.65

V zur Durchführung der **EnEV** v. 27.10.09 GABl S.669

FeuerungsV (FeuVO) v. 24.11.95 GBl S. 806, geänd. 25.1.12 GBl S.65, 90

FeuerwehrG v. 2.3.10 Gbl S.333, geänd. 17.12.**2015** Gbl S.1184

Zuständigkeit zur Erteilung der Ausführungsgenehmigung für **Fliegende Bauten**; V v. 18.12.96 GBl 1997 S.4, geänd. 25.1.12 GBl S.65, 90

Ausführungsgenehmigungen für **Fliegende Bauten** ...; Verw. v. 3.8.12 GBl S.663

V über **Garagen** und Stellplätze v. 7.7.97 GBl S.332, geänd. 25.1.12 GBl S.65, 90

V zur Ausführ. des **GaststättenG** v. 18.2.91 GBl S.195, geänd. 20.11.12 S.604, 623

Hinweise ... über den baul. Brandschutz in **Krankenhäuser**n v. 26.4.07 Az 5-2615.5/25

Verbess. der Wohnqualität in den Heimen, **LandesheimbauV** v. 18.4.11 GABl S.197

Allg. AusführungsV zur **LBO BW**) v. 5.2.10 GBl S.25, geänd. 11.11.14 S.501

VerfahrensV zur **LBO** (LBOVVO) v. 13.11.95 GBl S.794, geänd. 25.1.12 S.65

Landesbauordnung **LBO BW** i.d.F. v. 5.3.10 GBl S.358, geänd. 11.11.14 S.501

Dezentr. Beseitig. v. **Niederschlagswasser**, V v. 22.3.99 GBl S.157, geänd. 3.12.13 S.389, 441

Bautechn. **Prüfung** baulicher Anlagen, V v. 10.5.10 GBl S.446, geänd. 25.1.12 S.65

Verw. brandschutztechn. **Prüfung** v. 17.9.12 GABl S.865, geänd. 3.3.**2015** S.82

V über anerkannte **Sachverständige** für die Prüfung techn. Anlagen u. Einrichtungen nach Bauordnungsrecht v. 15.7.86 GBl S.305, geänd. 25.1.12 GBl S.65

Herstellung notwendiger **Stellplätze**; Verw. v. 28.5.**2015** GABl. S.260

Liste der **Techn. Baubestimmungen**; Bek v. 14.11.14 GABl S.738

Verkaufsstätten-V v. 11.2.97 GBl S.84, geänd. 25.1.12 GBl S.65, 89

Versammlungsstätten-V v. 28.4.04 GBl S.311, geänd. 25.1.12 GBl S.65, 90

Verw. **Vordrucke** im baurechtl. Verfahren v. 25.2.10 GABl S.492, geänd. 3.3.**2015** S.83

V über Anlagen zum Umgang mit **wassergefährdenden Stoffen** u. über Fachbetriebe v. 11.2.94 GBl S.182, geänd. 25.1.12 GBl S.65

Anerkenn. als Prüf-, Überwach./Zertifizierungsstellen; V v. 10.5.10 GBl S.455, geänd. 25.1.12 S.65

Bayern

Bayer. **Abgrabung**sG v. 27.12.99 GVBl S.532, geänd. 22.7.14 GVBl S.286, 405
bauaufsichtl. Regel. f. **Bauprodukte** u. Bauarten, V v. 20.9.99 GVBl S.424, geänd. 22.7.14 S.286
BauvorlagenV (BauvorlV) v. 10.11.07 GVBl S.792, geänd. 22.7.14 GVBl S.286
Bayer. Bauordnung (BayBO) i.d.F.v. 14.8.07 GVBl S.587, geänd. 9.5.**2016** S.89
Vollzugshinweise zur **BayBO** 1998, Rund. IIB4-4101-004/92
Vollzugshinweise zur **BayBO** 2008, Rund. v. 13.12.07 IIB4-4101-065/02
Vollzugshinweise zur **BayBO** 2009, Rund. v. 24.7.09 IIB4-4101-022/08
Vollzugshinweise zur **BayBO** 2013, Rund. v. 1.7.13 IIB4-4101-033/11
Bau u. Betrieb v. **Beherbergungsstätt.**, V v. 2.7.07 GVBl S.538, geänd. 8.7.09 S.332
V Verhütung v. **Bränden** v. 29.4.81 GVBl S.101, geänd. 10.12.12 GVBl S.735
Brandschutz in bestehenden Gebäuden, Schreiben v. 25.7.11 IIB7-4112.420-013/11
V über den Entschädigungsfonds nach dem **Denkmalschutz**G v. 1.3.74 BayRS IV S.360, geänd. 12.5.**2015** GVBl 2012 S.82
DenkmalschutzG v. 25.6.1973 BayRS IV S.354, geänd. 12.5.**2015** GVBl S.82
V zur **Eigenüberwachung** von Wasserversorgungs- u. Abwasseranlagen v. 20.9.95 GVBl S.769, geänd. 25.2.10 GVBl S.66
Betriebsräume für **elektr. Anlagen**, V v. 13.4.77 BayRS III S.575, geänd. v. 8.12.97 GVBl S.827
Zuständigkeit. u. Durchführ. der **EnEV**, V v. 22.1.02 GVBl S.18, geänd. 6.9.**2016** S.278
V über die **Feuerbeschau** (FBV) v. 5.6.99 GVBl S.270, geänd. 29.11.07 GVBl S.847
FeuerungsV (FeuV) v. 11.11.07 GVBl S.800, geänd. 7.12.12 GVBl S.732
Fliegende Bauten; Vollzug des Art. 72 BayBO; Bek. v. 8.11.12 AllMBl S.1046
GaragenV v. 30.11.93 GVBl S.910, geänd. 25.4.**2015** GVBl S.148
Bauaufsichtliche Behandlung von **Hochhäuser**n, R v. 21.4.**2015** AllMBl S.274
Kostenverzeichn. zum KostenG, V v. 12.10.01 GVBl S.766, geänd. 16.8.**2016** S.274
V Versickerung v. **Niederschlagswasser** v. 1.1.00 GVBl S.30, geänd. 22.7.14 S.286
V über die **Prüfingenieure**, Prüfämter und Prüfsachverständigen im Bauwesen (PrüfVBau) v. 29.11.07 GVBl 829, geänd. 22.7.14 GVBl S.286
Prüfungen v. sicherheitstechn. Anlag./Einricht., V v. 3.8.01 GVBl S.593, geänd. 29.11.07 S.847
Schulbau V v. 30.12.94 GVBl 1995 S.61, geänd. 17.8.12 GVBl S.443
Liste **Technische Baubestimmungen** Fass. 1/2015, Bek. v. 26.11.14 AllMBl S.537
VerkaufsstättenV v. 6.11.97 GVBl S.751, geänd. 29.11.07 GVBl S.847
VersammlungsstättenV v. 2.11.07 GVBl S.736, geänd. 8.4.13 GVBl S.174
V über Anlagen zum Umgang mit **wassergefährdend**en Stoffen u. über Fachbetriebe (AnlagenV) v. 18.1.06 GVBl S.63, geänd. 22.7.14 GVBl S.286
Vollzug der AnlagenV v. 13.10.08 AllMBl S.656
ZuständigkeitsV im Bauwesen v. 5.7.94 GVBl S.573, geänd. 12.7.**2016** GVBl S.191

Berlin

V über die Andienung gefährlicher **Abfälle** und die Sonderabfallgesellschaft v. 11.1.99 GVBl S.6, geänd. 21.10.13 GVBl S.586

Baugebührenordnung, V v. 17.6.08 GVBl S.156, geänd. 1.2.11 GVBl S.55

AV zu § 82 BauOBln (**Baulasten**verzeichnis) v. 31.3.11 ABl S.657

Berliner **BaumschutzVO** v. 11.1.82 GVBl S.250, geänd. 4.2.**2016** GVBl S.26, 55

Bauordnung Berlin (BauOBln) v. 29.9.05 GVBl S.495, geänd. 17.6.**2016** S.361

Regelungen für **Bauprodukte** u. Bauarten, V v. 26.3.07 GVBl S.148, geänd. 17.12.09 S.887

V über **Bauvorlagen**, bautechnische Nachweise und das Verfahren im Einzelnen v. 19.10.06 GVBl S.1035, geänd. 4.2.**2016** GVBl S.26, 55

Betrieb v. baulichen Anlagen (BetrVO) v. 10.10.07 GVBl S.516, geänd. 18.6.10 S.349

Merkblatt zum **Brandschutz**nachweis, Stand 14.11.14

FörderR zur Erhaltung von **Denkmal**, Verw v. 4.4.14 ABl S.1245

DenkmalschutzG Berlin v. 24.4.95 GVBl. S.274, geänd. 4.2.**2016** GVBl. S.26, 55

V Bau v. Betriebsräumen für **elektrische Anlagen** v. 11.1.10 GVBl. S.4

V zur Durchführ. der **EnEV** v. 18.12.09 GVBl S.222, geänd. 17.12.10 GVBl. S.665

Übertrag. v. bauaufsichtl. Aufgaben f. **Fliegende Bauten**, V v. 12.2.10 GVBl. S.76

V Höhe der Ablösebeträge für **Fahrrad**abstellmöglichkeit. v. 17.9.08 GVBl S.268

FeuerungsV (FeuVO) v. 31.1.06 GVBl S.116, geänd. 28.11.08 GVBl S.468

FeuerwehrG v. 23.9.03 GVBl S.457, geänd. 9.5.**2016** GVBl S.240

GaststättenVO v. 10.9.71 GVBl. S.1778, geänd. 14.12.05 GVBl S.754

AV zu §§ 7 u. 10 **Kinderspielplatz**G v. 17.5.**2016** ABl S.1246

Öffentl. **Kinderspielplätze**; G v. 20.6.95 GVBl. S.388, geänd. 17.12.03 GVBl S.617

MarktüberwachungsVs-DurchführungsG für Bauprodukte v. 13.7.11 GVBl. S.342,

AV zu § 52 BauO Bln (AV **Mustervorschriften**) v. 4.2.14 ABl S.420

V über die Erlaubnisfreiheit für das schadlose Versickern von **Niederschlagswasser** v. 24.8.01 GVBl S.502, geänd. 28.4.**2016** GVBl S.248

G zur Planung und Finanzierung von **Pflegeeinrichtungen** v. 19.7.02 GVBl S.199, geänd. 19.12.05 GVBl S.792, geänd. 22.10.08 GVBl S.294

Bautechnische **Prüfung**sV v. 12.2.10 GVBl S.62, geänd. 20.10.14 GVBl S.383

AV Liste der **Techn. Baubestimmungen** v. 9.7.**2015** ABl S.1589, ber. 10.12.**2015** S.3002

AV über den Vollzug der V über Anlagen zum Umgang mit **wasser**gefährdenden Stoffen und über Fachbetriebe v. 28.4.08 ABl S.1213.

V über Anlagen zum Umgang mit **wasser**gefährdenden Stoffen u. über Fachbetriebe v. 23.11.06 GVBl S.1102, geänd. 12.11.09 GVBl S.642

Neuausricht. der sozialen Wohnraumversorg. in Berlin, G v. 24.11.**2015** GVBl. S.422

G über d. Sozialen **Wohnungsbau** in BE v. 1.7.11 GVBl S.319, geänd. 24.12.**2015** S.442

Brandenburg

Einleit. v. **Abwasser** in öff. Abwasseranlag., V v. 26.8.09 GVBl II S.598, geänd. 19.12.11 I/11 Nr.33
BaugebührenOrdnung, V v. 20.8.09 GVBl II S.562, geänd. 3.8.**2015** II/15 Nr.37
Bbg **Bauordnung** (BbgBO) v. 19.5.**2016** GVBl I/16 Nr.14
Verw. zur Bbg **Bauordnung** v. 18.2.09 Abl S. 459
BautätigkeitenüberwachungsV v. 24.3.05 GVBl II S.161
Bdg **Bautechn. Prüfung**sV v. 10.9.08 GVBl II S.374, zul.geänd. 13.9.**2016** II Nr.46
BauvorlagenV i.d.NeuF v. 28.7.09 GVBl.II S.494
BauzuständigkeitsV v. 28.7.09 GVBl.II Nr.26, geänd. 29.11.10 GVBl II Nr.82
BeherbergungsstättenbauV v. 15.6.01 GVBl II S.216, geänd. 23.3.05 GVBl II S.159
Brand- u. KatastrophenschutzG v. 24.5.04 GVBl S.197, geänd. 23.9.08 S.202
BrandverhütungsschauVO v. 13.12.13 GVBl II S.83
Camping- und WochenendhausplatzV v. 18.5.05 GVBl II S.254
Bbg **Denkmalschutz**gesetz v. 24.5.04 GVBl I S.215
V zur Regelung der Zuständigkeiten nach der **EnEV** v. 21.6.10 GVBl Nr.36
FeuerungsV (BbgFeuV) v. 13.1.06 GVBl II S.58, geänd. 13.9.10 GVBl II Nr.61
R über den Bau u. Betrieb **Fliegende**r **Bauten** v. 30.11.12 Abl S.2153
Verw. Ausführungsgenehmigung f. **Fliegende Bauten** ... v. 1.2.08 Abl S.407
Garagen- u. StellplatzV v. 12.10.94 GVBl II S.948, geänd. 23.3.05 GVBl II S.159
V über die wiederkehrende Prüfung sicherheitstechn. **Gebäudeausrüstung**en in baul. Anlagen v. 1.9.03 GVBl.II S.557, zul.geänd. 13.9.**2016** GVBl II Nr.48
Hersteller- und AnwenderV v. 28.7.09 GVBl II S.518
Bbg **Hochhaus**richtlinie v. 24.6.08 Abl S. 1831, geänd. 29.7.08 ABl S.2043
Krankenhaus- u. Pflegeheim-BauV v. 21.2.03 GVBl.II S.140, geänd. 19.12.06 GVBl II 2007 S.23
PrüfsachverständigenV v. 5.11.09 GVBl.II Nr.38, zul.geänd. 13.9.**2016** GVBl. II Nr.48
Anerkenn. als Prüf-, Überwachungs-/Zertifizierungsstelle ..., V v. 28.7.09 GVBl.II S.520
Einleitung von auf privaten Grundstücken anfallendem **Regenwasser** in die Regenentwässerungsanlagen qualifizierter Straßen, Runderl. v. 26.8.02 ABl 2003 S.876
R über bauaufsichtliche Anforderungen an **Schulen**, Bek. v. 14.9.99 Abl S.1086
Einführung **Technische Baubestimmungen** (Fass. 9/15) v. 28.9.**2015** Abl S.931
ÜbereinstimmungszeichenV v. 20.11.01 GVBl S.632, geänd. 23.3.05 GVBl II S.159
Verkaufsstätten-BauVO v. 21.7.98 GVBl II S.524, geänd. 23.3.05 GVBl II S.159
VersammlungsstättenV v. 29.11.05 GVBl II S.540, geänd. 24.8.12 GVBl II Nr.76
Anlagen zum Umgang mit **wassergefährdenden Stoffen** u. über Fachbetriebem, V v. 19.10.95 GVBl II S.634, geänd. 17.12.09 GVBl II Nr.46
Feststellung d. **wasserrecht**lichen Eignung von Bauprodukten durch Nachweise nach der BbgBO, V v. 21.7.98 GVBl II S.532, geänd. 23.3.05 GVBl II S.159

Bremen

R. zur **barrierefreien Gestaltung** baulicher Anlagen des öffentl. Verkehrsraums, öffentl. Grünanlagen u. öffentl. Spiel- u. Sportstätten v. 24.11.08 ABl S.949

Schutz v. **Baudenkmälern** u. Straßen- u. Landschaftsbildern, V v. 28.8.73 GBl S.203

Baumschutzverordnung v. 5.12.02 GBl. S.647

BauvorlagenV v. 11.5.10 GBl S.327, geänd. 27.5.14 GBl S.263

Bremische LBO (BremLBO) v. 6.10.09 GBl S.401, geänd. 27.5.14 GBl S.263

DenkmalschutzG v. 27.5.75 GBl S.265, geänd. 22.6.04 GBl S.313

V zur Durchführung der **EnEV** und des EEwärmeG v. 8.12.**2015** GBl S.546

Brem **Feuerungs**V v. 16.12.10 GBl S.652, geänd. 27.5.14 GBl S.263

R über den Bau und Betrieb **Fliegender Bauten** v. 8.8.11 ABl S.1205

Ausführungsgenehmigungen für **Fliegende Bauten** u. deren Gebrauchsabnahmen, Verw v. 8.8.11 ABl S.1199

V über **Garagen** u. Stellplätze v. 16.12.10 GBl S.646, geänd. 27.5.14 GBl S.263

Hilfeleistungsgesetz v. 21.6.**2016** GBl S.348, geänd. 2.8.**2016** GBl S.434, 474

Brem. R über den Bau u. Betrieb v. **Hochhäuser**n v. v. 19.6.14 ABl S.586

KostenV Bau v. 3.9.02 GBl S.463, NeuF. v. 22.9.**2015** GBl S.483

KostenV Bau; Preisindexzahlen v. 2.9.**2015** ABl S.1056

G zur Durchführ. der **Marktüberwachung** v. Bauprodukten v. 20.12.11 GBl S.483

Anford. an die dezentr. Beseitig. v. **Niederschlagswasser**, Bek. v. 1.8.14 ABl S.837

V über die **Prüfingenieure** und Prüfsachverständigen v. 7.1.**2016** GBl S.41

Prüfung v. **sicherheitstechn. Anlagen** nach Bauordnungsrecht, V v. 7.1.**2016** GBl S.82

Grundsätze für die Prüfung **sicherheitstechn. Anlagen** ... v. 26.7.11 ABl S.1191

Einführ. von techn. Regeln als **Techn. Baubestimmungen** v. 21.8.**2015** ABl S.1059

Anlagen zum Umgang mit **wassergefährdenden Stoffen**, V v. 23.12.05 GBl 2006 S.1

Hinweise zum Vollzug der V über Anlagen zum Umgang mit **wassergefährdenden Stoffen**, Bek. v. 1.9.95 ABl S.788

Bauaufsichtl. Behandlung von Flüchtlings- u. Asylbewerberunterkünften im Land Bremen v. 11.4.**2016**, Oberste Bauaufsichtsbehörde im FB-01 und Referat 65

Hamburg

Nachweise im Bereich der **Abwasserbeseitigung**, V v. 7.9.93 GVBl S.259, geänd. 12.9.07 S.288

Baugebührenordnung v. 23.5.06 GVBl S.261, geänd. 21.7.**2016** AmtAnz S.1265

BaumschutzV v. 17.9.48 BL I 791-i, geänd. 11.5.10 GVBl S.350, 369

Bauordnung (HBauO) v. 14.12.05 GVBl S.525, geänd. 17.2.**2016** GVBl S.63

V über die Überwachung von Tätigkeiten mit **Bauprodukte**n u. bei Bauarten v. 20.5.03 GVBl S.133, geänd. 3.7.07 GVBl S.194

V über Anforderungen an Hersteller von **Bauprodukte**n u. Anwender von Bauarten v. 20.5.03 GVBl S.132, geänd. 21.12.10 GVBl S.655

V Feststell. wasserrechtl. Eignung v. **Bauprodukte**n u. Bauarten v. 30.7.02 GVBl S.223

Bauprüfdienst 05/12, brandschutztechnische Auslegungen (BTA)
– Liste der Prüfdienste unter *www.hamburg.de/start-baupruefdienste/*

BauvorlagenV v. 14.12.10 GVBl S.643, geänd. 4.3.14 GVBl S.87

V über den Bau und Betrieb von **Beherbergungsstätten** v. 5.8.03 GVBl S.448

Brandverhütungsschau; V v. 1.12.09 GVBl S.403, geänd. 17.1.12 GVBl S.8, 13

DenkmalschutzG v. 5.4.13 GVBl S.142

FeuerungsV v. 25.9.07 GVBl S.338, geänd. 2.11.10 GVBl S.582

V Bau u. Betrieb v. **Garagen** v. 17.1.12 GVBl S.8

V über den Betrieb von **Gaststätten** v. 27.4.71, geänd. 21.12.10 GVBl S.655

V erlaubnisfreie Versickerung von **Niederschlagswasser** auf Wohngrundstücken v. 23.12.03 GVBl 2004 S.6

V über Prüfingenieurinnen u. Prüfingenieure, Prüfsachverständige u. Technische **Prüfungen** v. 14.2.06 GVBl S.79, geänd. 17.1.12 GVBl S.8

Liste der **Techn. Baubestimmungen** Fass. 2/2015 v. 2.2.**2015** AmtAz S.435

ÜbereinstimmungszeichenV v. 20.5.03 GVBl S.134

V über die Anerkennung als Prüf-, **Überwachung**s- oder Zertifizierungsstelle nach Bauordnungsrecht v. 28.4.98 GVBl S.53, geänd. 21.12.10 GVBl S.655

V Bau und Betrieb von **Verkaufsstätten** v. 5.8.03 GVBl S.413

VersammlungsstättenV v. 5.8.03 GVBl S.420, geänd. 1.3.11 GVBl S.91

V über Anlagen zum Umgang mit **wassergefährdende**n **Stoffe**n u. über Fachbetriebe (**AnlagenV**) v. 19.5.98 GVBl S.71, geänd. 21.12.10 GVBl S.655

Hinweise zum Vollzug der **AnlagenV** v. 1.7.02, Amtl Anz S.3073

Hmg **Wohnraum**förderungsG v. 19.2.08 GVBl S.74, geänd. 21.5.13 GVBl S.244

WohnraumschutzG v. 8.3.82 GVBl S.47, geänd. 21.5.13 GVBl S.244

Zuständigkeit. im Bauordn.wesen, Anord. v. 8.8.06 Amtl Anz S.2087, geänd. 3.5.**2016** S.917

Organisation u. Inhalte der praktischen Tätigkeit von **Architekten** unter Aufsicht, V v. 19.4.**2016** GVBl S.176

Hessen

Bauordnungsrechtl. Regelungen f. **Bauprodukte** u. Bauarten; V v. 20.1.04 GVBl I S.56, geänd. 13.11.12 GVBl I S.423

Feststellung d. wasserrechtl. Eignung v. **Bauprodukte**n u. Bauarten durch Nachweise nach HBO, V v. 20.5.98 StAnz S.228

V über Nachweisberechtigte für **bautechnische Nachweise** v. 3.12.02 GVBl. I S. 729, geänd. 24.11.**2015** GVBl I S.546

Bauvorlagen Erl. v. 2.8.12 StAnz S.947, geänd. 3.9.13 StAnz S.1175

Bek Hess. **Beherbergungsstätten** v. 15.11.**2015** StAnz S.1272

Brandschutz, allgemeine Hilfe u. Katastrophenschutz, G v. 14.1.14 GVBl S.26

DenkmalschutzG v. 5.9.86 GVBl IS.270, geänd. 30.11**2015** GVBl I S.523

Feuerungsanlagen u. Brennstofflag., V v. 3.2.09 GVBl I S.30, geänd. 3.11.14 S.269

R über den Bau u. Betrieb **Fliegender Bauten** 6/10, Erl. v. 16.1.13 StAnz S.301

GaragenVO v. 17.11.14 GVBl S.286

Organisation u. Durchführ. d. **Gefahrenverhütungsschau**, V v. 28.1.11 GVBl I S.140, geänd. 21.2.13 GVBl I S.89

Hess. Bauordnung (HBO) v. 15.1.11 GVBl I S.46, 180, geänd. 30.11.**2015** S.457

Handlungsempfehlungen zum Vollzug der **HBO** v. 22.1.04 StAnz. S.746, akt. 10/14

R über den Bau und Betrieb von **Hochhäuser**n 4/08, Erl v. 26.1.13 StAnz S.1528

V über **Prüfberechtigte** u. Prüfsachverständige nach HBO v. 18.12.06 GVBl I S.745, geänd. 24.11.**2015** GVBl I S.546

Bek der für die Festsetzung der Bauaufsichtsgebühren maßgeblichen durchschnittlichen **Rohbaukosten** v. 13.8.**2015** StAnz. S.917

Bek. Muster-**Schulbau**-R (MSchulbauR 4/2009), Erl v. 7.7.**2015** StAnz S.739

Prüfung **techn. Anlagen** u. Einrichtung. in Gebäuden, V. v. 18.12.06 GVBl I S.745, 759, geänd. 20.11.12 GVBl I S.410

Liste der **Technischen Baubestimmungen** (6/2015); Erl. v. 10.3.**2016** StAnz S.369

R für die wiederkehrende **Überprüfung** der Standsicherheit u. Verkehrssicherheit von baulichen Anlagen v. 30.6.11 StAnz S.1347

Anerkennung als Prüf-, **Überwachung**s- oder Zertifizierungsstelle nach Bauordnungsrecht, V v. 24.11.10 GVBl. I S.484, geänd. 13.11.12 GVBl I S.423

Bau u. Betrieb v. **Verkaufsstätten** (MVkVO 09/95), Erl. v. 21.11.13 StAnz S.1528

Hess. **Versammlungsstätten**R 06/05; eingeführt d. Erl. v. 3.12.**2015** StAnz S.1415

Anlagen zum Umgang mit **wassergefährdenden Stoffen** u. über Fachbetriebe (AnlagenV) v. 16.9.93 GVBl I S.409, geänd. 4.12.13 GVBl I S.663

Mecklenburg-Vorpommern

V über **Bauprodukte** und Bauarten nach der LBauO M-V v. 10.7.06 GVOBl. S.610, geänd. 14.7.**2015** GVOBl S.190

Bauvorlagen u. bauaufsichtliche Anzeigen, V v. 10.7.06 GVOBl S.612, geänd. 28.6.**2016** S.519

BeherbergungsstättenV v. 12.2.02 GVOBl S.119

Brandschutz- und technische HilfeleistungsG NeuF. v. 21.12.**2015** GVOBl S.254, ber. 5.1.**2016** GVOBl S.20

Handlungsempfehlungen zum vorbeugenden **Brandschutz** ... von vollstationären Pflegeeinrichtungen der 4. Generation v. 28.7.09

R zur Förderung des **Brandschutz**wesens, Verw v. 17.3.05 ABl 538, geänd. 14.12.**2015** S.865

Brandverhütungsschau, V v. 3.5.04 GVOBl S.184

V **Camping**- u. Wochenendplätze v. 9.1.96 GVOBl S.84, geänd. 7.12.10 S.771

DenkmalschutzG v. 6.1.98 GVOBl S.12, 247, geänd. 12.7.10 GVOBl S.383

R Bau u. Betrieb v. Betriebsräumen für **elektrische Anlagen** v. 23.3.09 ABl S.357

V zur Durchführung der **EnEV** v. 21.9.10 GVOBl S. 521

FeuerungsVO v. 10.7.06 GVOBl S.620, geänd. 6.7.10 GVOBl S.407

R Bau und Betrieb **Fliegender Bauten** v. 29.8.12 ABl S.701

Ausführungsgenehmigungen für **Fliegende Bauten** ..., Verw v. 23.3.09 ABl S.359

GaragenV v. 8.3.13 GVOBl S.254

V **Gebühren** u. Auslagen für Amtshandlungen der Bauaufsicht v. 10.7.06 GVOBl. S.588, geänd. 14.4.**2016** GVOBl S.171, 192

Indexzahl für anrechenbare Bauwerte nach der u. der Prüfingenieure- u. PrüfsachverständigenV v. 27.7.**2016** ABl. S.872

R Bau und Betrieb von **Hochhäuser**n v. 23.3.09 ABl S.349

Bauordnung **LBauO** M-V i.d.Fass. v. 15.10.**2015** GVOBl S.102, geänd. 21.12.**2015** GVOBl S.590, ber. 20.1.**2016** GVOBl S.28

Handlungsempfehlungen zum Vollzug der **LBauO** M-V Stand Febr. 2013

V über die Anerkennung als **Prüf**-, Überwachungs- oder Zertifizierungsstelle nach Bauordnungsrecht v. 21.9.10 GVOBl S.521

V über die **Prüfingenieure** und Prüfsachverständigen v. 14.4.**2016** GVOBl S.171

R über bauaufsichtliche Anforderungen an **Schulen** v. 23.3.09 ABl S.347

Liste der **Techn. Baubestimmungen** v. 30.9.**2015** ABl S.587

VerkaufsstättenVO v. 24.5.96 GVOBl S.561, geänd. 18.4.01 GVOBl S.140

V Bau und Betrieb von **Versammlungsstätten** v. 28.4.03 GVOBl S.310

V über Anlagen zum Umgang mit **wassergefährdende**n **Stoffe**n u. über Fachbetriebe v. 5.10.93 GVOBl S.887, geänd. 17.7.11 GVOBl S.862

Vollzug der AnlagenV (wassergefährdenden Stoffe), Verw v. 5.10.93 ABl S.1697

Niedersachsen

Baugebührenordnung v. 13.1.98 GVBl S.3, geänd. 4.9.14 GVBl S.258

Baugebührenordnung; Preisindexzahl, Rund. v. 2.9.**2015** MBl S.1148

V zur Feststellung der wasserrechtl. Eignung v. **Bauprodukten** u. Bauarten durch Nachweise nach der NBauO v. 25.2.99 GVBl S.69, geänd. 13.11.12 GVBl S.433

V über **Bauvorlagen** u. die Einrichtung von automatisierten Abrufverfahren für Aufgaben der Bauaufsichtsbehörden v. 7.11.12 GVBl S.419

Brandschutz u. Hilfeleistung, G v. 18.7.12 GVBl S.269, geänd. 12.12.12 GVBl S.589

Campingplätze, Wochenendplätze u. Wochenendhäuser, V v. 12.4.84 GVBl S.109, geänd. 13.11.12 GVBl S.438

DenkmalschutzG v. 30.5.78 GVBl S.517, geänd. 26.5.11 GVBl S.135

V über den Bau von **elektr. Betriebsräumen** v. 25.1.11 GVBl S.19

Durchführung der **EnEV**, V v. 18.8.08 GVBl S.269, geänd. 21.7.**2015** GVBl S.159

FeuerungsV v. 27.3.08 GVBl S.96, geänd. 13.11.12 GVBl S.438

R Bau und Betrieb **Fliegender Bauten** v. 25.9.12 MBl S.743

Zuständ. Stelle f. Ausführ.genehm. für **fliegende Bauten**, Bek v. 26.2.**2016** MBl S.284

Bau u. Betrieb von **Garagen**; V v. 4.9.89 GVBl S.327, Fass. v. 11.10.12 S.401

V über Mindestanforderungen an **Kindertagesstätten** v. 28.6.02 GVBl S.323, geänd. 18.12.14 GVBl S.477

Bauordnung (**NBauO**) v. 3.4.12 GVBl S.46, geänd. 23.7.14 GVBl S.206

Allg. Durchführ.V zur **NBauO** v. 26.9.12 GVBl S.382, geänd. 13.11.12 GVBl S.438

Bautechnische **PrüfungsVO** v. 24.7.87 GVBl S.129, geänd. 16.9.13 GVBl S.239

V anerkannte Sachverständige (**Prüfung** techn. Anlagen) v. 4.9.89 GVBl S.325, geänd. 13.11.12 GVBl S.438

R Bauaufsichtl. Anforderung. an **Schulen** v. 11.8.00 MBl S.519, geänd. 12.11.12 S.997

Liste **Techn. Baubestimmungen** (12/2015) v. 30.12.**2015** MBl 2016 S.361

V über das **Übereinstimmungszeichen** v. 12.9.02 GVBl S.392, geänd. 13.11.12 S.438

VerkaufsstättenV v. 17.1.97 GVBl S.31, geänd. 13.11.12 GVBl S.438

V Anerkenn. als Prüf-, **Überwachungs**- o. Zertifizierungsstelle v. 14.2.97 GVBl S.58, geänd. 13.11.12 GVBl S.438

VersammlungsstättenV v. 8.11.04 GVBl S.426, geänd. 13.11.12 GVBl S.438

Anlagen zum Umgang mit **wassergefährdenden Stoffen**; V v. 17.12.97 GVBl S.549, geänd. 24.1.06 GVBl S.41

WohnraumförderG v. 29.10.09 GVBl S.403, geänd. 23.7.14 GVBl S.208

V zur Durchführung des NWoFG v. 21.1.11 GVBl S.16

R Soziale **Wohnraumförderung** v. 1.9.11 MBl S.718, geänd. 7.1.**2016** MBl S.97

Nordrhein-Westfalen

G zur Ordnung v. **Abgrabungen** v. 23.11.79 GV S.922, geänd. 19.6.07 GV S.226

Bauordnung (**BauO NW**) i.d.F.v. 1.3.00 GV S.256, geänd. 20.5.14 GV S.294

Bauprodukte- und BauartenV v. 17.11.09 GV S.717, geänd. 24.11.14 GV S.847

Camping- u. Wochenendplätze; V v. 24.3.11 GV S.197, geänd. 24.11.14 GV S.847

DenkmalschutzG v. 11.3.80 GV S.226, 716, geänd. 16.7.13 GV S.488

Verw zur Ausführung des **Denkmalschutz**G v. 11.4.14 GV S.280

V zur Umsetzung der **EnEV** v. 31.5.02 GV S.210, geänd. 10.5.**2016** GV S.246

FeuerungsV v. 11.3.08 GV S.338, geänd. 29.11.12 GV S.616

Brandschutz, Hilfeleistung u. Katastrophenschutz, G v. 17.12.**2015** GV S.886

Fliegende Bauten v. 20.2.08 MBl S.114, Fass. 6/2010, geänd. 22.5.12 MBl S.460

Allg. Verwaltungs**gebühren**ordn. v. 3.7.01 GV S.262, geänd. 5.7.**2016** GV S.540

R brandschutztechn. Anford. an **Leitungsanlagen** (3/2000), Erl v. 20.8.01 MBl S.1253

R brandschutztechn. Anford. an Lüftungsanlagen (5/2003), Erl v. 10.6.03 MBl S.618, geänd. 28.2.08 MBl S.130

Durchführ. der **Marktüberwachung** harmon. Bauprodukte, G v. 25.3.**2015** GV S.310

R über bauaufsichtl. Anford. an den Bau und Betrieb von Einrichtungen mit **Pflege**- und Betreuungsleistungen v. 17.3.11 MBl S.125

V über die Bautechn. **Prüfung** v. 6.12.95 GV S.1241, geänd. 24.11.14 MBl S.847

Verw. zur Bautechn.**Prüfung**sV v. 8.3.00 MBl S.478, geänd. 23.1.06 MBl S.57

V über die **Prüfung** techn. Anlagen u. wiederkehrende Prüfungen von Sonderbauten (PrüfV) v. 24.11.09 GV S.723, geänd. 30.9.14 GV S.615

Festlegung der **Rohbauwerte** und des Stundensatzes … v. 8.8.**2016** MBl S.491-510

V über staatlich anerkannte **Sachverständige** nach der LBO v. 29.4.00 GV S.422, geänd. 17.12.**2015** GV S.886

R bauaufsichtl. Anford. an **Schulen** v. 5.11.10 MBl S.830, geänd. 20.11.**2015** MBl S.796

Brandschutztechnische Ausstattung und Verhalten in **Schulen** bei Bränden, Rund. v. 19.5.00 GV S.650, geänd. 3.11.14 MBl S.646

Bau u. Betrieb von **Sonderbauten**, V v. 17.11.09 GV S.682, geänd. 24.11.14 S.847

Einführ. **Techn. Baubestimmungen** v. 8.11.06 MBl S.582, geänd. 4.2.**2015** S.166

V über eine **Umwandlungsgenehmigung** in Gebieten zur Erhaltung der Zusammensetzung der Wohnbevölkerung v. 17.3.**2015** GV S.255

Verw Vollzug V Anl. zum Umgang mit **wassergefährd. Stoffen** v. 16.7.07 MBl S.434

V Anlagen zum Umgang mit **wassergefährdenden Stoffen** v. 23.3.04 GV S.146, geänd. 8.7.**2016** GV S.559

WohnraumförderungsG v. 8.12.09 GV S.772, geänd. 10.4.**2014** GV S.269

Wohnungsbauförderungsbestimm. v. 26.1.06 MBl S.116, geänd. 21.1.**2016** S.91

Rheinland-Pfalz

Anforderungen an Hersteller v. **Bauprodukte**n u. Anwender von Bauarten; V v. 16.7.01 GVBl. S.179, geänd. 8.12.09 GVBl S.382

Überwach. v. Tätigkeiten mit **Bauprodukte**n u. bei Bauarten; V v. 11.7.01 GVBl. S.179

Prüfingenieurinnen u. Prüfingenieure für **Baustatik** v. 11.12.07 GVBl 2008 S.3, geänd. 9.3.11 S.47

Bauunterlagen u. die bautechn. Prüf. v. 16.6.87 GVBl S.165, geänd. 24.9.07 S.197

Anwendung von Bestimmungen der **Betriebssicherheits**V auf bauliche Anlagen und Einrichtungen, V v. 27.10.06 GVBl S.357

Brand- u. KatastrophenschutzG v. 2.11.81 GVBl S.247, geänd. 8.3.**2016** S.173

Sachverständige für baulich. **Brandschutz**; V v. 25.3.97 GVBl. S.133, geänd. 8.12.09 GVBl. S.382

CampingplatzV v. 18.9.84 GVBl S.195, geänd. 16.12.02 GVBl S.481

DenkmalschutzG v. 23.3.1978 GVBl S.159, geänd. 3.12.14 GVBl S.245

Betriebsräume für **elektr. Anlagen**, V v. 6.7.77 GVBl S.254, geänd. 16.12.02 S.481

Sachverständige f. **Erd- u. Grundbau**, V v. 17.9.02 GVBl. S.372, geänd. 8.12.09 S.382

FeuerungsV v. 7.02.97 GVBl S.116

Zuständigkeit u. Vergütung für die Erteilung v. Ausführungsgenehmigungen für **Fliegende Bauten**; V v. 21.5.97 GVBl S.156, geänd. 6.6.11 GVBl S.179

Bau u. Betrieb v. **Garagen**; V. v. 13.7.90 GVBl S.243, geänd. 16.12.02 GVBl S.481

Gaststätten-V v. 2.12.71 GVBl S.274, geänd. 11.8.05 GVBl S.365

Gebühren u. Vergütungen für Amtshandlungen u. Leistungen nach dem Bauordnungsrecht, V v. 9.1.07 GVBl S.22, geänd. 4.12.12 GVBl S.380

V **Gefahrenverhütungs**schau v. 22.12.75 GVBl 1976 S.21, geänd. 5.4.05 GVBl S.98

V Prüf. **haustechn. Anlagen** u. Einrichtungen v. 13.7.90 GVBl S.248, geänd. 22.12.09 GVBl S.399

Zahl, Größe, Beschaffenheit der **Kfz-Stellplätze**; Verw. v. 24.7.00 MBl S.231

Landesbauordnung (**LBauO**) v. 24.11.98 GVBl S.365, geänd. 15.6.**2015** GVBl S.77

Hinweise zum Vollzug der **LBauO**; Rund. v. 29.10.**2015** (13 200-463)

V über Zuständigkeiten nach dem Bauproduktengesetz u. der Marktüberwachung von harmonisierten Bauprodukten v. 19.1.14 GVBl S.197

Bauaufsichtl. Anford. an **Rettungswege** in Gebäuden, Rund. v. 17.3.89 MBl. S.155

Festlegung der **Rohbauwerte** und des Stundensatzes v. 8.8.2016 MBl. S.507

Bauaufsichtliche Anforderungen an **Schulen**, Rundschr. v. 18.3.04 MBl S.156

Einführ. von **Techn. Baubestimmungen** (3/2014), Verw. v. 1.10.**2015** MBl. S.154

V über das **Übereinstimmungszeichen** v. 14.9.01 GVBl S.235

VerkaufsstättenV v. 8.7.98 GVBl S.229, geänd. 16.12.02 GVBl S.481

VersammlungsstättenV v. 17.7.72 GVBl S.257, 371, geänd. 13.7.90 GVBl S.248

V über Anlagen zum Umgang mit **wassergefährdenden Stoffen** und über Fachbetriebe v. 1.2.96 GVBl S.121, geänd. 14.7.**2015** GVBl S.127

Saarland

R über bauaufsichtliche Anforderungen an Altenheime, **Altenwohnheime** u. Pflegeheime u. Wohnheime für Behinderte; Erl. v. 11.2.00 ABl S.145

Zuständigkeiten für Durchführ. der V über das In-Verkehr-Bringen v. Heizkesseln u. Geräten nach v. 7.11.13 ABl S.317, geänd. 15.7.**2015** S.632

BauvorlagenV v. 15.6.11 ABl S.254, geänd. 12.11.**2015** S.888

BeherbergungsstättenV v. 25.8.08 ABl S.1520, geänd. 12.11.**2015** ABl S.888

G über den **Brandschutz**, die Technische Hilfe und den Katastrophenschutz v. 29.11.06 ABl S.2207, geänd. 17.7.**2015** ABl S.454

CampingplatzV v. 22.6.99 ABl S.1158, geänd. 15.7.**2015** ABl S.632

DenkmalschutzG v. 19.5.04 ABl S.1498, geänd. 13.10.**2015** ABl S.790

V Bau von Betriebsräumen für **elektrische Anlagen** v. 27.1.14 ABl S.17

FeuerungsV v. 27.1.14 ABl S.11

Verw über Ausführungsgenehmigungen für **Fliegende Bauten** ... v. 14.1.13 ABl S.141

GaragenV v. 1.11.76 ABl S.951, geänd. 25.8.08 ABl. S.1470

Gebührenverzeichniss für die Bauaufsichtsbehörden, V v. 3.9.**2015** ABl S.656

Gefahrenverhütungsschau, V v. 6.2.09 ABl S. 414, geänd. 12.11.**2015** ABl. S.888

Hersteller- u. AnwenderV v. 22.6.**2015** ABl S.399

Bau u. Betrieb v. **Hochhäusern**, V v. 26.1.11 ABl S.24, geänd. 12.11.**2015** S.888

KrankenhausbauR v. 1.3.03 GMBl S.406, geänd. 17.7.08 GMBl S.1538

Landesbauordnung (**LBO**) v. 18.2.04 ABl S. 822, geänd. 13.7.**2016** ABl S.714

Festsetzung der **Rohbaupreise**, Bek. v. 18.12.12 ABl S.62

Prüfungen von techn. Anlagen u. Einrichtungen nach der LBO, V v. 26.1.11 ABl S.30, geänd. 12.11.**2015** ABl S.888

Prüfberechtigte u. -sachverständige nach LBO, V v. 26.1.11 ABl S.30 geänd. 22.6.**2015** S.397

R über bauaufsichtl. Anforderungen an **Schulen**; Erl. v. 19.12.11 GMBl 2012 S.123

Brandschutz in bestehenden **Schulen**, Erl. v. 30.10.92 GMBl S.489

Einführ. Liste der **Techn. Baubestimmungen** (7/2015), Bek. v. 13.7.**2015** ABl S.695

Übereinstimmungszeichen; V v. 14.8.96 ABl S.938, geänd. 18.2.04 ABl. S.822

Anerkennung als Prüf-, **Überwachung**s- u. Zertifizierungsstelle nach der LBO; V v. 26.1.11 Abl S.49, geänd. 12.11.**2015** ABl S.888

VerkaufsstättenV i.d.F. v. 25.9.00 ABl S.1934, geänd. 15.7.**2015** ABl. S.632

VersammlungsstättenV i.d.F. v. 25.8.08 ABl S.1489, geänd. 16.11.12 ABl. S.450

V Anlagen zum Umgang mit **wassergefährdenden Stoffen** u. über Fachbetriebe v. 1.6.05 ABl S.830, geänd. 8.12.**2015** ABl S.2219

V zur Feststellung der **wasserrechtlichen** Eignung von Bauprodukten u. Bauarten durch Nachweise nach der LBO v. 7.12.99 ABl 2000 S.214, geänd. 18.2.04 ABl. S.822

Sachsen

V über die Regelungen für **Bauprodukte** u. Bauarten nach Bauordnungsrecht v. 29.7.04 GVBl S.403, geänd. 2.6.14 GVBl S.312

G über den **Brandschutz**, ... v. 24.6.04 GVBl S.254, geänd. 10.8.**2015** GVBl S.466

V über die Feuerwehren u. die **Brandverhütungsschau** v. 21.10.05 GVBl S.291, geänd. 20.8.12 GVBl S.458

Empfehlungen zur Durchführ. der **Brandverhütungsschau** v. 29.4.**2016** ABl S.607

VwV Zumutbarkeit des **Denkmal**erhalts v. 12.6.13 GVBl S.632

Sächs. **Denkmal**schutzG v. 3.3.93 GVBl S.229, geänd. 2.4.14 GVBl S.234

Zuwend. zur Erhalt./Pflege v. sächs. Kultur**Denkmale**n, Verw v. 18.2.09 GVBl S.85, geänd. 11.9.**2014** GVBl S.646

Durchführung der **EnEV**, V. v. 14.11.08 GVBl S.630

Sächsische **Feuerung**sVO v. 15.10.07 GVBl S.432, geänd. 13.7.11 GVBl S.312

Sächs. **Garagen**- und StellplatzV v. 13.7.11 GVBl S.312

Empfehl. zu den räuml. Anford. an **Kinder**tageseinrichtung., Bek. v. 2.6.05 ABl S.522

V über die bautechnische **Prüfung** v. wasserwirtschaftlichen Anlagen v. 17.1.95 GVBl S.91, geänd. 12.6.14 GVBl S.363

Bautechn. **Prüfung** v. Bauvorhaben, Verw v. 30.8.05 ABl S.890, geänd. 1.3.12 S.336

Bautechn. **Prüfung** baulicher Anlagen in öffentl. Straßen; V v. 14.8.96 GVBl S.372, geänd. 2.3.12 GVBl S.163

Bautechn. **Prüfung** baulicher Anlagen in öffentl. Straßen, Verw. v. 13.12.11 Abl S.110

Tabelle der durchschnittlichen **Rohbauwerte**; Bek v. 11.3.**2016** ABl S.407

Bauordnung (**SächsBO**) i.d.NeuF v. 11.5.**2016** GVBl S.186

DurchführungsV zur (**SächsBO)** v. 2.9.04 GVBl S.427, geänd. 8.10.14 GVBl S.647

Verw. zur **SächsBO** v. 18.3.05 ABl S.57, geänd. 7.8.12 ABl S.1031 – mit Anlagen:

– R über den Bau v. Betriebsräumen für **elektr. Anlagen**

– R über den Bau u. Betrieb von **Beherbergungsstätten**

– R über den Bau u. Betrieb v. **Verkaufsstätten**

– R über den Bau u. Betrieb von **Schulen**

– R über den Bau u. Betrieb **Fliegender Bauten**

Prüfung **techn. Anlagen** u. Einrichtungen nach Bauordnungsrecht; V v. 7.2.00 GVBl S.127, geänd. 8.10.14 GVBl S.647

Liste der eingeführten **Techn. Baubestimmungen**, Bek. v. 2.3.**2015** ABl S.166

Sächs. **Versammlungsstätten**V v. 7.9.04 ABl S.443, geänd. 8.10.14 GVBl S.647

Vordrucke im bauaufsichtlichen Verfahren, Verw. v. 29.4.**2016** ABl S.468, ber. 759

V Anlagen zum Umgang mit **wassergefährdenden Stoffen** v. 18.4.00 GVBl S.223, geänd. 12.7.13 GVBl S.503

Sachsen-Anhalt

BaugebührenVO v. 4.5.06 GVBl S.315, geänd. 28.3.14 GVBl S.96

Bauordnung (BauO-LSA), Neuf. v. 10.9.13 GVBl S.440, zul.geänd. 28.9.**2016** S.254

Anford. an Herstell. v. **Bauprodukte**n u. Anwender v. Bauarten, V v. 27.3.06 GVBl S.174, geänd. 6.9.13 GVBl S.477

Überwach. v. Tätigkeit. mit **Bauprodukte**n u. Bauarten, V v. 27.3.06 GVBl S.169, geänd. 6.9.13 GVBl S.477

Feststell. wasserrechtl. Eignung v. **Bauprodukte**n u. Bauarten, V v. 27.3.06 GVBl S.173

V über **Bauvorlagen** u. bauaufsichtliche Anzeigen (BauVorlVO) v. 8.6.06 GVBl S.351, geänd. 25.7.14 GVBl S.377

Öff. Bek. von Vordrucken gemäß **BauvorlVO** v. 25.8.14 MBl S.423

V über den Bau und Betrieb von **Beherbergungsstätten** v. 20.5.08 GVBl S.160, geänd. 26.5.**2015** GVBl S.191, 196

V über den Bau von **Betriebsräume**n für elektrische Anlagen v. 19.10.09 GVBl S.511

Brandschutz- u. HilfeleistungsG v. 7.6.01 GVBl S.190, geänd. 17.6.14 S.288, 341

V über die **Brandsicherheitsschau** v. 23.8.04 GVBl S.528

V **Camping**-/Wochenendplätze v. 14.7.06 GVBl S.412, geänd. 6.9.13 GVBl S.477

DenkmalschutzG v. 21.10.91 GVBl S.368, geänd. 20.12.05 GVBl S.769

Energieeinspar-DurchführungsV v. 23.9.10 GVBl S.506

FeuerungsV v. 27.3.06 GVBl S.177, geänd. 20.10.08 GVBl S.374

Fliegende Bauten, Verw v. 4.7.11 MBl S.260, mit Anh. 1: R Bau u. Betrieb Fliegender Bauten

GaragenV v. 14.9.06 GVBl S.495, geänd. 26.5.**2015** GVBl S.191

Prüfingenieure u. -sachverständige, V v. 25.11.14 GVBl S.476, geänd. 26.5.**2015** S.191, 197

R über bauaufsichtliche Anforderungen an **Schulen** v. 29.3.10 MBl S.203

Techn. Anlagen u. Einrichtungen nach Bauordnungsrecht, V v. 29.5.06 GVBl S.337 geänd. 25.11.14 GVBl S.475

Liste der **Techn. Baubestimmungen**, RdErl. v. 3.11.14 MBl S.655

V über das **Übereinstimmungszeichen** v. 27.3.06 GVBl S.168

Anerkenn. als Prüf-, **Überwachung**s- od. Zertifizierungsstelle, V v. 27.3.06 GVBl S.170, geänd. 13.11.09 GVBl S.588

Bau u. Betrieb von **Versammlungsstätten**, V v. 20.5.08 GVBl S.163, geänd. 26.5.**2015** S.191

Anlagen zum Umgang mit **wassergefährdenden Stoffen**, V v. 28.3.06 GVBl S.183, geänd. 24.1.12 GVBl S.40

R für **Windenergieanlagen**; Einwirkungen u. Standsicherheitsnachweise für Turm u. Gründung (10/*2012*), Bek. v. 1.7.13 MBl S.374

Gewährung v. Zuwendungen zur Bildung selbst genutzten **Wohneigentum**s, R v. 7.8.12 MBl S.500, geänd. 1.10.**2015** MBl S.674

Schleswig-Holstein

Vereinfachung des **bauaufsichtl. Verfahrens** v. 10.3.10 GVBl S.379, geänd. 28.1.**2015** S.52

Organisatorische Maßnahmen zur Vereinfach. u. Beschleunigung der **bauaufsichtlichen Verfahren**; Erl. v. 29.3.07 ABl S.274

BaugebührenV v. 1.4.09 GVOBl S.178, geänd. 14.6.**2016** GVOBl S.369

V über Anforderungen an Hersteller(innen) von **Bauprodukt**en und Anwender(innen) von Bauarten v. 6.12.09 GVOBl S.891, geänd. 10.12.14 GVOBl S.569

wasserrechtl. Eignung v. Bauprod./Bauarten, V v. 25.11.09 GVOBl S.859, geänd. 21.11.14 S.379

BauvorlagenV v. 24.3.09 GVOBl S.161, geänd. 11.3.14 GVOBl S.66

Bau u. Betrieb v. **Beherbergungsstätten**, V v. 14.10.09 GVOBl S.725, geänd. 16.5.14 S.106

BrandschutzG v. 10.2.96 GVOBl S.200, geänd. 6.7.**2016** GVOBl S.552

Brandverhütungsschau; V v. 4.11.08 GVOBl S.586, geänd. 16.3.**2015** GVOBl S.96

Camping- u. WochenendplatzV v. 13.7.10 GVOBl S.522, geänd. 24.7.**2015** GVOBl S.301

DenkmalschutzG i.d.F.v. 30.12.14 GVOBl 2015 S.2

Betriebsräume für **elektrische Anlagen**, V v. 23.11.09 GVOBl S.856, geänd. 21.11.14 S.376

FeuerungsV v. 30.11.09 GVOBl S.885, geänd. 21.11.14 GVOBl S.377

GaragenV v. 30.11.09 GVOBl S.873, geänd. 21.11.14 GVOBl S.377

Verw. Ausführungsgenehmigung für **Fliegende Bauten** (mit R über den Bau und Betrieb Fliegender Bauten 6/2010), Erl. v. 5.6.13 ABl S.426

Hochhausrichtlinie v. 17.8.11 ABl S.591, geänd. v. 5.8.**2016** Abl S.734

Standardprogramm für **Krankenhäuser** in SH (8/2012) v. 31.8.12 ABl S.875

Landesbauordnung S-H v. 22.1.09 GVOBl S.6, geänd. 14.6.**2016** GVOBl S.369

V über die **Prüfingenieur**innen/Prüfingenieure für Standsicherheit sowie Prüfsachverständigen v. 21.11.08 GVOBl S.705, geänd. 14.6.**2016** GVOBl S.369

Bauaufsichtl. Anforder. an **Schulen**, R v. 18.8.10 ABl S.641, geänd. 13.7.**2015** S.856

V Prüf. **techn. Anlagen** u. Einricht. nach BO v. 10.11.09 GVOBl S.736, geänd. 21.11.14 S.378

Grundsätze für die Prüfung **techn. Anlagen** entsprechend PrüfV; Erl. v. 21.10.13 Abl S.918

Liste der **Techn. Baubestimmungen** (9/2014), Erl. v. 17.7.**2015** Abl S.868

Übereinstimmungszeichen-V v. 14.2.10 GVOBl S.342, geänd. 5.12.14 GVOBl S.498

Prüf-, Überwach.-/Zertifizier.stellen nach Bauordn.recht; V v. 6.12.09 GVOBl S.887, 5.12.14 S.497

VerkaufsstättenV v. 8.10.09 GVOBl S.681, geänd. 21.11.14 GVOBl S.379

V über den Bau u. Betrieb von **Versammlungsstätten** v. 11.9.14 GVOBl S.245

Einheitliche **Vordrucke** für die bauaufsichtlichen Verfahren; Erl. v. 17.4.09 ABl S.418, geänd. 6.7.**2016** ABl S.584, ber. 747

V Anlagen zum Umgang mit **wassergefährdenden Stoffen** (AnlagenV) v. 29.4.96 GVOBl S.448, geänd. 16.3.**2015** GVOBl S.96

Vollzug der AnlagenV, Verw v. 29.4.08 ABl S.567, geänd. 18.7.13 GVOBl S.644

Thüringen

BaugebührenV v. 27.4.04 GVBl S.580, geänd. 6.12.10 GVBl S.548

Bauordnung () v. 13.3.14 GVBl. S.49, geänd. 22.3.**2016** GVBl S.153

Vollzug der Thür. **Bauordnung** v. 3.4.14 StAnz S.475

Überwach. v. Tätigkeiten mit **Bauprodukte**n u. bei Bauarten, V v. 24.9.99 GVBl S.574

Anford. an Herstell. v. **Bauprodukte**n u. Anwender, V v. Bauarten v. 4.12.09 GVBl. S.787

V Feststell. wasserrechtl. Eignung v. **Bauprodukte**n u. Bauarten v. 20.7.07 GVBl S.94, geänd. 30.1.12 GVBl S.100

Bauvorlagen u. bauaufsichtl. Anzeig., V v. 23.3.10 GVBl S.129, geänd. 2.12.**2015** S.212

Brand- u. KatastrophenschutzG v. 5.2.08 GVBl S.22, geänd. 10.6.14 S.159

DenkmalschutzG v. 14.4.04 GVBl S.465, 562, geänd. 16.12.08 GVBl S.574

V über den Bau v. Betriebsräumen für **elektr. Anlagen** v. 30.12.12 GVBl S.44

FeuerungsV v. 10.8.09 GVBl S.745, geänd. 25.11.14 GVBl S.712

Ausführungsgenehmigungen für **Fliegende Bauten** und deren Gebrauchsabnahmen, Verw v. 28.11.13 StAnz S.2094, 2104

R Bau und Betrieb **Fliegende**r **Bauten**, Bek. v. 28.11.13 StAnz S.2094

Vollzug der ThürBO, Bek v. 3.4.14 StAnz S.457

V über den Bau u. Betrieb von **Garagen** v. 28.3.95 GVBl S.185

GefahrenverhütungsschauV v. 20.8.92 GVBl S.453, geänd. 9.12.12 GVBl S.481

Erlaubnisfreie schadlose Versicker. v. Niederschlagswasser, V v. 3.4.02 GVBl S.204

V über die **Prüfingenieure** u. Prüfsachverständigen v. 4.12.09 GVBl S.789

Verw zur ThürPPVO v. 25.8.11 StAnz S.1225, geänd. 8.12.2015 StAnz S.2404

Preisindexzahl nach § 27 Abs. 1 ThürPPVO v. 7.7.**2015** StAnz S.1231

Thür. R über bauaufsichtliche Anforderungen an **Schulen** v. 3.11.10 StAnz S.1613

Prüfung **techn. Anlagen** u. Einrichtungen in Gebäuden; V v. 6.5.04 GVBl S.585, geänd. 20.11.13 GVBl S.333

Einführung von technische Regeln als **Technische Baubestimmungen** 7/2015), Erl v. 6.9.**2016** StAnz S.1243

ÜbereinstimmungszeichenV v. 14.6.02 GVBl S.281

Anerkennung als Prüf-, **Überwachung**s- oder Zertifizierungsstelle nach Bauordnungsrecht, V v. 7.2.97 GVBl S.85, geänd. 4.12.09 GVBl S.784

VerkaufsstättenV v. 13.6.97 GVBl S.242

V Anlagen zum Umgang mit **wassergefährdenden Stoffen** u. über Fachbetriebe (**AnlagenV**) v. 25.7.95 GVBl S.261, geänd. 12.8.11 GVBl S.258

Verw zum Vollzug der AnlagenV v. 15.12.08 StAnz 2009 S.237

VdS-Richtlinien der VdS Schadensverhütung GmbH

(des Gesamtverbandes der Deutschen Versicherungswirtschaft e.V)

Abkürzung: R : Richtlinie / MBl : Merkblatt / z. S. : zur Schadensverhütung

Nr.	Ausgabe	Titel
VdS 0195	2008-01	Technischer Leitfaden der Feuer- u. Feuerbetriebsunterbrechungs-Versicherung; Risiken, Schutzziele, Schutzkonzepte u. -maßnahmen
VdS 2000	2010-12	Brandschutz im Betrieb, Leitfaden
VdS 2001	1998-03	Regeln für die Ausrüstung von Arbeitsstätten mit Feuerlöschern (z. Z. überholt durch Technischer Regel für Arbeitsstätten ASR A2.2)
VdS 2005	2014-03	Leuchten
VdS 2007	**2016-03**	Anlagen der Informationstechnologie (IT-Anlagen), MBl z. S.
VdS 2008	2009-07	Feuergefährliche Arbeiten, R für den Brandschutz
VdS 2009	2008-01	Brandschutz-Management, Leitfaden für die Verantwortlichen im Betrieb und Unternehmen
VdS 2010	**2015-04**	Risikoorientierter Blitz- und Überspannungsschutz, R z. S.
VdS 2015	2004-04	Elektrische Geräte und Einrichtungen, MBl z. S.
VdS 2017	2010-01	Überspannungsschutz für landwirtsch. Betriebe, MBl z. S.
VdS 2019	2010-01	Überspannungsschutz in Wohngebäuden, R z. S.
VdS 2021	**2016-06**	Baustellen
VdS 2023	2001-08	Elektrische Anlagen in baulichen Anlagen mit vorwiegend brennbaren Baustoffen, R z. S.
VdS 2024	2009-12	Errichtung elektrischer Anlagen in Möbeln und ähnlichen Einrichtungsgegenständen, R für den Brandschutz
VdS 2025	**2016-10**	Elektrische Leitungsanlagen, R z. S.
VdS 2029	2000-10	Holz be- u. verarbeitende Betriebe; R für den Brandschutz
VdS 2031	2010-09	Blitz- und Überspannungsschutz in elektrischen Anlagen, R z. S.
VdS 2032	2008-09	Brandschutz für Kühl- und Tiefkühllager, Leitfaden für die Planung, Ausführung und den Betrieb
VdS 2033	2007-09	Elektrische Anlagen in feuergefährdeten Betriebsstätten und diesen gleichzustellende Risiken; R z. S.
VdS 2034	2014-02	Nichtöffentliche Feuerwehren; Merkblatt für die Bewertung
VdS 2035	2002-12	Stahltrapezprofildächer; Planungshinweise für den Brandschutz
VdS 2036SD	2009-07	Erlaubnisschein für feuergefährliche Arbeiten
VdS 2037EF	2013-05	Grafische Symbole auf CD für Feuerwehr- sowie Flucht- und Rettungspläne nach DIN 14095 und DIN 4844-3

Nr.	Ausgabe	Titel
VdS 2038	2008-01	Allgemeine Sicherheitsvorschriften der Feuerversicherer für Fabriken und gewerbliche Anlagen (ASF)
VdS 2039	1998-09	Brandverhütungsvorschriften für Fabriken und gewerbliche Anlagen; DIN A3 Aushang
VdS 2046	2010-06	Sicherheitsvorschriften für elektrische Anlagen bis 1000 Volt
VdS 2047	2009-07	Sicherheitsvorschriften für feuergefährliche Arbeiten
VdS 2049	2008-06	Muster-Sicherheitsvorschriften für die Herstellung und Verarbeitung von Kunststoffschäumen
VdS 2056	2014-02	Sicherheitsvorschriften für Betriebe des Gaststättengewerbes
VdS 2057	2008-01	Sicherheitsvorschriften gem. Abschnitt B § 8 AFB 2008 für elektr. Anlagen in landwirtschaftl. Betrieben u. Intensiv-Tierhaltungen
VdS 2067	2008-01	Elektrische Anlagen in der Landwirtschaft, R z. S.
VdS 2073	2008-01	Elektrowärmegeräte und -heizungen für Tieraufzucht sowie Tierhaltung, R z. S.
VdS 2074	2004-04	Auftauarbeiten an wasserführenden Anlageteilen; Merkblatt für den Brandschutz
VdS 2082	2003-02	Brandschutzkonzept für Hotel- und Beherbergungsbetriebe; R für die Planung und den Betrieb
VdS 2083	2003-04	Hotelgäste, Hinweise über das Verhalten im Brandfall; DIN A4 Aushang, dreisprachig
VdS 2091	2012-12	Erhalt. der Betriebsbereitschaft v. Wasserlöschanlagen; MBl z. S.
VdS 2093	2009-06	VdS-R für CO2-Feuerlöschanlagen, Planung und Einbau
VdS 2095	2010-05	Automatische Brandmeldeanlagen; Planung u. Einbau
VdS 2098	2013-01	Natürliche Rauch- und Wärmeabzugsanlagen (NRA)
VdS 2098-S1	2014-09	Natürliche Rauch- u. Wärmeabzugsanlagen (NRA) – Ergänzung S1
VdS 2106	2012-12	VdS-R für Funkenerkennungs-, Funkenausscheidungs- und Funkenlöschanlagen, Planung und Einbau
VdS 2108	2005-09	Schaum-Löschanlagen, Planung und Einbau
VdS 2109	2012-06	Sprühwasser-Löschanlagen, Planung und Einbau;
VdS 2134	2010-12	Verbrennungswärme der Isolierstoffe von Kabeln u. Leitungen; Merkblatt für die Berechnung von Brandlasten
VdS 2135	2013-08	Grafische Symbole für Gefahrenmeldeanlagen
VdS 2135EF	2013-08	Graf. Symbole für Gefahrenmeldeanlagen nach VdS 2135 auf CD
VdS 2154	2008-01	Inertisierung von Silos im Brandfall; MBl z. S.
VdS 2171	2008-12	Brandschutz in historischen Gebäuden, Empfehlungen z. S.
VdS 2182	**2016-09**	Betriebsbuch für Brandmeldeanlagen

Nr.	Ausgabe	Titel
VdS 2199	1998-09	Brandschutz im Lager
VdS 2207	1988-04	Aufstellen von Müllpresscontainern; R für den Brandschutz (in Überarbeitung)
VdS 2212	**2015-03**	Betriebsbuch für Wasserlöschanlagen
VdS 2213	1998-12	Brandschutzausbildung im Betrieb
VdS 2216	2001-08	Brandschutzmaßnahmen für Dächer; MBl für Planung u. Ausführ.
VdS 2217	1998-12	Umgang mit kalten Brandstellen, Muster für ein Informationsblatt der Feuerwehren an brandgeschädigte Haushalte
VdS 2221	2007-06	R für Entrauchungsanlagen in Treppenräumen (EAT); Plan. u. Einbau
VdS 2226	2008-01	Krankenhäuser, Pflegeheime u. ähnliche Einrichtungen zur Unterbringung oder Behandlung von Personen; R für den Brandschutz
VdS 2234	2012-07	Brand- u. Komplextrennwände; MBl für die Anordnung u. Ausführ.
VdS 2240	2008-03	Betriebsbuch für Gas- und Pulverlöschanlagen
VdS 2241	2014-07	Betriebsbuch für Funkenlöschanlagen
VdS 2242	2013-03	Sicherheitsvorschriften für die Landwirtschaft
VdS 2244	2006-06	Sandwichelemente als raumabschließende Wand- u. Dachbauteile; Brandschutz-Hinweise für die Planung, Ausführ. u. Instandhalt.
VdS 2257	2005-01	Betriebsbuch für RWA
VdS 2279	1998-12	Elektrowärmegeräte und Elektroheizungsanlagen, R z. S.
VdS 2298	2002-06	Lüftungsanlagen im Brandschutzkonzept; MBl für Planung, Ausführung und Betrieb
VdS 2304	1998-12	Einrichtungsschutz für elektr. u. elektron. Systeme, Plan. u. Einbau
VdS 2309	2011-08	Installationsattest für automatische Brandmeldeanlagen
VdS 2349-1	**2015-03**	Auswahl v. Schutzeinricht. f. den Brandschutz in elektrisch. Anlagen
VdS 2349-2	**2015-03**	EMV-gerechte Errichtung von Niederspannungsanlagen
VdS 2350	2014-10	Schlüsseldepots (SD); Planung, Einbau und Instandhaltung
VdS 2357	2014-06	R zur Brandschadensanierung; R für den Umweltschutz
VdS 2360	1993-10	Lagerung v. Pflanzenschutzmitteln im landwirtsch. Bereich, MBl Z. S.
VdS 2371	1993-10	Rauchgas-Entschwefelungs-Anlagen (REA); R für den Brandschutz
VdS 2373	1998-09	Frostschutz in Sprinkleranlagen; Merkblatt für den Frostschutz
VdS 2377	2009-11	Sprinkleranlagen - Grenzen der Einsatzmöglichkeiten; MBl
VdS 2380	**2016-06**	Feuerlöschanl. mit nicht verflüssigten Inertgasen; Planung u. Einbau
VdS 2381	**2016-06**	Feuerlöschanlagen mit halogenierten Kohlenwasserstoffen; Planung und Einbau
VdS 2395-1	2011-06	Halbstationäre Sprühwasser-Löschanlagen, Planung u. Einbau;
VdS 2395-1-S1	2012-04	-; Ergänzungen S1

Nr.	Ausgabe	Titel
VdS 2465-1	**2016-09**	Übertragungsprotokoll für Gefahrenmeldeanlagen;
VdS 2465-2	**2016-09**	Übertragungsprotokoll für Gefahrenmeldungen mittels TCP/IP; Übertragungsprozedur und Protokollprozedur
VdS 2465-3	**2016-09**	-; Allgemeiner Satzaufbau und Satztypenbeschreibungen
VdS 2488	1996-03	Geflügel-Mastbetriebe, MBl z. S.
VdS 2496	2014-08	Ansteuerung von Feuerlöschanlagen, R
VdS 2510	2013-02	Zertifikat über die Konformität mit VdS CEA 4020/DIN 18232-2 einer Rauch- u. Wärmeabzugsanlage (RWA) - Installationsattest
VdS 2515	1998-11	Abfallverbrennungsanlagen; R für den Brandschutz
VdS 2517	2011-02	Sortierung, Aufbereitung und Lagerung von brennbaren Sekundärrohstoffen; R für den Brandschutz
VdS 2540	2010-12	Brandmeldezentralen, Anforderungen und Prüfmethoden
VdS 2551	1998-01	Brandschutz in Reitbetrieben, MBl z. S.
VdS 2562	2013-03	Verfahren für die Anerkennung neuer Löschtechniken
VdS 2584	2012-05	Branderkennungs- und Ansteuereinrichtungen, Anforderungen und Prüfmethoden
VdS 2598	2007-04	Betriebsbuch für Entrauchungsanlagen in Treppenräumen;
VdS 2599	2000-07	Zertifikat über die Konformität einer Entrauchungsanlage in Treppenräumen (Installationsattest), Block mit 30 Sätzen
VdS 2812	2010-05	Löschanlagen – Hilfe für die Feuerwehr
VdS 2815	2013-09	Zusammenwirken von Wasserlöschanlagen und Rauch- und Wärmeabzugsanlagen (RWA); Merkblatt zum Brandschutz
VdS 2827	2000-05	Bemessungsbrände für Brandsimulationen u. Brandschutzkonzepte
VdS 2833	**2016-04**	Schutzmaßnahmen geg. Überspannung für Gefahrenmeldeanl., R
VdS 2837	**2015-04**	Mängelstatistik für elektrische Anlagen 2012, Auswertung der nach Klausel 3602 durchgeführten Prüfungen
VdS 2839	2004-04	Fernwirktechnik in der Elektroinstallation, R z. S.
VdS 2846	2001-11	Revision v. Sprinkleranlagen durch Sachverständige, Prüfumfang
VdS 2858	2004-03	Thermografie in elektrischen Anlagen, ein Beitrag zur Schadenverhütung und Betriebssicherheit
VdS 2869	2006-06	Umgang mit Flüssiggasflaschen, MBl z. S.
VdS 2870	2004-01	Sprinklerschutz bei der Rollen-Lagerung von Leicht- u. Hygienepapier bis zu einer Höhe von 7,6 m
VdS 2871	**2017-01**	Prüf-R nach Klausel SK 3602, Hinweise für den VdS-anerkannten Elektrosachverständigen

Nr.	Ausgabe	Titel
VdS 2893	2006-09	Erhaltung der Betriebsbereitschaft von Feuerlöschanlagen mit gasförmigen Löschmitteln; MBl z. S.
VdS 2895	2012-02	Einbau von Anlagen zur Aufzugschachtentrauchung
VdS 3000-02	2004-04	Schadenverhütung in Wohngebäuden, Teil 2: MBl für Wohnungseigentümer und Mieter
VdS 3110	**2015-04**	Brandschutzbeauftragter
VdS 3111	**2015-03**	Aufgaben, Qualifikation, Ausbildung und Bestellung von Brandschutzbeauftragten
VdS 3115	2009-06	VdS-Anerkennung von neuen Schutzkonzepten, VerfahrensR
VdS 3122	2009-06	Winderkennungseinrichtungen zur Steuerung windbeeinflusster RWA, MBl zum Brandschutz
VdS 3131	2010-05	VdS-R für Rauchwarnmelder, Zusatzanforderungen, Anforderungen und Prüfmethoden
VdS 3140	2011-09	Konzept für Brandmeldeanlagen
VdS 3145	2011-07	Photovoltaikanlagen – Technischer Leitfaden
VdS 3152	2011-11	Kalt- und Warmgangeinhausung - Brandschutztechnische Anforderungen, Mbl z. S.
VdS 3160	2012-04	Zertifizierung von Fachfirmen für Sprachalarmanlagen (SAA) gemäß DIN 14675
VdS 3166	2012-06	Funktionale Sicherheit nach DIN EN 61508 (VDE 0803) im Hinblick auf Brandmeldeanlagen
VdS 3429	2006-11	Auswahl des anlagentechnischen Brandschutzes; Leitfaden
VdS 3432	2011-01	VdS-anerkannte Sachkundige für Blitz- u. Überspannungsschutz sowie EMV-gerechte elektr. Anlagen (EMV-Sachkundige), MBl
VdS 3434	2005-09	Leitfaden für die Erstellung von Evakuierungs- und Rettungsplänen für Kunst und Kulturgut;
VdS 3435	2007-07	Projektierung von Ansaugbrandmeldern; MBl
VdS 3445	2008-09	Brandschutz in Entstaubungsanlagen, MBl z. S.
VdS 3446	2005-08	Einsatz von Ersatzbrennstoffen in kohlebefeuerten Kraftwerken, MBl z. S.
VdS 3447	2005-01	Prüfung elektrischer Anlagen gemäß Klausel SK 3602, MBl
VdS 3449	2009-06	Intensiv-Tierhaltungen – Konzepte für Alarmierungseinrichtungen in Stallanlagen
VdS 3461	**2015-02**	Wärmedämmverbundsystem – Leitfaden zum Brandschutz
VdS 3469	**2016-01**	Anerkennung neuer Brandmelde- und Alarmierungstechniken, Verfahren

Nr.	Ausgabe	Titel
VdS 3501	2008-10	Isolationsfehlerschutz in elektrischen Anlagen mit elektronischen Betriebsmitteln - RCD und FU, R z. S.
VdS 3502	2005-08	Brandschutz in Straßen-Tunnels; MBl
VdS 3509	2009-11	Zusammenwirken von Brandmeldeanlagen u. Feuerlöschanlagen
VdS 3511	2008-09	Sicherungsrichtlinien für Museen und Ausstellungshäuser
VdS 3516	2006-05	Funktionale Sicherheit nach DIN EN 61508 (VDE 0803), MBl
VdS 3518	2006-07	Sicherheit und Gesundheitsschutz beim Einsatz von Feuerlöschanlagen mit Löschgasen
VdS 3523	2008-07	Windenergieanlagen (WEA), Leitfaden für den Brandschutz
VdS 3527	**2015-05**	Sauerstoffreduzierungsanlagen, Planung u. Einbau
VdS 3531	2008-02	Anlagenübergreifende Vernetzung in automatischen BMA, R
VdS 3535	2007-09	Betriebsbuch für Rauchschutzdruckanlagen
VdS 3536	2012-02	Muster-R über brandschutztechn. Anforder. an Leitungsanlagen
VdS 3542	2008-10	Zugangsebenen bei Brandmelderzentralen, MBl
VdS 3543	2008-10	Hilfestellung zur Vorgehensweise bei Schäden an BMA u. elektr. Steuereinrichtungen nach Blitzschlag u. Überspannung, MBl
VdS 3547	2014-02	Brandschutzkonzepte und -nachweise; Hinweise und Informationen zur Planung und Prüfung
VdS 5005	2013-01	Informationen zum Betrieb von Schlüsseldepots
VdS CEA 4001	2014-04	Sprinkleranlagen: Planung und Einbau

Richtlinien der Vereinigung zur Förderung des Deutschen Brandschutzes e.V. (vfdb)

vfdb 01-01	2008-04	Brandschutzkonzept
vfdb 01-02	2004-04	Beschreibung der baurechtl. Bestimmungen zu Rettungswegen
vfdb 03-01	2005-03	Hinweise für Maßnahmen der Feuerwehr und anderer Hilfskräfte nach Gebäudeeinstürzen
vfdb 03-02	2006-11	Umgang mit Wetterwarnungen
vfdb 03-03	2010-11	Einsatzplanung Großveranstaltungen
vfdb 05-01	2007-01	Minimierung v. Falschalarmen aus automatischen Brandmeldeanl.
vfdb 05-11	2009-03	Anforderungen an Feuerlöschgeräte und Feuerlöschmittel
vfdb 06-01	2010-12	Technisch-medizinische Rettung nach Verkehrsunfällen
vfdb 08-00	2009-03	Voraussetzungen u. Verfahren zur Eignungsfeststellung v. persönl. Schutzausrüstung für Einsatzaufgaben bei dt. Feuerwehren
vfdb 08-01	2006-11	Auswahl von Chemikalienschutzanzügen für Einsatzaufgaben bei den Feuerwehren
vfdb 08-02	2009-03	Auswahl von Atemschutzgeräten für Einsatzaufgaben bei den Feuerwehren
vfdb 08-03	2001-04	Regeln für die Auswahl von autonomen Leichttauchgeräten mit Druckluft (Pressluft) für Einsatzaufgaben bei den Feuerwehren
vfdb 08-04	2009-03	Wartung von Atemschutzgeräten für die Feuerwehren
vfdb 08-05	2007-11	Auswahl von persönlicher Schutzausrüstung auf der Basis einer Gefährdungsbeurteilung für Einsätze bei deutschen Feuerwehren
vfdb 08-06	2009-03	Auswahl von Schutzanzügen gegen Infektionserreger für Einsatzaufgaben bei den Feuerwehren
vfdb 10-01	**2016-03**	Bewertung von Schadstoffkonzentrationen im Feuerwehreinsatz
vfdb 10-02	2002-12	Feuerwehr im B-Einsatz
vfdb 10-03	2014-08	Schadstoffe bei Bränden
vfdb 10-04	2014-10	Dekontamination bei Einsätzen mit ABC-Gefahren
vfdb 10-05	**2016-03**	ABC-Gefahrstoffnachweis im Feuerwehreinsatz
vfdb 10-06	1998-12	Umgang mit kalten Brandstellen – Muster für ein Informationsblatt der Feuerwehren an brandgeschädigte Haushalte
vfdb 12-09-01	2014-11	Bestellung, Aufgaben, Qualifikation und Ausbildung von Brandschutzbeauftragten
vfdb 14-01	2010-05	Rauchwarnmelder, Zusatzanforderungen, Anforderungen und Prüfmethoden
TB 04-01	2013-11	Leitfaden Ingenieurmethoden des Brandschutzes

DIN-Normen-Verzeichnis

Erläuterungen und Legende

Das nachfolgende Baunormenverzeichnis erhebt nicht den Anspruch auf Vollständigkeit. Norm-Entwürfe werden nicht berücksichtigt (Redaktionsschluss: November 2016).

Zur Platzersparnis werden Begriffe, die aus dem Sinnzusammenhang klar sind, teilweise abgekürzt. Der **Fettdruck** ausgewählter Begriffe bietet eine Lesehilfe, die in der Originalnorm nicht enthalten ist. Abkürzungen mit dem Anfangsbuchstaben beziehen sich auf den jeweils letzten fett gedruckten Begriff. Im Jahr **2015** und später erschienene Normen sind mit **fett** gedrucktem Ausgabedatum markiert. Aus Übersichtlichkeits- und Platzgründen wird das frühere Bezeichnungsformat verwendet: Anstelle von DIN 4108-4:1991-11 steht DIN 4108-4 (11.91).

Die farbig hinterlegten Normen sind in den Bundesländern (in seltenen Fällen nicht von allen) als Technische Baubestimmungen eingeführt (Stand 14.7.2016).

In der Norm-Bezeichnung werden folgende Abkürzungen verwendet:

- A Änderung
- T Teil (soweit noch im Text verwendet)
- **Z** zurückgezogene oder ersetzte Norm
- K Neufassung im Kurzverfahren (ohne Ausgabe eines Entwurfes)
- Bbl Beiblatt
- Ber Berichtigung
- V Vornorm
- NA Nationaler Anhang
- EN Europäische Norm
- EC Eurocode
- → ersetzt durch

Normen und Normen-Entwürfe sind zu beziehen bei
Beuth Verlag GmbH, Burggrafenstraße 6 10787 Berlin
Tel. 030 / 2601-2260 – www.beuth.de

DIN-Normen

DIN	Teil	Ausgabe	Titel
105	-5	6.13	**Mauerziegel**; Leichtlangloch-Ziegel u. -Ziegelplatten
	-6	6.13	-; Planziegel
	-100	1.12	-; Mauerziegel mit besonderen Eigenschaften
106	V	10.05	**Kalksandsteine**; K. mit besonderen Eigenschaften
107		4.74	Bezeichnung mit links oder rechts im Bauwesen
276	-1	12.08	**Kosten** im Bauwesen; T1: Hochbau
	-4	8.09	-; T4: Ingenieurbau
277	-1	**1.16**	**Grundflächen** u. Rauminhalte im Bauwesen; T1: Hochbau
	-2 **Z**	2.05	-; Gliederung der Netto-Grundfläche
	-3	4.05	-; Mengen u. Bezugseinheiten
278		9.78	**Tonhohlplatten** (Hourdis), Hohlziegel; stat. beansprucht
488	-1 bis -5	8.09	**Betonstahl**; Sorten, Eigenschaften, Kennzeichen -2: -; Betonstabstahl / -3: -; B. in Ringen, Bewehrungsdraht / -4: -; Betonstahlmatten / -5: -; Gitterträger
	-6	1.10	-; Übereinstimmungsnachweis
919	-1	8.14	Techn. Zeichnungen; Holzverarbeitung; Grundlagen;
1022		4.04	S.; warmgewalzter, gleichschenkl., scharfkant. Winkelstahl (LS-Stahl); Maße, Gewichte, zuläss. Abweichg.
1025	-1	4.09	Warmgewalzte **I-Träger**; T1: schmale I-Träger, I-Reihe; Maße, Masse, statische Werte;
	-2	11.95	-; I-Träger, IPB-Reihe; -;
	-3	3.94	-; breite I-Träger, leichte Ausführung IPBl-Reihe; -;
	-4	3.94	-; ... , verstärkte Ausführung, IPBv-Reihe; -;
	-5	3.94	-; mittelbreite Träger, IPE-Reihe; -;
1026	-1	9.09	Warmgewalzter U-**Profilstahl**; U.-P. mit geneigten Flanschflächen; Maße, Masse, statische Werte
	-2	10.02	-; mit paralellen Flanschflächen; Maße, Masse, ... ;
1027		4.04	**Stabstahl**; warmgewalzter rundkantiger Z-Stahl; Maße, Masse, Toleranzen, statische Werte
1045	-2	8.08	**Tragwerke** aus Beton, Stahlbeton u. Spannbeton; T2: Beton; Festlegungen, Eigenschaften, Herstellung u. Konformität; Anwend.regeln zu DIN EN 206-1
	-3	3.12	T3: Bauausführung / Ber1 (7.13)
	-4	2.12	T4: Ergänz. Regeln für Herstell. u. Konform. v. Fertigteilen
1045	-100	12.11	T100: Ziegeldecken

DIN	Teil	Ausgabe	Titel
1048	-1 bis -5 **Z**	6.91	Prüfverfahren für Beton; (Frischbeton und Festbeton)
1052	-10	5.12	Herstellung und Ausführung von Holzbauwerken – T10: Ergänzende Bestimmungen
1053	-1 **Z**	11.96	**Mauerwerk**; T1: Berechnung und Ausführung
	-4	4.13	Mauerwerk; T4: Fertigbauteile
1054		12.10	**Baugrund**; Sicherheitsnachweise im Erd- u. Grundbau; ergänz. Regeln zu DIN EN 1997-1 / A1 (8.12) / A2 (**11.15**)
1055	-2	11.10	Einwirkungen auf **Tragwerke**; T2; Bodenkenngrößen
1056		1.09	Freistehende **Schornsteine** Massivbauart; Tragrohr aus Mauerwerk; Berechnung und Ausführung
1076		11.99	**Ingenieurbauwerke** im Zuge von Straßen u. Wegen
1164	-10	3.13	**Zement** mit besonder. Eigenschaften; T10: ... Z. mit niedrigem wirksamen Alkaligehalt
	-11	11.03	-; ... von Zement mit verkürztem Erstarren
	-12	6.05	-; ... v. Z. mit erhöhtem Anteil organischer Bestandteile
1180	**Z**	11.71	**Drainrohre** aus Ton; Maße, Anforderungen, Prüfung
1185	-1	**12.15**	**Dränung**; Regelung des Bodenwasser-Haushaltes d. Rohrdränung u. Unterbodenmelioration; T1: Allg. Grundlagen
	-2, -3	**12.15**	T2: Planung u. Bemess. / T3: Ausführ. u. Dokumentation
	-5 **Z**	12.73	Unterhaltung
1187		11.82	Drainrohre aus ... (PVC hart); Maße, Anforderungen, Prüfung
1201	V	8.04	Rohre u. Formstücke aus Beton ... f. Abwasserleitung. u. -kanäle; Typ 1 u. 2; Anforderungen, Prüfung ...
1202	V	8.04	Rohrleitungen u. Schachtbauwerke aus Beton ...; Entwurf, Nachweis Tragfähigkeit, Prüf. u. Bewertung Konformität
1249	-11	9.86	**Flachglas** im Bauwesen; Glaskanten; Begriff, Kantenformen u. Ausführung
1356	-1	2.95	**Bauzeichnungen**, T1: Arten, Inhalte, Grundregeln ...
	-6	5.06	-; T6: Bauaufnahmezeichnungen
1623		5.09	Kaltgewalztes Band und Blech; technische Lieferbedingungen; allgemeine Baustähle
1946	-4	12.08	**Raumlufttechnik**; T4: Raumlufttechn. Anlagen in Gebäuden und Räumen des Gesundheitswesens
	-6	5.09	T6: Lüftung v. Wohnungen; allg. Anforderung., Anford. zur Bemessung, Ausführung u. Kennzeichnung, Übergabe/Übernahme (Abnahme) und Instandhaltung;
	-6 1	9.12	T6; Bbl 1: Beispielberechnung f. ausgewählte Lüftungssysteme

DIN	Teil	Ausgabe	Titel
	-6 2	3.13	T6; Bbl 2: Lüftungskonzept
	-7	7.09	T7: Raumlufttechnische Anlagen in Laboratorien
1960		**9.16**	VOB **Vergabe**- u. Vertragsordnung für Bauleistungen; Teil A: Allgem. Bestimmungen für die V. v. Bauleistungen
1961		**9.16**	-; Teil B: Allgemeine Vertragsbedingungen für die Ausführung von Bauleistungen
1986	-3	11.04	**Entwässerungsanlagen** für Gebäude u. Grundstücke; Regeln für Betrieb u. Wartung
	-4	12.11	-; T4: Verwendungsbereiche von Abwasserrohren u. -formstücken verschiedener Werkstoffe
	-30	2.12	-; T30: Instandhaltung
	-100	**9.16**	-; T100: Bestimm. in Verbindung mit DIN EN 752 und 12056;
1988	-100	8.11	-; T100: Schutz des **Trinkwasser**s, Erhaltung der T.
	-200	5.12	-; T200: Installation Typ A (geschlossenes System); Planung, Bauteile, Apparate, Werkstoffe
	-300	5.12	-; T300: Ermittlung der Rohrdurchmesser
	-500	2.11	-; T500: Druckerhöhungsanl. mit drehzahlgeregelt. Pumpen
	-600	12.10	-; T600: T.-Installationen in Verbindung mit Feuerlösch- und Brandschutzanlagen
1989	-1	4.02	**Regenwasser**nutzungsanl.; T1: Plan., Ausführ., Betr., Wart.
	-2, -3		T2: Filter (8.04) / T3: Regenwasserspeicher (8.03)
	-4	8.05	-; Steuerung und Nachspeisung
1995	-4	8.05	Bitumen und bitumenhaltige Bindemittel; Anforderungen an die Bindemittel; T4: Kaltbitumen
1999	-100	10.03	**Abscheideranlagen** f. Leichtflüssigkeiten; T100: Anford. f. d. Verwend. v. A. nach DIN EN 858
	-101	5.09	T101: Zusätzl. Anford. bei Anteilen Biodiesel bzw. FAME
3091		12.88	**Kauschen**; Vollkauschen für Drahtseile
3266		5.09	**Armaturen** f. Trinkwasserinstall. in Grundstücken u. Gebäuden; Rohrbelüfter Bauformen D u. E; Anford. u. Prüf.
4017		3.06	**Baugrund**; Berechn. d. Grundbruchs v. Flachgründungen
	Bbl1	11.06	-; -; Berechnungsbeispiele
4018		9.74	-; Berech. d. Sohldruckverteil. unter Flächengründungen;
	Bbl1	5.81	-; -; Erläuterungen u. Berechnungsbeispiele
4019		**5.15**	-; **Setzungsberechnung**
4020		12.10	**Geotechnische** Untersuchungen für bautechn. Zwecke; Ergänzende Regelungen zu DIN EN 1997-2

DIN	Teil	Ausgabe	Titel
	Bbl 1	10.03	-; Anwendungshilfen, Erklärungen
4023		2.06	Geotechn. Erkundung u. Untersuch.; zeichnerische Darstell. der Ergebnisse v. Bohrungen u. sonst. direkten Aufschlüssen
4030	-1	6.08	Beurteilung betonangreifender Gewässer, Böden, Gase; T1: Grundlagen und Grenzwerte
	-2	6.08	-; T2: Entnahme u. Analyse von Wasser- u. Bodenproben
4034	-1 V	8.04	**Schächte** aus Beton, ... für Abwasserleitung. u. -kanäle; Typ 1 u. 2; Anford., Prüf. u. Bewertung der Konformität
	-2	5.13	-; S. für Brunnen u. Sickeranl.; Maße, techn. Lieferbeding.
	-10	10.12	-; Schachtunterteile aus Mauerwerk ... ; Anford. u. Prüf.
4040	-100	12.04	-; T100: Anford. an die Anwendung von Abscheideranlagen nach DIN EN 1825-1, -2
4045		8.03	**Abwassertechnik**; Grundbegriffe
4046		9.83	**Wasserversorgung**; Begriffe
4051		4.02	**Kanalklinker**; Anforderungen, Prüfung, Überwachung
4063		**3.16**	Hinweisschilder für den **Zivilschutz**
4066		7.97	Hinweisschilder für die **Feuerwehr**
4072		8.77	Gespundete **Bretter** aus Nadelholz
4074	-1	6.12	**Sortierung** v. Holz nach Tragfähigk.; T1: Nadelschnittholz
	-2	12.58	Bauholz für Holzbauteile; Gütebeding. für Baurundholz
	-3	12.08	S. v. Holz nach der Tragfähigkeit; T3: Apparate zur Unterstütz. der visuellen S. v. Schnittholz; Anford. u. Prüfung
	-4, -5	12.08	-; T4: Nachweis d. Eignung zur apparativ unterstützten SchnittholzS. / T5: Laubschnittholz (12.08)
4079		**6.16**	**Furniere**; Dicken
4084		1.09	**Baugrund**; Gelände- u. Böschungsbruchberechnungen;
	Bbl1	7.12	-; -; Erläuterungen / Bbl2 (9.83) Berechnungsbeispiele
4085		5.11	-; Berechnung des Erddrucks
	Bbl1	12.11	-; -; T100: Berechnung nach Konzept mit Teilsicherheitsbeiwerten; Berechnungsbeispiele
4093		**11.15**	Bemessung von verfestigten Bodenkörpern - Hergestellt mit Düsenstrahl-, oder Injektions-Verfahren
4094	-2	5.03	-; Felduntersuchungen; T2: Bohrlochrammsondierung
	-4	1.02	-; -; T4: Flügelscherversuche
4095		6.90	B.; Dränung zum Schutz baulicher Anlagen
4102	-1	5.98	**Brandverhalten** von Baustoffen u. Bauteilen; T1: Baustoffe; Begriffe, Anford. u. Prüf. / Ber1 (8.98)

DIN	Teil	Ausgabe	Titel
	-2	9.77	-; **Bauteile**; Begriffe, Anforderungen u. Prüfungen
	-3	9.77	-; **Brandwände** u. nichttragende Außenwände; ...
	-4	**5.16**	-; Zusammenstellung u. Anwendung klassifizierter Baustoffe, Bauteile u. Sonderbauteile / A1 (11.04)
	-5	9.77	-; **Feuerschutzabschlüsse**, Abschlüsse in Fahrschachtwänden u. gegen Feuer widerstandsfähige Verglasungen
	-6 **Z**	9.77	-; **Lüftungsleitungen**; Begriffe, Anford. u. Prüfungen
	-7	7.98	-; T7: **Bedachungen**; Begriffe, Anford. u. Prüfungen
	-9	5.90	-; **Kabelabschottungen**; Begriffe, Anford. u. Prüfung.
	-11	12.85	-; **Rohrummantelungen**, Rohrabschottungen, Installationsschächte u. -kanäle ...; Begriffe, Anford., Prüfungen
	-12	11.98	-; T12: Funktionserhalt von elektrischen Kabelanlagen;
	-13	5.90	-; **Brandschutzverglasungen**; Begriffe, Anford. u. Prüf.
	-14	5.90	-; **Bodenbeläge** und Bodenbeschichtungen
	-15	5.90	-; **Brandschacht**
	-16	**9.15**	-; Durchführung von Brandschachtprüfungen
	-17	12.90	-; Schmelzpunkt von Mineraldämmstoffen; ...
	-18	3.91	-; **Feuerschutzabschlüsse**; Nachweis der Eigenschaft „selbstschließend" (Dauerfunktionsprüfung)
	-21 V	8.02	-; T21: Beurteilung des Brandverhaltens von feuerwiderstandsfähigen **Lüftungsleitungen**
	-22 **Z**	11.04	-; Anwendungsnorm zu DIN 4102-4 auf Bemessungsbasis von Teilsicherheitsbeiwerten
4103	-1	**6.15**	Nichttragende innere **Trennwände**; Anford., Nachweise
	-2	11.10	-; Trennwände aus Gips-Wandbauplatten
	-4	11.88	-; Unterkonstruktion in Holzbauart
4108	Bbl2	3.06	**Wärmeschutz** u. Energieeinsparung in Gebäuden; Wärmebrücken; Planungs- u. Ausführungsbeispiele
	-2	2.13	-; T2: Mindestanforderungen an den Wärmeschutz
	-3 **Z**	7.01	-; T3: Klimabedingter Feuchteschutz, Anford., Berechnungsverfahren u. Hinweise für Planung u. Ausführung;
	-3	11.14	-; T3: -;
	-4	2.13	-; T4: Wärme- u. feuchtigkeitstechn. Bemessungswerte
	-6 V	6.03	-; T6: Berechnung des Jahresheizwärme- u. des Jahresheizenergiebedarfs / Berichtigung 1 (3.04)
	-7	1.11	-; T7: **Luftdichtheit** von Gebäuden, Anforderungen, Planungs- u. Ausführ.empfehlungen sowie -beispiele

DIN	Teil	Ausgabe	Titel
	-10	**10.15**	-; anwendungsbezogene Anford. an **Wärmedämmstoffe**; T7: Werkmäßig hergestellte W.
4109	**Z**	11.89	**Schallschutz** im Hochbau; Anford., Nachweise / A1 (1.01)
	Bbl1 **Z**	11.89	-; Ausführ.beispiele u. Rechenverf. / A1 (9.03) / A2 (2.10)
	Bbl2	11.89	-; Hinweise für Planung u. Ausführung; Vorschläge für einen erhöhten Schallschutz; ...
	Ber1 **Z**	8.92	Bericht. 1 zu DIN 4109, Bbl1, Bbl. 2 (alle 11.89)
	Bbl3	6.96	-; Berechnung von $R_{w,R}$ für den Nachweis der Eignung nach DIN 4109 (aus Labor-Werten R_w)
4109	-1	**7.16**	**Schallschutz** im Hochbau; T1: Mindestanforderungen
	-2	**7.16**	-; T2: Rechn. Nachweise der Erfüllg. der Anforderungen
	-4	**7.16**	-; T4: Bauakustische Prüfungen
	-31	**7.16**	-; T31: Daten für die . Nachweise des Schallschutzes (Bauteilkatalog); Rahmendokument
	-32	**7.16**	-; T32: -; Massivbau
	-33	**7.16**	-; T33: -; Holz-, Leicht- und Trockenbau
	-34	**7.16**	-; T34: -; Vorsatzkonstruktionen vor massiven Bauteilen
	-35	**7.16**	-; T35: -; Elemente, Fenster, Türen, Vorhangfassaden
	-36	**7.16**	-; T36: -; Gebäudetechnische Anlagen
	-11 **Z**	5.10	-; T11: Nachweis des S.; Güte- und Eignungsprüfung
4119	-1 **Z**	6.79	Oberirdische zylindrische Flachboden-Tankbauwerke aus metallischen Werkstoffen; T1: Grundlagen, Ausführung, Prüfung
	-2 **Z**	2.80	-; T2: Berechnungen
4121		7.78	Hängende **Drahtputzdecken**; Putzdecken mit Metallputzträgern, Rabitzdecken; Anford. für die Ausführung
4123		4.13	Ausschachtungen, **Gründungen** u. Unterfangungen im Bereich bestehender Gebäude
4124		1.12	**Baugruben** u. Gräben, Böschungen, Verbau, Arbeitsraumbreiten
4126		9.13	Nachweis der Standsicherheit von **Schlitzwände**n
	Bbl1	9.13	-; Beiblatt 1: Erläuterungen
4127		2.14	Erd- u. Grundbau; Prüfverfahren für Stützflüssigkeiten im Schlitzwandbau und für deren Ausgangsstoffe
4131	**Z**	11.91	Antennentragwerke aus Stahl
4133	V **Z**	7.07	Freistehende Stahlschornsteine
4134		2.83	**Tragluftbauten**; Berechnung, Ausführung u. Betrieb
4140		4.14	**Dämmarbeiten** an betriebs- u. haustechnischen Anlagen; Ausführung von Wärme- u. Kältedämmung

DIN Teil	Ausgabe	Titel
4141 -13	7.10	**Lager** im Bauwesen; T13: Führungslager mit der Gleitpaarung Stahl-Stahl; Bemessung und Herstellung
4149 **Z**	4.05	Bauten in deutschen Erdbebengebieten; Lastannahmen, Bemessung und Ausführung üblicher Hochbauten
4150 -1	6.01	**Erschütterungen** im Bauwesen; Vorermittlung von Schwingungsgrößen
-2	6.99	-; T2: Einwirkungen auf Menschen in Gebäuden
-3	2.99	-; T3: Einwirkungen auf bauliche Anlagen
4160	4.00	Ziegel für Decken, statisch nicht mitwirkend
4165 -100 V **Z**	10.05	Porenbetonsteine; Plansteine u. -elemente mit besonderen Eigenschaften
4166	10.97	Porenbeton-Bauplatten u. Porenbeton-Planbauplatten
4172	**9.15**	**Maßordnung** im Hochbau
4178	4.05	Glockentürme
4213	**10.15**	Anwend. v. vorgefertigten bewehrten Bauteilen aus haufwerksporigem **Leichtbeton** in Bauwerken
4220	11.08	Bodenkundliche Standortbeurteilung; Kennzeichnung, Klassifizierung u. Ableitung von **Bodenkennwerte**n
4223 -1 **Z**	12.03	Vorgefertigte bewehrte **Bauteilen** aus dampfgehärtetem Porenbeton; T1: Herstell., Eigensch., Übereinstimmungsnachweis
-2 **Z**	12.03	T2: B. mit stat. anrechenbarer Bewehr.; Entwurf u. Bemess.;
-3 **Z**	12.03	T3: Wände aus B. mit stat. anrechenbarer Bewehr.; -;
-4 **Z**	12.03	T4: B. mit stat. anrechenbarer Bewehr.; Anwend. in Bauwerk.
-5 **Z**	12.03	T5: Sicherheitskonzept
4223 -100	12.14	Anwend. v. vorgefertigten bewehrten Bauteilen aus dampfgehärtetem **Porenbeton**; T100: Eigenschaft. u. Anforder.
-101	12.14	T101: Entwurf und Bemessung
-102	12.14	T102: Anwendung in Bauwerken
-103	12.14	T103: Sicherheitskonzept
4226 -100	2.02	**Gesteinskörnungen** f. Beton u. Mörtel; T3: rezyklierte G.
4235 -1	12.78	**Verdichten** v. Beton durch Rütteln; Rüttelgeräte/-mechanik
4242	1.79	**Glasbaustein**-Wände; Ausführung u. Bemessung
4261 -1	10.10	**Kleinkläranlagen** zur Abwasserbehandlung
-5	10.12	K.; T5: Versick. v. biolog. aerob behandelt. Schmutzwasser
4266 -1	11.11	**Sickerrohre** für Deponien; T1: S. aus PE und PP
-3	**1.15**	T3: S. u. Formstücke aus Beton und deren Verbindungen
4301	6.09	Eisenhütten- u. Metallhüttenschlacke im Bauwesen

DIN	Teil	Ausgabe	Titel
4420	-1	3.04	**Arbeits- u. Schutzgerüste**; Schutzgerüste; T1: Leistungsanforderungen, Entwurf, Konstruktion u. Bemessung
	-3	1.06	-; T3: ausgewählte Gerüstbauarten u. ihre Regelausführung
4425		11.90	Leichte **Gerüstspindeln**; konstruktive Anforderungen; Tragsicherheitsnachweis, Überwachung
4426		12.13	Einrichtungen zur Instandhalt. baul. Anlagen; sicherheitstechn. Anford. an Arbeitsplätze/Verkehrswege; Plan. u. Ausführ.
4701	-10 V	8.03	Energetische Bewert. heiz- u. raumlufttechn. Anlag,; T10: Heizung, Trinkwassererwärm., Lüftung / Bbl1: Beispiele (2.07)
	-12 V	2.04	-; T12: Wärmeerzeug. u. Trinkwassererwärmer /Ber1 (6.08)
4702	-8	3.90	**Heizkessel**; Ermittl. Norm-Nutz.grad u. Emissionsfaktor
4703	-1	12.99	**Raumheizkörper**; Maße von Gliedheizkörpern
	-3	10.00	-; Umrechnung der Normwärmeleistung
4708	-1	4.94	Zentrale **Wassererwärmungsanlagen**; Begriffe u. Berechnungsgrundlagen
	-2	4.94	-; Regeln zur Ermittlung des Wärmebedarfes zur Erwärmung von Trinkwasser in Wohnbauten
	-3	4.94	-; Regeln zur Leistungsprüfung v. W. für Wohnbauten
4710		1.03	Statistiken **meteorolog. Daten** zur Berechn. des Energiebedarfs v. heiz- u. raumlufttechn. Anlagen / Ber1 (11.06)
	Bbl1	1.03	-; Korrelation . Lufttemperatur u. Wasserdampfgehalt
	-5	12.80	-; Betriebskostenverteilung u. Abrechnung
4726		10.08	Rohrleitungen aus Kunststoffen für Warmwasser; Anford.
4747	-1	7.91	**Fernwärme**anlagen; T1: sicherheitstechn. Ausrüstung v. Unter-, Hausstationen ... z. Anschluss an Heizwasser-F.netze / Ber1 (9.09)
4754	-1 bis -3	**3.15**	Wärmeübertragungsanl. mit organ. Wärmeträgern; T1-T3
4755		11.04	**Ölfeuerung**sanlag.; techn. Regeln Ö.install. (TRÖ); Prüf.
4795		4.91	Nebenluftvorrichtungen f. **Hausschornsteine**; Begriffe, sicherheitstechn. Anforderungen, Prüfung, Kennzeichn.
4844	-1	6.12	Graphische Symbole - Sicherheitsfarben u. -zeichen; T1: Erkennungsweiten u. farb- u. photometrische Anford.
	-2	12.12	-; T2: Registrierte Sicherheitszeichen / A1 (**9.15**)
5034	-1	7.11	**Tageslicht** in Innenräumen; T1: allgem. Anforderungen
	-2, -3		T2: Grundlagen (2.85) / T3: Berechnung (2.07)
	-4	9.94	T4: vereinf. Bestimm. v. Min.fenstergrößen für Wohnräume
	-5	11.10	-; Messungen

DIN	Teil	Ausgabe	Titel
	-6	2.07	-; T6: vereinfachte Bestimmung zweckmäßiger Abmessungen von Oberlichtöffnungen in Dachflächen
5035	-3	7.06	**Beleuchtung** mit künstl. Licht; B. im Gesundheitswesen
	-6	11.06	-; T3: Mess. u. Bewert.
	-7	8.04	-; **B.** von Räumen mit Bildschirmarbeitsplätzen
	-8	7.07	-; T8: Arbeitsplatzleuchten; Anford., Empfehl. u. Prüfung
6600		**7.16**	Ausführ. v. **Behälter aus Stahl** für die Lagerung v. Flüssigkeiten; Produktionskontrolle
6834	-1	12.12	**Strahlenschutztüren** f. med. genutzte Räume; T1: Anford.
7864	-1	4.84	**Elastomer**-Bahnen für Abdichtungen; Anford., Prüf.
7865	-1	**2.15**	E.-Fugenbänder zur Abdicht. in Beton; T1: Formen u. Maße
	-2	**2.15**	-; T2: Werkstoff-Anforderungen und Prüfung
	-3	5.12	-; T3: Verwendungsbereich
7968		7.07	Sechskant-Passschrauben mit -mutter für Stahlkonstrukt.
7969		10.07	Senkschrauben mit Schlitz mit Sechskantmutter für S.
7990		4.08	Sechskantschrauben mit Sechskantmutter für S.
8986		10.12	**Kühlräume**; Bauliche sicherheitstechnische Anforderung.
11535	-1 **Z**	2.98	Gewächshäuser; T1: Ausführung und Berechnung
11622	-1 **Z**	1.06	**Gärfuttersilos** und Güllebehälter; T1: Bemessung, Ausführung, Beschaffenheit, Allgemeine Anforderungen
	-2	6.04	T2: … G. und G. aus Beton und Stahlbeton
	-4	7.94	T4: … G. und G. aus Stahl
13050		**4.15**	Begriffe im Rettungswesen
13080		**6.16**	Gliederung des Krankenhauses in Funktionsbereiche u. -stellen
14010		10.05	Angaben zur statistischen Erfassung von Bränden
14011		6.10	Begriffe aus dem **Feuerwehr**wesen
14210		7.03	**Löschwasserteiche**
14220		2.09	**Löschwasserbrunnen** / Ber1 (11.03)
14034	-5 **Z**	6.79	Graph. Symbole f. das Feuerwehrwesen; Geräte
	-6	**4.16**	-; T6: bauliche Einrichtungen
14090		5.03	Flächen für die Feuerwehr auf Grundstücken
14092	-1, -3, -7	4.12	**Feuerwehr**häuser; Plan.grundl. / -3 F.turm / -7 Werkstätten
14094	-1	1.04	Feuerwehrwesen; **Notleiteranlagen**; T1: Notleitern mit und ohne Rückenschutz, Haltevorrichtungen, Podeste
	-2	5.07	-; -; T2: Rettungswege auf flach geneigten Dächern
14095		5.07	**Feuerwehrpläne** für bauliche Anlagen

DIN	Teil	Ausgabe	Titel
14096		5.14	**Brandschutzordn.**; Regeln f. das Erstellen u. Aushängen
14244		7.03	**Löschwasser**sauganschlüsse; Überflur und Unterflur
14366	-1 **Z**	10.84	Schaumstrahlrohre; Tragbare Schaumstrahlrohre
14461	-1	**10.16**	Feuerlösch-Schlauchanschlusseinrichtungen; Wandhydranten mit formstabilem Schlauch
	-2	9.09	-; Einspeise-/Entnahmeeinricht. für Steigleitung "trocken"
	-3	**10.16**	-; T3: Schlauchanschlussventile PN16
	-4	2.08	-; Einspeisearmatur PN 16 für Steigleitung "trocken"
	-5	2.08	-; Schlauchanschlussarmatur PN 16 (Steigleit. "trocken")
	-6	**10.16**	-; Schrankmaße u. Einbau von Wandhydranten ...
14462		9.12	Löschwassereinricht.; Planung, Einbau, Betrieb u. Instandhalt. v. Wandhydrantenanlagen sowie Anlagen mit Über- u. Unterflurhydranten; / Bbl 1: Druckregelarmaturen (9.12)
14463	-1	1.07	**Löschwasseranlagen**; Fernbetätigte Füll- und Entleerungsstationen; T1: Für Wandhydrantenanlagen
	-2	7.03	T2: Für Wasserlöschanlagen mit leerem und drucklosem Rohrnetz; Anforderungen und Prüfverfahren
	-3	9.12	T3: Be- und Entlüftungsventile PN 16 für Löschwasserleitungen „nass/trocken" und „trocken"
14494 **Z**		3.79	Sprühwasser-Löschanlagen, ortsfest, mit offenen Düsen
14495 **Z**		7.77	Berieselung von oberirdischen Behältern zur Lagerung brennbarer Flüssigkeiten im Brandfalle
14497		12.11	**Kleinlöschanlagen**; Anforderungen, Prüfung
14623		9.09	Orientierungsschilder für automatische Brandmelder
14661		**11.16**	Feuerwehrwesen; Feuerwehr-Bedienfeld f. Brandmeldeanlagen
14662		**11.16**	-; Feuerwehr-Anzeigetableau für Brandmeldeanlagen
14663		**11.16**	-; Feuerwehr-Gebäudefunkbedienfeld
14674		9.10	**Brandmeldeanlagen** – Anlagenübergreifende Vernetzung
14675		4.12	**B.**; Aufbau u. Betrieb / Bbl 1: Anwend.hinweise (12.14)
14676		9.12	Rauchwarnmelder für Wohnhäuser, Wohnungen u. Räume mit wohnungsähnl. Nutzung Einbau, Betrieb u. Instandhalt.
14677		3.11	Instandhaltung von elektrisch gesteuerten **Feststellanlagen** für Feuerschutz- und Rauchschutzabschlüsse
14678 **Z**		8.08	**Handfeuermelder** (Bauart K) zur Anwendung in durch Gase oder Stäube explosionsgefährdeten Betriebsstätten
15306		6.02	**Personenaufzüge** in Wohngebäuden; Bau-, Fahrkorb-, Türmaße
15309		12.02	P. für andere als Wohngebäude sowie Bettenaufzüge; -;

DIN Teil	Ausgabe	Titel
16742	10.13	Kunststoff-Formteile; Toleranzen u. Abnahmebeding. / Ber1 (2.14)
18005 -1	7.02	**Schallschutz** im Städtebau; Grundl., Hinweise f. die Plan.
-1 Bbl1	5.87	-; Berechnungsverfahren; schalltechn. Orientierungswerte
-2	9.91	-; Lärmkarten; … Darstellung von Schallimmissionen
18007	5.00	**Abbrucharbeiten**; Begriffe, Verfahren, Anwend.bereiche
18008 -1	12.10	**Glas** im Bauwesen; Bemessungs- und Konstruktionsregeln; T1: Begriffe und allgemeine Grundlagen
-2	12.10	T2: Linienförmig gelagerte Verglasung. / Ber1 (4.11)
-3	7.13	T3: Punktförmig gelagerte Verglasungen
-4	7.13	T4: Zusatzanforderung. an absturzsichernde Verglasungen
-5	7.13	T5: Zusatzanforderungen an begehbare Verglasungen
18009 -1	**9.16**	Brandschutzingenieurwesen; T1: Grundsätze und Regeln für die Anwendung
18012	5.08	Haus-Anschlusseinrichtungen; allgem. Planungsgrundlagen
18013	11.10	Nischen für **Zählerplätze** (Elektrizitätszähler)
18014	3.14	**Fundamenterder**; Planung, Ausführ. u. Dokumentation
18015 -1	9.13	**Elektr. Anlagen** in Wohngebäuden; T1: Plan.rundlagen
-2	11.10	T2: Art u. Umfang der Mindestausstattung
-3	**9.16**	T3: Leitungsführung u. Anordnung der Betriebsmittel
-4	5.14	T4: Gebäudesystemtechnik
-5	**7.15**	T5: Luftdichte u. wärmebrückenfreie Elektroinstallation
18017 -3	9.09	**Lüftung von Bädern** u. Toilettenräumen ohne Außenfenster; T3: Lüftung mit Ventilator
18024 -1 **Z**	1.98	Barrierefreies Bauen; T1: Straßen, Plätze, Wege, öffentliche Verkehrs- u. Grünanlagen sowie Spielplätze, Planungsgrundlagen
18026 V	6.06	Oberflächenschutzsysteme für Beton aus Produkten nach DIN EN 1504-2 (1.05)
18028 V	6.06	Rissfüllstoffe nach DIN EN 1504-5 mit besond. Eigenschaften
18130 -2	**8.15**	Baugrund, Untersuchung von Bodenproben; Bestimmung des Wasserdurchlässigkeitsbeiwerts; T2: Feldversuche
18032 -1	11.14	**Sporthallen**; Hallen u. Räume für Sport u. Mehrzwecknutzung; T1: Grundsätze für die Planung
-2 V	4.01	-; T2: Sportböden; Anforderungen, Prüfungen
-3	4.97	-; T3: Prüfung der Ballwurfsicherheit
-4	8.02	-; doppelschalige Trennvorhänge
-5 **Z**	8.02	-; ausziehbare Tribünen
-6	7.14	-; … Maßnahmen f. Einbau u.Verankerung v. Sportgeräten

DIN	Teil	Ausgabe	Titel
18036		3.10	**Eissportanlagen**; Anlagen für den Eissport mit Kunsteisflächen; Grundlagen für Planung u. Bau / A1 (11.06)
18040	-1	10.10	**Barrierefreies Bauen**; Planungsgrundlagen; T1: Öffentlich zugängliche Gebäude / -2 -; -; T2: Wohnungen (9.11)
	-3	12.14	-; T3: Öffentlicher Verkehrs- und Freiraum
18041		**3.16**	**Hörsamkeit** in Räumen; Empfehl. u. Hinweise f. d. Plang.
18055		11.14	Kriterien für die Anwendung von Fenstern u. Außentüren nach DIN EN 14351-1
18057		8.05	**Betonfenster**; Bemessung, Anforderungen, Prüfungen
18065		**3.15**	**Gebäudetreppen**; Definitionen, Messregeln, Hauptmaße
18069	**Z**	11.85	Tragbolzentreppen f. Wohngebäude; Bemess. u. Ausführ.
18073	V	5.08	**Rollläden**, Markisen, Rolltore und sonstige Abschlüsse im Bauwesen; Begriffe, Anforderungen
18089	-1	1.84	**Feuerschutzabschlüsse**; Einlagen für Feuerschutztüren; Mineralfaserplatten; Begriff, Bezeichn., Anford., Prüfung
18090		1.97	Aufzüge; **Fahrschacht**-Dreh-/-Falttüren für F. mit Wänden ... F90
18091		7.93	-; Schacht-Schiebetüren für F. mit Wänden ... F90
18092		4.92	-; Vertikal-Schiebetüren für Kleingüteraufzüge in F. mit Wänden ... F 90
18093		6.87	**Feuerschutzabschlüsse**; Einbau von Feuerschutztüren in massive Wände ...; Ankerlagen, Ankerformen, Einbau
18095	-1	10.88	Türen; **Rauchschutztüren**; Begriffe, Anforderungen
	-2	3.91	-; Bauartprüf. d. Dauerfunktionstüchtigkeit u. Dichtheit
	-3	6.99	Rauchschutzabschlüsse; Anwendung von Prüfergebnissen
18100		10.83	**Türen**; Wandöffnungen f. Türen; Maße entspr. DIN 4172
18101		8.14	T.; T. für den Wohnungsbau; , Band u. Schlosssitz; gegenseitige Abhängigkeit der Maße
18104	-1	5.13	Einbruchhemmende **Nachrüstprodukte**; T1: aufschraubbare N. für Fenster u. Türen; Anford. u. Prüfverfahren
	-2	5.13	-; T2: Anforderungen u. Prüfverfahren für im Falz eingelassene Nachrüstprodukte für Fenster u. Türen
18111	-1	8.04	Türzargen; **Stahlzargen**; S. f. gefälzte Türen in Mauerwerk
	-2	8.04	-; -; S. für gefälzte Türen in Ständerwerkswänden
	-3	1.05	-; -; Sonderzargen für gefälzte und ungefälzte Türen
	-4	8.04	-; -; Einbau von Stahlzargen
18123		4.11	**Baugrund**, Untersuchung v. Bodenproben; Bestimmung der Korngrößenverteilung

DIN	Teil	Ausgabe	Titel
18125	-2	3.11	-; Bestimmung der Dichte des Bodens; T2: Feldversuche
18126		11.96	**B.**, -; Bestimmung der Dichte nichtbindender Böden bei lockerster und dichtester Lagerung
18127		9.12	**B.**, -; Untersuchung von Bodenproben; Proctorversuch
18148		10.00	**Hohlwandplatten** aus Leichtbeton
18151	-100 V	10.05	**Hohlblöcke** aus Leichtbeton; H. mit besond. Eigenschaften
18152	-100 V	10.05	**Vollsteine** u. Vollblöcke aus Leichtbeton; ... mit besond. Eigensch.
18153	-100 V	10.05	**Mauersteine** aus (Normal)Beton, M. mit besond. Eigenschaften
18157	-1	7.79	Ausführung keramischer **Bekleidungen** im Dünnbettverfahren; hydraulisch erhärtende Dünnbettmörtel
	-2	10.82	-; Dispersionsklebstoffe
	-3	4.86	-; Epoxidharzkleber
18158		9.86	**Bodenklinkerplatten**
18159	-2	6.78	Schaumkunststoffe als **Ortschäume** im Bauwesen; Harnstoff-Formaldehydharz-O. für Wärmedämmung;
18160	-1 V	1.06	**Abgasanlagen**; T1: Planung u. Ausführung
	-1 V Bbl1	**11.15**	-; -; nationale Ergänzung zur Anwendung von Metall-A. nach DIN EN 1856-1, ...;
	-1 V Bbl2	**4.16**	-; -; ... zur Anwend. v. Keramikinnenschalen DIN EN 1457 ...
	-1 V Bbl3	9.09	-; -; ... zur Anwendung von System-Abgasanlagen mit Kunststoffinnenrohren nach DIN EN 14471
	-5	**4.16**	-; T5: Einrichtungen für Schornsteinfegerarbeiten; ...
	-60	2.14	-; T60: Nachweise für das Brandverhalten von A. und Bauteilen von A.; Begriffe, Anforderungen u. Prüfungen
18162		10.00	**Wandbauplatten** aus Leichtbeton, unbewehrt
18168	-1	4.07	Gipsplatten-**Deckenbekleidung**en u. Unterdecken; T1: Anforderungen an die Ausführung → DIN EN 13964
	-2	5.08	-; T2: Nachweis der Tragfähigkeit von Unterkonstruktionen und Abhängern aus Metall
18177		11.12	Werksmäßig im Nassverfahren hergestellte Mineralplatten; Kennwerte und Prüfverfahren
18180		9.14	**Gipsplatten**; Arten und Anforderungen → DIN EN 520
18181		10.08	G. im Hochbau; Verarbeitung
18182	-1	**11.15**	Zubehör für die Verarbeit. v. G.; T1: Profile aus Stahlblech
	-2	2.10	T2: Schnellbauschrauben, Klammern, Nägel
18183	-1	5.09	Trennwände und Vorsatzschalen aus Gipsplatten mit Metallunterkonstruktionen; T1: Beplankung mit Gipsplatten

DIN	Teil	Ausgabe	Titel
18184		10.08	Gipskarton-Verbundplatten mit Polystyrol-/Polyurethan-Hartschaum als Dämmstoff
18195	Bbl1	3.11	Bauwerks**Abdichtungen**; Bbl1: Beisp. für die Anordn. ...
	-1	12.11	T1: Grundsätze, Definitionen, Zuordnung Abdichtungsarten
	-2	4.09	T2: Stoffe
	-3	12.11	T3: Anford. an Untergrund u. Verarbeitung. der Stoffe
	-4	12.11	T4: A. gegen Bodenfeuchte u. nichtstauendes Sickerwasser ... ; Bemessung u. Ausführungen
	-5	12.11	T5: A. gegen nichtdrückendes Wasser auf Deckenflächen u. in Nassräumen; -;
	-6	12.11	T6: A. gegen von außen drückendes Wasser u. aufstauendes Sickerwasser; -;
	-7	7.09	T7: A. gegen von innen drückendes Wasser; -;
	-8	12.11	T8: A. über Bewegungsfugen
	-9	5.10	T9: Durchdringungen, Übergänge, Anschlüsse
	-10	12.11	T10: Schutzschichten u. Schutzmaßnahmen
18196		5.11	**Erd-, Grundbau**; Bodenklassifik. für bautechn. Zwecke
18197		4.11	Abdichten von Fugen in Beton mit Fugenbändern
18200		5.00	Übereinstimmungsnachweis für Bauprodukte; ...
18202		4.13	**Toleranzen** im Hochbau; Bauwerke
18203	-3	8.08	-; Bauteile aus Holz u. Holzwerkstoffen
18216		12.86	Schalungsanker f. Betonschalung.; Anford., Prüf., Verwend.
18217		12.81	Betonflächen u. Schalungshaut
18218		1.10	Frischbetondruck auf lotrechten Schalungen
18225		6.88	**Industriebau**; Verkehrswege im Industriebau
	Bbl1	6.88	-; Verkehrswege im Industriebau; Vorschriften
18230	-1	9.10	Baulicher Brandschutz im **Industriebau**; T1: Rechnerisch erforderliche Feuerwiderstandsdauer
	-2 **Z**	1.99	T2: Ermittlung des Abbrandverhaltens v. Materialien in Lageranordnung; Werte für den Abbrandfaktor m
	-3	8.02	T3: Rechenwerte
18232	-1	2.02	Rauch- u. Wärmefreihaltung; Begriffe, Aufgabenstellung
	-2	7.11	T2: Natürl. **Rauchabzugsanl.**; Bemess., Anford. u. Einbau
	-4	4.03	T4: Wärmeabzüge (WA); Prüfverfahren
	-5	11.12	T5: Maschinelle R. (MRA); Anford., Bemessung
	-7	2.08	Rauch- und Wärmefreihaltung; T7: Wärmeabzüge aus schmelzbaren Stoffen; Bewertungsverfahren und Einbau

DIN	Teil	Ausgabe	Titel
	-8 V	7.08	-; T8: Öffneraggregate für Gebäudeabdeckungen zur Entlüftung oder Rauchableitung
	-9	**7.16**	-; T9: wesentl. Merkmale u. deren Mindestwerte für naturliche Rauch- u. Wärmeabzugsgeräte nach DIN EN 12101-2
18234	-1	9.03	Baulicher **Brandschutz** großflächiger **Dächer**; Brandbeanspr. v. unten; Begriffe, Anford. u. Prüfung.; geschlossene Dachflächen
	-2	9.03	-; T2: ... Dächer, die Anford. nach DIN 18234-1 erfüllen
	-3	9.03	-; T3: Begriffe, Anforderungen u. Prüfungen, Durchdringungen, Anschlüsse und Abschlüsse von Dachflächen
	-4	9.03	-; T4: ... Durchdringungen ..., die Anford. nach T3 erfüllen
18250		9.06	Schlösser; **Einsteckschlösser** f. Feuer-/Rauchschutztüren
18251	-1	7.02	-; E.; T1: Einsteckschlösser für gefälzte Türen
	-2, -3	11.02	T2: E. für Rohrrahmentüren / T3: E. als Mehrfachverriegelung
18255		5.02	**Baubeschläge**; Türdrücker, Türschilder, Türrosetten; Begriffe, Maße, Anforderungen
18257		**6.15**	-; Schutzbeschläge; Begriffe, Maße, Anford., Kennzeichn.
18263	-1	**4.15**	Schlösser u. B.; **Türschließer** mit kontrolliertem Schließablauf; T1: Oben-T. mit Kurbelbetrieb u. Spiralfeder
	-4	**4.15**	-; -; T4: Drehflügeltürantriebe mit Selbstschließfunktion
18264		9.78	**Baubeschläge**; Türbänder mit Feder
18265		9.78	-; Pendeltürbänder mit Feder
18267		**2.15**	**Fenstergriffe**; rastbare, verriegel- u- verschließbare F.
18268		1.85	**Baubeschläge**; Türbänder; Bandbezugslinie
18272		8.87	**Feuerschutzabschlüsse**; Bänder für Feuerschutztüren; ...
18273		**7.15**	**Baubeschläge**; Türdrückergarnituren für Feuer-/Rauchschutztüren; Begriffe, Maße, Anford. u. Prüf.
18299		**9.16**	**VOB Teil C**: Allg. techn. Vertragbedingungen für Bauleistungen (ATV); allg. Regelungen f. Bauarbeiten jeder Art
18300		**9.16**	VOB Teil C: ATV; Erdarbeiten
18301		**9.16**	-; Bohrarbeiten
18302		**9.16**	-; Arbeiten zum Ausbau von Bohrungen
18303		**9.16**	-; Verbauarbeiten
18304		**9.16**	-; Ramm-, Rüttel- u. Pressarbeiten
18305		**9.16**	-; Wasserhaltungsarbeiten
18306		**9.16**	-; Entwässerungskanalarbeiten
18307		**9.16**	-; Druckrohrleitungsarbeiten außerhalb von Gebäuden
18308		**9.16**	-; Drän- und Versickerarbeiten

DIN	Teil	Ausgabe	Titel
18309		**9.16**	-; Einpressarbeiten
18311		**9.16**	-; Nassbaggerarbeiten
18312		**9.16**	-; Untertagebauarbeiten
18313		**9.16**	-; Schlitzwandarbeiten mit stützenden Flüssigkeiten
18314		**9.16**	-; Spritzbetonarbeiten
18315		**9.16**	-; Verkehrswegebauarb.; Oberbauschichten ohne Bindemittel
18316		**9.16**	-; -; Oberbauschichten mit hydraulischen Bindemitteln
18317		**9.16**	-; -; Oberbauschichten aus Asphalt
18318		**9.16**	-; -; Pflasterdecken, Plattenbeläge und Einfassungen
18319		**9.16**	-; Rohrvortriebsarbeiten
18320		**9.16**	-; Landschaftsbauarbeiten
18321		**9.16**	-; Düsenstrahlarbeiten
18322		**9.16**	-; Kabelleitungstiefbauarbeiten
18323		**9.16**	-; Kampfmittelräumarbeiten
18324		**9.16**	-; Horizontalspülbohrarbeiten
18326		**9.16**	-; Renovierungsarbeiten an Entwässerungskanalarbeiten
18330		**9.16**	-; Mauerarbeiten
18331		**9.16**	-; Betonarbeiten
18332		**9.16**	-; Naturwerksteinarbeiten
18333		**9.16**	-; Betonwerksteinarbeiten
18334		**9.16**	-; Zimmer- u. Holzbauarbeiten
18335		**9.16**	-; Stahlbauarbeiten
18336		**9.16**	-; Abdichtungsarbeiten
18338		**9.16**	-; Dachdeckungs- u. Dachabdichtungsarbeiten
18339		**9.16**	-; Klempnerarbeiten
18340		**9.16**	-; Trockenbauarbeiten
18345		**9.16**	-; Wärmedämm-Verbundsysteme
18349		**9.16**	-; Betonerhaltungsarbeiten
18350		**9.16**	-; Putz- u. Stuckarbeiten
18351		**9.16**	-; Vorgehängte hinterlüftete Fassaden
18352		**9.16**	-; Fliesen- u. Plattenarbeiten
18353		**9.16**	-; Estricharbeiten
18354		**9.16**	-; Gussasphaltbelagarbeiten
18355		**9.16**	-; Tischlerarbeiten
18356		**9.16**	-; Parkett- und Holzpflasterarbeiten
18357		**9.16**	-; Beschlagarbeiten

DIN	Teil	Ausgabe	Titel
18358		**9.16**	-; Rollladenarbeiten
18360		**9.16**	-; Metallbauarbeiten
18361		**9.16**	-; Verglasungsarbeiten
18363		**9.16**	-; Maler- u. Lackiererarbeiten
18364		**9.16**	-; Korrosionsschutzarbeiten an Stahl- u. Aluminiumbauten
18365		**9.16**	-; Bodenbelagarbeiten
18366		**9.16**	-; Tapezierarbeiten
18367	**Z**	9.12	-; Holzpflasterarbeiten (siehe DIN 18356)
18379		**9.16**	-; Raumlufttechnische Anlagen
18380		**9.16**	-; Heizungs- u. zentrale Wassererwärmungsanlagen
18381		**9.16**	-; Gas-, Wasser- u. Abwasserinstallationen ...
18382		**9.16**	-; Nieder- u. Mittelspannungsanlagen ... bis 36kV
18384		**9.16**	-; Blitzschutzanlagen
18385		**9.16**	-; Förderanlagen, Aufzugsanlagen, Fahrtreppen ...
18386		**9.16**	-; Gebäudeautomation
18421		**9.16**	-; Dämm- u. Brandschutzarbeiten an technischen Anlagen
18451		**9.16**	-; Gerüstarbeiten; Richtlinien für Vergabe u. Abrechnung
18459		**9.16**	-; Abbruch- und Rückbauarbeiten
18500	V	12.06	**Betonwerkstein**; Begriffe, Anford., Prüf., Überwachung
18503		12.03	**Pflasterklinker**; Anforderungen und Prüfverfahren
18507		8.12	**Pflastersteine** aus haufwerksporigem Beton; Begriffe, Anforderungen, Prüfungen, Überwachung
18515	-1	**5.15**	**Außenwandbekleidungen**; Grundsätze für Planung u. Ausführung; T1: Angemörtelte Fliesen oder Platten;
	-2 **Z**	4.93	-; T2: Anmauerung auf Aufstandsflächen; -;
18516	-1	6.10	A., hinterlüftet; T1: Anforderungen, Prüfgrundsätze
	-3 **Z**	11.11	T3: Naturwerkstein; Anforderungen, Bemessung
	-3	9.13	T3: Naturwerkstein; Anforderungen, Bemessung
	-5 **Z**	12.99	T5: Betonwerkstein; Anforderungen, Bemessung
	-5	9.13	T5: Betonwerkstein; Anforderungen, Bemessung
18531	-1, -2	5.10	**Dachabdichtungen**; Abdichtungen für nicht genutzte Dächer; T1: Begriffe, Anforder., Planungsgrundsätze / T2: Stoffe
	-3	5.10	T3: Bemessung, Verarbeit. der Stoffe, Ausführung der D.
	-4	5.10	T4: Instandhaltung
18540		9.14	Abdichten v. **Außenwandfugen** ... mit Fugendichtstoffen

DIN	Teil	Ausgabe	Titel
18541	-1	11.14	**Fugenbänder** aus thermoplast. Kunststoffen zur Abdicht. v. Fugen in Beton; T1: Begriffe, Formen, Maße, Kennzeich.
	-2	11.14	-; T2: Anforderung. an die Werkstoffe, Prüf. u. Überwach.
18542		7.09	**Abdichtung** v. Außenwandfugen mit imprägnierten Dichtungsbändern aus Schaumkunststoff; ...; Anford. u. Prüf.
18545		**7.15**	**Abdichten** v. Verglasungen mit Dichtstoffen; Anforderungen an Glasfalze und Verglasungssysteme
18550	-1	12.14	Planung, Zubereitung u. Ausführ. von Innen- u. Außenputzen; T1: Ergänz. Festleg. zu DIN EN 13914-1 für Außenputze
	-2	**6.15**	-; T1: Ergänz. Festleg. zu DIN EN 13914-2 für Innenputze
18551	**Z**	2.10	**Spritzbeton**; Nationale Anwendungsregeln zur Reihe DIN EN 14487 u. Regeln für die Bemessung v. S.konstruktionen;
18551		8.14	-; -;
18555	-3	9.82	Prüf. v. Mörteln mit mineralischen Bindemitteln; Festmörtel; ... Biegezug-/Druckfestigkeit u. Rohdichte
	-4	3.86	-; -; ... Längs-/Querdehnung, Verformungskenngrößen von Mauermörteln im statischen Druckversuch
	-6	11.87	-; -; Bestimmung der Haftzugfestigkeit
	-7	11.87	-; Frischmörtel; ... Wasserrückhaltevermögen (Filterplatten)
	-9	9.99	-; T9: Festmörtel; Bestimmung der Fugendruckfestigkeit
18558		1.85	**Kunstharzputze**; Begriffe, Anforderung., Ausführung
18560	-1	**11.15**	**Estriche** im Bauwesen; T1: Begriffe, allg. Anford., Prüf.
	-2	9.09	T2: E. u. Heizestriche auf Dämmschichten / Ber1 (5.12)
	-3	3.06	T3: Verbundestriche
	-4	6.12	T4: Estriche auf Trennschicht
	-7	4.04	T7: Hochbeanspruchte Estriche (Industrieestriche)
18580	V	3.07	**Mauermörtel** mit besonderen Eigenschaften
18599	-1 V	**10.16**	Energetische Bewert. v. Gebäuden; T1: Bilanzierungsverfahren, Begriffe, Zonierung, Bewert. d. Energieträger
	-2 V	**10.16**	T2: Nutzenergiebedarf f. Heizen/Kühlen (Gebäudezonen)
	-3 V	**10.16**	T3: Nutzenergiebedarf für energetische Luftaufbereitung
	-4 V	**10.16**	T4: Nutz- und Endenergiebedarf für Beleuchtung
	-5 V	**10.16**	T5: **Endenergiebedarf** von Heizsystemen
	-6 V	**10.16**	T6: E. v. Lüftungs-, Luftheizungsanlagen (Wohn.bau)
	-7 V	**10.16**	T7: E. v. RLT- u. Klimakältesystemen für Nichtwohn.bau
	-8 V	**10.16**	T8: Nutz- u. E. v. Warmwasserbereit.systemen
	-9 V	**10.16**	T9: End- u. Primärenergiebedarf v. KW-Kopplungsanlagen

DIN	Teil	Ausgabe	Titel
	-10 V	**10.16**	T10: Nutzungsrandbedingungen, Klimadaten
	-11 V	**10.16**	T11: Gebäudeautomation
	Bbl1 V	1.10	-; Berechnung des Nutz-, End- u. Primärenergiebedarfs für Heizung, Kühlung, Lüftung, Trinkwarmwasser u. Beleuchtung; Beiblatt 1: Bedarfs-/Verbrauchsabgleich
	Bbl2 V	6.12	-; -; Beiblatt 2: Beschreibung der Anwendung von Kennwerten aus DIN V 18599 bei Nachweisen des EEWärmeG
18650	-1, -2	6.10	Schlösser u. Baubeschläge; autom. **Türsysteme**; T1: Produktanford. u. Prüfverfahren / T2: Sicherheit an autom. T.
18709	-1, -2		Begriffe, Kurz- u. Formelzeichen im **Vermessungswesen**; -; T1: Allgemeines (10.95) / -; Ingenieurvermessung (4.86)
18799	-1, -2	5.09	**Steigleitern** an baulich. Anlagen; T1: S. mit Seitenholmen; . Anford. u. Prüf.; T2: -; S. mit Mittelholmen; -;
18807	-3	6.87	Trapezprofile im Hochbau; Stahltrapezprofile; Festigkeitsnachweis und konstruktive Ausbildung / A1 (5.01)
	-9	6.98	-; Anwendung u. Konstruktion
18900		10.82	**Holzmasten**bauart; Berechnung u. Ausführung
18920		7.14	-; Schutz v. Bäumen, Pflanzen ... bei Baumaßnahmen
18947		8.13	**Lehmputzmörtel**; Begriffe, Anford., Prüfverf. / A1 (**3.15**)
18960		2.08	**Nutzungskosten** im Hochbau
19522		12.00	Gusseiserne Abflussrohre, Formstücke ohne Muffe (SML)
19531	-10	12.99	**Rohr u. Formstücke** aus PVC-U für Abwasserleit. in Gebäuden; T10: Brandverhalten, Überwach., Verlegehinweise
19537	-3	11.90	R. u. F. aus PE-HD für Abwasserkanäle u. -leitungen; Fertigschächte; Maße, techn. Lieferbedingung.
19541		12.04	**Geruchverschlüsse** f. besondere Verwendungszwecke; ...
19555		4.03	**Steigeisen** f. einläufige S.gänge; . . . / Ber1 (4.06)
19559	-1	7.83	Durchflussmessung v. Abwasser . . . ; allgemeine Angaben
	-2	7.83	-; Venturi-Kanäle
19573		**3.16**	Mörtel für Neubau u. Sanierung v. Entwässerungssystemen außerhalb von Gebäuden
19580		7.10	**Entwässerungsrinnen** für Verkehrsflächen; Dauerhaftigkeit, Einheitsgewicht und Bewertung der Konformität
19666		5.01	**Sickerrohr**- u. Versickerrohrleitungen; Allgem. Anford.
19667		**8.15**	Dränung v. Deponien; Planung, Bauausführung u. Betrieb
19695		**9.15**	Befördern u. Lagern von Beton-, Stahlbeton-, Spannbetonrohren, zugehörigen Formstücken sowie Schachtringen

DIN	Teil	Ausgabe	Titel
19702		2.13	Massivbauwerke im **Wasserbau**; Tragfähigkeit, Gebrauchstauglichkeit und Dauerhaftigkeit
19712		1.13	**Hochwasserschutzanlagen** an Fließgewässern
19850	-1 bis -2 **Z**	11.96	**Faserzement-Rohre** u. -Formstücke für Abwasserkanäle; T1: Maße v. Rohren, Abzweigen, Bogen / T2: Maße v. Rohrverbind.
	-3 **Z**	11.90	-; Schächte; Maße, technische Lieferbedingungen
20000	-1 **Z**	12.05	Anwend. v. Bauprodukt. in Bauwerken; T1: Holzwerkstoffe
	-1	8.13	Anwend. v. Bauprodukt. in Bauwerken; T1: Holzwerkstoffe
	-2	12.13	T2: Industriell gefertigte Schalungsträger aus Holz
	-3	**2.15**	T3: Brett- u. Balkenschichtholz nach DIN EN 14080
	-4	8.13	T4: Vorgefertigte trag. Bauteile mit Nagelplattenverbind.
	-5 **Z**	2.09	T5: Bauholz für trag. Zwecke mit rechteckigem Querschnitt;
	-5	**6.16**	T5: -;
	-6	**2.15**	T6: Verbindungsmittel nach EN 14592 (2.09) u. EN 14545 (2.09)
	-7	**8.15**	T7: Keilgezinkt. Vollholz f. trag. Zwecke nach DIN EN 15497
	-101 V **Z**	11.02	T101: Zusatzmittel f. Einpressmörtel für Spannglieder ...
	-102 V **Z**	4.04	T102: Gesteinskörnung nach DIN EN 13383-1(8.02)
	-105 V **Z**	4.05	T105: Gesteinskörnungen nach DIN EN 13450
	-120 V	4.06	T120: Anwendungsregeln zu DIN EN 13369
	-125 V	12.06	T125: ... Betonfertiggaragen (DIN EN 13978-1 (7.05))
	-129	10.14	T129: Regeln f. d. Verwend. v. keramischen Zwischenbauteilen nach DIN EN 15037-3
	-201 spec	**8.15**	T201: Anwend.norm f. Abdichtungsbahnen nach Europ. Produktnorm. zur Verwend. in Dachabdichtungen
	-202 spec	**3.16**	T202: … zur Verwend. in Bauwerksabdichtungen
	-203 V	5.10	T203: … zur Verwendung für Abdichtungen von Betonbrücken und anderen Verkehrsbauwerken aus Beton
	-401 V **Z**	6.05	T401: Regeln f. d. Verwend. v. Mauerziegeln (DIN EN 771-1)
	-401	11.12	T401: Regeln f. d. Verwend. v. Mauerziegeln (DIN EN 771-1)
	-402 V **Z**	6.05	T402: … von Kalksandsteinen (DIN EN 771-2)
	-402	**3.16**	T402: … von Kalksandsteinen (DIN EN 771-2)
	-403 V	6.05	T403: … von Mauersteinen aus Beton (DIN EN 771-3)
	-404 V **Z**	1.06	T404: … von Porenbetonsteinen nach DIN EN 771-4
	-404	**12.15**	T404: … von Porenbetonsteinen nach DIN EN 771-4
	-412 V	3.04	T 412: ... von Mauermörtel nach DIN EN 998-2 (9.03)
24531	-1	4.06	Roste als Stufen; T1: **Gitterroste** aus metall. Werkstoffen
	-2	8.07	T2: Blechprofilroste aus metallischen Werkstoffen

DIN	Teil	Ausgabe	Titel
	-3	8.07	T3: Kunststoffgitterroste
24537	-1	4.06	Roste als Bodenbelag; T1: G. aus metall. Werkstoffen
	-2	8.07	T2: Blechprofilroste aus metallischen Werkstoffen
	-3	8.07	T3: Kunststoffgitterroste
31051		9.12	Grundlagen der **Instandhaltung**
32736		8.00	**Gebäudemanagement**; Begriffe u. Leistungen
	Bbl 1	8.00	-; -; Gegenüberstellung von Leistungen
32984		10.11	Bodenindikatoren im öffentlichen Raum / Ber 1 (10.12)
33402	-1	3.08	Ergonomie; **Körpermaße** des Menschen; T1: Begriffe, Messverfahren / -2 (12.05) -; -; T2: Werte
33404	-3	**4.16**	**Gefahrensignale**; Akustische G.; T3: Einheitl. Notsignal
43870	-1	2.91	**Zählerplätze**; Maße auf Basis eines Rastersystems
	-2	3.91	-; Funktionsflächen
	-3, -4	6.85	-; Verdrahtungen / -4: -; Abdeckungen für Verdrahtungen
	Bbl 1	1.86	-; Anwendungsbeispiele zu den Funktionsflächen
44578	V	11.06	Elektr. Raumheizung; Gebrauchseigenschaften v. Zentralspeichern für Warmwasserheizung; -1: Einteil. u. Begriffe / -2: Prüfung / -3: Anforderungen / -4: Bemessung
45682		9.02	Schallimmissionspläne
50055		3.89	Lichtmeßstrecke für **Rauchentwicklungsprüfungen**
51043		8.79	**Traß**; Anforderungen, Prüfung
51794		5.03	Prüf. v. Mineralölkohlenwasserstoffen; Bestim. der Zündtemp.
52008		3.06	Prüfverf. f. Naturstein; Beurteil. d. Verwitterungsbeständigk.
52117		11.14	**Rohfilzpappe**; Begriff, Bezeichnungen, Anforderung;
52129		11.14	Nackte **Bitumenbahnen**; Begriff, Bezeichnung., Anforder.
52144		11.14	Abdichtungsbahnen; nackte B.; werkseigene Produktionskontr.
52210	-6	7.13	**Bauakustische Prüfungen**; Luft- u. Trittschalldämmung; Bestimmung der Schachtpegeldifferenz
52221		1.06	-; Körperschallmessung bei haustechnischen Anlagen
52460		**12.15**	**Fugen- u. Glasabdichtung**
52461		**12.15**	Prüfung v. Dichtstoffen für das Bauwesen; Regenbeständigkeit von frisch verarbeitetem, spritzfähigem Dichtstoff
54332	**Z**	2.75	Prüf. v. **Textilien**; Bestimm. Brennverhalt. v. text. Fußbodenbeläg.
54334		6.75	-; Bestim. des Brennverhaltens, Zündzeit, Kantenbeflammung
54335	**Z**	3.77	-; . . . , 45°-Methode, Zündung durch Kantenbeflammung
55633		4.09	**Beschichtungsstoffe**; Korrosionsschutz von Stahlbauten durch Pulver-Beschichtungssysteme; ...

DIN	Teil	Ausgabe	Titel
55634		4.10	B. u. Überzüge; Korrosionsschutz v. tragenden dünnwandigen Bauteilen aus Stahl – Ersatz für DIN 55928-8
55699		2.05	Verarbeitung von Wärmedämm-Verbundsystemen
55945		**8.16**	B. u. Beschichtungen; ergänzende Begriffe zu DIN EN ISO 4618
58125		7.02	**Schulbau**; bautechn. Anford. zur Verhütung von Unfällen
59051		4.04	**Stabstahl**; ... scharfkantiger T-Stahl; Maße, Masse, ...
59231		11.03	**Wellbleche** u. Pfannenbleche; oberflächenveredelt; Maße, Masse und statische Werte
59370		6.08	Blanker, gleichschenklicher, scharfkantiger **Winkelstahl**; Maße, Masse, Grenzabmaße und Formtoleranzen
59610		2.04	**Blei** u. -legierungen; gewalzte Bleche aus B., allg. Verwend.
67526	-3	8.76	Sportstätten**Beleuchtung**; Richtl. für B. mit Tageslicht
68119		9.96	**Holzschindeln**
68121	-1	9.93	**Holzprofile** für Fenster/-türen; Maße, Qualitätsanford.
	-2	6.90	-; allgemeine Grundsätze
68125	-1	8.70	**Fußleisten** aus europäischen (außer nordischen) Hölzern
	-2	8.77	F. aus nordischem Nadelholz
68126	-1	7.83	**Profilbretter** mit Schattennut; Maße
68141		1.08	**Holzklebstoffe**; Prüfung der Gebrauchseigenschaften von Klebstoffen für tragende Holzbauteile
68150	-1	**9.16**	**Holzdübel**; Maße, technische Lieferbedingungen
68364		5.03	Kennwerte v. Holzarten; Rohdichte, E-Modul, Festigkeiten
68365		12.08	**Schnittholz** f. Zimmerarbeit.; Sortierung nach Aussehen
68368		2.06	Laubschnittholz für **Treppenbau**; Gütebedingungen
68702		10.09	**Holzpflaster**
68705	-2	**3.16**	**Sperrholz**; T2: Stab- u. StäbchenS für allgem. Zwecke
68706	-1	2.02	**Innentüren** aus Holz u. Holzwerkstoffen; T1: Türblätter; ...
	-2	2.02	-; T2: Türzargen; Begriffe, Maße, Einbau
68740	-1	**7.16**	**Paneele**; T1: Definitionen, Bezeichnungen
	-2	**7.16**	T2: Furnier-Decklagen auf Holzwerkstoffen
68791		**8.16**	Großflächen-**Schalungsplatten** aus Stab-/Stäbchensperrholz ...
68792		**8.16**	Großflächen-S. aus Furniersperrholz für Beton u. Stahlbeton
68800	-1	10.11	**Holzschutz** im Hochbau; Allgemeines
	-2	2.12	-; T2: vorbeugende bauliche Maßnahmen im Hochbau
	-3	2.12	-; vorbeugender chemischer Holzschutz
	-4	2.12	-; Bekämpfung. ... holzzerstörender Pilze u. Insekten

DIN EN-Normen

DIN EN	Ausgabe	Titel
2	1.05	**Brandklassen**
3 Bbl4	5.13	Tragbare **Feuerlöscher**; Bbl4: Kennzeichnung für den Einsatz in Bereichen mit hohen statischen Magnetfeldern
-7	10.07	-; T7: Eigenschaften, Leistungsanforderungen u. Prüfungen
-8, -9	2.07	-; T8, T9: Zusätzliche . zu EN 3-7 ... / jeweils Ber1 (1.08)
-10	3.10	-; T10: Festleg. f. die Bestätig. d. Konform. . F. nach EN 3-7
39	11.01	Systemunabhängige Stahlrohre für ... Trag-, Arbeitsgerüste
54 -1	6.11	**Brandmeldeanlagen**; T1: Einleitung
-2	12.97	T2: Brandmeldezentralen / A1 (1.07)
-3 bis -5		T3 (9.14) / T4 (12.97), A1 (3.03), A2 (1.07) / T5 (3.01), A1 (9.02)
-7, -10, -11		T7 (9.06) / T10 (5.02), A1 (3.06) / T11 (10.01), A1 (3.06)
-12	**10.15**	T12: Rauchmelder; Linienförmiger Melder . . . (Durchlicht)
-13,-16 bis -18		T13 (8.05) / T16 (6.08) / T17 (3.06) / T18 (3.06), Ber1 (5.07)
-20 bis -25		T20 (2.09) / T21 (8.06) / T22 (7.15) / T23 (6.10) / T24 (6.08) / T25 (2.09), Ber1 (9.12)
-26	**11.15**	T26: Kohlenmonoxidmelder; punktförmige Melder
-27	**5.15**	T27: Rauchmelder für die Überwach. v. Lüftungsleitungen
-29	**6.15**	T29: **Mehrfachsensor-Brandmelder**; (Rauch, Wärme)
-28	**7.16**	T28: nicht-rücksetzbare linienförmige Wärmemelder
-30	**11.15**	T30: punktförmige Melder (komb. CO u. Wärmesensoren)
-31	**12.16**	T31: M.-B.; (Rauch-, CO- u. optionale Wärmesensoren)
CEN/TS -32	**4.16**	T32: Projektierung, Montage, Inbetriebsetzung, Betrieb und Instandhaltung von Sprachalarmsystemen
74 -1	12.05	Kupplungen, Zentrierbolzen u. Fußplatten f. **Arbeits- u. Traggerüste**; T1: Rohrkupplungen; Anford. u. Prüfverfahr.
-2	1.09	T2: Spezialkupplungen; -;
-3	7.07	T3: Ebene Fußplatten u. Zentrierbolzen; -; / Ber1 (10.07)
81 -3	6.11	Sicherheitsregeln für Konstruktion u. Einbau v. **Aufzügen;** T3: Elektrisch u. hydraul. betriebene Kleingüteraufzüge
-20	11.14	T20: Personen- u. Lastenaufzüge
-21	11.12	T21: Neue .-/LastenA. in bestehend. Gebäud. / Ber1 (1.14)
-22	12.14	T22: . betriebene Aufzüge mit geneigter Fahrbahn
-28	11.03	T28: Fern-Notruf für Personen- u. Lastenaufzüge
-31	8.10	T31: Betretbare Güteraufzüge

DIN EN	Ausgabe	Titel
-40	4.09	T40: Treppenschrägaufzüge u. Plattformaufzüge mit geneigter Fahrbahn für Personen mit Behinderungen
-41	9.11	T41: Vertik. PlattformA f. Pers. mit eingeschränkt. Beweglichk.
-43	5.10	T43: Kranführeraufzüge
-50	**2.15**	T50: Konstrukt.regeln, Berechn. u. Prüf. v. A-Komponent.
-58	12.03	T58: Prüf. d. Feuerwiderstandsfähigkeit v. Fahrschachttüren
-70	9.05	T70: Zugänglichk. v. A. für Pers./Pers. mit Behinderungen
-71	8.07	T71: Schutzmaßnahmen gegen mutwillige Zerstörung
-72	**6.15**	T72: Feuerwehraufzüge
-73	**6.16**	T73: Verhalten von Aufzügen im Brandfall
-77	2.14	T77: Aufzüge unter Erdbebenbedingungen
-80	2.04	T80: Regeln für die Erhöhung der Sicherheit bestehend. A.
-82	12.13	T82: Regeln f. die Erhöhung d. Zugänglichk. v. bestehenden Aufzügen für Personen inkl. Pers. mit Behinderungen
115 -1	6.10	Sicherheit v. Fahrtreppen u. -steigen; T1: . u. Einbau
-2	12.10	-; T2: Regeln für die Erhöhung der Sicherheit bestehender Fahrtreppen und Fahrsteige
124 -1	**9.15**	**Aufsätze u. Abdeckungen** f. Verkehrsflächen; T1: Definitionen, Klassif., allg. Baugrundsätze, Leistungsanford. ...
-2 bis -6	**9.15**	T2: A. u. A. aus Gusseisen / T3: ... aus Stahl/Aluminiumlegierungen / T4: ... aus Stahlbeton / T5: ... aus Verbundwerkstoffen / T6: ... aus PP, oder PVC-U
196 -1	5.05	Prüfverfahren für **Zement**; T1: Bestimm. der Festigkeit
-2	10.13	T2: Chem. Analyse von Zement
-3	2.09	T3: Bestimm. Erstarrungszeiten u. Raumbeständigkeit
-5	6.11	T5: Prüfung der Puzzolanität von Puzzolanzementen;
-6	5.10	T6: Bestimmung der Mahlfeinheit
-7	2.08	Verfahren für die Probenahme u. -auswahl von Zement
-8	7.10	T8: Hydrationswärme; Lösungsverfahren
-9	7.10	T9: Hydrationswärme; Teiladiabatisches Verfahren
-10	10.06	T10: Bestimm. Gehalt an wasserlöslichem Chrom (VI)
197 -1	11.11	**Zement**; T1: Zusammensetz., Anford. u. Konformitätskriterien v. NormalZ. / -2 -; T2: Konformitätsbewert. (5.14)
200	10.08	**Sanitärarmaturen**; Auslaufventile u. Mischbatterien für Wasserversorg.systeme Typ 1 u. 2; allg. techn. Spezifik.
206 -1 **Z**	7.01	**Beton**; T1: Festlegung., Eigenschaften, Herstell. u. Konformität; / A1 (10.04) / A2 (9.05)

DIN EN	Ausgabe	Titel
-9 **Z**	9.10	-; T9: Ergänzende Regeln f. selbstverdichtenden Beton (SVB)
206	7.14	**Beton**; Festlegung., Eigenschaften, Herstell. u. Konformität
215	11.07	Thermostat. **Heizkörperventile**; Anforderung. u. Prüf.
232	1.13	**Badewannen**; Anschlussmaße
233	8.99	**Wandbekleidungen** in Rollen; Festlegungen für fertige Papier-, Vinyl- u. Kunststoffwandbekleidungen
234	2.97	-; Festlegungen für W. für nachträgliche Behandlung
235	4.02	Wandbekleidungen in Rollen; Begriffe u. Symbole
246	11.03	**Sanitärarmaturen**; allg. Anforderung. für Strahlregler
251	1.13	**Duschwannen**; Anschlussmaße
259 -1, -2	12.01	**Wandbekleidungen** in Rollen; Festlegung. für hochbeanspruchte W.; T1: Anford. / T2: Bestim. Schlagfestigkeit
266	3.92	Wandbekleidungen in Rollen; Festlegung. f. Textil-W.
295 -1	5.13	**Steinzeugrohr**systeme für Abwasserleitungen u. -kanäle; T1: Anforderung. an Rohre, Formstücke u. Verbindungen
-2	5.13	T2: Bewertung der Konformität und Probeentnahme
-3	3.12	T3: Prüfverfahren
-4	5.13	T4: Anford. an Übergangs-/Anschlussbauteile, flex. Kuppl.
-5	5.13	T5: Anforderungen an gelochte Rohre u. Formstücke
-6	5.13	T6: Anford. an Bauteile für Einsteig-/Inspektionsschächte
-7	5.13	T7: Anford. an Rohre u. Verbindungen für Rohrvortrieb
300	9.06	**Platten** aus langen, schlanken, ausgerichteten Spänen (OSB)
301	12.13	**Klebstoffe** f. tragende Holzbauteile; Pheno-, Aminoplaste
309	4.05	Spanplatten; Definition und Klassifizierung
312	12.10	**Spanplatten**; Anforderungen
313 -1	5.96	**Sperrholz**; T1: Klassifizierung / T2: Terminologie (11.99)
314 -1	3.05	-; Qualität Verklebung; T1: Prüfverfahr. / T2: Anford. (8.93)
315	10.00	-; Maßtoleranzen
316	7.09	Holzfaserplatten; Definition, Klassifizier. u. Kurzzeichen
335	6.13	**Dauerhaftigkeit** von Holz u. Holzprodukten; Gebrauchsklassen: Definition., Anwend. bei Vollholz u. Holzprod.
336	12.13	**Bauholz** f. tragende Zwecke; Maße, zuläss. Abweichung.
338	**7.16**	Bauholz für tragende Zwecke; Festigkeitsklassen
350 -1	10.94	**Dauerhaftigkeit** v. Holz u. Holzprodukten; natürliche D. von Vollholz; Grundsätze für Prüfung u. Klassifizierung
-2	10.94	-; T2: Leitfaden für die natürliche Dauerhaftigkeit u. Tränkbarkeit von ausgewählten Holzarten ...

DIN EN	Ausgabe	Titel
351 -1	10.07	-; mit Holzschutzmitteln behandeltes Vollholz; T1: Klassifizierung der Schutzmitteleindringung u. -aufnahme
-2	10.07	T2: Leitfaden zur Probenentnahme für die Untersuchung des mit Holzschutzmitteln behandelten Holzes
354	11.10	Persönl. **Schutzausrüstung** geg. Absturz; Verbind.mittel
356	2.00	**Glas** im Bauwesen; Sicherheitssonderverglasung; Prüfverf. u. Widerstandsklassen gegen manuellen Angriff
357	2.05	-; Brandschutzverglasungen aus durchsichtigen/durchscheinenden Glasprodukten; Klassifiz. Feuerwiderstand
380	10.93	**Holzbauwerke**; Prüfverfahren; Allgemeine Grundsätze für die Prüfung unter statischen Belastungen
384	8.10	**Bauholz** für trag. Zwecke; Bestimmung charakteristischer Werte für mechanische Eigenschaften u. Rohdichte
408	10.12	**Holzbauwerke**; Bauholz für tragende Zwecke u. Brettschichtholz; Bestimmung physik./mech. Eigenschaften
413 -1,-2	7.11	**Putz- u. Mauerbinder**; T1: Zusammensetz., Anford. u. Konformitätskriterien / T2 (8.05) Prüfverfahren
438 -1	**6.16**	Dekorative Hochdruck-Schichtpressstoffplatten HPL; Platten auf Basis härtbarer Harze; T1: Einleit., allg. Information
-2	**6.16**	T2: Bestimmung der Eigenschaften / und T3 bis T6 T7 (4.05) / T8 (7.09) / T9 (2.14)
442 -1	**3.15**	**Radiatoren** u. Konvekt.; T1: techn. Spezifikat. u. Anford.
-2	**3.15**	T2: Prüfverfahren und Leistungsangabe
445	1.08	**Einpressmörtel** für Spannglieder; Prüfverfahren
446	1.08	-; Einpressverfahren
447	1.08	-; allgemeine Anforderungen
450 -1	10.12	**Flugasche** f. Beton; T1: Def., Anford. u. Konformitätskriterien
-2	5.05	T2: Konformitätsbewertung
459 -1	**7.15**	**Baukalk**; T1: Begriffe, Anford. u. Konformitätskriterien
-2 / -3	12.10	T2: Prüfverfahren / T3: Konformitätsbewertung (**7.15**)
460	10.94	**Dauerhaftigkeit** v. Holz u. Holzprodukten; natürliche D. von Vollholz; Leitfaden für die Anforderungen an die D. von Holz für die Anwendung in den Gefährdungsklassen
476	4.11	Allgem. Anforderung. an Bauteile f. **Abwasserkanäle** u. -leitungen für Schwerkraftentwässerungssysteme
480 -1	**1.15**	**Zusatzmittel** für Beton, Mörtel u. Einpressmörtel; Prüfverfahren; T1: Referenzbeton u. -mörtel für Prüfungen

DIN EN	Ausgabe	Titel
-2	11.06	T2: **Bestimmung** der Erstarrungszeit
-4	3.06	T4: B. der Wasserabsonderung des Betons (Bluten)
-5, -6	12.05	T5: B. kapillare Wasseraufnahme / T6: Infrarot-Untersuch.
-8	8.12	T8: B. des Feststoffgehalts
-10	1.10	T10: B. des wasserlöslichen Chloridgehaltes
-11, -12	12.05	T11: B. Luftporenkennwerte / T12: B. Alkaligehalt
-13	**8.15**	T13: Referenz-Baumörtel für die Prüfung von Z. ...
-14	3.07	T14: B. Korrosionsverhalten; elektrochemische Prüfung
-15	6.13	T15: Referenzbeton u. Prüfverfahren zur Prüfung von viskositätsmodifizierenden Zusatzmitteln
485 -1	**10.16**	**Aluminium** u. -legierungen; Bänder, Bleche u. Platten; T1: technische Lieferbedingungen
-2	**10.16**	T2: mechanische Eigenschaften
-2 Bbl1	11.96	-, -; -; Vergleich der Werkstoffzustands-Bezeichnungen
-3	6.03	T3: Grenzabmaße u. Formtoleranzen (warmgewalzt)
-4	1.94	T4: ... für kaltgewalzte Erzeugnisse
490	1.12	**Dach- u. Formsteine** aus Beton für Dächer u. Wandbekleidungen; Produktanforderungen
491	11.11	-; Prüfverfahren
492	12.12	**Faserzement-Dachplatten** u. dazugehörige Formteile für Dächer; Produktspezifikation u. Prüfverfahren;
494	**12.15**	**F.-Wellplatten** u. dazugehörige Formteile für Dächer; -;
501	11.94	Dacheindeckungsprodukte aus Metallblech; Festlegung. f. vollfläch. unterstützte **Bedachungselemente** aus Zinkblech
502	6.13	-; ... aus nichtrostendem Stahlblech
504	1.00	-; ... aus Kupferblech
505	6.13	-; ... aus Stahlblech
506	7.09	-; ... für selbsttragende B. aus Kupfer- oder Zinkblech
507	1.00	-; ... für vollflächig unterstützte B. aus Alu-Blech
508 -1	8.14	**Dachdeckung**s- u. Wandbekleidungsprodukte aus Metallblech; Spezifik. für selbsttragende D.sprodukte ...; T1: Stahl
-2, -3	7.09	T2: Aluminium / T3: Nichtrostender Stahl / Ber1 (11.09)
512	11.94	**Faserzementprodukte**; Druckrohre, Verbind. / A1 (4.02)
516	4.06	Vorgefertigte Zubehörteile für Dacheindeckungen; Einricht. z. Betreten des Daches; Laufstege, Trittflächen ...
517	5.06	-; Sicherheitsdachhaken
520	12.09	**Gipsplatten**; Begriffe, . u. Prüfverfahren

DIN EN	Ausgabe	Titel
523	11.03	**Hüllrohre** aus Bandstahl für Spannglieder; ...
534	7.10	**Bitumen-Wellplatten**; Produktfestleg. u. Prüfverfahren;
539 -1	12.05	**Tondachziegel** für überlappende Verlegung; Bestimm. der physikal. Eigenschaften; T1: Prüf. d. Wasserundurchlässigk.
-2	8.13	-; -; T2: Prüf. der Frostwiderstandsfähigkeit
544	9.11	**Bitumenschindeln** mit mineralhaltiger Einlage und/oder Kunststoffeinlage; -;
572 -1	**6.16**	**Glas** im Bauwesen; Basiserzeugnisse aus Kalk-Natronsilicatglas; T1: Definition. u. allgemeine physik. u. mech. Eigenschaften
-2 bis -7	11.12	T2: Floatglas / T3: poliertes Drahtglas / T4: gezogenes Flachglas / T5: Ornamentglas / T6: Drahtornamentglas / T7: Profilbauglas mit oder ohne Drahteinlage /
-8	**6.16**	T8: Liefermaße und Festmaße
-9	1.05	T9: Konformitätsbewertung/Produktnorm
573 -1	2.05	**Aluminium** u. -legierungen; chem. Zusammensetzung u. Form von Halbzeug; T1: numerisches Bezeichnungssystem
-2	12.94	T2: Bezeichnungssystem mit chemischen Symbolen
-3	12.13	T3: Chem. Zusammensetzung
-5	11.07	T5: Bezeichnung von genormten Kneterzeugnissen
588 -1	11.96	**Faserzementrohre** f. Abwasserleitungen u. -kanäle; T1: Rohre, Rohrverbindungen, Formstücke f. Freispiegelleitg.
-2	5.02	T2: Einsteig- und Kontrollschächte
594	9.11	**Holzbauwerke**; Prüfverfahren; Wandscheiben-Tragfähigkeit und -Steifigkeit von Wänden in Holztafelbauart
599 -1	3.14	**Dauerhaftigkeit** von Holz/-produkten; Anford. an Holzschutzmittel, ...; T1: Spezifik. entsprech. d. Gefährd.klassen
-2	8.95	T2: Klassifizierung und Kennzeichnung
607	2.05	**Hängedachrinnen** u. Zubehörteile aus PVC-U; ...
612	4.05	H. mit Aussteifung der Rinnenvorderseite u. Regenrohre aus Metallblech mit Nahtverbindung
613	6.01	Konvektions-**Raumheizer** (Brennstoff Gas) / A1 (9.03)
622 -1	9.03	**Faserplatten**; Anforderungen; T1: allgemeine Anford.
-2	7.04	T2: Anforderungen an harte Platten / Ber1 (6.06)
-3	7.04	T3: Anforderungen an mittelharte Platten
-4	3.10	T4: Anforderungen an poröse Platten
-5	3.10	T5: Anford. an Platten nach d. Trockenverfahren (MDF)
633	12.93	Zementgebundene **Spanplatten**; Definition u. Klassifiz.

DIN EN	Ausgabe	Titel
634 -1	4.95	-; Anforderungen; T1: Allgemeine Anforderungen;
-2	5.07	T2: Anford. an Portlandzement (PZ) gebundene S. ...;
635 -1	1.95	**Sperrholz**; Klassifiz. nach ... Oberfläche; T1: Allgemeines
-2 / -3	8.95	T2: Laubholz / -; -; T3: Nadelholz
-5	5.99	T5: Messverfahren u. Angabe d. Merkmale u. Fehler
636	**5.15**	Sperrholz; Anforderungen
639	12.94	Allgemeine Anforderungen für **Druckrohre** aus Beton
640	12.94	Stahlbeton- u. Betondruckrohre mit verteilter Bewehrung (ohne Blechmantel), inkl. Rohrverbindungen/Formstücke;
641	12.94	Stahlbetondruckrohre mit Blechmantel, inkl. ...;
642	12.94	Stahlbetondruckrohre mit/ohne Blechmantel, inkl. . . . u. besondere Anforderungen an Spannstahl für Rohre
650	12.12	-; B. aus PVC mit Rücken aus Jute/Polyestervlies od. auf Polyestervlies mit Rücken aus PVC; Spezifikation
651	5.11	-; PVC-B. mit einer Schaumstoffschicht; Spezifikation
652	6.11	-; PVC-B. mit Rücken auf Korkbasis; Spezifikation
655	7.11	-; Platten auf Rücken aus Presskork mit PVC-Nutzschicht
656	1.00	**Heizkessel** f. gasförm. Brennstoffe; H. Typ B mit Nennwärmebelastung >70 kW, aber ≤ 300 kW / A1 (12.06)
657	6.05	Thermisches Spritzen; Begriffe, Einteilung;
671 1	7.12	Ortsfeste Löschanlagen; **Wandhydranten**; T1: Schlauchhaspeln mit formstabilem Schlauch
-2	7.12	-; T2: Wandhydranten mit Flachschlauch
-3	7.09	-; T3: Instandhalt. v. Schlauchhaspeln ...
673	4.11	**Glas** im Bauwesen; Bestimmung des U-Wert; Berechnung
686	7.11	Elastische B.; Spezifik. f. **Linoleum** . . . mit Schaumrücken
687	7.11	-; Spezifikation für Linoleum ... mit Korkmentrücken
688	7.11	-; Spezifikation für Korklinoleum
752	4.08	**Entwässerungssysteme** außerhalb von Gebäuden
754 -1	**10.16**	**Aluminium** u. -legierungen; gezogene Stangen u. Rohre; T1: Technische Lieferbedingungen (6.08)
-2	12.13	T2: mechanische Eigenschaften
-3 bis -6	6.08	T3: Rundstangen / T4: Vierkantstangen; Grenzabmaße, Formtoleranzen / T5: Rechteckst.; -; / T6: Sechskantst.; -;
-7	**10.16**	T7: Nahtlose Rohre; -;
-8	**10.16**	T8: mit Kammerwerkzeug stranggepreßte Rohre; -;

DIN EN	Ausgabe	Titel
755 -1	**10.16**	Aluminium u. -legierungen; stranggepreßte Stangen, Rohre u. Profile; T1: Technische Lieferbedingungen
-2	**10.16**	T2: Mechanische Eigenschaften
-3	6.08	T3: Rundstangen; Grenzabmaße u. Formtoleranzen
-4 bis -6	6.08	T4: Vierkantstangen; -; /T5: Rechteckstangen; -; / T6: Sechskantstangen;
-7 bis -9	**10.16**	T7: Nahtlose Rohre, -; / T8: mit Kammerwerkzeug stranggepresste Rohre; -; / T9: Profile; -;
771 -1	**11.15**	Festlegungen für **Mauersteine**; T1: Mauerziegel
-2 bis -6	**11.15**	T2: Kalksandsteine / T3: Mauersteine aus Beton / T4: Porenbetonsteine / T5: Betonwerksteine / T6: Natursteine
772 -1	**5.16**	Prüfverfahren für M.; T1: Bestimmung Druckfestigkeit
-2 bis -4	10.98	T2: Lochanteil (5.05) / T3: Nettovolumen, Lochanteil von Mauerziegeln / T4: Dichte, Porosität (Naturstein)
-5	**8.16**	T5: aktive lösliche Salze
-6	2.02	T6: Biegezugfestigkeit (Beton)
-7	10.98	T7: Wasseraufnahme Mauerziegel
-9 bis -11		T9: Loch-/Nettovolumen, Lochanteil v. Mauerziegel, Kalksandsteinen (5.05) / T10: Feuchtegehalt v. Kalksandstein, Porenbeton (4.99) / T11: kapillare Wasseraufnahme (7.11)
-13 bis -16		T13: Trockenrohdichte (9.00) / T14: Feuchtebedingte Formänderung (2.02) / T15: Wasserdampfdurchlässigkeit v. Porenbeton (9.00) / T16: Maße (7.11)
-18 bis -21		T18: Frostwiderstand v. Kalksandstein (7.11) / T19: Feuchtedehnung (9.00) / T20: Ebenheit (5.05) / T21: Kaltwasseraufnahme v. Mauerziegel, Kalksandstein (7.11)
795	10.12	Schutz gegen Absturz; Anschlageinrichtungen; ...
805	3.00	**Wasserversorgung**; Anford. an W.systeme u. deren Bauteile außerhalb von Gebäuden
806 -1	12.01	Techn. Regeln für Trinkwasser-Installationen; T1: Allgemeines
-2	6.05	T2: Planung
-3	7.06	T3: Berechn. Rohrinnendurchmesser; vereinfachtes Verfahr.
-4, -5		T4: Installation (6.10) / T5: Betrieb und Wartung (4.12)
817	9.08	Sanitärarmaturen; mechanisch einstellbare Mischer (PN 10); allgemeine technische Spezifikation
844		Rund- und Schnittholz; Terminologie; Teile 1 bis 12

DIN EN	Ausgabe	Titel
845 -1	10.13	Festlegungen für **Ergänzungsbauteile** für Mauerwerk; T1: Maueranker, Zugbänder, Auflager u. Konsolen
-2, -3	8.13	T2: Stürze / T3: Lagerfugenbewehrung aus Stahl
846		Prüfverfahren für E. für Mauerwerk; T2, T3 (8.00) / T4 (1.05) / T5, T6, T7 (11.12), T8 (10.06) / T9 (**8.16**) / T10, T11 (8.00) / T13 (12.01) / T14 (11.12)
858 -1	5.02	**Abscheideranlagen** für Leichtflüssigkeiten; T1: Bau-, /Prüfgrundsätze, Kennzeichn., Güteüberwach.
-2	10.03	T2: Wahl der Nenngröße, Einbau, Betrieb u. Wartung
912	9.11	Holzverbindungsmittel; Spez. f. **Dübel** besonderer Bauart
934 -1	4.08	**Zusatzmittel** für Beton, Mörtel, Einpressmörtel; T1: gemeinsame Anforderungen
-2	8.12	T2: BetonZ.; Definitionen, Anford., Konformität ....
-3	9.12	T3: Z. für Mauermörtel; ;
-4	9.09	T4: Z. f. Einpressmörtel für Spannglieder; -;
-5	2.08	T5: Z. f. Spritzbeton;-;
-6	3.06	T6: Probenahme, Kontrolle u. Bewert. d. Konformität
942	6.07	**Holz** in Tischlerarb.; allg. Sortierung nach Holzqualität
951	5.99	**Türblätter**; Messverfahren zur Ermittlung von Höhe, Breite, Dicke u. Rechtwinkligkeit
952	11.99	Türblätter; allgem. u. lokale Ebenheit; Messverfahren
988	8.96	**Zink**/-legierung.; Anford. an gewalzte Flacherzeugnisse
998 -1	12.10	Festlegung. f. **Mörtel** im Mauerwerksbau; T1: Putzmörtel
-2	12.10	T2: Mauermörtel
1001 -1/-2	10.05	Dauerhaftigkeit v. **Holz** u. Holzprodukten; Terminologie; T1: Liste äquivalenter Fachausdrücke / T2: Vokabular
1004	3.05	Fahrbare **Arbeitsbühnen** aus vorgefertigten Bauteilen; Werkstoffe, Maße, Lastannahm., sicherheitstechn. Anford.
1008	10.02	**Zugabewasser** für Beton; Festlegung für die Probenahme, Prüf. u. Beurteil. d. Eignung v. Wasser, . . . , als Z. für Beton
1013	**3.15**	Lichtdurchlässige, einschalige, profilierte **Platten** aus Kunststoff für Innen- u. Außenanwendungen ...
1015 -1	5.07	**Prüfverfahren für Mörtel** für Mauerwerk; T1: Bestimmung der Korngrößenverteilung (durch Siebanalyse);
-2	5.07	T2: Probenahme von M. u. Herstellung von Prüf-M.
-3	5.07	T3: ... Konsistenz von Frisch-M. (Ausbreittisch)
-4	12.98	T4: ... Konsistenz v. Frisch-M. (Eindringgerät)

DIN EN	Ausgabe	Titel
-6	5.07	T6: ... Rohdichte von Frischmörtel
-7	12.98	T7: ... Luftgehalt von Frischmörtel;
-9	5.07	T9: ... Verarbeit-/Korrigierbarkeitszeit von ...;
-10	5.07	T10: ... Trockenrohdichte v. Fest-M.
-11	5.07	T11: ... Biegezug-/Druckfestigkeit v. Fest-M.;
-12	6.00	T12: ... Haftfestigkeit v. erhärteten Putzmörteln
-17	1.05	T17: ... Gehalt an wasserlöslich. Chlorid (Frischmörtel)
-18	3.03	T18: ... kapillare Wasseraufnahme v. erhärtetem Mörtel
-19	1.05	T19: ... Wasserdampfdurchlässigkeit v. FestM. (PutzM.)
-21	3.03	T21: ... Verträglichk. v. EinlagenputzM. mit Untergrund
1024	6.12	**Tondachziegel** für überlappende Verlegung; Bestimmung der geometrischen Kennwerte
1046 V	4.02	Kunststoff-Rohrleitungs- u. Schutzrohr-Systeme; . . . (für) Wasser/ Abwasser; Verfahren zur ober-/unterird. Verlegung
1051 -1	4.03	**Glas** im Bauwesen; Glassteine u. Betongläser; T1: Begriffe u. Beschreibungen
-2	12.07	-; -; T2: Konformitätsbewertung/Produktnorm
1052 -1	12.98	Prüfverfahr. f. **Mauerwerk**; T1: Bestimm. Druckfestigkeit
-2	**8.16**	T2: Bestimmung der Biegezugfestigkeit
-3	6.07	T3: Bestimm. Anfangsscherfestigkeit (Haftfestigkeit)
-4	9.00	T4: Bestimm. Scherfestigkeit bei Feuchtesperrschicht
-5	6.05	T5: Bestimmung der Biegehaftzugfestigkeit
1057	6.10	**Kupfer** ...; nahtlose Rundrohre . . . für Wasser-/Gasleitg. . . .
1058	4.10	**Holzwerkstoffe**; Bestimmung der charakteristischen Werte der mechanischen Eigenschaften und der Rohdichte
1062 -1	8.04	**Beschichtung**sstoffe; B./-systeme für mineralische Substrate u. Beton im Außenbereich; T1: Einteilung; T3 (4.08), T6 (10.02), T7 (8.04), T11 (10.02) / Ber1 (9.05)
1063	1.00	**Glas** im Bauwesen; Sicherheitssonderverglasung; Prüfverfahr. u. Klasseneinteil. für d. Widerstand gegen Beschuss
1065	12.98	**Baustützen** aus Stahl mit Ausziehvorricht.; Produktfestlegung., Bemess. u. Nachweis durch Berechn., Versuche
1074 -1	7.00	**Armaturen** für die Wasserversorgung; Anford. an die Gebrauchstauglichkeit u. deren Prüfung; T1: allgem. Anford.
-2 bis -6		T2: Absperrarmaturen (7.04) / T3: Rückflussverhinderer (7.00) / T4: Be- u. Entlüft.ventile mit Schwimmer (10.00) / T5: Regelarmaturen (4.01) / T6: Hydranten (3.09)

DIN EN	Ausgabe	Titel
1075	**3.15**	Holzbauwerke; Prüfverfahr.; Verbindung. mit Nagelplatten
1090 -1	2.12	Ausführung von **Stahl- u. Aluminiumtragwerke**n; T1: Konformitätsnachweisverfahren für tragende Bauteile
-2	10.11	T2: Techn. Regeln für die Ausführ. von Stahltragwerken
-3	9.08	T3: Techn. Regeln für die Ausführ. v. Alu-Tragwerken
1096 -1	4.12	**Glas** im Bauwesen; beschichtetes Glas; T1: Def. u. Klassen
-2	4.12	T2: Anford. an ... Beschichtungen d. Klassen A, B, S
-3	4.12	T3: Anford. an ... Beschichtungen der Klassen C u. D
-4	1.05	T4: Konformitätsbewertung/Produktnorm
-5	**6.16**	T5: Prüfverfahren u. Klasseneinteilung für das Selbstreinigungsverhalten von beschichteten Glasoberflächen
1101	9.05	Textilien; **Brennverhalten** von Vorhängen u. Gardinen; detailliertes Verfahren zur Bestimmung der Entzündbarkeit von vertikal angeordneten Proben (kleine Flamme)
1102	**10.16**	-; -; detailliertes Verfahren zur Bestimmung der Flammenausbreitungseigenschaften vertikal angeordneter Proben
1103	3.06	-; Bekleidungstextilien; detaill. Verfahr. z. Bestimm. Brennverhalt.
1112	6.08	**Sanitärarmaturen**; Brausen für S. für Wasserversorgungssysteme vom Typ 1 u. Typ 2; allg. techn. Spezifik.
1113	**6.15**	-; Brauseschläuche für S. für ... ; allg. techn. Spezifik.
1116	9.04	**Küchenmöbel**; Koordinationsmaße für K. und Geräte
1123 -1, -2	12.04	**Rohre** u. Formstücke aus längsnahtgeschweißtem, feuerverzinktem Stahlrohr mit Steckmuffe für Abwasserleitungen; T1: Anford., Prüf., Güteüberwach.; T2: Maße (12.07)
1125	4.08	Schlösser u. **Baubeschläge**; Paniktürverschlüsse mit horizont. Betätigungsstange; Anford. u. Prüfverfahren;
1154	4.03	-; Türschließmittel mit kontroll. Schließablauf; -; / Ber1 mit A1 (6.06) / Bbl1 -; -; Anschlagmaße u. Einbau (11.03)
1155	4.03	-; elektr. betriebene Feststellvorrichtungen für Drehflügeltüren; Anford. u. Prüfverfahren / Ber1 (6.06)
1158	4.03	-; Schließfolgeregler; Anford. u. Prüfverfahr. / Ber1 (6.06)
1168	12.11	**Betonfertigteile**; Hohlplatten
1169	10.99	-; allg. Regeln f. werkseigene Prod.kontrolle Glasfaserbeton
1172	2.12	**Kupfer**/-Legierungen; Bleche u. Bänder f. das Bauwesen
1187 CEN/TS	3.12	Prüfverf. zur Beanspruch. v. Bedachungen durch Feuer v. außen
1195	6.98	Holzbauwerke; Prüfverf.; Tragverhalt. trag. Fußbodenbeläge

DIN EN	Ausgabe	Titel
1253 -1, -2	**3.15**	**Abläufe** für Gebäude; T1: BodenA. mit Geruchverschluss einer Höhe von ≥ 50 mm / T2: A. ohne Geruchverschluss
-3 bis -5		T3: Bewertung der Konformität (**9.16**) / T4: Abdeckungen (**7.16**) / T5: A. mit Leichtflüssigkeitssperren (3.04)
1254 -1	3.98	**Kupfer**/-legierungen; Fittings; T1: Kapillarlötfittings ...
-2, -3	3.98	T2: Klemmverbind. f. K.rohre / T3: ... für Kunststoffrohre
-4, -5	3.98	T4: Fittings z. Verbinden anderer Ausführ. v. Rohrenden ... / Ber1 (1.00) / T5: Fittings mit geringer Einstecktiefe ...
-6, -8	12.12	T6: Einsteckfittings / T8: Pressfittings für den Einsatz mit Kunststoff- und Mehrschichtverbundrohren
1263 -1, -2	**3.15**	Temporäre Konstrukt. für Bauwerke; **Schutznetze**; T1 und T2: sicherheitstechn. Anforderungen, Prüfverfahren
1264 -1	9.11	**Fußboden-Heizung**; Systeme u. Komponenten; T1: Definitionen u. Symbole
-2	3.13	T2: Bestimmung der Wärmeleistung
-3, -4	11.09	T3: Auslegung / T4: Installation
-5	1.09	T5: Heiz- und Kühlflächen in Fußböden, Decken und Wänden; Bestimmung der Wärme- und der Kühlleistung
1279 -1	8.04	**Glas** im Bauwesen; Mehrfachscheiben Isolierglas; T1: Allg., Maßtoleranzen, Vorschriften für Systembeschreib.
-2 bis -4		T2 (6.03) / .1 (4.04) / T3 (5.03) / T4 (10.02)
-5, -6	11.10	T5: Konformitätsbewert. / T6 (10.02): Produktionskontr.
1298	4.96	Fahrbare **Arbeitsbühnen**; Regeln und Festlegungen für die Aufstellung einer Aufbau- und Verwendungsanleitung
1303	**8.15**	**Baubeschläge**; Schließzylinder für Schlösser; Anford. ...
1304	8.13	Dach- u. Formziegel; Begriffe u. Produktspezifikationen
1307	**5.16**	Textile **Bodenbeläge**; Einstufung
1308	11.07	**Mörtel** u. Klebstoffe für Fliesen u. Platten; Bestimmung des Abrutschens / Ber1 (9.08)
1329 -1	7.14	Kunststoff-**Rohrleitungssystem** zum Ableiten v. Abwasser in Gebäuden; PVC-U; T1: Anforderungen ...
1337 -1	2.01	**Lager** im Bauwesen; T1: Allgemeine Regelungen;
-2 bis -7		T2 (7.04): Gleitteile; T3 (7.05): Elastomerlager; T4 (8.04) u. Ber1 (5.07): RollenL.; T5 (7.05): TopfL.; T6 (8.04): KippL.; T7 (8.04): Kalotten- u. ZylinderL. mit PTFE
-8	1.08	T8: Führungslager und Festhaltekonstruktionen
-9, 10		T9: Schutz (4.98) / T10: Inspektion u. Instandhalt. (11.03)

DIN EN	Ausgabe	Titel
-11	4.98	Teil 11: Transport, Zwischenlagerung u. Einbau
1338	8.03	**Pflastersteine** aus Beton; Anford. u. Prüf. / Ber1 (11.06)
1339	8.03	**Platten** aus Beton; Anford. u. Prüfverf. / Ber1 (11.06)
1340	8.03	**Bordsteine** aus Beton; -; / Ber1 (11.06)
1341	3.13	**Platten** aus Naturstein (Außenbereich); -; / A20 (7.14)
1342	3.13	**Pflastersteine** aus Naturstein (Außenber.); -; / A20 (7.14)
1343	3.13	**Bordsteine** aus Naturstein (Außenber.); -; / A20 (7.14)
1344	**10.15**	**Pflasterziegel**; -;
1363 -1	10.12	Feuerwiderstandsprüfungen; T1: Allgemeine Anforderungen
-2	10.99	-; T2: Alternative und ergänzende Verfahren
-3 V	9.99	-; T3: Nachweis der Ofenleistung
1364 -1	5.14	Feuerwiderstandsprüfungen für nichttrag. Bauteile; T1: Wände
-2	10.99	T2: Unterdecken
-3, -4	5.14	T3: Vorhangfassaden; Gesamtausführ. / T4: -; Teilausführung
1365 -1	8.13	Feuerwiderstandsprüfungen für tragende Bauteile; T1: Wände
-2	**2.15**	T2: Decken u. Dächer
-3 bis -6		T3: Balken (2.00) / T4: Stützen (10.99) / T5: Balkone u. Laubengänge (2.05) / T6: Treppen (2.05)
1443	6.03	**Abgasanlagen**; allgemeine Anforderungen
1444	3.01	Faserzement-**Rohrleitung**en; Hinweise für die Verlegung und für die bauseitige Bearbeitung
1453 -1	3.00	Kunststoff-R.systeme mit Rohren mit profil. Wandung u. glatten Rohroberflächen; PVC-U; T1: Anforderungen
-2	4.01	T2: Empfehlungen für die Beurteilung der Konformität
1455 -1	12.99	K. (Abwasser in Gebäuden); Acrylnitril-Butadien-Styrol (ABS); T1: Anford. an Rohre, Formstücke, Rohrleit.system
1457 -1, -2	4.12	**Abgasanlagen**; T1: Keramik-Innenrohre für Trockenbetrieb; Anford. u. Prüf. / T2 . . . für Nassbetrieb; -;
1462	12.04	**Rinnenhalter** für Hängedachrinnen; Anford. u. Prüf.
1467	6.12	**Naturstein**produkte; Rohblöcke; Anforderungen;
1468	6.12	Natursteinprodukte; Rohplatten; Anforderungen
1469	**5.15**	Natursteinprodukte; Bekleidungsplatten; Anforderungen
1504 -1	10.05	Produkte u. Systeme für Schutz u. **Instandsetzung** v. Betontragwerken; . . .; T1: Definitionen
-2	1.05	T2: Oberflächenschutzsysteme für Beton
-3	3.06	T3: Statisch u. nicht statisch relevante Instandsetzung
-4	2.05	T4: Kleber für Bauzwecke

DIN EN	Ausgabe	Titel
-5	6.13	T5: Injektion von Betonbauteilen
-6	11.06	T6: Verankerung von Bewehrungsstäben
-7	11.06	T7: Korrosionsschutz der Bewehrung
-8	**8.16**	T8: Qualitätsüberwachung u. Beurteilung der Konformität
-9	11.08	T9: Allgemeine Prinzipien für die Anwendung …
-10	5.04	T10: Anwendung … auf der Baustelle, … / Ber1 (10.06)
1505	2.98	Lüftung von Gebäuden; **Luftleitungen** u. Formstücke aus Blech mit Rechteckquerschnitt; Maße;
1506	9.07	-; … mit rundem Querschnitt; Maße;
1507	7.06	-; rechteckige L. aus Blech; Anford. an Festigk. u. Dichtheit
1520	6.11	Vorgefertigte bewehrte Bauteile aus ... **Leichtbeton**
1522	2.99	Fenster, Türen u. Abschlüsse; Durchschusshemmung; Anforderungen u. Klassifizierung; Fenster u. Türen
1529	6.00	**Türblätter**; Höhe, Breite, Dicke, Rechtwinkligkeit; Anforderungen u. Maßabweichungen
1530	6.00	Türblätter; allgemeine u. lokale Ebenheit
1536	12.10	Ausführ. v. Arbeiten im Spezialtiefbau; **Bohrpfähle**
1536	**10.15**	Ausführ. v. besonderen geotechn. Arbeiten; **Bohrpfähle**
1537	1.01	-; **Verpressanker** / Ber1 (12.11)
1537	7.14	-; **Verpressanker**
1538	**10.15**	-; **Schlitzwände**
1610	**12.15**	Einbau u. Prüfung v. Abwasserleitung. u. -Kanälen / Ber1 (**9.16**)
1611 -1	11.02	**Schnittholz**; Sortierung nach dem Aussehen ...; T1: Europäische Fichten, Tannen, Kiefern, Douglasie, Lärchen
1627	9.11	Türen, **Fenster**, ...; Einbruchhemmung; Anford., Klassifiz.
1628	**3.16**	-; -; Prüfverf. für Widerstandsfähigkeit unter stat. Belastung
1629	**3.16**	-; -; Prüfverf. für Widerstandsfähigkeit unter dyn. Belastung
1630	**3.16**	-; -; Prüfverf. f. Widerstandsfähigk. geg. Einbruchversuche
1717	8.11	Trinkwasser, Schutz v. Verunreinigung … durch Rückfluss
1806	10.06	**Abgasanlagen**; Keramik-Formblöcke für einschalige Abgasanlagen; Anforderungen und Prüfmethoden;
1825 -1	12.04	**Abscheideranlagen** für Fette; T1: Bau-, Funktions- u. Prüfgrundsätze, Kennzeichnung u. Güteüberwachung
-2	5.02	-; T2: Wahl der Nenngröße, Einbau, Betrieb und Wartung
1838	10.13	Angewandte Lichttechnik; **Notbeleuchtung**
1856 -1	9.09	**Abgasanlagen**; Anford. an Metall-A.; T1: Bauteile ...
-2	9.09	-; -; T2: Innenrohre u. Verbindungsstücke aus Metall

DIN EN	Ausgabe	Titel
1857	8.10	Abgasanlagen; Bauteile; Betoninnenrohre
1858	9.11	Abgasanlagen; Bauteile; Betonformblöcke
1863 -1	2.12	**Glas** im Bauwesen; teilvorgespanntes Kalknatronglas; T1: Definition u. Beschreibung
-2	1.05	T2: Konformitätsbewertung/Produktnorm
1866 -1	10.07	Fahrbare Feuerlöscher; T1: Eigenschaften, Löschleistung u. Prüfungen / Ber1 (1.08)
1869	1.01	Löschdecken
1873	**7.16**	Vorgefertigte Zubehörteile für Dacheindeckungen; Lichtkuppeln aus Kunststoff; Produktfestlegungen, Prüfverf.
1906	12.12	Schlösser u. Baubeschläge; Türdrücker u. Türknäufe; ...
1912	10.13	**Bauholz** für tragende Zwecke; Festigkeitsklassen; Zuordnung von visuellen Sortierklassen u. Holzarten
1916	4.03	**Rohre** u. Formstücke aus Beton, Stahlfaser- u. Stahlbeton / Ber1 (5.04) / Ber2 (8.08)
1917	4.03	Einsteig- u. Kontrollschächte aus Beton, Stahlfaserbeton u. Stahlbeton / Ber1 (5.04) / Ber2 (8.08)
1927 -1/-2/-3	6.08	Qualitäts-Sortier. v. **Nadel-Rundholz**; T1: Fichten, Tannen / T2: Kiefern u. Ber1 (8.09) / T3: Lärchen, Douglasien
1935	5.02	**Baubeschläge**; ... Tür-/Fensterbänder; Anford., Prüfverf.
1990	12.10	EC: Grundlagen **Tragwerksplan.** / NA (12.10) / A1 (8.12)
1991 -1-1	12.10	EC 1: **Einwirkung.** auf Tragwerke; T1-1: Allg. E.; Wichten, Eigengewicht u. Nutzlasten im Hochbau / NA (10.12) / A1 (**5.15**)
-1-2	12.10	T1-2: -; Brand-E. ... / Ber1 (8.13) / NA (12.10) / NA (**9.15**)
-1-3	12.10	T1-3: -; Schneelasten / A1 (**12.15**) / NA (12.10)
-1-4	12.10	T1-4: -; Windlasten / NA (12.10)
-1-5	12.10	T1-5: -; Temperatureinwirkungen / NA (12.10)
-1-6	12.10	T1-6: -; E. während Bauausführ. / Ber.1 (8.13) / NA (12.10)
-1-7	12.10	T1-7: -; außergewöhnl. Einwirk. / A1 (8.14) / NA (12.10)
-2	12.10	T2: Verkehrslasten auf Brücken / NA (8.12)
-3	12.10	T3: E. v. Kranen u. Maschinen / Ber.1 (8.13) / NA (12.10)
-4	12.10	T4: E. auf Silos u. Flüssigkeitsbehälter / Ber.1 (8.13) / NA
1992 -1-1	1.11	EC 2: Bemessung u. Konstruktion v. **Stahl- u. Spannbetontragwerken**; T1-1: Allgemeine Bemessungsregeln u. Regeln für Hochbau / A1 (**3.15**) / NA (4.13) / A1 (**12.15**)
-1-2	12.10	-; Planung v. ...; T1-2: Allg. Regeln; Bemessung für Brandfall / NA (12.10) / A1 (**9.15**)

DIN EN	Ausgabe	Titel
-2	12.10	T2: Betonbrücken; Bemess.- u. Konstr.regeln / NA (4.13)
-3	1.11	T3: Silos und Behälterbauwerke aus Beton/ NA (1.11)
1993 -1-1	12.10	EC 3: Bemessung u. Konstruktion von. **Stahlbauten**; T1-1: Allg. Bemessungsregeln, Regeln f. den Hochbau / A1 (7.14) / NA **Z**
-1-1	**8.15**	-; T1-1; NA
-1-2	12.10	T1-2: Allg. Regeln; Bemess. für Brandfall / NA / A1 (**9.15**)
-1-3	12.10	T1-3: -; ergänzende Regeln für kaltgeformte dünnwandige Bauteile und Bleche / NA (12.10)
-1-4	**10.15**	T1-4: Allg. Bemessungsregeln; ergänzende Regeln zur Anwendung von nichtrostenden Stählen / NA (12.10)
-1-5	12.10	T1-5: Plattenförmige Bauteile / NA / NA (**4.16**)
-1-6	12.10	T1-6: Festigkeit und Stabilität von Schalen / NA (12.10)
-1-7	12.10	T1-7: Plattenförmige Bauteile mit Querbelast. / NA (12.10)
-1-8	12.10	T1-8: Bemessung von Anschlüssen / NA (12.10)
-1-9	12.10	T1-9: Ermüdung / NA (12.10)
-1-10	12.10	T1-10: Stahlsortenauswahl im Hinblick auf Bruchzähigkeit und Eigenschaften in Dickenrichtung / NA / NA (**4.16**)
-1-11	12.10	T1-11: ... Tragwerke mit Zuggliedern aus Stahl / NA (12.10)
-1-12	12.10	T1-12: . Regeln ... Stahlsorten bis S700 / NA (8.11)
-2	12.10	T2: Stahlbrücken / NA (10.14)
-3-1	12.10	T3-1: ...; Türme u. Maste / NA (**11.15**)
-3-2	12.10	T3-2: ...; Schornsteine / NA (12.10)
-4-1	12.10	T4-1: Silos / NA (12.10)
-4-2	5.11	T4-2: Tankbauwerke / NA (5.11)
-4-3	12.10	T4-3: Rohrleitungen / NA (12.10)
-5	12.10	T5: Pfähle u. Spundwände / NA (12.10)
-6	12.10	T6: Kranbahnen / NA (12.10)
1994 -1-1	12.10	EC 4: Bemess. u. Konstr. v. **Verbundtragwerken** ...; T1-1: Allg. Bemess.- u. Anwend.regeln f. Hochbau / NA (12.10)
-1-2	12.10	T1-2: Allg. Regeln; Bemess. für Brandfall / A1 (6.14) / NA (12.10)
-2	12.10	T2: Allg. Bemess.- u. Anwend.regeln f. Brücken / NA
1995 -1-1	12.10	EC 5: Entwurf, Berechn. u. Bemess. v. **Holzbauwerke**n; T1-1: Allgemein.; allg. u. Regeln f. d. Hochbau / A2 (7.14) / NA (12.10) **Z**
-1-1	8.13	-; T1-1 / NA
-1-2	12.10	T1-2: Allg. Regeln; Bemessung für Brandfall / NA (12.10)
-2	12.10	T2: Brücken / NA (8.11)

DIN EN	Ausgabe	Titel
1996 -1-1 **Z**	12.10	EC 6: Bemess. u. Konstr. v. **Mauerwerk**sbauten; T1-1: Allg. Regeln f. bewehrtes/unbewehrtes M. / NA (5.12) / A1 (3.14) / A2 (**1.15**)
-1-1	2.13	-; T1-1
-1-2	4.11	T1-2: Allg. Regeln; Bemessung für Brandfall / NA (6.13)
-2	12.10	T2: Plan., Auswahl d. Baustoffe, Ausführ. v. M. / NA (1.12)
-3	12.10	T3: Vereinfachte Berechnung f. unbewehrte M. / NA (1.12) mit A1 (3.14) / A2 (**1.15**)
1997 -1 **Z**	9.09	EC 7: Entwurf, Berechnung und Bemessung in der **Geotechnik**; T1: Allgemeine Regeln / NA (12.10)
-1	3.14	-; T1
-2	10.10	-; T2: Erkund. u. Untersuch. des Baugrunds / NA (12.10)
1998 -1	12.10	EC 8: Auslegung von Bauwerken gegen **Erdbeben**; T1: Grundlagen, Erdbebeneinwirkungen u. Regeln für Hochbauten; / A1 (5.13) / NA (1.11)
-2	12.11	T2: Brücken / NA (3.11)
-3	12.10	T3: Beurteil. u. Ertüchtigung v. Gebäuden / Ber.1 (9.13)
-4	1.07	T4: Silos, Tankbauwerke, Rohrleitungen
-5	12.10	T5: Gründg., Stützbauwerke u. geotechn. Aspekte / NA (7.11)
-6	3.06	T6: Türme, Maste und Schornsteine
1999 -1-1 **Z**	5.10	EC 9: Bemess. u. Konstruktion von **Aluminiumbauten**; T1-1: Allg. Bemess.regeln / NA (5.13) / A1 (6.14) / A2 (**3.15**) / A3 (11.15)
-1-1	3.14	-; T1-1
-1-2	12.10	T1-2: Tragwerksbemess. für den Brandfall / NA (4.11)
-1-3	11.11	T1-3: Ermüdungsbeanspruchte Tragwerke / NA (1.13)
-1-4	5.10	T1-4: Kaltgeformte Profiltafeln / A1 (11.11) / NA (12.10)
-1-5	5.10	T1-5: Schalentragwerke / NA (12.10)
10024	5.95	**I-Profile** mit geneigten inneren Flanschflächen; Grenzabmaße und Formtoleranzen
10025 -1	2.05	Warmgewalzte Erzeugnisse aus **Baustählen**; T1: Allg. techn. Lieferbedingungen;
-2 bis -6		T2 (4.05) / T3 (2.05) / T4 (4.05) / T5 (2.05) / T6 (8.09)
10027 -1	10.05	Bezeichnungssystem für Stähle; T1: Kurznahmen
-2	**7.15**	-; T2: Nummernsystem
10028 -1	7.09	Flacherzeugnisse aus **Druckbehälterstähle**n; T1: Allgemeine Anforderungen / T2 bis T6 (9.09) / T7 (**10.16**)
10055	12.95	... gleichschenkliger T-Stahl; mit gerundeten Kanten u. Übergängen; Maße, Grenzabmaße u. Formtoleranzen

DIN EN	Ausgabe	Titel
10056 -1	10.98	Gleich-/ungleichschenklige **Winkel** aus Stahl; T1: Maße
-2	3.94	-; T2: Grenzabmaße u. Formtoleranzen;
10080	8.05	**Betonbewehrungsstahl**; schweißgeeigneter gerippter Betonstahl B 500; techn. Lieferbedingungen ...
10088 -1	12.14	**Nichtrostende Stähle**; T1: Verzeichnis der N. S.;
-2	12.14	T2: Techn. Lieferbeding. für Blech/Band (allg. Verwend.)
-3	12.14	T3: ... für Halbzeug, Stäbe, Drähte ... (allg. Verwend.)
-4	1.10	T4: ... für Blech u. Band ... für das Bauwesen
-5	7.09	T5: ... für Stäbe, Walzdraht, gezogenen Draht, Profile u. Blankstahlerzeugnisse ... für das Bauwesen
10130	2.07	Kaltgewalzte Flacherzeugnisse aus weichen Stählen zum Kaltumformen; techn. Lieferbedingungen /Ber1 (4.07)
10140	9.06	Kaltband; Grenzabmaße u. Formtoleranzen
10143	9.06	Kontinuierlich schmelztauchveredeltes Blech u. Band aus Stahl; Grenzabmaße u. Formtoleranzen; / Ber1 (11.08)
10210 -1	7.06	Warmgefertigte **Hohlprofile** für Stahlbau aus unlegierten Baustählen u. aus Feinkorn-; T1: Techn. Lieferbed.
-2	7.06	T2: Grenzabmaße, Maße und statische Werte
10216 -1 bis -5	3.14	Nahtlose **Stahlrohre** für Druckbeanspruchung; techn. Lieferbeding.; / T1 bis T5 / -5/Ber1 (**1.15**)
10217 -1 bis -6	4.05	Geschweißte S. ...; techn. Lieferbeding.; / T1 bis T6
-7	**1.15**	T7: Rohre aus nichtrostenden Stählen
10219 -1	7.06	Kaltgefert. geschweißte **Hohlprofile** für Stahlbau aus unlegierten u. aus Feinkornbaustählen; T1: Techn. Lieferbed.
-2	7.06	T2: Grenzabmaße, Maße u. statische Werte /Ber1 (1.07)
10220	3.03	Nahtlose u. geschweißte **Stahlrohre**; Tab. für Maße/Masse
10248 -1, -2	8.95	Warmgewalzte **Spundbohlen** aus unlegierten Stählen; T1: techn. Lieferbeding. / T2: Grenzabmaße u. Formtoleranzen
10249 -1	8.95	Kaltgeformte S. ...; T1: technische Lieferbedingungen
-2	8.95	T2: Grenzabmaße und Formtoleranzen
10255	7.07	**Rohre** aus unlegiertem Stahl mit Eignung zum Schweißen und Gewindeschneiden; techn. Lieferbedingungen;
10346	**10.15**	Kontinuierlich schmelztauchveredelte Flacherzeugnisse aus Stahl zum Kaltumformen; t. Lieferbedingungen
12002	1.09	**Mörtel** u. Klebstoffe für Fliesen u. Platten; Bestimmung der Verformung zementhaltiger Mörtel u. Fugenmörtel
12003	1.09	-; Bestim. d. Scherfestigk. von Reaktionsharz- Klebstoffen

DIN EN	Ausgabe	Titel
12004	2.14	-; Anford., Konform.bewert., Klass., Bezeichn. / Ber1 (4.14)
12020 -1, -2	6.08	**Aluminium**legierungen; ... Präzisionsprofile ...; T1: Techn. Lieferbeding. / T2: Grenzabmaße u. Formtoleranzen
12050 -1, -2	**5.15**	Abwasser**Hebeanlagen** für die Gebäude- u. Grundstücksentwässer.; T1: FäkalienH. / T2: AbwasserH. für fäkalienfreies Abwasser / H. zur begrenzten Verwendung (**8.15**) / T4: Rückflussverhinderer
12051	12.99	**Baubeschläge**; Tür- u. Fensterriegel; Anford., Prüfverfahr.
12056 -1	1.01	Schwerkraftentwässerungsanlagen in Gebäuden; T1: Allg. u. Ausführungsanforderungen
-2	1.01	T2: Schmutzwasseranlagen; Planung u. Berechnung
-3	1.01	T3: Dachentwässerung; Planung u. Bemessung
-4	1.01	T4: Abwasserhebeanlagen; Planung u. Bemessung
-5	1.01	T5: Install./Prüf., Anleit. f. Betrieb, Wartung, Gebrauch
12057	**5.15**	**Naturstein**produkte; Fliesen; Anforderungen
12058	**5.15**	-; Bodenplatten und Stufenbeläge; Anforderungen
12059	3.12	-; Steine für Massivarbeiten; Anforderungen
12063	5.99	Ausführ. v. besond. geotechn. Arbeiten; **Spundwand**konstr.
12094 -1	7.03	Ortsfeste **Brandbekämpfungsanlagen**; Bauteile für Löschanl. mit gasförmigen Löschmitteln; T1: Anforderung. u. Prüfverf. für automat. elektr. Steuer- u. Verzögerungseinricht. / Ber1 (9.06)
-2	9.03	T2: ... für nicht elektrische automatische ...
-3	7.03	T3: ... für Handauslöseeinrichtungen und Stopptaster
-4	10.04	T4: ... für Behälterventilbaugruppen ...
-5	7.06	T5: ... für Hoch- u. Niederdruck-Bereichsventile ...
-6	7.06	T6: ... für nicht-elektrische Blockiereinrichtungen
-7	4.05	T7: ... für Düsen für CO_2-Anlagen
-8	7.06	T8: ... für Verbindungen
-9	7.03	T9: ... für spezielle Branderkennungselemente
-10	9.03	T10: ... für Druckmessgeräte und Druckschalter
-11	7.03	T11: ... für mechanische Wägeeinrichtungen
-12	7.03	T12: ... für pneumatische Alarmgeräte
-13	6.01	T13: ... für Rückflussverhind. u. Rückschlagvent. / Ber1 (6.02)
-16	7.03	T16: ... für Odoriergeräte für CO_2-Niederdruckanlagen
12101 -1	6.06	Rauch- u. Wärmefreihalt.; T1: Bestimm. f. Rauchschürzen
-2	9.03	T2: Bestimm. f. natürliche Rauch- u. Wärmeabzugsgeräte
-3	**12.15**	T3: Bestimm. f. mechan. Rauch- u. Wärmeabzugsgeräte

DIN EN	Ausgabe	Titel
-6	9.05	T6: Festlegungen für Differenzdrucksysteme
-7, -8	8.11	T7: Entrauchungskanalstücke / T8: Entrauchungsklappen
-10	1.06	T10: Energieversorgung / Ber1 (7.09)
12103	5.99	Elastische **Bodenbeläge**; Presskorkunterlagen; Spezifikat.
12104	10.00	Elastische Bodenbeläge; Presskorkplatten; Spezifikat.
12109	6.99	Unterdruckentwässerungssysteme in Gebäuden
12150 -1	**12.15**	**Glas** im Bauwesen; ... ESG; T1: Def. u. Beschreibung
-2	1.05	T2: Konformitätsbewertung
12151	5.08	Maschinen u. Anlagen zur Bereitung von Beton u. Mörtel; Sicherheitsanforderungen
12152	8.02	**Vorhangfassaden**; Luftdurchlässigk.; Anford. u. Klassifiz.
12153	9.00	V.; Luftdurchlässigkeit; Prüfverfahren;
12154	6.00	V.; Schlagregendichtheit; Leistungsanford. u. Klassifizier.
12158 -1	6.11	**Bauaufzüge** (Materialtransp.); T1: ... betretbare Plattform
-2	4.11	-; T2: Schrägaufzüge (Lastaufnahmemittel nicht betretbar)
12159	3.13	B. (Personen-/Materialbeförd.), Farbkorb senkrecht geführt
12190	12.98	Produkte u. Systeme f. den Schutz u. die Instandsetz. v. Betontragwerken; Prüfverf.; Bestim. der Druckfestigkeit v. Reparaturmörtel
12193	4.08	Licht u. Beleuchtung; **Sportstätten**beleuchtung
12199	11.10	Elastische **Bodenbeläge**; Spezifik. für ... Elastomer-B.
12200 -1	**10.16**	**Kunststoff-Rohrleitungssysteme** für außenliegende Regenfallleitungen; PVC-U; T1: Anforderungen ...
12201 -1 bis -5		K.-R. für Wasserversorgung; Polyethylen (PE); / T1 (11.11) / T2 (12.13) T3 (1.13) / T4 (4.12) / T5 (11.11)
12207	6.00	**Fenster u. Türen**; Luftdurchlässigkeit; Klassifizierung;
12208	6.00	-; Schlagregendichtheit; -;
12209	**10.16**	**Schlösser** u. Baubeschläge; S.; mechanisch betätigte S. u. Schließbleche; Anford. u. Prüfverfahren
12210	**9.16**	**Fenster, Türen**; Widerstandsfähigkeit (Windlast); Klass.
12217	**7.15**	**Türen**; Bedienungskräfte; Anforderung u. Klassifizierung
12219	6.00	Türen; Klimaeinflüsse; Anforderungen u. Klassifizierung
12254	4.12	Abschirmung. an Laserarbeitsplätzen; ... Anford. u. Prüf.
12259 -1	3.06	Ortsfeste Löschanlagen; Bauteile für Sprinkler- u. Sprühwasseranlagen; T1: Sprinkler / Ber1 (1.07)
-2	8.01	T2: Nassalarmventile mit Zubehör / Ber1 (11.02) / A2 (2.06)
-3	8.01	T3: Trockenalarmventile mit Zubehör / Ber1 (6.08) / A2 (2.06)
-4	8.01	T4: Wassergetriebene Alarmglocken

DIN EN	Ausgabe	Titel
-5	12.02	T5: Strömungsmelder
12285 -1, -2		Werksgefertigte **Tanks** aus Stahl; T1 (7.03), T2 (5.05)
12326 -1	11.14	**Schiefer** u. and. Natursteinprod. f. überlapp. Dachdeckung. u. Außenwandbekleid.; T1: Spezif. S. / T2: Prüfverf. (9.11)
12337 -1	11.00	**Glas** im Bauwesen; chemisch vorgespanntes Kalknatronglas; T1: Definition u. Beschreibung
-2	1.05	T2: Konformitätsbewertung/Produktnorm
12350 -1 bis -5	8.09	Prüfverfahren von **Frischbeton**; T1: Probenahme / T2: Setzmaß / T3: Vebe-Prüfung / T4: Verdichtungsmaß / T5: Ausbreitmaß /
-6, -7		T6: Frischbetonrohdichte (3.11) / T7: Luftgehalte Druckverfahren (8.09)
-8 bis -12	12.10	-; Selbstverdichtender Beton; T8: Setzfließversuch / T9: Auslauftrichterversuch / T10: L-Kasten-Versuch / T11: Siebversuch / T12: Blockierring-Versuch
12365 -1	12.03	Baubeschläge; **Dichtungen** u. D.profile f. Fenster, Türen, Abschlüsse, vorgehängte Fassaden; T1: Anford. u. Klassif.
-2 bis -4	12.03	T2 bis T4: Prüfverfahren
12369 -1	4.01	**Holzwerkstoffe**; charakteristische Werte f. Berechnung u. Bemessung v. Holzbauwerken; T1: OSB, Span- u. Faserplatten;
-2, -3		T2: Sperrholz (9.11) / T3: Massivholzplatten (2.09)
12385 -1	1.09	**Drahtseile** aus Stahldraht; Sicherheit; T1: Allg. Anford.
-2	6.08	T2: Begriffe, Bezeichn. u. Klassifizier. / Ber1 (1.09)
-3	6.08	T3: Info. für Gebrauch u. Instandhalt. / Ber1 (1.09)
-4	6.08	T4: Litzenseile für allgem. Hebezwecke / Ber1 (1.09)
-5	3.03	T5: Litzenseile für Aufzüge / Ber1 (2.06)
-10	7.08	T10: Spiralseile für den allg. Baubereich; / Ber1 (1.09)
12390 -1	12.12	Prüfung von **Festbeton**; T1: **Probekörper** und Formen
-2	8.09	T2: Herstell. u. Lagerung v. P. für Festigkeitsprüfungen / Ber1 (2.12) / A20 (**12.15**)
-3	7.09	T3: Druckfestigkeit von Probekörpern / Ber1 (11.11)
-4	12.00	T4: Bestimm. Druckfestigkeit; Anford. an Prüfmaschinen
-5, -6		T5: Biegezugfestigkeit (7.09) / T6: Spaltzugfestigkeit (9.10)
-7, -8	7.09	T7: Dichte / T8: Wassereindringtiefe unter Druck
-11	**11.15**	T11: Bestimm. Chloridwiderstand v. Beton; ...
-13	6.14	T13: Bestimm. d. Elastizitätsmoduls unter Druckbelastung
12400	1.03	Fenster u. Türen; mechan. Beanspruch.; Anford. u. Einteil.;

DIN EN	Ausgabe	Titel
12416 -1	9.07	Ortsfeste Brandbekämpfungsanlagen; Pulverlöschanlagen; T1: Anforderungen und Prüfverfahren für Bauteile
-2	9.07	T2: Planung, Einbau und Wartung
12431	5.13	**Wärmedämmstoffe** für das Bauwesen; Bestimmung der Dicke von Dämmstoffen unter schwimmendem Estrich
12436	4.02	**Klebstoffe** für tragende Holzbauteile; Kaseinklebstoffe;
12440	4.08	**Naturstein**-Kriterien für die Bezeichnung
12446	9.11	**Abgasanlagen**; Bauteile; Außenschalen aus Beton;
12453	2.01	**Tore**; Nutzungssicherheit kraftbetätigter Tore; Anford.
12464 -1	8.11	Licht u. **Beleuchtung**; B. von Arbeitsstätten; T1: Arbeitsplätze in Innenräumen / T2: Arbeitsplätze im Freien (5.14)
12466	6.98	Elastische **Bodenbeläge**; Begriffe
12467	12.12	**Faserzement**-Tafeln; Produktspezifik. u. Prüfverfahr.
12504 -1	7.09	**Prüfung von Beton** in Bauwerken; T1: Bohrkernproben; Herstellung, Untersuchung und Prüfung d. Druckfestigkeit
-2	12.12	T2: Zerstörungsfreie Prüf.; Bestimm. der Rückprallzahl
-3	7.05	T3: Bestimmung der Ausziehkraft
-4	12.04	T4: Bestimmung der Ultraschallgeschwindigkeit
12597	8.14	Bitumen u. bitumenhaltige Bindemittel; Terminologie
12602	10.13	Vorgefert. bewehrte Bauteile aus dampfgehärt. Porenbeton
12604	8.00	**Tore**; mechanische Aspekte; Anforderungen
12620	7.08	Gesteinskörnungen für Beton
12635	2.09	**Tore**; Einbau und Nutzung
12665	9.11	Licht u. **Beleuchtung**; Grundlegende Begriffe u. Kriterien für die Festlegung von Anforderungen an die Beleuchtung
12666 -1	11.11	Kunststoff-**Rohrleitung**ssysteme für erdverlegte Abwasserkanäle u. -leitungen; (PE); T1: Anforderungen ...
12699 **Z**	5.01	Ausführ. speziell. geotechn. Arbeiten; Verdräng.pfähle / Ber1 (11.10)
12699	**7.15**	Ausführ. speziell. geotechn. Arbeiten; **Verdrängungspfähle**
12715	10.00	-; **Injektionen**
12716	12.01	-; Düsenstrahlverfahren (Hochdruckinjektion, ...);
12758	4.11	**Glas** im Bauwesen; Glas und Luftschalldämmung; Definitionen und Bestimmung der Eigenschaften
12763	10.00	**Faserzementrohre** u. -formstücke für Hausentwässerungssysteme; Maße und technische Lieferbedingungen
12781	5.01	**Wandbekleidungen**; Festlegungen für Korkplatten
12792	1.04	Lüftung v. Gebäuden; Symbole, Terminologie / Ber1 (5.04)

DIN EN		Ausgabe	Titel
12794		8.07	Betonfertigteile; **Gründungspfähle** / Ber1 (4.09)
12810	-1	3.04	**Fassadengerüste** (vorgefert. Bauteile); T1: Produktfestleg.
	-2	3.04	-; T2: Besondere Bemessungsverfahren und Nachweise
12811	-1	3.04	Temporäre Konstrukt. f. Bauwerke; T1: **Arbeitsgerüste**; Leistungsanford., Entwurf, Konstruktion u. Bemessung
	-2	4.04	T2: Informationen zu den Werkstoffen
	-3	2.03	T3: Versuche zum Tragverhalten / Ber1 (2.04)
	-4	3.14	T4: Schutzdächer für Arbeitsgerüste; Leistungsanford. Entwurf, Konstruktion und Bemessung des Produkts
12812		12.08	**Traggerüste**; ., Bemessung u. Entwurf
12813		9.04	Temporäre Konstrukt. für Bauwerke; **Stützentürme** aus vorgefertigten Bauteilen; besondere Bemess.verfahren
12825		4.02	**Doppelböden**
12828		7.14	**Heizungssysteme** ...; Plan. v. Warmwasser-Heizungsanl.
12831		8.03	-; Verfahren zur Berechnung der **Norm-Heizlast**;
	Bbl 1	7.08	-; -; Beiblatt 1, Nationaler Anhang NA / Ber1 (11.10)
	Bbl 2	5.12	-; -; Bbl 2: Vereinfachtes Verfahren Ermittlung N.-H.
12843		11.04	Betonfertigteile; **Maste**
12845		**4.16**	Ortsfeste Brandbekämpfungsanlagen; automat. Sprinkleranlagen; Planung, Installation u. Instandhaltung
12859		5.11	**Gips-Wandbauplatten**; Begriffe, Anford., Prüfverfahren
12860		7.02	Gipskleber für Gips-W.; Begriffe, Anford., Prüfverfahren
12871		9.13	**Holzwerkstoffe**; Bestim. Leistungseigenschaften für trag. Platten zur Verwend. in Fußböden, Wänden u. Dächern
12889		3.00	Grabenlose Verlegung/Prüfung v. Abwasserleit./-kanälen
12951		2.05	Vorgefertigte Zubehörteile f. Dacheindeckungen; fest install. **Dachleitern**; Produktanford., Prüfverfahren / Ber1 (5.07)
12970		2.01	**Gussasphalt** u. Asphaltmastix für Abdichtungen; Definitionen, Anforderungen und Prüfverfahren
12975	-1	1.11	Therm. **Solaranlagen** ...; Kollektoren; T1: Allg. Anford.
12976	-1, -2	4.06	-; vorgefertigte Anlagen; T1: Allg. Anford. / T2: Prüfverf.
12977	-1	6.12	-; kundenspezifisch gefertigte Anlagen; T1: Allg. Anford.
	-2	6.12	T2: Prüfverfahren
	-3	6.12	T3: Leistungsprüf. von Warmwasserspeichern für S.
	-4	6.12	T4: ... für S. zur Trinkwassererwärmung u. Raumheizung
	-5	6.12	T5: Prüfverfahren für die Regeleinrichtungen
12978		10.09	**Türen u. Tore**; Schutzeinricht. f. kraftbetätigte T. u. T.; ...

DIN EN	Ausgabe	Titel
13001 -1	**6.15**	**Krane**; Konstruktion allg.; T1: allg. Prinzipien u. Anford.
-2	12.14	Kransicherheit; Konstr. allg.; T2: Lasteinwirkungen
-3-1	12.13	Krane; -; T3-1: Grenzzustände u. Sicherheitsnachweis v. Stahltragwerken
-3-2	**10.15**	T3-2: Grenzzustände u. ... v. Drahtseilen in Seiltrieben
-3-3	**2.15**	T3-3: Grenzzustände u. ... v. Laufrad/Schiene-Kontakten
13015	12.08	Instandhaltung v. **Aufzügen** u. Fahrtreppen; Regeln für Instandhaltungsanweisungen
13022 -1	8.14	Glas im Bauwesen; geklebte Verglasungen; T1: Glasprodukte für SSG-Systeme; Ein- u. Mehrfachverglasungen . . .
-2	8.14	-; -; T2: Verglasungsvorschriften
13031 -1	9.03	**Gewächshäuser**; Bemess. u. Konstruktion; T1: KulturG.
13053	2.12	Lüftung von Gebäuden; Zentrale raumlufttechn. Geräte; Leistungskenndaten f. Geräte, Komponenten, Baueinheiten
13055 -1	8.02	Leichte **Gesteinskörnungen**; T1: Leichte G. für Beton, Mörtel u. Einpressmörtel; / Ber1 (12.04)
-2	9.04	-; T2: ... für Asphalte u. Oberflächenbehandlung . . .
13063 -1 bis -3	10.07	**Abgasanlagen**; System-A. m. Keramik-Innenrohren; T1-T3
13069	12.05	A.; Keramik; Außenschalen f. System-A.; Anford. u. Prüf.
13076	5.04	Sicherungseinricht. zum Schutz d. Trinkwassers geg. . . . Rückfließen; ungehinderter **freier Auslauf**; Fam. A; Typ A
13077	9.08	-; f. A. mit nicht kreisrundem Überlauf; Familie A, Typ B
13078	2.04	-; f. A. mit belüft. Tauchrohr u. Überlauf; Familie A, Typ C
13079	12.03	-; freier Auslauf mit Injektor; Familie A; Typ D
13084 -1	5.07	Freistehende **Schornsteine**; T1: Allgemeine Anforderung.
-2	8.07	T2: Betonschornsteine
-4	12.05	T4: Innenrohre aus Mauerwerk; Entwurf, Bemess., Ausführ.
-5	12.05	T5: Baustoffe f. Innenrohre aus Mauerwerk; Produktfestlegungen /Ber1 (7.06)
-6	3.05	T6: Innenrohre aus Stahl; Bemessung u. Ausführung
-6	**2.16**	T6: Innenrohre aus Stahl; Bemessung u. Ausführung
-7	3.13	T7: Produktfestlegungen für zylindr. Stahlbauteile zur Verwend. in einschal. Stahl-S. u. Innenrohren aus Stahl
-8	8.05	T8: Entwurf, Bemessung u. Ausführung v. Tragmastkonstruktionen mit angehängten Abgasanlagen
13101	4.03	**Steigeisen** für Steigeisengänge in Schächten; ...

DIN EN	Ausgabe	Titel
13115	11.01	**Fenster**; Klassifizierung mechanischer Eigenschaften; Vertikallasten, Verwindung und Bedienkräfte
13120	9.14	**Abschlüsse** innen; Leistungs- u. Sicherheitsanforderungen
13125	10.01	**Abschlüsse**; zusätzlicher Wärmedurchlasswiderstand; Zuordnung einer Luftdurchlässigkeitsklasse zu einem Produkt
13126 -1 bis 17, 19		Bau-**Beschläge**; für Fenster/-türen; Anford. u. Prüfverfahr; T1: Gemeinsame Anforderung. an alle Arten von B. (2.12) T2: Einreibverschlüsse (12.11) / T3 Betätigungsgriffe ... (2.12) / T4: Kantenverschlüsse (1.09) / T5: Begrenz. des Öffnungswinkels (**1.15**) / T6: Scheren mit veränderlicher Geometrie (2.09) / T7: Fallen-Schnäpper (12.07) / T8: Drehkipp-, Kippdreh- u. Dreh-B. (5.06) / T9: Beschläge für Schwing- u. Wendefenster (4.13) / T10: Senkklappflügelsysteme (2.09) / T11: UmkehrB. f. auskrag. Schwing-Klappflügelfenster (2.09) / T12: B. f. auskragende Drehflügel-Umkehrfenster (3.09) / T13: Ausgleichgewichte für Vertikal-Schiebefenster (8.12) / T14: Einreiberverschlüsse für Schiebefenster (8.12) / T15: Horizontal- u. Faltschiebe-Fenster/-türen (4.08) / T16: B. f. Hebeschiebe-Fenster/-türen (4.08) / T17: B. für Kippschiebe-Fenster/-türen (4.08) / T19: Schiebeverschlüsse (SCD) (5.11)
13139	8.02	Gesteinskörnung für Mörtel / Ber1 (12.04)
13142	6.13	**Lüftung** v. Gebäuden; Bauteile/Produkte f. die L. v. Wohnungen; geforderte/frei wählbare Leistungskenngrößen
13162	**4.15**	**Wärmedämmstoffe** f. Gebäude; werkmäßig hergestellte Produkte aus Mineralwolle (MW): Spezifikationen
13163	**8.16**	-; ... expandiertem Polystyrol (EPS) -;
13164	**4.15**	-; ... extrudiertem Polystyrolschaum (XPS); -;
13165	**9.16**	-; ... Polyurethan-Hartschaum (PUR); -;
13166	**9.16**	-; ... Phenolharzhartschaum (PF); -;
13167	**4.15**	-; ... Schaumglas (CG); -;
13168	**4.15**	-; ... Holzwolle (WW); -;
13169	**4.15**	-; ... Blähperlite (EPB); -;
13170	**4.15**	-; ... expandiertem Kork (ICB); -;
13171	**4.15**	-; ... Holzfasern (WF); -;
13172	4.12	**Wärmedämmstoffe**; Konformitätsbewertung
13180	3.02	**Lüftung** v. Gebäuden; Luftleitungen; Maße u. mechanische Anforderungen für flexible Luftleitungen;

DIN EN	Ausgabe	Titel
13187	5.99	Wärmetechn. Verhalten von Gebäuden; Nachweis von Wärmebrücken in Gebäudehüllen; Infrarot-Verfahren
13200 -1	11.12	Zuschaueranlagen; T1: Anordn. Zuschauerplätzen; Anford.
-3	3.06	T3: Abschrankungen; Anforderungen
-4	12.06	T4: Sitze; Produktmerkmale
-5	10.06	T5: Ausfahrbare (ausziehbare) Tribünen
-6	3.13	T6: Demontierbare (provisorische) Tribünen
-7	6.14	T7: Ein- und Ausgangsanlagen und Wege
13213	12.01	**Hohlböden**
13224	1.12	**Betonfertigteile**; Deckenplatten mit Stegen
13225	6.13	Betonfertigteile; Stabförmige Bauteile
13229	10.05	Kamineinsätze einschließlich offene Kamine für feste Brennstoffe; Anforderungen und Prüfungen / Ber1 (6.08)
13237	1.13	Explosionsgefährdete Bereiche; Begriffe für Geräte und Schutzsysteme zur Verwendung in explosionsgefährdeten Bereichen
13238	6.10	Prüfungen zum Brandverhalten v. Bauprodukten; Konditionierungsverfahr. u. allgem. Regeln für die Auswahl v. Trägerplatten
13241 -1	6.11	**Tore**; ... ; T1: Produkte ohne Feuer-/Rauchschutzeigensch.
13242	3.08	**Gesteinskörnungen** für ungebundene und hydraulisch gebundene Gemische für Ingenieur- und Straßenbau
13263 -1	7.09	**Silikastaub** f. Beton; T1: Def., Anford., Konformitätskrit.
-2	7.09	T2: Konformitätsbewertung
13271	2.04	**Holzverbindungsmittel**; charakt. Tragfähigkeiten u. Verschiebungsmoduln für Verbindungen mit Dübeln
13279 -1	11.08	**Gipsbinder** u. -Trockenmörtel; T1: Begriffe u. Anford.
-2	3.14	T2: Prüfverfahren
13300	11.02	**Beschichtungsstoffe**; wasserhaltige B. u. -systeme für Wände u. Decken im Innenbereich; Einteilung
13318	12.00	**Estrich**mörtel und Estriche; Begriffe;
13353	7.11	**Massivholzplatten** (SWP); Anforderungen
13363 -1	9.07	**Sonnenschutz**einricht. in Kombination mit Verglasungen; Berechn. Solarstrahlung u. Lichttransmissionsgrad; T1: Vereinfachtes Verfahren; / Ber1 (9.09)
-2	6.05	T2: Detailliertes Berechnungsverfahren / Ber1 (4.07)
13369	8.13	Allg. Regeln für **Betonfertigteile** / A1 (9.06) / Ber1 (5.07)
13374	7.13	Temp. Seitenschutzsysteme; Produktfestleg.; Prüfverf.;

DIN EN	Ausgabe	Titel
13381 -1	12.14	Prüfverf. z. Bestimm. des Beitrages zum Feuerwiderstand v. trag. Bauteilen; T1: Horizontal angeordnete Brandschutzbekleidung.
-2	12.14	T2: Vertikal angeordnete Brandschutzbekleidungen
-3	**6.15**	T3: **Brandschutzmaßnahmen** für Betonbauteile
-4	8.13	T4: Passive **B.** für Stahlbauteile
-5	**2.15**	T5: **B.** für profilierte Stahlblech/Beton-Verbundkonstruktion.
-6	9.12	T6: **B.** für betonverfüllte Stahlverbund-Hohlstütze
-7 V	9.03	T7: **B.** für Holzbauteile
-8	8.13	T8: Reaktive Ummantelung von Stahlbauteilen
-9	**9.15**	T9: **B.** für Stahlträger mit Stegöffnungen
13384 -1	**6.15**	**Abgasanlagen**; Wärme- u. strömungstechnische Berechnungsverfahren; T1: A. mit einer Feuerstätte
-2	**6.15**	T2: A. mit mehreren Feuerstätten
-3	3.06	T3: ... Entwicklung v. Diagramm. u. Tab. f. A. (eine Feuerstätte)
13395 -1	9.02	Produkte u. Systeme f. den Schutz u. die Instandsetz. v. Betontragwerken; Prüfverf.; Bestimmung der Verarbeitbarkeit; T1: Prüfung des Fließverhaltens v. thrixotropem Mörtel
-2	9.02	T2: ... v. Vergussmörtel, Feinmörtel oder Mörtel
-3	9.02	T3: ... v. Instandsetzungsmörtel
-4	9.02	T4: Überkopfanwendung von Instandsetzungsmörtel
13454 -1	5.01	**Calciumsulfat**-Binder, C.-Compositbinder u. -Werkmörtel für Estriche; T1: Begriffe u. Anford. / T2: Prüfverf. (11.07)
13463 -1	7.09	Nicht-elektrische Geräte für den Einsatz in explosionsgefährdeten Bereichen; T1: Grundlagen und Anforderungen
-2	2.05	T2: Schutz durch schwadenhemmende Kapselung 'fr'
-3	7.05	T3: Schutz durch druckfeste Kapselung „d"
-5	10.11	T5: Schutz durch Konstruktive Sicherheit „c"
-6	7.05	T6: Schutz durch Zündquellenüberwachung "b"
-8	1.04	T8: Schutz durch Flüssigkeitskapselung 'k'
13491	11.13	Geosynthetische **Dichtungsbahnen**; Eigenschaften für Bau von Tunneln und Tiefbauwerken
13492	11.13	-; Eigenschaften für Bau von Deponien, Zwischenlagern und Auffangbecken für flüssige Abfallstoffe
13493	11.13	-; ... für feste Abfallstoffe
13499	12.03	**Wärmedämmstoffe** f. Gebäude; außenseit. Wärmedämmverbundsysteme aus expandiertem Polystyrol; Spezifikat.
13500	12.03	-; ... aus Mineralwolle; Spezifikation;

DIN EN	Ausgabe	Titel
13501 -1	1.10	Klassifizier. v. Bauprodukten/Bauarten zu ihrem **Brandverhalten**; T1: K. mit den Ergebnissen aus Prüf. zum B. ...
-2	2.10	T2: **Klassifizierung** mit den Ergebnissen aus den Feuerwiderstandsprüfungen; mit Ausnahme v. Lüftungsanlagen
-3	2.10	T3: -; an Bauteilen von haustechnischen Anlagen: Feuerwiderstandsfähige Leitungen und Brandschutzklappen
-4	1.10	T4: -; K. von Anlagen zur Rauchfreihaltung
-5	2.10	T5: K. v. Bedachungen bei Beanspruch. d. Feuer v. außen
-6	7.14	T6: K. von elektrischen Kabeln
13507	6.10	**Thermisches Spritzen**; Vorbehandlung v. Oberflächen ...
13541	6.12	**Glas** im Bauwesen; Sicherheitssonderverglasung; Prüfverf. u. Widerstandsklassen gegen Sprengwirkung
13553	**6.15**	Elastische **Bodenbeläge**; PVC-Bodenbeläge zur Anwendung in besonderen Nassräumen; Spezifikation
13556	10.03	**Rund- u. Schnittholz**; Nomenklatur (Holzhandel Europa)
13561	**8.15**	**Markisen**; Leistungs- u. Sicherheitsanforderungen
13564 -1	10.02	**Rückstauverschlüsse** für Gebäude ; T1: Anforderung.;
-2 / -3		-; T2: Prüfverfahr. (2.03); / -; T3: Güteüberwach. (2.04)
13565 -1	1.08	Ortsfeste Brandbekämpfungsanlagen; Schaumlöschanlagen; T1: Anforderungen und Prüfverfahren für Bauteile
-2	9.09	T2: Planung, Einbau und Wartung / Ber1 (4.11)
13629	6.12	**Holzfußböden**; massive Laubholzdielen / Ber1 (9.07)
13637	**12.15**	Schlösser u. Baubeschläge; elektr. gesteuerte Fluchttüranlagen für Türen in Fluchtwegen; Anford. u. Prüfverfahren
13658 -1 / -2	9.05	**Putzträger** u. Putzprofile aus Metall; Begriffe, Anford. u. Prüfverfahren; T1: Innenputze / T2: Außenputze
13659	**7.15**	**Abschlüsse** außen; Leistungs- u. Sicherheitsanforderung.
13670	3.11	Ausführung von Tragwerken aus **Beton**
13693	10.09	**Betonfertigteile**; besondere Fertigteile für Dächer
13707	12.13	**Abdichtungsbahnen**; Bitumenbahnen mit Trägereinlage f. Dachabdichtungen; Definitionen u. Eigenschaften
13747	8.10	**Betonfertigteile**; Deckenplatten mit Ortbetonergänzung
13748 -1	8.05	**Terrazzoplatten**; T1: T. für Verwend. im Innenbereich
-2	3.05	-; T2: T. für Verwendung im Außenbereich
13772	4.11	**Textilien** u. textile Erzeugnisse; Brennverhalt.; Vorhänge u. Gardinen; Messung der Flammenausbreitungseigensch. v. vertikal angeordneten Messproben mit großer Zündquelle

DIN EN	Ausgabe	Titel
13779	9.07	**Lüftung** von Nichtwohngebäuden; allgem. Grundlagen u. Anford. für Lüftungs-/Klimaanlagen u. Raumkühlsysteme
13782 **Z**	5.06	**Fliegende Bauten**; Zelte; Sicherheit
13782	**6.15**	Fliegende Bauten; Zelte; Sicherheit
13791	5.08	Bewertung der Druckfestigkeit v. **Beton** in Bauwerken ...
13810 -1	6.03	**Holzwerkstoffe**; schwimmend verlegte Fußböden; T1: Leistungsspezifikationen und Anforderungen
13813	1.03	**Estrichmörtel**, ...; E. u. -massen; Eigensch., Anford.
13814	6.05	**Fliegende Bauten** u. Anlagen für Veranstaltungsplätze u. Vergnügungsparks; Sicherheit
13815	12.06	**Formteile** aus faserverstärktem Gips; Begr., Anford., Prüf.
13823	**2.15**	Prüf. zum Brandverhalten v. Bauprodukten; therm. Beanspruchung durch einen einzelnen brennenden Gegenstand . . .
13830	**7.15**	**Vorhangfassaden**; Produktnorm
13859 -1	7.14	Abdichtungsbahnen; Definitionen u. Eigensch. v. Unterdeck-/**Unterspannbahnen**; T1: ... für Dachdeckungen
-2	7.14	T2: Unterdeck-/Unterspannbahnen für Wände
13888	8.09	**Fugenmörtel** f. Fliesen u. Platten; Def. u. Festlegung.
13914 -1, -2	**9.16**	Planung, Zubereitung u. Ausführung v. Innen- u. Außenputzen; T1: **Außenputz** / T2: Plan. u. wesentl. Grundsätze für **Innenputz**
13915	11.07	**Gipsplatten**-Wandbaufertigtafeln mit Kartonwabenkern;
13950	9.14	**Gips-Verbundplatten** zur Wärme- und Schalldämmung;
13956	3.13	**Abdichtung**sbahnen; Kunststoff- u. Elastomerbahnen für Dach-A.; Definitionen u. Eigenschaften
13959	1.05	Rückflussverhinderer; DN 6-250; Familie E, Typ A, B, C, D
13963	9.14	Materialien für das Verspachteln von **Gipsplatten-Fugen**;
13964	8.14	**Unterdecken**; Anforderungen und Prüfverfahren
13967	7.12	**Abdichtung**sbahnen; Kunststoff- u. Elastomerbahnen f. BauwerksA. gegen Bodenfeuchte/Wasser; Def. u. Eigensch.
13969	3.07	-; Bitumenbahnen für BauwerksA. gegen Bodenfeuchte u. Wasser; Definitionen u. Eigenschaften
13970	2.05	-; Bitumen-Dampfsperrbahnen; -; / A1 (2.07)
13978 -1	7.05	Betonfertigteile; Betonfertig**Garagen**; T1: Anford. an monolith. o. aus raumgroßen Einzelteilen besteh. StahlbetonG.
13984	5.13	Abdicht.bahnen; Kunstst.-/Elastomer-Dampfsperrbahn.; ...
13986	**6.15**	**Holzwerkstoffe** zur Verwendung im Bauwesen; Eigenschaften, Bewertung der Konformität u. Kennzeichn.;

DIN EN	Ausgabe	Titel
14016 -1	4.04	Bindemittel f. **Magnesia**estriche; Kaustische M. u. Magnesiumchlorid; T1: Begriffe u. Anford. / T2: Prüfverfahren
14019	9.04	**Vorhangfassaden**; Stoßfestigkeit; Leistungsanford.
14034 -1	4.11	Bestimm. der **Explosion**skenngrößen v. Staub/Luft-Gemischen; T1: Bestimm. des max. Explosionsdruckes pmax
-2	4.11	T2: Bestimm. des max. zeitlichen Druckanstiegs (dp/dt)max
-3	4.11	T3: Bestimm. der unteren Explosionsgrenze UEG
-4	4.11	T4: Bestimm. der Sauerstoffgrenzkonzentration
14063 -1	11.04	**Wärmedämmstoffe** f. Gebäude; "vor-Ort" hergestellt ... aus ; T1: Spezifikation. . . .
-2	10.13	T2: Spezifikation für die eingebauten Produkte
14064 -1	6.10	W. für Gebäude; an Verwendungsstelle hergestellte W. aus Mineralwolle; T1: Spez. für Schüttdämmstoffe vor Einbau
-2	6.10	T2: Spezifikation für eingebaute Produkte
14080	9.13	Holzbauwerke; **Brettschichtholz**; Anforderungen
14081 -1	**6.16**	-; nach Festigkeit sortiertes **Bauholz** ... (tragend) mit rechteckigem Querschnitt; T1: Allg. Anford. / T2 (3.13) / T3 (4.12)
14115	4.02	Textilien; **Brennverhalten** v. Materialien für Überdachungen, große Zelte u. entsprechende Erzeugnisse; Entzündbarkeit
14134	4.04	**Lüftung** von Gebäuden; Leistungsprüf. u. Einbaukontrolle v. Lüftungsanlagen (Wohnungen)
14190	9.14	**Gipsplatten**-Produkte aus der Weiterverarbeitung; ...
14195	**3.15**	Metall-Unterkonstruktionsbauteile für Gipsplatten-Systeme; ...
14199 **Z**	1.12	Ausführ. v. besonderen geotechn. Arbeiten; **Pfähle** mit kleinen Durchmessern (Mikropfähle);
14199	**7.15**	-; **Pfähle** mit kleinen Durchmessern (Mikropfähle) / Ber.1 (**9.16**)
14209	2.06	Hohlkehlleisten aus kartonummanteltem Gips; ...
14216	**9.15**	Zement; Zusammensetz., Anford. u. Konformitätskriterien v. Sonderzement mit sehr niedriger Hydratationswärme
14220	1.07	**Holz und Holzwerkstoffe** in Außenfenstern, Außentüren und Außentürzargen; Anforderungen und Spezifikationen;
14221	1.07	H. in Innenfenstern, Innentüren und Innentürzargen;-;
14246	9.06	Gipselemente f. Unterdecken; ... / Ber1 (11.07)
14250	5.10	**Holzbauwerke**; Produktanforderungen an vorgefertigte tragende Bauteile mit Nagelplattenverbindungen
14279	7.09	**Furnierschichtholz** (LVL); Def., Klassifiz. u. Spezifikat.

DIN EN	Ausgabe	Titel
14303	**8.16**	**Wärmedämmstoffe** für die techn. Gebäudeausrüstung u. f. betriebstechn. Anlagen in der Industrie; werkmäßig hergestellte Produkte aus Mineralwolle (MW); Spezifikation;
14304 bis 14309	**3.16**	-; ... Produkte aus FEF / CG / CS / XPS / PUR / EPS; -;
14313 /14314	**3.16**	-; . . . Produkte aus PEF / PF; -;
14316 -1	11.04	W. für Gebäude; an der Verwendungsstelle hergestellte Wärmedämmung aus ... expandiertem Perlite (EP); T1: Spez. für gebundene u. Schüttdämmstoffe vor dem Einbau
-2	4.07	T2: Spezifikation für die eingebauten Produkte
14317 -1	11.04	-; ... aus Produkten mit expand. **Vermiculite** (EV); T1: Spezifik. für gebundene u. Schüttdämmstoffe vor dem Einbau
-2	4.07	T2: Spezifikation für die eingebauten Produkte
14321 -1	9.05	**Glas** im Bauwesen; therm. vorgespanntes Erdalkali-Silicat-Einscheibensicherheitsglas; T1: Def. u. Beschreibung
-2	10.05	-; -; T2: Konformitätsbewertung/Produktnorm
14336	1.05	**Heizungsanlagen** in Gebäuden; Install./Abnahme WW-H.
14337	2.06	...; Plan. u. Einbau von elektr. Direkt-Raumheizungen
14342	9.13	**Parkett** u. Holzfußböden; Eigensch., . . . Konformität ...
14351 -1	8.10	**Fenster** u. Türen; ...; T1: Fenster u. Außentüren ohne Eigenschaft. bezügl. Feuerschutz und/oder Rauchdichtheit
14353	5.10	Hilfs- u. Zusatzprofile aus Metall zur Verwend. mit **Gipsplatten**;
14354	3.05	**Holzwerkstoffe**; Furnierte Fußbodenbeläge / Ber1 (2.07)
14374	2.05	Holzbauwerke; Furnierschichtholz (trag. Zwecke); Anford.
14388	**12.15**	Lärmschutzvorrichtungen an Straßen; Vorschriften
14399 -1 bis -6	**4.15**	Hochfeste vorspannbare Garnituren f. **Schraubverbindungen** im Metallbau; T1: Allgem. Anford. / T2: Eignung zum Vorspannen / T3: HR Sechskant / T4: HV Sechskant / T5: flache Scheiben / T6: flache Scheiben mit Fase
-7, -8	3.08	T7: HR Senkschrauben / T8:HV Passschrauben
-9, -10	7.09	T9: Direkte Kraftanzeiger / T10: mit kalibrierter Vorspann.
14411	12.12	Keramische **Fliesen** u. Platten; Begriffe, Klassifizierung, Gütemerkmale u. Kennzeichnung; / Ber1 (7.07)
14474	3.05	**Betonfertigteile**; Holzspanbeton; Anford. u. Prüfverf.
14475	4.06	Ausführung v. besonderen geotechnischen Arbeiten; bewehrte Schüttkörper / Ber1 (12.06)
14487 -1	3.06	**Spritzbeton**; T1: Begriffe, Festlegung. u. Konformität
-2	1.07	-; T2: Ausführung

DIN EN	Ausgabe	Titel
14496	2.06	Kleber auf Gipsbasis f. Verbundplatten zur Wärme-/Schalldämmung u. Gipsplatten; Begriffe, Anford. u. Prüfverfahren
14500	8.08	**Abschlüsse**; thermischer u. visueller Komfort; Prüf- u. Berechnungsverfahren
14501	2.06	-; thermischer u. visueller Komfort; Anford., Klassifiz.
14509	12.13	Selbsttrag. Sandwich-Elemente mit beidseit. Metalldeckschichten; werkmäßig hergestellte Produkte; Spezifik.
14516	**12.15**	**Badewannen** für den Hausgebrauch
14519	3.06	Innen-/Außenbekleid. (Nadelholz); Profilholz Nut/Feder
14527	12.10	**Duschwannen** für den Hausgebrauch
14528	**10.15**	**Sitzwaschbecken**; Funktionsanford. u. Prüfverfahren
14545	2.09	Holzbauwerke; nicht stiftförmige Verbind.elemente; Anford.
14566	10.09	Mechanische Befestigungsmittel für **Gipsplattensysteme**;
14592	7.12	**Holzbauwerke**; stiftförmige Verbindungsmittel; Anforder.
14604	2.09	Rauchwarnmelder
14618	10.09	Künstlich hergestellter Stein; Terminologie, Klassifiz.
14629	6.07	Produkte u. Systeme für Schutz u. Instandsetz. von Betontragwerken; Prüfverf.; Bestim. Chloridgehalt in Festbeton
14630	1.07	-; -; Bestimm. der Karbonatisierungstiefe im Festbeton ...
14637	1.08	Schlösser u. **Baubeschläge**; elektr. gesteuerte Feststellanlagen für Feuer-/Rauchschutztüren; Anford., Prüfverf. ...
14648	12.07	-; Beschläge für Fensterläden; Anford. u. Prüfverfahren
14651	12.07	Prüfverf. f. Beton mit metall. Fasern; Bestimm. Biegezugfestigkeit
14688	**10.15**	Sanitärausstatt.gegenstände; Waschbecken; Funktionsanford. ...
14731	12.05	Ausführ. v. besonderen geotechn. Arbeiten; Baugrundverbesserung durch Tiefenrüttelverfahren
14782	3.06	Selbsttrag. Dachdeckungs- u. Wandbekleidungselemente ... aus Metallblech; Produktspezifikation u. Anford.;
14783	7.13	Vollflächig unterstützte Dachdeckungs- und Wandbekleidungselemente ... aus Metallblech; -;
14825	**10.16**	Luftkonditionierer, Flüssigkeitskühlsätze u. Wärmepumpen mit elektr. Verdichtern zur Raumbeheiz./-kühlung; Prüf. u. Leistungsbemess. unter Teillastbeding. u. Berechn. d. saisonalen Arbeitszahl
14843	7.07	**Betonfertigteile**; Treppen
14844	2.12	Betonfertigteile; Hohlkastenelemente
14909	7.12	**Abdichtungsbahnen**; Kunststoff- u. Elastomer-Mauersperrbahnen; Definitionen und Eigenschaften

DIN EN	Ausgabe	Titel
14915	12.13	**Wand- u. Deckenbekleidungen** aus Massivholz; Eigenschaften, Bewertung der Konformität u. Kennzeichnung
14951	6.06	Innen-/Außenbekleid. (Laubholz); Profilholzelemente
14963	12.06	**Dacheindeckungen**; Dachlichtbänder aus Kunststoff ...; Klass., Anford. u. Prüfverf. / Ber1 (6.07)
14964	1.07	Unterdeckplatten für Dachdeckungen; Def. u. Eigensch.
14967	8.06	**Abdichtungsbahnen**; Bitumen-Mauersperrbahnen; ...
14975	12.10	**Bodentreppen**; Anforderungen, Kennzeichnung u. Prüf.
14991	7.07	**Betonfertigteile**; Gründungselemente
14992	9.12	Betonfertigteile; Wandelemente
15012	2.08	Kunststoff-**Rohrleitungssysteme**; R. zum Ableiten v. Abwasser ...; Eigenschaft. f. d. Gebrauchstauglichk. v. Rohren
15027	3.10	Transport. Wand-/Seilsägen f. d. Baustelleneinsatz; Sicherh.
15037 -1 bis -4		Betonfertigteile; Balkendecken mit **Zwischenbauteilen**; T1: Balken (7.08) / T2: Z. aus Beton (7.11) / T3: Keramische Z. (7.11) / T4: Z. aus Polystyrolhartschaum (8.13)
-5	8.13	T5: Leichte Z. für einfache Schalungen
15048 -1	**9.16**	Garnituren für nicht vorgespannte Schraubverbindungen im Metallbau; T1: Allgemeine Anforderungen
15050	6.12	Betonfertigteile; Fertigteile für Brücken
15129	6.10	Erdbebenvorrichtungen
15146	3.07	Innen- u. Außenbekleidungen aus massivem Nadelholz; Profilholz ohne Nut und Feder
15191	4.10	Betonfertigteile; Klassifizierung ... von Glasfaserbeton
15217	9.07	**Energieeffizienz** von Gebäuden; Verfahren zur Darstellung der E. u. zur Erstellung des Energieausweises
15232	9.12	-; Einfluss von Gebäudeautomation u. -management
15237	6.07	Ausführ. v. besonderen geotechn. Arbeiten; Vertikaldräns
15239	8.07	Lüftung von Gebäuden; Gesamtenergieeffizienz von Gebäuden; Leitlinien f. die Inspektion von **Lüftungsanlagen**
15240	8.07	-; -; Leitlinien für die Inspektion von **Klimaanlagen**
15241	6.11	-; Berechn. Energieverlust aufgrund Lüftg. (Nichtwohngeb.)
15242	9.07	-; Berechn. Luftvolumenströme in Gebäuden ...
15243	10.07	-; Berechn. Raumtemperatur, Last, Energie (Klimaanlagen)
15251	12.12	Eingangsparameter für das Raumklima ... von Gebäuden; Raumluftqualität, Temperatur, Licht und Akustik

DIN EN	Ausgabe	Titel
15255	11.07	Wärmetechn. Verhalten v. Gebäud.; Berech. der wahrnehmbaren Raumkühllast; allg. Kriterien u. Validierungsverfahren
15258	5.09	Betonfertigteile; Stützwandelemente
15265	11.07	Wärmetechn. Verhalten v. Gebäud.; Berechn. Heiz- u. Kühlenergieverbrauch; allg. Kriterien u. Validierungsverfahren
15283 -1	12.09	Faserverstärkte **Gipsplatten**; Begriffe, Anforderungen u. Prüfverfahren; T1: Gipsplatten mit Vliesarmierung
-2	12.09	-; T2: Gipsfaserplatten
15286	9.13	Künstl. hergestellter Stein; Platten u. Fliesen f. Wandflächen
15287 -1	12.10	**Abgasanlagen**; Planung, Montage u. Abnahme von A.; T1: A. für raumluftabhängige Feuerstätten
-2	6.08	T2: A. für raumluftunabhängige Feuerstätten
15288 -1	12.10	Schwimmbäder; T1: Sicherheitstechn. Anforderungen ...
-2	5.09	T2: Sicherheitstechnische Anforderungen an den Betrieb
15316 -1	10.07	**Heizungsanlagen** in Gebäuden; Verfahren zur Berechn. der Energieanford. u. Nutzungsgrade der H.; T1: Allgemeines
-2-1	10.07	T2-1: Wärmeübergabesysteme für die Raumheizung
-2-3	10.07	T2-3: Wärmeverteilungssysteme für die Raumheizung
-3-1	6.08	T3-1: **Trinkwassererwärmung**, Charakter. des Bedarfs
-3-2 /-3-3	6.08	T3-2: T., Verteilung / T3-3: T., Erzeugung
-4-1	9.08	T4-1: **Wärmeerzeugung** f. die Raumheiz.; Heizungskessel
-4-2	9.08	T4-2: -; Wärmepumpensysteme
-4-3	10.07	T4-3: W.systeme, thermische Solaranlagen
-4-4	10.07	T4-4: W.systeme, gebäudeintegrierte KWK-Anlagen
-4-5	10.07	T4-5: W. für die Raumheizung, Leistungsdaten u. Effizienz von Nah- u. Fernwärmesystemen
-4-6	7.09	T4-6: W.systeme, photovoltaische Systeme
-4-7	2.09	T4-7: W. für die Raumheiz.; Biomassewärmeerzeuger
-4-8	5.11	T4-8: W. von Warmluft- und Strahlungsheizsystemen
15318	1.08	Plan. u. Ausführ. v. Bauteilen aus **Gips-Wandbauplatten**
15330 -1	12.13	Sportböden; überwieg. f. Außenbereich hergestellte **Kunststoffrasenflächen** u. Nadelfilze; T1: Festlegungen für K.
-2	4.08	T2: Festlegungen für Nadelfilze
15332	1.08	**Heizkessel**; energetische Bewert. v. WWspeichersystemen
15423	9.08	**Lüftung** v. Gebäuden; Brandschutz v. Lüftungsanlagen ...
15435	10.08	Betonfertigteile; **Schalungssteine** aus Normal- u. Leichtbeton; Produkteigenschaften und Leistungsmerkmale

DIN EN	Ausgabe	Titel
15450	12.07	**Heizungsanl.** in Gebäuden; Plan. v. H. mit Wärmepumpen
15459	6.08	Energieeffizienz von Gebäuden; Wirtschaftlichkeitsberechnungen für Energieanlagen in Gebäuden
15497	7.14	Keilgezinktes Vollholz f. trag. Zwecke; Leistungsanforderungen u. Mindestanforderungen an die Herstellung
15498	8.08	**Betonfertigteile**; Holzspanbeton-Schalungssteine; Produkteigenschaften u. Leistungsmerkmale
15564	5.09	Betonfertigteile; Kunstharzbeton; Anford. u. Prüfverfahr.
15644	3.09	Traditionell konstruierte, vorgefertigte Treppen aus Massivholz; Spezifikationen und Anforderungen
15650	9.10	**Lüftung** von Gebäuden; Brandschutzklappen
15651 -1 bis -5	12.12	**Fugendichtstoffe** für nicht tragende Anwend. in Gebäuden u. Fußgängerwegen; T1: F. f. Fassadenelemente / T2: F. f. Verglasungen / T3: F. f. Fugen im Sanitärbereich / T4: F. f. Fußgängerwege / T5: Konformitätsbewert. u. Kennzeichnung
15727	10.10	**Lüftung** von Gebäuden; Luftleitungen u. Luftleitungsbauteile, Klassifizier. entsprechend der Luftdichtheit u. Prüf.
15736	12.09	**Holzbauwerke**; Prüfverfahren; Ausziehwiderstand von Nagelplatten ... in vorgefertigten Fachwerkträgern
15737	12.09	-; Prüfverfahren; Einschraubdrehmoment von Schrauben
15752 -1	10.14	**Glas** im Bauwesen; selbstklebende Polymerfolie; T1: Begriffe und Anforderungen
15755 -1	10.14	-; G. mit selbstklebender Polymerfolie; T1: Begriffe u. Anford.
15814	**3.15**	Kunststoffmodifizierte **Bitumendickbeschichtungen** zur Bauwerksabdichtung; Begriffe und Anforderungen;
15824	10.09	Festleg. für Außen- u. InnenPutze mit organ. Bindemitteln
15978	10.12	**Nachhaltigkeit** von Bauwerken; Bewertung der umweltbezogenen Qualität v. Gebäuden; Berechnungsmethode
16005	1.13	Kraftbetätigte Türen; Nutz.sicherh.; Anford. / Ber1 (**10.15**)
16031	9.12	**Baustützen** aus Aluminium mit Ausziehvorricht.; Produktfestleg., Bemess. u. Nachweis durch Berech. u. Versuche
16034	12.14	**Türen, Tore u. Fenster**; Produktnorm, Leistungseigenschaften; Feuer- und/oder Rauchschutzeigenschaften
16069	**4,15**	**Wärmedämmstoffe** für Gebäude; werkmäßig hergestellte Produkte aus Polyethylenschaum (PEF); Spezifikation
16153	**5.15**	Lichtdurchlässige flache mehrwand. Platten aus Polycarbonat; ...
16211	**9.15**	**Lüftung** v. Gebäuden; Luftvolumenstrommessung ...; Verfahren

DIN EN		Ausgabe	Titel
16351		**12.15**	Holzbauwerke; **Brettsperrholz**; Anforderungen
16481		9.14	**Holztreppen**; Bauplanung; Berechnungsmethoden
16485		7.14	Rund- u. Schnittholz; Umweltproduktdeklaration; Produktkategorieregeln für Holz u. Holzwerkstoffe im Bauwesen
16506		12.14	Systeme für die Renovierung v. **Abwasserkanäle**n u. -leitungen; Lining mit fest verankerter Kunststoffauskleidung
16508		**2.16**	Temporäre Konstrukt. für Bauwerke; Einhausungskonstr.; Leistungsanford., Entwurf, Konstr. u. Bemessung
16580		**10.15**	**Fenster u. Türen**; Feuchte- u. spritzwasserbeständige Türblätter
16627		**9.15**	**Nachhaltigkeit** von Bauwerken; Bewertung der ökonomischen Qualität von Gebäuden; Berechnungsmethoden
16703		**12.15**	Akustik; Prüfvorschrift f. ... Metallständerwände mit Gipsplattenbeplankung; Messung der Luftschalldämmung
16737		**9.16**	**Bauholz** für tragende Zwecke; Visuelle Sortierung von Tropenholz nach der Festigkeit
50174	-1	**2.15**	Informationstechnik; Install. v. Kommunikationsverkabelung; T1: Installationsspezifikation u. Qualitätssicherung
	-2	**2.15**	T2: Installationsplanung u. -praktiken in Gebäuden
	-2 Bbl1	**9.15**	T2; Bbl1: Fernspeisung / Ber1 (**7.16**)
	-3	**5.14**	T3: Installationsplanung u. -praktiken im Freien
50536		11.11	**Blitzschutz** - Gewitterwarnsysteme / A1 (2.13)
50577		**8.16**	(VDE 0482-577) Kabel u. Leitungen; Feuerwiderstandsprüfung an ungeschützten Kabeln u. Leitungen (P-Klassifikation)
62305	-1	10.11	Blitzschutz; T1: Allgemeine Grundsätze / Ber1 (3.12)
	-2	2.13	T2: Risiko-Management
	-2 Bbl1	2.13	T2; Bbl1: Blitzgefährdung in Deutschland
	-2 Bbl2	2.13	T2; Bbl2: … Abschätzung des Schadensrisikos …
	-2 Bbl3	12.13	T2; Bbl3: Zusätzl. Info. zur Anwend der DIN EN 62305-2
	-3	10.11	T3: Schutz v. baulichen Anlagen u. Personen / Bbl1 (10.12) / Bbl2 (10.12) / Bbl3 (10.12)
	-3 Bbl4	1.08	T3; Bbl4: Verwend. v. Metalldächern in Blitzschutzsyst.
	-3 Bbl5	2.14	T3; Bbl4: Blitz-, Überspann.schutz f. PV-Stromversorg.syst.
	-4	10.11	T4: Elektr. u. elektronische Systeme in baulichen Anlagen
	-4 Bbl1	10.12	T4; Bbl1: Verteilung des Blitzstroms

DIN ISO-Normen

DIN ISO	Ausgabe	Titel
128 23	3.00	Technische **Zeichnungen**; allgemeine Grundlagen der Darstellung; T23: Linien in Z. des Bauwesens
-30	5.02	T30: Grundregeln für Ansichten
-40	5.02	T40: Grundregeln für Schnittansichten und Schnitte
-50	5.02	T50: Grundregeln f. Flächen in Schnittansichten/Schnitten
1716	6.10	Prüfungen zum Brandverhalten von Bauprodukten; Bestimmung der Verbrennungswärme
2768 -1	6.91	Allgemeintoleranzen; Toleranzen für Längen- u. Winkelmaße ohne einzelne Toleranzeintragung
-2	4.91	-; Toleranzen für Form und Lage ohne ... ;
4172	8.92	Bauwesen; Z. für den Zusammenbau vorgefertigter Teile
5657	12.97	Brandverhalten von Baustoffen; Entzündbarkeit von Bauprodukten bei Beanspruchung mit einem Wärmestrahler
6284	9.97	Technische **Zeichnungen**; Z. für das Bauwesen; Eintragung von Grenzabmaßen
6944 -1	4.08	Brandeingrenzung; Bauteile; T1: Lüftungsleitungen / A1 (**1.15**)
-2	6.09	T2: Leitungen zur Abführung fetthaltiger Luft
7437	6.92	Z. für das Bauwesen; allgem. Regeln für die Erstellung v. Fertigungszeichnungen für vorgefertigte Teile
7518	11.86	-; vereinfachte Darstellung von Abriss u. Wiederaufbau
7519	9.92	-; allgemeine Grundlagen für Anordnungspläne und Zusammenbauzeichnungen
8560	1.89	-; Darstellung v. modularen Größen, Linien, Rastern
8930	3.91	Allgem. Grundsätze für die Zuverlässigkeit v. **Tragwerke**n; Verzeichnis der gleichbedeutenden Begriffe
8992	9.05	Verbindungselemente; allg. Anford. für Schrauben/Muttern
9431	12.91	Z. f. d. Bauwesen; Anordnung v. Darstellungen, Texten u. Schriftfeldern auf Zeichnungsvordrucken
13567 Bbl1	8.00	Technische Produktdokumentation; Gliederung u. Benennung von Layern für CAD; Anwend. von ISO 13567-1, -2
23601	12.10	Sicherheitskennzeichnung; Flucht- und Rettungpläne

DIN EN ISO-Normen

DIN EN ISO	Ausgabe	Titel
128 -20, -21	12.02	Techn. Zeichnungen; allgem. Grundlagen der Darstellung; T20: Linien, Grundregeln / T21: Linien mit CAD-Systemen
140 -5 **Z**	12.98	Akustik; . der **Schalldämmung** in Gebäuden u. von Bauteilen; T5: Mess. ... v. Fassaden an Gebäuden / Ber 1 (10.08)
-7 **Z**	12.98	T7: Mess. TrittS. v. Decken in Gebäuden
-14 **Z**	11.04	T14: Leitfäden f. besondere baul. Bedingung. /Ber1 (7.09)
717 -1, -2	6.13	Akustik; Bewert. der Schalldämmung in Gebäuden u. von Bauteilen; T1: Luftschalldämm. / T2: Trittschalldämmung
1182	10.10	Prüf. zum Brandverhalten v. Bauprod.; Nichtbrennbarkeitsprüf.
1452 -1 bis -5	4.10	Kunststoff-Rohrleitungssysteme für Wasserversorgung u. ... Entwässerungs- u. Abwasserdruckleit.; (PVC-U);
1461	10.09	Durch **Feuerverzinken** auf Stahl aufgebrachte Zinküberzüge (Stückverzinken); Anforderungen und Prüfungen
1716	11.10	Prüfungen zum Brandverhalten von Bauprodukten; Bestimmung der Verbrennungswärme
3766	5.04	**Zeichnungen** für das Bauwesen; vereinfachte Darstellung von Bewehrungen / Ber1 (1.05)
4157 -1, -2, -3	3.99	Z. ...; Bezeichnungssysteme
6927	10.12	Bauwesen; Dichtstoffe; Begriffe
6940	6.04	Textilien; Brennverhalten; Bestimmung der Entzündbarkeit vertikal angeordneter Proben
6946	4.08	Bauteile; R-Wert und U-Wert; Berechnungsverfahren
7010	10.12	Graph. Symbole; Sicherheitsfarben u. -zeichen; Registrierte Sicherheitszeichen / A1-A3 (5.14) / A4 (12.14) / A5 (**4.15**)
7345	1.96	**Wärmeschutz**; Physikalische Größen u. Definitionen
8502 -3	6.99	Vorbereit. v. **Stahloberflächen** ... Auftragen v. Beschichtungsstoffen; Prüfungen ... - T3: Beurteilung v. Staub auf für Beschichten vorbereitete S. (Klebeband-Verfahren)
-4	6.99	T4: Abschätzen der Wahrscheinlichkeit von Taubildung ...
8970	11.10	Holzbauwerke; Prüfung von mechanischen Verbindungen; Anforderungen an die Rohdichte des Holzes
9239 -1	11.10	Prüfung. zum Brandverhalten von Bodenbelägen; T1: Bestimm. des Brandverhaltens bei Beanspruch. mit einem Wärmestrahler
9972	**12.15**	Wärmetechn. Verhalten von Gebäuden; Bestimm. der **Luftdurchlässigkeit** v. Gebäuden; Differenzdruckverfahr.

DIN EN ISO	Ausgabe	Titel
10052	10.10	**Akustik**; Messung d. Luft- u. Trittschalldämmung u. d. Schalls v. haustechn. Anlagen in Gebäuden; Kurzverf.
10077 -1	5.10	Wärmetechn. Verhalten v. Fenstern, Türen u. Abschlüssen; Berechn. des Wärmedurchgangskoeff.; T1: Allgemeines
-2	6.12	T2: Numerisches Verfahren für Rahmen / Ber1 (10.12)
10140 -1	9.14	Akustik; Mess, der Schalldämmung v, Bauteilen im Prüfstand; T1: Anwendungsregeln für bestimmte Produkte
-2	12.10	T2: Messung der Luftschalldämmung
-3	**11.15**	T3: Messung der Trittschalldämmung
-4	12.10	T4: Messverfahren und Anforderungen
-5	9.14	T5: Anforderungen an Prüfstände u. Prüfeinrichtungen
10211	4.08	**Wärmebrücken** im Hochbau; Wärmeströme u. Oberflächentemp.; detaillierte Berechnungen
10456	5.10	Baustoffe u. Bauprodukte; wärme- u. feuchtetechn. Eigenschaften; tabellierte Bemessungswerte u. Verfahren . . .
11091	10.99	**Zeichnungen** für das Bauwesen; Z. für Außenanlagen
11925 -2	2.11	Prüfungen zum Brandverhalten v. Bauprodukten; T2: Entzündbarkeit bei direkter Flammeneinwirkung
12567 -1	12.10	Wärmetechn. Verhalten von Fenstern u. Türen; Bestimm. des Wärmedurchgangskoeffizienten mittels des Heizkastenverfahrens; T1: komplette Fenster und Türen
-2	3.06	T2: Dachflächenfenster und andere auskragende Fenster
12572	9.01	Wärme- u. feuchtetechn. Verhalten v. Baustoffen u. -produkten; Bestimm. d. Wasserdampfdurchlässigkeit
12696	5.12	Kathodischer Korrosionsschutz von Stahl in Beton
12944		**Beschichtungsstoffe**; Korrosionsschutz von Stahlbauten. . .
-1 bis -4	7.98	T1: Allgemeines / T2: Umgebungsbedingungen / T3: Grundregeln Gestaltung / T4: Oberflächen, -vorbereitung
-5	1.08	T5: Beschichtungssysteme
-7	7.98	T7: Ausführ, u. Überwachung der Beschichtungsarbeiten
13370	4.08	**Wärmetechn. Verhalten** von Gebäuden; Wärmeübertragung über das Erdreich; Berechnungsverfahren;
13567 -1	12.02	Technische Produktdokumentation; Gliederung u. Benennung von Layern für CAD; T1: Übersicht und Grundlagen
-2	12.02	-; -; T2: Ordnungsmerkmale, Aufbau u. Kennungen für die Dokumentation im Bauwesen
13786	4.08	Wärmetechn. Verhalten von Bauteilen; dynamisch-therm. Kenngrößen; Berechnungsverfahren

DIN EN ISO	Ausgabe	Titel
13788	5.13	Wärme-/feuchtetechnisches Verhalten v. Bauteilen u. -elementen; raumseitige Oberflächentemperatur ...; -;
13789	4.08	Wärmetechn. Verhalt. v. Gebäuden; Spezif. Transmissions- u. Lüftungswärmedurchgangskoeffizient; Berechnungsverfahren
13790	9.08	Energieeffizienz von Gebäuden; Berechnung des Energiebedarfs für Heizung und Kühlung
13791	8.12	Wärmetechn. Verhalten v. Gebäuden; sommerliche Raumtemperaturen bei Gebäuden ohne Anlagentechnik; allgem. Kriterien...
13792	8.12	-; Berechnung der sommerliche R. bei Gebäuden ohne Anlagentechnik: Vereinfachtes Berechnungsverfahren
13793	6.01	-; wärmetechn. Bemess. von Gebäudegründungen zur Vermeidung von Frosthebung
13943	2.11	**Brandschutz** – Vokabular
14122 -1	**10.16**	**Sicherheit** v. Maschinen; ortsfeste Zugänge zu maschin. Anlagen; T1: Wahl eines ortsfesten Zugangs u. allgem. Anforderungen
-2	**10.16**	T2: Arbeitsbühnen u. Laufstege
-3	**10.16**	T3: Treppen, Treppenleitern und Geländer
-4	**10.16**	T4: Ortsfeste Steigleitern
14683	4.08	**Wärmebrücken** im Hochbau; längenbezogener Wärmedurchgangskoeff.; vereinfachte Verfahren, Anhaltswerte
14713 -1	5.10	Zinküberzüge; Leitfäden u. Empfehl. zum Schutz v. Eisen-/ Stahlkonstr. vor Korrosion; T1: Allg. Konstr.grundsätze u. Korrosionsbeständ. / T2: Feuerverzinken / T3: Sherardisieren
15614 -1	6.12	Anforderung und Qualifizierung von **Schweißverfahren** ...; T1: ...Schweißen v. Stählen und ... v. Nickel/-legierungen
-2	7.05	T2: Lichtbogenschweißen v. Aluminium/-legierungen
-3	6.08	T3: Schmelzschweißen v. un-/niedriglegierten Gusseisen
-4	9.05	T4: Fertigungsschweißen v. Aluminiumguss / Ber1 (1.08)
-5	7.04	T5: Schweißen v. Titan, Zirkonium u. ihren Legierungen
-6	1.07	T6: Lichtbogen-/Gasschweißen v. Kupfer/-Legierungen
-7	9.07	T7: Auftragschweißen
-8	**11.16**	T8: Einschweißen von Rohren in Rohrböden
-10	9.05	T10: Trockenschweißen unter Überdruck
-11	10.02	T11: Elektronen- und Laserstrahlschweißen
-12	10.14	T12: Widerstandspunkt-, Rollennaht- u. Buckelschweißen
-13	10.12	T13: Pressstumpf- und Abbrennstumpfschweißen

DIN EN ISO	Ausgabe	Titel
-14	12.13	T14: Laserstrahl-Lichtbogen-Hybridschweißen v. Stählen, Nickel und dessen Legierungen
15927 -1	2.04	Wärme- u. feuchtetechnisches Verhalten v. Gebäuden; ...; T1: Monats-/Jahresmittelwerte einzelner meteorolog. Elemente
-2	7.09	T2: Stundendaten zur Bestimmung der Kühllast
-3	8.09	T3: Berechnung des Schlagregenindexes ...
-4	10.05	T4: Stündliche Daten zur Abschätz. des Jahresenergiebedarfs
-5	3.12	T5: Daten z. Bestimmung Normheizlast f. d. Raumheizung
-6	11.07	T6: Akkumulierte Temperaturdifferenzen (Gradtage)
16283 -1	6.14	Akustik; Messung der Schalldämmung in Gebäuden u. v. Bauteilen am Bau; T1: Luftschalldämmung
-2	**5.16**	T2: Trittschalldämmung
-3	**9.16**	T3: Fassadenschalldämmung
16927	6.14	Beschichtungsstoffe; Prüfung der Überarbeitbarkeit und Überlackierbarkeit einer Beschichtung
17660 -1	12.06	Schweißen; Schweißen von Betonstahl; T1: Tragende Schweißverbindungen / Ber1 (8.07)
-2	12.06	T2: Nichttragende Schweißverbindungen / Ber1 (8.07)
18674 -1	**9.15**	Geotechnische Erkundung u. Untersuchung; geotechnische Messungen; T1: Allgemeine Regeln
22282 -1	9.12	-; Geohydraulische Versuche; T1: Allgemeine Regeln
-2, -6	9.12	T2: Wasserdurchlässigkeitsversuche in Bohrloch unter Anwend. offener Systeme / T6: ... geschlossener Systeme
-3, -4	9.12	T3: Wasserdruckversuch im Fels / T4: Pumpversuche
-5	9.12	T5: Infiltrometerversuche

ISO-Normen

ISO	Ausgabe	Titel
8336	5.09	**Faserzement**-Tafeln; Produktspezifik. u. Prüfverfahren
9125	5.09	F.-Dachplatten u. Formteile; Produktspezifik. u. Prüfverf.
9972	**8.15**	Wärmetechn. Verhalten v. Gebäuden; Bestimm. der Luftdurchlässigk. v. Gebäud.; Differenzdruckverfahr.
10295 -1	7.07	**Feuerwiderstand**sprüfungen für Bauteile; Brandprüfungen von haustechnischen Anlagen; T1: Abschottungen
-2	2.09	-; Brandverhalten zum Raumabschluss u. zur Wärmedämmung v. Installationen; T2: Abdichtungen v. Bauteilfugen;
-2 TC1	4.09	-; -; -; Techn. Corrigentum 1
12578	**5.16**	Holzbauwerke; Brettschichtholz; Leistung der Bauteile und Anforderungen an die Herstellung
15686 -1	5.11	Hochbau und Bauwerke; Planung der **Lebensdauer**; T1: Allgemeine Grundlagen und Rahmenbedingungen
-2	5.12	T2: Verfahren zur Voraussage der L.
-3	8.02	T3: Fremd- und Eigenüberwachung
-4	1.14	T4: Plan. der L. unter Verwend. v. Gebäudeinformationen
-5	6.08	T5: Kostenberechnung für die Gesamtlebensdauer
-7	3.06	T7: Leistungsbewertung für die Rückmeldung von Daten über die Nutzungsdauer aus der Praxis
-8	6.08	T8: Referenznutz.dauer u. Bestimm. d. Nutzungsdauer
-9	12.08	T9: Leitfaden für die Bewertung von Lebensdauerdaten
-10	6.10	T10: Wann d. funktionale Leistungsfähigk. zu bewerten ist
-11	8.14	T11: Terminologie
16422	2.14	**Rohre** u. Verbindungen aus PVC-O für den Transport von Wasser unter Druck; Spezifikationen
16572	6.08	Holzbauwerke; Holzwerkstoffe; Eigenschaften tragender Bauteile; T1: Prüfverfahren
23045	12.08	Umweltgerechte Gebäudeplanung; Leitlinien für die Beurteilung der Energieeffizienz im Neubau
29805	10.09	Wärmedämmstoffe f. das Bauwesen; Bestimm. d. Schlagfestigkeit von außenseitigen Wärmedämm-Verbundsystemen